DROEMER

cosmic kiss

MATTHIAS MAURER

mit Sarah Konrad

COSMIC KISS

SECHS MONATE AUF DER ISS

Eine Liebeserklärung
an den Weltraum

DROEMER

Die Europäische Weltraumorganisation ESA und Matthias Maurer werden alle Tantiemen aus dem Verkauf dieses Buches verwenden, um studentische Projekte im Zusammenhang mit der Erforschung des Mondes zu unterstützen.

Besuchen Sie uns im Internet:
www.droemer-knaur.de

Die Verlagsgruppe Droemer Knaur hat sich zu einer nachhaltigen Buchproduktion verpflichtet. Gemeinsam mit unseren Partnern und Lieferanten setzen wir uns für eine klimaneutrale Buchproduktion ein, die den Erwerb von Klimazertifikaten zur Kompensation des CO_2-Ausstoßes einschließt.
Weitere Informationen finden Sie unter www.klimaneutralerverlag.de

FSC www.fsc.org MIX Papier | Fördert gute Waldnutzung FSC® C014496

Originalausgabe Oktober 2023

Ein Imprint der Verlagsgruppe
Droemer Knaur GmbH & Co. KG, München

Redaktion: Sabine Wünsch
Covergestaltung: Isabella Materne
Coverabbildung: © ESA / NASA und GettyImages / DrPixel
Patch: le-tex publishing services GmbH nach ESA
Satz und Layout: Adobe InDesign im Verlag
Druck und Bindung: GGP Media GmbH, Pößneck
ISBN 978-3-426-44652-2

4 5 3

INHALT

AUF DIENSTREISE IM ALL
163

VORWORT VON REINHOLD EWALD

Matthias Maurer – »diesen Kuss der ganzen Welt«!

Nanu, Beethoven und Schiller im Weltall? Nun, ein Raumflug ist nicht nur eine körperliche, sondern auch eine emotionale Achterbahnfahrt. Wie fühlt sich Schwerelosigkeit an? Werde ich vom Blick auf die Erde überwältigt? Matthias Maurer hat mit dem Missionstitel »Cosmic Kiss« seine Vorfreude und seine Hoffnung ausgedrückt, nämlich, dass der Weltraum und seine Erforschung uns Menschen mehr bedeuten als der Urlaubsbesuch neuer Länder auf der Erde. Und das hat auch mit seiner Vorgeschichte zu tun.

Aus der zweiten Reihe

Der erste Mensch auf dem Mond? Richtig, Neil Armstrong. Der erste Ausstieg ins All? Richtig, Alexei Leonov. Der Back-up von Sigmund Jähn, dem allerersten deutschen Kosmonauten 1978? Mmh!? Die richtige Antwort wäre Eberhard Köllner gewesen, aber ich nehme es nicht übel, wenn man es nicht weiß. Die Zeitläufte sind so schnell, dass es schon schwierig ist, sich den jeweils Agierenden richtig zu merken, geschweige denn die Leute im Hintergrund. Und doch wäre ein solch schwieriges Unterfangen wie eine Raumflugmission unmöglich, wenn es nicht die Leute gäbe, die selbstlos aus dem Hintergrund die Vornestehenden mit Information, Unterstützung und Kraft für die herausfordernde Aufgabe versorgen. Das sind in der Raumfahrt, inzwischen ein wenig aus der Mode gekommen, die *Back-ups* oder, im Russischen, die *Dublors*, die Reserveleute, die genau das gleiche Ausbildungsniveau wie die jeweils Fliegenden erreicht haben und – dramatischer Moment – in den Anfängen ebenfalls im Raumanzug bis an die Startrampe herangefahren wurden, um erst ab dort einen anderen Weg zu nehmen. Dass eine solche Rolle besondere Loyalität zum Programm erfordert sowie menschliche Größe, ist nicht so unmittelbar ersichtlich.

Fast ein Astronaut

Noch härter trifft es diejenigen, die nachweislich das Zeug zum Astronauten haben, aber gar nicht erst ins Training kommen. In jeder Stufe eines Astronautenauswahlverfahrens fallen anfangs 90, später 50 Prozent aus der immer kürzer werdenden Liste heraus. So war es bei meiner Auswahl 1986/87, als von 1300 Bewerberinnen und Bewerbern am Ende 13 Finalisten – darunter drei Frauen – übrig blieben. Und so war es bei Matthias Maurer, der sich 2008 auf die europaweite Bewerbungskampagne der ESA meldete und unter den letzten zehn medizinisch und psychologisch Fitten war. Wenn man nach so viel persönlicher Investition und Hoffnung derart weit gekommen war, braucht es schon einen Moment persönlicher Größe, um zu verdauen, dass sechs andere gewählt wurden. Und es braucht noch mehr Größe, sich dadurch den Spaß an der Raumfahrt nicht verderben zu lassen und gerade in dem Bereich anzuheuern, in dem man tagtäglich die erfolgreichen ehemaligen Konkurrenten vor Augen hat und deren Weg zum Astronauten und zur Astronautin hautnah mitverfolgen kann – oder muss!

Matthias Maurer hat 2010 genau diese Wahl getroffen und ist damit auf meinen Spuren gewandelt. Die Mischung aus Lust auf Exploration, Umgang mit Technik und Einblick in viele wissenschaftliche Disziplinen, die Raumfahrt nutzen, fand er so faszinierend und unwiderstehlich, dass er ins Astronautenbüro der ESA wechselte. Als »Boden-Bord-Sprecher« Eurocom – damals noch mit dem Twitter-Namen Explornaut – hat er sich eine zweite Chance als Astronaut mehr als verdient: seine Berufung ins ESA-Team erfolgte im Jahr 2015! Die Begeisterung und sein Können aus der beruflichen Erfahrung haben denn auch seine Cosmic-Kiss-Mission geprägt: Verlässlichkeit, Kompetenz und ein unverwüstlich teamorientierter Charakter ließen die 175 Tage an Bord der Internationalen Raumstation wie im Flug vergehen. Sein persönlicher Bericht zeigt, was Menschen in der Umgebung des Weltalls erreichen können, wenn sie nicht nur über den *right stuff* verfügen, sondern sich auch einen Sinn für ein außergewöhnliches Erlebnis bewahrt haben.

Diesen kosmischen Kuss wünscht man – um mit Schiller zu sprechen – »der ganzen Welt«!

Professor Reinhold Ewald ist Physiker und deutscher Astronaut. Er flog 1997 ins All und forschte 18 Tage auf der MIR-Station.

Matthias Maurer im Internet

matthiasmaurer.esa.int
X: @astro_matthias
Instagram: @esamatthiasmaurer
Flickr: flickr.com/photos/matthiasmaurer

Faszinierende Videos und teils noch unveröffentlichte Fotos zum Buch finden Sie hier:

https://www.droemer-knaur.de/cosmic-kiss-zusatzmaterial

PROLOG IM HIMMEL – GEFANGEN IM NICHTS

Mittwoch, 22. März 2022. Ich bin ein kleines Raumschiff im ewigen Nichts, ein winziger Punkt zwischen funkelnden Sternen, ein lebendiger Satellit in der Unendlichkeit. Die pure Schwärze des Universums umhüllt mich wie ein schützender Schleier. Sie vermittelt eine trügerische Geborgenheit in dieser menschenfeindlichen Umgebung, die jeden noch so geringfügigen Fehler gnadenlos bestraft. Es waren nur Sekunden der Unachtsamkeit, einige nicht durchdachte Bewegungen, ein paar falsche Drehungen, aufgrund derer das größte Abenteuer meiner Astronautenkarriere nun ein jähes Ende zu finden droht.

Seit vier Stunden bin ich schon im freien Weltraum unterwegs, lediglich durch zwei Leinen mit der Internationalen Raumstation ISS verbunden. Sie sollen mich davor bewahren, ins All hinaus zu treiben. Doch jetzt halten sie mich gefangen. In dem unbeweglichen Raumanzug, der mich vor dem tödlichen Vakuum abschirmt, kann ich die Situation nicht hundertprozentig analysieren. Aber wie es aussieht, hat sich das lange Rettungsseil mehrmals um meine Beine und zusätzlich um meinen Oberkörper geschlungen. Hilflos wie ein Insekt, das sich in einem Spinnennetz verheddert hat, taumle ich in der Schwerelosigkeit. Satte 400 Kilometer über meinem Heimatplaneten, mit einer Geschwindigkeit von 28 000 Kilometern pro Stunde.

Dabei habe ich meinen ersten Außenbordeinsatz bislang so gut gemeistert. Zusammen mit meinem Kollegen Raja Chari glitt ich heute Morgen hinaus in den schier endlosen Kosmos, um unsere galaktische Oase zu warten und für die Zukunft zu rüsten. Beim Verlassen der Luftschleuse fühlte ich mich wie Alice, die in einen Brunnen stürzte und in einem Wunderland wieder auftauchte. Nie zuvor bin ich an solch einem surrealen Ort gewesen. Unter mir dreht sich die Erde beständig um ihre eigene Achse. Meist zeigt sie sich tiefblau. Nur gelegentlich schlüpft sie in ein sattgrünes Kleid mit braunen Fäden, die im Sonnenlicht golden glänzen. Kalte Gebirgsregionen tragen weiße Kronen, tropische Gewässer schimmern magisch in Jade und Aquamarin. Aber plötzlich rückt die Schönheit der farbenfrohen Kugel in den Hintergrund und mit ihr all die Arbeitsschritte, die wir bei diesem herausfordernden Weltraumspaziergang erledigen sollen. Das Einzige, was jetzt zählt, ist, den Fängen der Sicherheitsleine zu entkommen.

Ohne zu wissen, wie das Seil exakt verläuft, versuche ich mich im Blindflug herauszuwinden. Behutsam drehe ich mich nach links, dann noch einmal und noch einmal. Mit jeder Bewegung zieht sich die Schlinge fester zusammen. »Hör auf damit. Du machst alles nur noch schlimmer«, warnt mich meine innere Stimme. Und schlagartig wird mir bewusst, dass es unmöglich ist, mich selbst zu befreien. Düstere Fantasien schießen mir durch den Kopf: Was, wenn Raja mir zur Unterstützung eilen muss und dies den Abbruch unserer Expedition bedeutet? Was, wenn ich der erste Astronaut in der Geschichte werde, der die Rettungsschere benötigt, um sich loszuschneiden? Was, wenn mein wichtigster Tag im Weltraum zum größten Desaster meines Lebens wird? 13 Jahre lang habe ich hart dafür gekämpft, mir diesen Traum zu erfüllen. Das darf nicht umsonst gewesen sein.

AUF UMWEGEN ZUM TRAUMBERUF

Als kleiner Junge träumte ich davon, den Himmel in einem Flugzeug zu erobern. Jedes Mal, wenn ein Düsenjet über unseren Garten zischte, malte ich mir aus, wie es sich wohl anfühlt, in solch einer imposanten Maschine abzuheben und vogelgleich der Erdanziehung zu trotzen. Mich faszinierten die Technik, die Geschwindigkeit und die Perspektive von oben. Auf die Idee, an der Spitze einer Rakete in den Orbit zu reiten, war ich aber nie gekommen. Selbst nicht, nachdem ich mir stundenlang Dokumentationen über den deutschen Astronauten Ulf Merbold und seine Space-Shuttle-Mission im Fernsehen angeschaut hatte. Der Gedanke, als Dorfkind aus dem kleinen Saarland in den großen Weltraum aufzubrechen, erschien mir zu abwegig.

Das änderte sich erst, als ich längst erwachsen war. Meinen Traum, Pilot zu werden, hatte ich mir während des Studiums erfüllt, indem ich die Segelfluglizenz erwarb. Beruflich aber war meine Wahl auf einen ganz anderen Bereich gefallen: Ich arbeitete als Projektleiter bei einer Medizinfirma und entwickelte Blutfilter für die Dialyse.

Als ich Anfang März 2008 von der Arbeit nach Hause kam und die Nachrichten anschaltete, erfuhr ich, dass die Europäische Weltraumorganisation ESA neue Astronauten suchte. Der Beitrag fesselte mich – zum einen wegen der nahezu unwirklichen Bilder, die unsere Erde von oben zeigten, zum anderen wegen der Beschreibung des vielfältigen Jobs, bei dem man offenbar zugleich Hausmeister einer Raumstation und Forscher im Universum ist. Ich stellte fest, dass die Raumfahrt im Grunde genommen all meine Interessen kombiniert: komplexe Wissenschaft, internationale Teamarbeit, neueste Technologien sowie eine gehörige Portion Abenteuer. Und von einem auf den anderen Moment war sie da, diese Sehnsucht, unseren Planeten zu verlassen, auf ihn hinabzublicken, ihn als Ganzes zu betrachten. Der Wunsch, in 90 Minuten um die blaue Kugel zu kreisen und dabei leichter als ein Schmetterling in der Schwerelosigkeit zu schweben, durchdrang jede Faser meines Körpers.

Noch am selben Abend informierte ich mich im Internet über die Voraussetzungen, die ein Astronaut erfüllen muss. Die Liste war umfangreich. Doch hinter die wesentlichen Kriterien konnte ich Haken setzen: Ich war Bürger in einem ESA-Mitgliedsstaat, lag mit 37 Jahren noch gerade so unter dem vorgegebenen Höchstalter und hatte meines Wissens keine gesundheitlichen Probleme. Nach dem Abitur hatte ich den Zivildienst angetreten und als Rettungssanitäter praktische Erfahrungen im Bereich Medizin erworben. Anschließend studierte ich Materialwissenschaften und promovierte. Neben gleich mehreren Diplomen konnte ich Fremdsprachenkenntnisse sowie einige Auslandsaufenthalte nachweisen, denn im Rahmen von Stipendienprogrammen hatte es mich nach Großbritannien, Frankreich und Spanien verschlagen, und ich hatte an Wissenschaftskooperationen in Südamerika und Südkorea teilgenommen. Bei den Aufenthalten im Ausland und während einer einjährigen Weltreise nach Abgabe meiner Doktorarbeit habe ich viel über mich selbst gelernt und zudem festgestellt, dass man nicht nur mit dem deutschen Tunnelblick eine Lösung anstreben kann. Oft gibt es ganz verschiedene Wege, die zum Ziel führen. Als Student hatte ich darüber hinaus in gemischten, meist internationalen Wohngemeinschaften gelebt, wodurch ich ein Gefühl für das Zwischenmenschliche und Interkulturelle entwickelte. Dass mir diese Erfahrungen im Lauf meiner Astronautenkarriere noch sehr oft weiterhelfen würden, ahnte ich damals nicht. Fest stand an jenem Abend nur: Ich würde alles dafür geben, eines Tages ins All zu fliegen.

Mitte Mai 2008 aktivierte die ESA das Bewerbungsportal. Für die Anmeldung war ein Code nötig, den man jedoch erst erhielt, wenn man ein ärztliches Gutachten zur Flugtauglichkeit und somit einen stabilen Gesundheitszustand vorgewiesen hat. Als Segelflieger hatte ich kein Problem, diese erste Hürde zu überwinden. Die weitaus größere Herausforderung war die schriftliche Bewerbung. Sie musste perfekt sein, denn ich hatte ja keine Möglichkeit, mich der Jury persönlich vorzustellen. Allein das Papier entschied in dieser ersten Runde, in der rund 90 Prozent aller Bewerber aussortiert werden würden. Auf einem mehrseitigen Formular sollte ich mein Leben in Worte fassen. Jedes noch so winzige Detail war dabei von Bedeutung. Ich erstellte einen akribischen Werdegang und benannte Personen, die etwas zu meinen Qualitäten und Charaktereigenschaften sagen konnten. Dabei wägte ich ganz genau ab, was ich von mir preisgab, und fragte mich immer wieder: Was würde der ideale Raumfahrer antworten? Die Angaben mussten der Wahrheit entsprechen sowie gleichzeitig und trotz der vorgegebenen Kürze das Interesse der Experten wecken. Ein schwieriger Spagat. Tagelang feilte ich an den Formulierungen. Schließlich hängte ich noch sämtliche Bescheinigungen an, die ich im Lauf der Zeit erworben hatte: Zeugnisse, Sprachzertifikate, Führerscheine, Zusatzqualifikationen, Tauch- und Segelfluglizenz. Zu guter Letzt sollte ich erläutern, warum ich Astronaut werden wollte. Vor allem dieses Motivationsschreiben kostete mich Nerven. Zwar fielen mir ausreichend Gründe ein, warum ich ins All fliegen wollte, aber sie in einem strukturierten Text niederzuschreiben war nicht gerade mein Spezialgebiet. Während ich vor mich hin tippte, ging mir ein Gedanke nicht mehr aus dem Kopf: Dies war meine einzige Chance, die Astronautenlaufbahn einzuschlagen, denn beim nächsten Auswahlverfahren – im März 2021 – würde ich die Altersgrenze überschreiten.

Nach etwa einem Monat, kurz vor Ende der Deadline, schickte ich meine Bewerbung ab. Trotz der minutiösen Ausarbeitung rechnete ich mir keine allzu großen Chancen aus, hoffte aber innig auf ein Wunder. Fast im Stundentakt rief ich meine E-Mails ab, und nach einer gefühlten Ewigkeit poppte tatsächlich die ersehnte Nachricht auf. Der Betreff ließ mein Herz jubeln: »Herzlichen Glückwunsch – wir laden Sie zur nächsten Runde ein«. 8500 Kandidaten hatten ihre Bewerbung abgegeben. Ich gehörte zu den knapp 1000, die die erste Hürde genommen hatten!

Sofort steigerte ich mich in den Auswahlprozess hinein. Ich wollte vorbereitet sein, nichts dem Zufall überlassen. Im Internet recherchierte ich zu dem Thema, fand aber nur die vage Information des ehemaligen Astronauten Ulrich Walter, dass sein Auswahlverfahren in den ersten Runden ähnlich dem von Berufspiloten verlief. Also besorgte ich mir ein entsprechendes Lehrbuch. Den Titel, *Der Pilotentest – Die optimale Vorbereitung auf den härtesten Einstellungstest,* habe ich bis heute nicht vergessen. Ich ackerte die Lektüre Seite für Seite mit äußerster Sorgfalt durch, löste jede Aufgabe mehrfach. Nach einer Weile realisierte ich, dass all die Übungen kein Hexenwerk sind. Zahlenmuster aufstellen, Figurenreihen fortsetzen, Wörter merken – wenn man das Prinzip erst einmal verinnerlicht hat, lassen sich die Aufgaben meist mühelos lösen.

Hoch motiviert und zuversichtlich startete ich Ende Juli in die zweite Runde: Zusammen mit weiteren Astronautenanwärtern ging es zum Eignungstest nach Hamburg. Im Warteraum stellte ich mich zu drei Männern, die sich angeregt unterhielten. Einer von ihnen wollte wissen, ob ich denn auch fliege. »Ja klar, ich bin vom Flughafen Saarbrücken aus gestartet«, entgegnete ich, ohne weiter über meine Antwort nachzudenken. Als plötzlich alle lachten, wurde mir klar, dass ich von Piloten umgeben war, die wissen wollten, welche Maschine ich steuere, nicht, wie ich nach Hamburg gekommen war. Um die Aufmerksamkeit von mir abzulenken, gab ich die Frage zurück. Wie sich herausstellte, arbeitete der Österreicher zu meiner Linken als Linienpilot für eine große Fluggesellschaft, der Deutsche zu meiner Rechten als Testpilot bei der Bundeswehr. Die beiden prahlten mit ihren Kompetenzen, und ihre Selbstsicherheit brachte mich zum Zweifeln. Hatte ich als Werkstoffwissenschaftler in diesem Auswahlverfahren überhaupt eine Chance?

Wir nahmen an Rechnern Platz und rackerten uns den ganzen Tag an den verschiedensten Übungen ab. So sollten wir beispielsweise ein Flugzeug auf Kurs halten, das durch Verwirbelungen aus dem Gleichgewicht gebracht wurde, parallel dazu akustische Informationen mitverfolgen und bei Schlüsselwörtern Zusatzaufgaben per Tastatur oder Joystick erledigen. Die Jury wollte damit unsere Begabung im Bereich Multitasking testen. Bei weiteren Prüfungen ging es um Mechanik, Allgemeinbildung, logisches Denken, technisch-physikalisches Grundwissen, Orientierungsvermögen und Englischkenntnisse. Ein klassischer Einstellungstest – der meinen Kopf mit der Zeit ordentlich zum Brummen brachte.

Auch die anderen Kandidaten hatten zu kämpfen. Ich beobachtete einen Franzosen, der an der Aufgabe scheiterte, sich die einzelnen Nummern einer langen Zahlenreihe einzuprägen und in umgekehrter Reihenfolge aufzulisten. Vor lauter Angst, einen Fehler zu begehen, hörte er auf zu tippen. Laut meinem Lehrbuch war das die falsche Herangehensweise. Die Autoren empfahlen, lieber etwas Falsches aufzuschreiben, als ein weißes Blatt Papier abzugeben. Weil ich mir die Zahlen ebenfalls nicht alle merken konnte, notierte ich eben jene, die mir noch einfielen.

Wie ich viele Jahre später erfuhr, hatte ich die richtige Strategie angewandt. Kaum ein Mensch würde es schaffen, das Nummernmonster im Gedächtnis zu behalten, aber darum ging es bei dieser Prüfung auch gar nicht. Die Juroren wollten vielmehr herausfinden, wie die Kandidaten mit ihrem Versagen umgehen und sich auf die nachfolgenden Aufgaben einlassen. Im Weltraum dürfen sich Astronauten durch stressige Situationen nicht aus der Ruhe bringen lassen. Was auch passiert, sie müssen negative Emotionen sofort abhaken und sich mit freiem Kopf auf das Bevorstehende konzentrieren.

Nach dem Tag in Hamburg war ich total erschöpft und ausgelaugt. Aber das Training zu Hause hatte sich ausgezahlt – davon war ich felsenfest überzeugt. Diese Gewissheit verlieh meinem Interesse an der Raumfahrt einen gewaltigen Schub. Ich wälzte unzählige Bücher, schaute mir Filme und Reportagen an. Besonders die Autobiografie *Carrying the Fire* des Apollo-11-Astronauten Michael Collins faszinierte mich, da seine Schilderungen mir das Gefühl gaben, hautnah dabei zu sein und hinter die Kulissen der Mondmission zu schauen. Seine Begeisterung war in jeder Zeile der mehr als 500 Seiten spürbar und zog mich vollends in seinen Bann. Nicht einmal das Buch *Riding Rockets* von Mike Mullane, das hinter die Astronautenromantik blickte und von der unvollkommenen menschlichen Seite der amerikanischen Raumfahrtbehörde NASA zu Zeiten des Shuttle-Programms erzählte, konnte mir den Spaß vermiesen. Je mehr ich las, desto bewusster wurde mir, dass sich die Faszination für den Weltraum durch die ganze Menschheitsgeschichte zieht. Wir haben schon immer mit Neugier und Fantasie in den Himmel geblickt, um den Ursprung des Lebens und des Universums zu ergründen. Ein geheimnisvoller Kosmos tat sich vor mir auf, ohne den ich mir ein Leben nicht mehr vorstellen konnte.

Umso größer war die Erleichterung, als im August erneut eine positive Nachricht von der ESA eintrudelte. Zwei Jahre nach dem deutschen Fußball-Sommermärchen tauchte ich immer tiefer in mein ganz persönliches Raumfahrt-Märchen ein. Nur noch 192 Bewerber waren in der dritten Runde im Rennen. Mit fünf von ihnen reiste ich ins Europäische Astronautenzentrum EAC nach Köln. Voller Ehrfurcht liefen wir an den Glasfenstern vorbei, durch die wir in die heilige Trainingshalle schauen konnten. Ich entdeckte ein originalgetreu nachgebautes Columbus-Modul, das so auch Teil der Internationalen Raumstation ISS ist. Hier üben Himmelsstürmer für ihre Missionen und lernen, in der Schwerelosigkeit zu forschen. Wie gern hätte ich wenigstens einen kurzen Blick in das europäische Weltraumlabor geworfen. Doch stattdessen führten uns die Prüfer in einen nüchternen Saal im Keller. Zum Auftakt erwartete uns eine ungewöhnliche Aufgabenstellung: »Sie sind auf einer Pirateninsel gestrandet. Schützen Sie sich vor den Bösewichten, rufen Sie Hilfe und bringen Sie sich in Sicherheit. Arbeiten Sie als Team!« Experten aus unterschiedlichen Fachbereichen und der ehemalige Astronaut Gerhard Thiele sahen uns mit Pokerface dabei zu, wie wir uns aus der imaginären misslichen Lage zu befreien versuchten.

Als Hilfsmittel erhielten wir Zettel mit Informationen beispielsweise zur Topografie der Insel, ihren Bewohnern und den verfügbaren Ressourcen. Außerdem durften wir ein Whiteboard benutzen, um unsere Ideen zu notieren und zu ordnen. Voller Eifer legten wir los, sammelten sämtliche Vorschläge und diskutierten die verschiedensten Ansätze. Aber all unsere Anstrengungen schienen aussichtslos, denn auf einen konkreten Plan konnten wir uns nicht einigen. Sollten wir den gewagten, schnellen Fluchtweg wählen oder den sicheren, aber langsamen? War es wichtiger, Hilfe zu rufen oder Nahrung zu suchen? Laut meinem Piloten-Lehrbuch ging es bei solchen Übungen darum, herauszufinden, ob eine Person lieber die Rolle des Anführers übernimmt oder die des folgsamen Untergebenen. Die Autoren warnten davor, zu bestimmend aufzutreten. Da im Weltraum Besserwisser, die sich in den Vordergrund drängen, garantiert nicht erwünscht sind, hielt ich mich zurück, wenngleich es mir in den Fingern juckte, meinen Lösungsvorschlag kundzutun und mich dadurch für die Teamleitung anzubieten.

Das Problem: Führungslosigkeit ist bei diesem Spiel genauso fatal. Und da meine Mitstreiter dieselbe Taktik verfolgten wie ich, steuerten wir zielsicher auf eine Sackgasse zu. Die vorgegebene Lösungszeit verstrich immer schneller.

Irgendwann wurde uns bewusst, dass es gleichermaßen »Leader« und »Follower« brauchte, um die Pirateninsel verlassen zu können. Dank dieser Erkenntnis kristallisierten sich zunehmend die unterschiedlichen Charaktere heraus. Ich bemühte mich nach wie vor, nicht als Alphatier dazustehen, zierte mich aber auch nicht mehr, meine Meinung konstruktiv kundzutun und Struktur in unsere Gruppenarbeit zu bringen. Nach zwei Stunden hatten wir einen genialen Plan geschmiedet, der uns eine sichere Flucht ermöglichen würde. Die Prüfer äußerten sich nicht dazu. Doch mein Gefühl sagte mir, dass unsere Gruppe diese Aufgabe hervorragend gemeistert hatte.

Am frühen Nachmittag rief mich ein Psychologe in sein Besprechungszimmer. Er zeigte mir Papiere mit Tintenklecksen, einen sogenannten Rorschachtest. »Was sehen Sie?«, wollte er freundlich und interessiert von mir wissen.

Ich konnte mein Glück kaum fassen. Schon wieder eine Übung, zu der es in meinem Lehrbuch ein eigenes Kapitel gab. Somit wusste ich, worauf es ankam: Bloß nichts Negatives in das Muster der Tintenkleckse hineininterpretieren, denn Pessimisten sind nicht geeignet als Astronauten. Besser etwas Positives darin erkennen. Das fiel mir erstaunlich leicht. Ich erklärte, dass die Kleckse für mich so aussähen, als würde eine Person einer anderen die Hand entgegenstrecken, um ihr Stabilität und Sicherheit zu geben. Fröhlich und kreativ schmückte ich meine Geschichte immer weiter aus, ohne dabei großartig überlegen zu müssen. Mein Gehirn hatte so die Möglichkeit, sich von dem anstrengenden Aufenthalt auf der Pirateninsel zu erholen, und dem Psychologen schien meine Antwort zu gefallen. Das tat gut, vor allem, weil die nächste Prüfung mir wieder einiges abverlangen sollte.

Diese nahm ich im Zweierteam mit einer sympathischen Irin namens Emma in Angriff. Wir saßen einander gegenüber, jeder einen Bildschirm vor sich, auf dem auch für den Mitspieler relevante Informationen auftauchten. Wir mussten bei einer gemeinsamen Mission individuelle Aufgaben lösen, uns dabei aber kontinuierlich absprechen, um maximale Punkte zu sammeln.

Emma stellte sich als eine erstklassige Partnerin heraus. Zwar gerieten wir immer mal wieder ins Straucheln, doch unserer Teamdynamik tat das keinen Abbruch. Ohne hektisch zu werden, tüftelten wir an Lösungen und nahmen unsere Fehlschläge mit Humor. Die Psychologin, die uns während des Tests beobachtete, hatte nichts zu meckern, machte nur stumm ihre Notizen. Daher verbuchte ich auch diese Prüfung als Erfolg, sowohl für Emma als auch für mich. Und war sehr erstaunt, als ich wenige Wochen später erfuhr, dass meine toughe Partnerin ausgeschieden war.

Zum Abschluss des Tages stand ein Meeting mit dem gesamten Prüferteam an. Obwohl alles ziemlich rundgelaufen war, verspürte ich eine gewisse Aufregung, als ich der Jury allein gegenübertreten musste. Eine Psychologin nutzte meine Nervosität aus und bohrte an vielen Stellen des Gesprächs nach, so zum Beispiel bei meinen sportlichen Leistungen. »Wann haben Sie mit dem Joggen angefangen? – Wie oft pro Woche drehen Sie Ihre Runden? – Welche Zeiten laufen Sie?«

Alles simple Fragen, und doch war ich nicht in der Lage, sie überzeugend und angemessen zu beantworten. Ich konnte keine Angaben zu der für Jogger typischen »Zeit je Kilometer« liefern, weil ich nie auf mein Lauftempo geachtet hatte. Statt das zuzugeben, versuchte ich, die gesuchte Zahl im Kopf auszurechnen. Die Psychologin merkte, dass meine Gedanken abschweiften, was ein noch penetranteres Nachhaken zur Folge hatte. Verunsichert und ohne bei meiner Berechnung zu einem Ergebnis gekommen zu sein, stotterte ich vor mich hin. Und in jede meiner Lücken schien die Psychologin mit Wonne hineinzugrätschen. Ihr war es gelungen, mich vollkommen aus dem Konzept zu bringen. Diese Leistung war eines Astronauten nicht würdig. Während ich mich wie ein Fisch am Haken vor dem Tribunal wand, hämmerte es immer lauter in meinem Kopf: »Du hast es vermasselt, Matthias! Rien ne va plus. Das war's.«

Zurück im Saarland, plagten mich die Gedanken an mein Versagen. In schlaflosen Nächten stellte ich mir wieder und wieder die Frage, wie ich die schwache Leistung gutmachen konnte. Nach langem inneren Kampf um das Für und Wider fasste ich den Entschluss, die Prüfer im EAC zu kontaktieren – am liebsten per Anruf, aber ich hatte keine Telefonnummer. Also erläuterte ich in einer E-Mail meine verkorksten Antworten, ohne dass es zu sehr nach Rechtfertigung klang. Ich entschuldigte mich nicht für mein Gestammel während des Gesprächs, sondern lieferte lediglich die noch ausstehende Angabe zu meiner »Zeit je Kilometer« nach. Zusätzlich fügte ich eine Urkunde bei, die ich nach der Teilnahme an einem Halbmarathon erhalten hatte – inklusive der Zeit, die ich für die 21 Kilometer lange Strecke benötigte. Ich wollte den Juroren beweisen, dass ich mein Verhalten reflektiere und zu meinen Fehlern stehe. Das mag sehr nach Musterschüler klingen, ist aber eine essenzielle Eigenschaft eines Astronauten, wie ich im Lauf meiner Raumfahrtkarriere noch lernte.

Nachdem ich das erledigt hatte, atmete ich befreit durch. Die Sorge, dass mein Traum platzen könnte, wühlte zwar weiterhin in mir, aber die Selbstvorwürfe waren verschwunden. Ich hatte alles mir Mögliche getan, um im Rennen zu bleiben, und versuchte mich gezielt auf das vorzubereiten, was noch kommen mochte. Mein bester Kumpel Dirk war mir dabei eine große Hilfe. Er ernannte sich zu meinem persönlichen Coach. »Wer in den Weltraum fliegen will, muss fit sein«, betonte er stets mit breitem Grinsen im Gesicht. Sein Job als Krankenpfleger hatte zur Folge, dass wir zu ganz unterschiedlichen Zeiten trainierten. Unter freiem Himmel arbeiteten wir sowohl an meiner Kraft als auch an meiner Ausdauer. Mein Freund teilte seine neuesten sportmedizinischen Erkenntnisse mit mir und setzte einen speziellen Ernährungsplan für mich auf. Auch wenn ich nie mit ihm gleichziehen konnte, waren meine sportlichen Fortschritte unbestreitbar. Im Dezember 2008 wurde unser Erfolgskurs allerdings jäh unterbrochen. Dirk erzählte mir, dass er motorische Ausfälle habe, weshalb er Anfang Januar ins Krankenhaus gehe, um das abklären zu lassen.

Wir packten somit gleichzeitig unsere Koffer für das Ungewisse, das vor uns lag. Dirk für die Klinik, ich für die vierte Runde des Auswahlverfahrens. Das Prüferteam hatte mich trotz meines Fauxpas unter die besten 45 Bewerber gewählt! Als mich die Nachricht erreichte, hätte ich am liebsten die ganze Welt umarmt – wäre da nicht die Angst gewesen, dass Dirk ernsthaft krank sein könnte. Sie begleitete mich auch während des Aufenthalts in der südfranzösischen Stadt Toulouse, wo sich die noch übrigen Astronautenanwärter etlichen medizinischen Untersuchungen unterziehen sollten.

Fachärzte checkten uns komplett durch. Wir machten Lungenfunktionstests, sowohl mit als auch ohne Belastung. Kopf, Brust und Bauch wurden durchleuchtet und durchschallt, Herz und Herzkranzgefäße ebenso. Wir mussten Urin-, Speichel-, Stuhl- und Haarproben abgeben, beim HNO- und beim Augenarzt gefühlt sämtliche Tests über uns ergehen lassen, die je für diese Bereiche entwickelt wurden. Die Mediziner analysierten insbesondere unsere Augen ausgiebig: Innendruck, Gesichtsfeld, Sehstärke, Farb- und räumliches Sehen; Sehnerv, Netzhaut und Hornhaut wurden auf Veränderungen untersucht. Zwischendurch traf ich auf die ESA-Ärztin Brigitte Godard, die meine exakten Körpermaße erfasste. Die zierliche Frau, die später meine Flugmedizinerin werden sollte, war mir sofort sympathisch. Sie hatte ihren Blick nicht nur auf die klassische Medizin gerichtet, sondern war auch offen für alternative Behandlungsmethoden und strahlte zudem eine besondere Wärme und Fürsorglichkeit aus.

An einem Morgen fuhren wir zu viert zur Darmspiegelung. Wir nahmen diese unangenehme Prozedur mit viel Humor und witzelten noch lange über den Mediziner, der seine investigative Arbeit in unseren Eingeweiden sichtlich genoss. Auch wenn es schwer vorstellbar ist: Trotz des Untersuchungsmarathons hatten wir jede Menge Spaß. Besonders mit Alexander Gerst, einem ambitionierten Geophysiker, war ich auf einer Wellenlänge. Als

Wissenschaftler unter all den Jetpiloten mussten wir beide schließlich zusammenhalten.

Obwohl der Dreikönigstag bereits vorbei war, schenkten uns die Mitarbeiter des Instituts für Raumfahrtmedizin MEDES eine traditionelle Galette des Rois. Statt einer Glücksbohne hatten sie dem Anlass entsprechend eine kleine Astronautenfigur eingebacken. Alex war der freudige Gewinner, der den Glücksbringer in seinem Tortenstück fand. Hätten wir in dem Moment ahnen sollen, dass er es sein würde, der als dritter Deutscher zur ISS aufbricht? Vielleicht. Doch an jenem Abend nahmen wir den Vorboten des Schicksals nicht sonderlich ernst. Alex und ich waren ohnehin überzeugt, dass wir es beide ins Astronautenkorps schaffen würden. Die Bundesrepublik war schließlich stärkster Beitragszahler der ESA und die deutschen Astronauten der derzeitigen Generation nahe am Rentenalter. Zwei neue deutsche Raumfahrer waren unserer Ansicht nach eine logische Konsequenz.

Nach fünf Tagen verließ ich Frankreich mit einem positiven Bauchgefühl. Und tatsächlich durfte ich im Februar mit 21 weiteren Kandidaten in Runde fünf einziehen. Das bedeutete nicht nur, dass ich es in den Endspurt geschafft hatte, sondern vor allem, dass ich kerngesund war. Ganz im Gegensatz zu Dirk! In seinem Kopf wucherte ein bösartiger Tumor. Zusehen zu müssen, wie sich mein bester Freund von einem bärenstarken und superfitten Amateursportler in einen Pflegefall verwandelte, belastete mich enorm. Vor allem aber war ich wütend. Es war nicht fair, dass sich unsere Lebenswege so unterschiedlich entwickelten. Ich stand kurz davor, meinen größten Traum zu verwirklichen, für mich ging es mit dem Fahrstuhl stetig nach oben, immer höher der Sonne entgegen. Gleichzeitig rotierte für Dirk die Abwärtsspirale schneller und schneller.

Während mein Freund mit einer schier übermenschlichen Willenskraft und via Chemotherapie und Bestrahlung um sein Leben kämpfte, packte ich erneut den Koffer. In den Niederlanden, im Europäischen Weltraumforschungs- und Technologiezentrum ESTEC in der Stadt Noordwijk, sollten die verbliebenen Kandidaten um die begehrten Stellen buhlen. Mit zwei von ihnen – Estelle und David – hatte ich mich nach dem Eignungstest der zweiten Runde in Köln angefreundet. Wir waren nicht nur beim Lösen des Pirateninselproblems ein gutes Team, sondern verstanden uns auch auf privater Ebene. Ich freute mich sehr darauf, die beiden Franzosen wiederzutreffen. Außerdem hoffte ich, endlich auch Samantha Cristoforetti persönlich kennenzulernen. Bis dato hatte ich mit der Kampfpilotin immer nur gemailt und hypothetische Gespräche über den Ausgang dieses aufwendigen Auswahlverfahrens geführt. Im Nachhinein betrachtet ist es ein außergewöhnlicher Zufall, dass von all den Bewerbern ausgerechnet die Frau zu einer Vertrauten wurde, mit der ich 13 Jahre später ein paar gemeinsame Tage auf der ISS verbringen würde.

Im ESTEC stand uns ein mehr oder weniger klassisches Jobinterview bevor, bei dem wir eine zehnköpfige Jury von uns überzeugen mussten. Simonetta Di Pippo, Direktorin des Bereichs Raumfahrt bei der ESA, und Michel Tognini, Leiter des Europäischen Astronautenzentrums, wollten unter anderem wissen, welche Weltraummission mir am meisten in Erinnerung geblieben sei und wer beziehungsweise was mich aus der Ruhe bringen könne. Auf letztere Frage antwortete ich spontan und mit vollster Überzeugung: »Meine Freundin!« Die Ehrlichkeit und Authentizität in meiner Stimme brachte die Experten zum Lachen. Das war mein Positivmoment! Trotzdem zweifelte ich, ob ich die Juroren im Gesamtbild überzeugen konnte, denn im Vergleich zu den anderen Bewerbern war ich nicht sonderlich gut darin, mich zu verkaufen. Michel Tognini, der selbst zweimal im All gewesen war, erkannte diese Schwäche und bohrte mehrfach nach: »Matthias, Sie überzeugen mich nicht! Ihrer Begründung, Astronaut zu werden, fehlt es komplett an Leidenschaft! Erklären Sie mir bitte noch einmal, warum Sie Raumfahrer werden wollen!« Aber wie nur sollte ich als kühler Deutscher den heißblütigen Franzosen in Sachen Leidenschaft beeindrucken?

Dieses Problem begleitete mich auch Anfang Mai bei der sechsten und letzten Runde des Verfahrens in der ESA-Hauptzentrale in Paris. Zum wiederholten Mal mussten wir – es waren nur noch zehn Kandidaten übrig – der dreiköpfigen Jury, bestehend aus ESA-Generaldirektor Jean-Jacques Dordain, dem ESA-Direktor für Ressourcen Ludwig Kronthaler und wiederum Simonetta Di Pippo, ausführlich darlegen, warum wir Astronauten werden wollten. Einer meiner Mitkonkurrenten präsentierte der Kommission empathisch eine meisterhaft durchdachte Geschichte, wie ich im Nachhinein erfuhr. Er berichtete von seinem Opa, der Amateurfunker war und zusammen mit ihm seinen Vornamen zum Mond geschickt hatte. Wenig später kam das Funkecho vom Erdtrabanten zurück: Der Mond rief seinen Namen! Da habe er gewusst, es sei seine Bestimmung, die Weiten des Universums zu erkunden.

Mit solch einer emotionalen Story konnte ich nicht mithalten. Ich erzählte den Jurymitgliedern lediglich, es sei ein lang gehegter Traum gewesen, irgendwann einmal die Erde zu verlassen. Während meines Kurzvortrags stand ihnen die Langeweile sprichwörtlich in die Gesichter geschrieben. Jean-Jacques Dordain starrte frustriert auf seine Brille, die er auf dem Tisch hin und her schob, Simonetta Di Pippo kritzelte irgendetwas auf ein Stück Papier, vermutlich, um meinen um Gnade flehenden Blick zu meiden, und Ludwig Kronthaler schien merkwürdig abwesend – so zumindest mein Eindruck. Ich hoffte sehr, dass ich mich täuschte. Mit blutendem Herz ob der schwachen Finalleistung schlich ich von dannen und überließ dem energiegeladenen Tim Peake aus England meinen Kandidatensessel. Lustigerweise berichtete er mir Jahre später, dass auch er Dordains Marotte mit der Brille beobachtet hatte.

In den nächsten Tagen fiel es mir schwer, in mein alltägliches Leben zurückzukehren. Ich war nervös, unkonzentriert und launisch. Fast jeden Abend telefonierte oder textete ich mit Estelle, David, Samantha und Alex. Wir hatten uns versprochen, uns gegenseitig auf dem Laufenden zu halten, doch es gab keine Neuigkeiten. Die ESA hielt sich bedeckt. Sie hatte nicht einmal bekannt gegeben, wie viele Plätze im Astronautenkorps definitiv frei waren, sondern nur von »vier bis sechs« gesprochen. Sicher wussten wir lediglich, dass am Mittwoch, dem 20. Mai 2009, die auserkorenen Nachwuchsraumfahrer bei einer Pressekonferenz in Paris der Öffentlichkeit vorgestellt werden sollten. Ich fieberte diesem Termin entgegen und hatte mir für den Fall der Fälle sogar einen neuen Anzug besorgt. Dass ich auf der Zielgeraden noch eine Absage erteilt bekommen könnte, blendete ich komplett aus.

Zwei Tage vor Ablauf der Frist hatten wir immer noch nichts von der ESA gehört. »Es kann doch nicht sein, dass sich niemand meldet. Irgendetwas stimmt da nicht«, mutmaßte Alex am Telefon. »Wir werden das beide schaffen«, entgegnete ich zuversichtlich. Fast zeitgleich klingelte sein Handy. Hastig beendete er unser Gespräch. In den nächsten Stunden reagierte Alex nicht auf meine Nachrichten. Auch Samantha ließ keinen Ton von sich hören. Da spürte ich die bittere Erkenntnis in mir aufkeimen: Die beiden hatten eine Zusage erhalten – ich hingegen nicht. Fast flehentlich hoffte ich auf ein Wunder, auf dass der ersehnte Anruf doch noch eingehen würde. Mein Traum durfte so nah am Ziel unmöglich enden! Die euphorische Zuversicht der vergangenen Tage, Wochen und Monate wich zunehmend ungläubigem Erwachen. Enttäuschung, Wut, Trauer, Leere und Hoffnungslosigkeit machten sich breit. Keine 36 Stunden später platzte mein Traum endgültig.

Ich war bei der Arbeit, als eine Pariser Nummer auf meinem Handydisplay erschien. Kurz und sehr professionell formuliert teilte mir die Personalchefin der ESA die offizielle Absage mit und bot mir ein Gespräch mit Jean-Jacques Dordain an – aber erst in ein paar Wochen, wenn sich die Enttäuschung gelegt habe. Alles zog sich in mir zusammen. Ich sackte zu Boden. Fassungslos. Schockiert. Unendlich traurig. Ein schwarzes Loch klaffte vor mir, wo ich noch vor zwei Tagen einen Triumphbogen erwartet hatte. Halb in Trance und mit Tränen in den Augen tippte ich eine Nachricht an meine Familie und Freunde, die alle mit mir auf diesen Moment hingefiebert hatten. Sie bestand lediglich aus drei Wörtern: »Ich bleibe erdverbunden.« Dirk war der Erste, der antwortete: »Tut mir voll leid. Wenn du eine starke Schulter zum Anlehnen brauchst, komm vorbei. Ich bin für dich da.« Nur zwei Wochen später, am 3. Juni 2009, ist er gestorben.

Der geplatzte Traum und der Verlust meines besten Kumpels waren sicherlich die größten emotionalen Tiefschläge meines Lebens. Gleichzeitig relativierte Dirks Tod alles. Die Tatsache, dass dieser wundervolle und liebe Mensch viel zu früh gehen musste, führte mir vor Augen, wie komplett unbedeutend mein verlorener Kampf doch war. Bis zum bitteren Ende hatte Dirk sein unfaires Schicksal mit einer schier unfassbaren Würde und immerwährendem Optimismus hingenommen. Bei dem Gedanken daran schämte ich mich für mein erbärmliches Gejammer. In den vergangenen Monaten hatte ich so viele tolle Erfahrungen sammeln dürfen. Mehrere Fachärzte hatten mir bestätigt, dass ich kerngesund war. Außerdem stand noch immer das Telefonat mit dem ESA-Generaldirektor aus.

Emotional wieder auf festem Boden angekommen, beschloss ich, nach vorn zu blicken und meine berufliche Zukunft in die Hände zu nehmen. Ich war neugierig, was der Generaldirektor zu sagen hatte, also nahm ich all meinen Mut zusammen und kontaktierte ihn. Seine Worte brannten sich in mein Gedächtnis ein: »Matthias, Sie haben sich sehr gut geschlagen. Aber leider konnten wir nur sechs neue Astronauten einstellen. Ich habe nun eine gute und eine schlechte Nachricht für Sie. Die schlechte ist: Sie werden kein Astronaut. Die gute ist: Sie können immer noch für die ESA arbeiten und vielleicht sogar mal Generaldirektor werden.« Der Mann wusste, wovon er sprach und sicherlich auch, wie ich mich fühlte. Genau wie ich war er mal ein Astronautenkandidat gewesen, der trotz erfolgreicher Auswahl nie hatte fliegen dürfen.

Ich war geschmeichelt. Der Generaldirektor wollte mich für sein Team gewinnen – als einen Mitarbeiter, der die Raumfahrt voranbringt. Ein konkretes Stellenangebot unterbreitete mir Dordain zwar nicht, aber er versprach, ein gutes Wort für mich einzulegen, wenn ich mich bei der ESA bewerben würde. Je mehr ich darüber nachdachte, desto mehr manifestierte sich meine Entscheidung. Seit vier Jahren war ich in der Medizinforschung tätig und mittlerweile überreif für einen Wechsel. Ich wollte mich beruflich weiterentwickeln und brauchte zudem eine Ortsveränderung. Einen echten Neuanfang. Im Gegensatz zu den drei anderen gescheiterten Finalkandidaten – zu denen auch Estelle und David gehörten – nahm ich daher die mir gebotene Chance an und bewarb mich Anfang 2010 auf eine Stelle im Kontrollzentrum für das Columbus-Modul. Die Zusage erfolgte prompt.

Wenige Monate später zog ich in die Rheinmetropole Köln. Ich war mir nicht sicher, ob ich es aushalten würde, jeden Tag mit den Leuten zusammenzuarbeiten, die mir meinen Platz im Raumschiff weggeschnappt hatten. Doch die vielen spannenden Aufgaben, die mich in meiner neuen Heimat erwarteten, lenkten mich von diesem qualvollen Gedanken ab. Im Kontrollzentrum des EAC arbeitete ich zunächst als Astronauten-Support-Ingenieur und Eurocom. Mein Job war es, den Kontakt zu den europäischen Bewohnern der Raumstation zu halten, sie bei Fragen zu Experimenten oder anderen Arbeiten auf der ISS zu unterstützen. In dieser Funktion sollte ich 2014 auch »Blue Dot« begleiten, die erste Mission meines ehemaligen Mitkandidaten Alex. Im Lauf der Zeit übernahm ich noch weitere Projekte. Ich initiierte und leitete beispielsweise die Konzeption für den Aufbau der LUNA-Anlage, in der Himmelsstürmer irgendwann für Missionen zum Mond üben sollen. Außerdem war ich dafür zuständig, Kooperationen mit internationalen Partnern aufzubauen. Insbesondere setzte ich mich für die Zusammenarbeit mit China ein. Das Ziel: eines Tages europäische Astronauten und chinesische Taikonauten gemeinsam ins Universum fliegen zu sehen. Mit der Tatsache, dass ich selbst niemals in einer Raumkapsel Platz nehmen würde, hatte ich mich erstaunlich schnell abgefunden. Teilweise durfte ich mit Astronauten trainieren, um deren Arbeitsabläufe besser kennenzulernen. Diese Einheiten waren für mich wie ein Geschenk. So konnte ich zumindest einen Schnipsel meines Wunschberufs erleben.

Ende 2014 fiel eine Vorentscheidung, die mein Leben auf den Kopf stellen sollte: Die Bündnispartner beschlossen, die Betriebsdauer der ISS über das Jahr 2015 hinaus zu verlängern. Damit waren nicht nur unsere Arbeitsplätze im EAC vorerst gesichert, es würde womöglich auch neue Tickets für Flüge zum Außenposten der Menschheit geben. Ehe erste Spekulationen die Runde machen konnten, kam mein Chef, EAC-Leiter Frank De Winne, auf mich zu. Er überrumpelte mich mit einer simplen und zugleich ungemein bedeutenden Frage: »Wir wollen einen Astronauten nachnominieren. Aber alles zunächst ohne jegliche Garantie, dass es klappt. Hast du noch Interesse?« Ich musste keine Sekunde überlegen. »Ja, klar«, stammelte ich ungläubig. Dies war ein kleiner Schritt für die ESA, aber ein Riesensprung für mich! Schlagartig kehrte das Kribbeln zurück, das ich während des Auswahlverfahrens gespürt hatte, und die Sehnsucht, an der Spitze einer Rakete in den Weltraum zu reiten, war wieder da. Ich versuchte, das Frohlocken zu unterdrücken. Ich musste es unterdrücken, da noch lange nichts entschieden war und ich mir eine erneute Achterbahn der Gefühle ersparen wollte.

In den folgenden Monaten durfte ich bereits am Höhlentraining CAVES teilnehmen, das Raumfahrer auf das Leben in der ISS vorbereitet – offiziell allerdings als ESA-Mitarbeiter, denn meiner Nachnominierung als Astronautenkandidat mussten erst noch verschiedene ESA-Gremien zustimmen. Außerdem durchlief ich wieder sämtliche medizinischen Untersuchungen. Bei alledem tappte ich im Dunkeln, ob es dieses Mal ein Happy End geben würde. Diese Ungewissheit quälte mich. Darüber reden wollte ich nur mit meiner Lebensgefährtin und meinen engsten Freunden. Zwar war meine Nachnominierung EAC-intern kein Geheimnis, aber ich versuchte das Thema bei meinen Kollegen zu vermeiden. Zu groß war meine Sorge, etwas Falsches zu sagen und dadurch meine Chance auf einen Raumflug zu gefährden. Stattdessen fokussierte ich mich umso mehr auf meinen Job. Ich hatte das Gefühl, unter besonderer Beobachtung zu stehen, und konnte mir keine Fehler erlauben.

Am 12. Juni 2015 lud mich der ESA-Generaldirektor endlich für ein erneutes Vorstellungsgespräch ein. Als ich das Büro im Satellitenkontrollzentrum ESOC in Darmstadt betrat, hatte es sich Jean-Jacques Dordain bereits auf dem Schreibtischstuhl bequem gemacht. Der Mann, der mir vor sechs Jahren eine schmerzvolle Absage erteilt hatte, sollte nun erneut über mein Schicksal entscheiden. Wieder stellte er mir die Frage, warum ich Astronaut werden möchte. Dieses Mal war ich jedoch besser vorbereitet. An Lebenserfahrung gereift, hatte ich mir vorgenommen, ihn ehrlich und freimütig ob meiner Motivation zu überzeugen. Ich erzählte Dordain zunächst, dass ich damals, als ich von dem Auswahlverfahren hörte, sofort begeistert vom Astronautenberuf war, weil er meine größten Interessen miteinander kombiniert. »In den vergangenen Jahren als ESA-Mitarbeiter ist mir aber auch klar geworden, dass es im All nicht nur um komplexe Wissenschaft, internationale Teamarbeit und neueste Technologien geht. Raumfahrer übernehmen auch eine bedeutsame Botschafterrolle. Sie sind diejenigen, die Kinder und Jugendliche für den Weltraum begeistern können. Das ist mir sehr wichtig«, betonte ich inbrünstig. Ich verabschiedete mich mit einem festen Händedruck und blickte dem Generaldirektor dabei tief in die Augen. Sie verrieten mir, dass er mit diesem Gespräch genauso zufrieden war wie ich.

Und tatsächlich: Einige Tage später kam der sehnlichst erhoffte Anruf. Jean-Jacques Dordain sprach nur wenige Sätze, die ich aber niemals vergessen werde: »Matthias, herzlichen Glückwunsch! Sie dürfen mit der Grundausbildung beginnen, nächsten Monat startet Ihr Russisch-Sprachkurs. Die Mitgliedsländer der ESA müssen aber noch final zustimmen, bevor wir Sie offiziell als Astronaut verkünden können. Behalten Sie die frohe Botschaft also bitte noch für sich.«

Ich war wie elektrisiert. Mein größter Traum würde doch noch in Erfüllung gehen! Ich hatte es ins Astronautenkorps geschafft – wenn auch mit angezogener Handbremse. In einen glühenden Rausch versetzt, musste ich erst einmal innehalten und mir klarmachen, dass sich mein Leben von nun an komplett verändern würde.

GALAKTISCHE ERLEBNISSE AUF DER ERDE

Eine Reise ins Innere unseres Planeten

September 2014, Sardinien, Italien

In einer sternenklaren Nacht wirkt das Universum ruhig und friedlich. Doch der Schein trügt: Vakuum, kosmische Strahlung, gigantische Temperaturschwankungen und gelegentlich Brocken von Weltraumschrott – das sind die Bedingungen im All. Mitten in dieser feindlichen Umgebung, in circa 400 Kilometer Höhe über der Erde, schwebt die Internationale Raumstation. Dieses Wunderwerk der Technik schützt seine Bewohner zwar vor den äußeren Einflüssen, aber das Leben innerhalb der ISS ist nicht weniger extrem als die Umwelt. Die Besatzung ist über Monate hinweg eingeschlossen, lebt auf engstem Raum zusammen, muss schwierige Experimente in der Schwerelosigkeit erledigen und jederzeit mit Komplikationen rechnen. Isoliert von Freunden und Familie, erfährt man kaum Abwechslung. Viel Arbeit und wenig Schlaf schlagen zusätzlich auf die Stimmung.

Ob wir diesen harten Anforderungen gewachsen sind, soll sich in einem Höhlensystem auf Sardinien zeigen. »Das Leben in dieser dunklen, kalten und feuchten unterirdischen Welt stellt eine komplett neue Situation dar, die interessante psychologische und logistische Herausforderungen birgt, welche ihr nur als Team meistern könnt«, erläuterte uns Projektleiterin Loredana Bessone zu Beginn des zweiwöchigen CAVES-Programms. Die ersten fünf Tage haben Scott Tingle (NASA), Alexander Misurkin sowie Sergey Kud-Sverchkov (Roscosmos), Luca Parmitano

(ESA) und ich schon gemeistert. Wir wohnten in einer Art Berghütte und erhielten einen Schnellkurs in Klettern, Kartografie, Fotodokumentation sowie Vermessungstechniken. Nun steht die eigentliche Mission bevor: Sieben Tage und sechs Nächte muss unsere Gruppe in der Sa-Grutta-Höhle im Gennargentu-Nationalpark mitten auf der Insel ausharren.

Während sich die Urlauber an den Stränden sonnen, steigen wir in die Tiefe des Karstgebiets, das durch die Verwitterung von Kalk- und Dolomitstein entstand. Es beherbergt ein gigantisches Höhlensystem, das kilometerweit ins Erdinnere ragt. »Die unterirdischen Gänge sind von der Außenwelt abgeschnitten«, warnte uns Loredana. Würden die Bewohner der ISS in Schwierigkeiten stecken, könnten sie schneller zu unserem Planeten zurückfliegen als die Höhlenforscher ans Tageslicht klettern. Unbekannte Bereiche des Höhlensystems zu erkunden, ist ein Ziel. Eventuell sogar den als sicher geltenden, bislang jedoch unentdeckten zweiten Ausgang zu finden, aber ein zusätzlicher Ansporn. In erster Linie soll uns die Expedition an unsere Grenzen bringen – denn der wahre Charakter eines Menschen zeigt sich erst außerhalb seiner Komfortzone.

Auszüge aus dem Logbuch einer Reise tief ins Innere unserer Erde.

TAG 1, 12. September 2014: Der Lichtstrahl meiner Kopflampe verschwindet in der endlosen Finsternis. Von der neuen Welt, die mich umhüllt, kann ich kaum etwas erkennen. Begierig sauge ich die klamme Höhlenluft ein. Sie duftet nach nichts. Ich rieche nur mich selbst. Die Felsen, an denen ich mich entlangtaste, sind feucht und kalt. Von dem herrlichen Spätsommer ist hier unten rein gar nichts zu spüren.

Vorsichtig kraxeln wir tiefer in die Erde hinein. Die Wände sind teils so steil, dass wir uns mehrere Meter abseilen müssen. Entlang einiger Passagen sind Stahlseile gespannt, an denen wir uns sichern – immer mit zwei Karabinerhaken. Denn wie bei

Außenbordeinsätzen im All steht auch bei Wanderungen in der Unterwelt die Sicherheit an erster Stelle. Wer sich ins Innere unseres Planeten vorwagt, muss diesen Trip präzise planen und sich zu hundert Prozent auf sein Team verlassen können. Darüber hinaus sollte man permanent konzentriert sein: Die Steine sind glitschig und scharfkantig. Ich muss höllisch aufpassen, um mich nicht daran zu verletzen.

Nach anderthalb Stunden haben wir uns 600 Meter vorgekämpft. Wir erreichen eine Stelle namens Witch Hat, Hexenhut, an der wir unser Nachtcamp aufbauen. Alle Geräusche wirken total verstärkt. Das Rascheln der Schlafsäcke schwillt zu einem knackenden Rauschen. Ein Räuspern klingt wie ein tosendes Donnerwetter. Nach einer Weile falle ich in einen flachen Schlaf, aus dem ich zwischendurch immer wieder aufwache.

TAG 2, 13. September 2014: Seit vier Stunden marschieren wir in strammer Geschwindigkeit mal auf-, mal abwärts. Die ganze Zeit über halte ich meinen Blick aufmerksam auf den Boden gerichtet, um ja nicht zu stolpern oder auszurutschen. Ein verstauchter Knöchel wäre in dieser Umgebung fatal und würde unsere Expedition massiv beeinträchtigen. »Selbstfürsorge ist Teamfürsorge«, hat uns Loredana eingebläut.

Vor uns liegt ein lang gezogener, riesiger Raum, schätzungsweise größer als das Innere des Kölner Doms. In der Mitte erkenne ich die vagen Umrisse einer kleinen Schlucht, in der ein Bach plätschert. Daneben einen Hügel aus Sand und Schotter, aber auch aus glattem, rutschigem Kalkstein. Vereinzelt liegen Felsbrocken herum. »Willkommen im Basiscamp«, ruft einer der Ausbilder. 110 Meter Felsschicht hängen bedrückend schwer über uns und trennen uns von der Erdoberfläche.

Nach einer kurzen Erholungspause fangen wir an, die zahlreichen Kisten, die unsere fleißigen Helfer seit einigen Tagen für uns hierhergeschleppt haben, zu sortieren und auszuräumen. Küchenutensilien, Essensvorräte, Trinkwasser, Neoprenanzüge, ein Schlauchboot, Werkzeuge aller Art und Boxen mit Experiment-Ausrüstung. Fünf Astronauten und 15 Höhlenexperten benötigen so einiges an Expeditionsmaterial. Dafür durften wir umso weniger private Gegenstände mitnehmen. Drei Paar Socken, drei Unterhosen, ein Schlafanzug, eine Zahnbürste und ein paar Hygieneartikel müssen für die sieben Tage genügen.

Nachdem wir die Zelte aufgeschlagen haben, die uns vor dem permanent von der Decke tropfenden Wasser schützen, fehlt nur noch die Toilette. Genau genommen ist das Höhlen-WC eher ein Plumpsklo, leicht versteckt hinter einem Felsvorsprung aufgestellt. Unsere festen Hinterlassenschaften fallen in einen Beutel, den wir anschließend zuknoten und in einen gesonderten Behälter entsorgen. Unsere Helfer werden diesen zurück an die Erdoberfläche schleppen und dort hygienegerecht entsorgen. Das Flüssige lassen wir in einen Plastikkanister laufen. Ein Drittel unseres Urins kann über einen der kleinen Höhlenbäche abfließen, ohne dass das Ökosystem gestört wird. Die restliche Menge müssen unsere Sherpas ebenfalls hinaustragen. Es darf nichts in der Höhle zurückbleiben.

Als das Basiscamp aufgebaut ist, erkunden wir die nähere Umgebung und beginnen mit unserer wissenschaftlichen Arbeit. Wir müssen jeden Tag etwa fünf Experimente erledigen, geologische und mikrobiologische Proben sammeln sowie die Radon-Strahlung und CO_2-Werte messen.

Zum Abendessen erhitzen wir Weltraumnahrung auf einem Campingkocher. Sie schmeckt nach diesem anstrengenden Tag besser als ein Vier-Sterne-Gericht. Mein Körper braucht sicher noch ein bisschen, um sich an die extremen Bedingungen anzupassen. Die Kombination aus 14 Grad Celsius Lufttemperatur und einer Luftfeuchtigkeit von fast 100 Prozent fühlt sich unangenehm an. Bei der kürzesten Pause beginne ich zu frieren, bei der kleinsten Bewegung zu schwitzen.

TAG 3, 14. September 2014: Das Loch vor meinen Füßen ist so tief und schwarz, dass ich den Boden trotz meiner starken Kopflampe nicht sehen kann. Ein mulmiges Gefühl steigt in mir auf.

Geschäftig legen wir die Ausrüstung zurecht: mehrere Seile, Karabinerhaken, Schlingen und unsere Sicherungsgeräte. Wie bei Außeneinsätzen auf der ISS müssen wir auch jetzt einem Protokoll folgen. Konsequent arbeiten wir dieses Punkt für Punkt ab. Wir dürfen nicht schludern, jeder Fehler könnte uns in Schwierigkeiten bringen. Die Ausbilder halten sich im Hintergrund, kontrollieren aber mit Argusaugen jeden einzelnen Schritt.

»Okay, es kann losgehen«, sage ich angespannt zu Alexander, der gleich mein Leben in seinen Händen halten wird. Ich trete vorsichtig an den Abgrund heran, drehe dem Loch meinen Rücken zu, mache einen großen, mutigen Schritt nach hinten und baumele in einem freien Raum. Unter mir geht es 30 Meter in die unbekannte Tiefe. Nun muss ich mich blind auf Alexander verlassen, der mein Seil fixiert, während ich mich daran herablasse. Wir kennen uns erst seit ein paar Tagen. Doch in diesem Moment ist der Russe kein Fremder, sondern mein bester Freund. Astronauten müssen lernen, ihren Kollegen zu vertrauen. Während unserer Weltraummissionen treten häufiger Situationen auf, die wir allein nicht zu 100 Prozent kontrollieren können. Wir sind auf die Hilfe unseres Teams angewiesen.

Stunden später treten wir den beschwerlichen Rückzug zum Basiscamp an. Unterwegs müssen wir noch unsere Pflichtaufgaben erfüllen und mikrobiologische Proben sammeln. Mit einer Pipette sauge ich Wassertropfen auf, schabe mit einem Löffel kleine Partikel von den Wänden ab und fülle ein wenig Sand vom Boden in durchsichtige Plastiktütchen. Wir spüren sogar ein paar winzige Lebewesen auf. In den vergangenen Jahren haben die Astronauten hier unten sogar neue Arten entdeckt – beispielsweise einen Käfer und ein asselähnliches Tierchen.

TAG 4, 15. September 2014: Wir landen in einer Kammer, die unsere Vorgänger auf den Namen Jellyfish, Qualle, getauft haben. Tausende Tropfsteine hängen wie Tentakel von der Decke. Die Felsformationen sehen aus wie Fabelwesen. Eine zauberhafte Märchenwelt unter Tage. Im Ball Room stoßen wir auf gigantische, runde Steine in annähernd perfekter sphärischer Präzision. Man könnte glatt meinen, ein Riese hätte hier seine Kanonenkugeln verloren. »Das kann gar kein natürlicher Prozess gewesen sein«, denke ich laut vor mich hin. Doch unser Trainer Francesco Sauro, der nicht nur Geologe, sondern auch einer der weltweit führenden Höhlenexperten ist, versichert mir: »Es ist einer.«

Von dem Anblick beeindruckt, packt Scott das Stativ und die Kamera aus. Er ist dafür verantwortlich, unsere Expedition mit Fotos zu dokumentieren. Kommandant Luca bereitet derweil den nächsten Etappenabschnitt vor. Sergey, Alexander und ich kümmern uns um die Messungen. Ähnlich wie auf der ISS hat jeder von uns bestimmte Pflichten im Team und muss dementsprechend eine Liste mit verantwortungsvollen Aufgaben abarbeiten. Die Herausforderung: Dazu braucht es immer die Unterstützung von ein oder zwei Kollegen. Am aufwendigsten sind die Experimente, sie nehmen jede Menge Zeit in Anspruch. Wertvolle Zeit, die uns zum Erkunden fehlt. Das führt hin und wieder zu Spannungen in der Gruppe.

Sergey und ich sind Wissenschaftler, uns ist es wichtig, dass wir viele Proben sammeln und alles ordentlich erfassen. Luca, Alexander und Scott hingegen sind Kampfpiloten. Sie haben einen ganz anderen Drill, wollen möglichst schnell vorankommen, um das andere Missionsziel zu erfüllen: den zweiten Ausgang finden. Mir war es vorher nicht bewusst, dass es so einen großen Unterschied zwischen uns gibt. Es ist, als kämen die verschiedenen Charaktere in der Höhle viel stärker zum Vorschein. Ich war noch nie mit so einem dynamischen Team in einem derartig anspruchsvollen Trainingseinsatz unterwegs. Auf einmal lernt man seine Kollegen, aber auch sich selbst von einer ganz anderen Seite kennen. Ich glaube inzwischen, dass Leute mit militärischer Ausbildung in solch extremen Situationen Effizienzvorteile gegenüber uns Wissenschaftlern haben. Sie sind die straffe Organisation und die Hierarchien gewohnt. Sie wissen, dass es Momente gibt, in denen man nicht diskutiert, sondern gehorsam handelt. Ich als Wissenschaftler hingegen will immer zur besten Lösung beitragen, indem ich Probleme ausführlich erörtere. Aber in der Höhle ist mir klar geworden, dass man zu gewissen Situationen besser mal nichts sagt und stattdessen stumm die Anweisungen befolgt. In einem Expeditionsteam kann nicht jeder der Anführer sein und auch nicht jede Entscheidung so lange ausdiskutiert werden, bis Einstimmigkeit erzielt ist. Das würde nicht funktionieren.

Wir gehen noch ein Stückchen weiter und erreichen schließlich unser Ziel. Schnell sind wir uns einig: Diese Stelle ist perfekt für ein Auswärtscamp geeignet. Der Boden ist etwas sandig, angenehm, um darauf zu schlafen. Außerdem messen wir hier einen stärkeren Luftzug als im nördlichen Höhlenabschnitt. Ein eindeutiger Hinweis auf einen zweiten Ausgang. Die Entscheidung steht: Morgen werden wir hier übernachten. Aber jetzt machen wir uns es erst mal zurück auf den langen Weg ins Basiscamp.

Dort gibt es trotz des strapaziösen Tagesmarsches noch jede Menge zu tun. Wir müssen das Material reinigen, die Neoprenanzüge und Schuhe so gut es geht trocknen, kochen, Protokolle ausfüllen, Berichte schreiben und unsere Sachen fürs Auswärtscamp zusammenpacken. Im Anschluss steht die allabendliche Besprechung an. Da die Hälfte unserer Zeit in der Unterwelt schon vorbei ist, wird die Kommandantenrolle getauscht. Wir wählen Alexander. Luca wird nun seine Aufgabe als Wissenschaftler übernehmen. Der Wechsel wird vermutlich auch merkbare Auswirkungen auf unser Team haben. Disziplin ist für Luca das Wichtigste – und die erwartet er auch von seiner Gruppe.

Alexander wendet hingegen einen demokratischeren Führungsstil an. Zwar scheut er sich ebenfalls nicht davor, in zeitkritischen Situationen eigenständige Entscheidungen zu treffen, doch wenn immer möglich, stimmt er diese zuvor mit seinem Team ab.

Tag 5, 16. September 2014: Wir sind im Ball Room angelangt, den wir gestern bereits gründlich inspiziert haben. Umso größer ist die Überraschung, als wir beim Durchqueren zufällig einen kleinen Gang in der Höhlenwand entdecken, den wir bislang übersehen hatten. In den vergangenen Jahren scheinen unsere Vorgänger ebenfalls stets daran vorbeigelaufen zu sein, denn auch auf der Karte ist er nicht eingezeichnet. »Das sollten wir uns mal genauer anschauen«, schlägt Kommandant Alexander vor. Konkret bedeutet das, ich werde mir den Gang mal genauer ansehen. Denn heute bin ich der Scout, sprich der Erkunder, der vorangehen muss.

Der Gang entpuppt sich als eine Röhre. Eine enge und wenig verheißungsvolle Röhre. An einigen Stellen sind Teile der Decke eingestürzt. Vorsichtig robbe ich voran. Als der Gang plötzlich zu Ende ist, krieche ich hinaus – und stehe in einer schier unfassbar gigantischen Halle. Meine Kopflampe ist nicht hell genug, um den Raum auszuleuchten. »Kommt her. Das müsst ihr sehen«, rufe ich meinen Kollegen aufgeregt zu. Das Kribbeln in mir vermischt sich mit einem gewissen Stolz, dass ausgerechnet ich diese Entdeckung gemacht habe.

Nacheinander stoßen die anderen zu mir. Wir packen das Lasermessgerät aus, richten es in die Dunkelheit und blicken gespannt auf die Anzeige. Kein Ergebnis. Die Kammer ist zu riesig. Wir laufen an den Wänden entlang. Langsam werden uns die majestätischen Dimensionen bewusst. Diese unterirdische Kathedrale ist mindestens 200 Meter lang, 200 Meter breit und 200 Meter hoch. Als ein Ausbilder erklärt, dass noch nie ein Mensch vor uns hier war, bekomme ich Gänsehaut. Obwohl ich weiß, dass diese Aussage wohl nicht so ganz der Wahrheit entspricht.

Hin und wieder entdecken wir kleine, alte Markierungen aus den 1950er-Jahren. Es muss also schon mal jemand durch diese Halle gelaufen sein. Aber sie ist nicht auf der Karte eingezeichnet. Was bedeutet, dass wir als ihre offiziellen Entdecker in die CAVES-Geschichte eingehen.

Eine Tatsache, die unser Team verändert. Auf einmal entwickelt sich eine völlig neue Dynamik. Unser Ehrgeiz ist endgültig geweckt. Also schnell weiter, um die Höhle zu erforschen. Doch die Ausbilder bremsen die Euphorie. Sie mahnen uns, vorsichtig zu sein und unsere Aufgaben gewissenhaft zu erledigen. »Denkt daran, alles zu kartografieren. Wenn ihr das nicht tut, geht das Wissen verloren. Dann zählt eure Entdeckung nicht«, stellt Francesco klar.

Tag 6, 17. September 2014: Die Höhle ist ein pechschwarzer, verwirrender Irrgarten. Ständig müssen wir entscheiden, ob wir links oder rechts abbiegen oder vielleicht doch geradeaus weitergehen wollen. Unser Ziel ist es, möglichst viel Neuland zu erkunden, ohne Risiken einzugehen. Insgesamt arbeiten wir uns zutiefst befriedigende 400 Meter ins unbekannte Terrain vor. Doch ein Ende der Höhle ist nicht in Sicht. Am Nachmittag steht fest: Den zweiten Ausgang wird auch das CAVES-Team 2014 nicht finden. Unsere für die Erkundung zugeteilte Zeit ist vorbei.

Tag 7, 18. September 2014: Fünf Astronauten, die sich vorher kaum gekannt haben, sind zu einem echten Team zusammengewachsen. Obwohl wir verschiedene Sprachen sprechen, aus unterschiedlichen Kulturen stammen und vom Charakter her kaum gegensätzlicher sein könnten, haben wir die Mission gemeistert. Wir haben Schwierigkeiten gelöst, Unstimmigkeiten beseitigt und Entscheidungen getroffen. Zur Belohnung durften wir eine neue, einzigartige Welt kennenlernen. Eine Welt, deren Magie den meisten Menschen verborgen bleibt.

Der Aufstieg gleicht einer einzigen Kletterpartie. Karabinerhaken aushängen, wieder einklinken, am Drahtseil entlangkraxeln – all das funktioniert mittlerweile fast automatisch. Irgendwann dringen die ersten Sonnenstrahlen zu uns durch. Ich kneife die Augen zusammen. Der Lichtstrahl meiner Kopflampe verschwindet in der gleißenden Helligkeit. Eine gewohnte Welt taucht vor mir auf. Doch die fühlt sich anders an als vor der Expedition, viel intensiver. Die grauen Felsen, die grünen Blätter, unsere orangenen Anzüge – die Farben wirken verdammt grell. Ich atme tief ein. Die Explosion verschiedenster Düfte überfordert meinen Geruchssinn. Alles riecht überwältigend.

Plötzlich höre ich Applaus. Am Eingang nimmt uns die komplette Crew in Empfang. Wie in der Raumfahrt ist für CAVES ebenfalls ein großes Team erforderlich. Techniker, Ingenieure, Sanitäter, Wissenschaftler, Höhlenexperten und viele weitere Personen arbeiten im Hintergrund. Ohne sie wäre diese Expedition niemals möglich gewesen. Wir fallen uns in die Arme. Vor Freude und Erleichterung. Die Mission war ein umwerfender Erfolg, und all meine Skepsis ihr gegenüber ist verflogen. Anfangs fragte ich mich, warum ich in diese Höhle krabbeln soll, wo ich doch hoch will und nicht runter. Aber jetzt, sieben Tage später, kenne ich die Antwort: Kein Ort auf dieser Erde könnte uns besser auf das extreme Leben im Weltraum vorbereiten. Insbesondere was das Zwischenmenschliche betrifft, habe ich unter Tage eine wichtige Erkenntnis gewonnen, die mir sicherlich auch das Leben auf der ISS erleichtern wird. Bisher befolgte ich immer die goldene Regel: »Behandle jeden Menschen so, wie du selbst am liebsten behandelt werden möchtest.« In der Höhle habe ich jedoch die Platin-Regel kennengelernt: »Behandle andere Menschen so, wie SIE behandelt werden möchten.«

Donnerndes Ungeheuer in der Steppe

Dezember 2015,
Baikonur, Kasachstan

I'm a shooting star leaping through the sky
Like a tiger defying the laws of gravity
I'm a racing car passing by like Lady Godiva
I'm gonna go, go, go
There's no stopping me
I'm burnin' through the sky, yeah
[…]
Don't stop me now …*

15. Dezember 2015, kurz nach 13 Uhr, mitten auf einem Feld in der Steppe Kasachstans. Eine zarte Schneeschicht bedeckt den Boden. Die Luft ist klar, der Himmel mit harmlosen Schleierwolken behangen.

Vor mir erstreckt sich eine schier endlose kahle Fläche – sie ist Teil des knapp 8000 Quadratmeter großen Weltraumbahnhofs Baikonur im Süden des Landes. Die frühere Sowjetunion hatte das Kosmodrom 1955 erbaut, um militärische Waffen zu testen. Aber schon zwei Jahre später nutzte sie es überwiegend für revolutionäre Raumfahrtaktivitäten. Mit Sputnik 1 schossen die Russen 1957 den ersten Satelliten in den Orbit. Einen Monat spä-

* Ich bin eine Sternschnuppe, die durch den Himmel springt
Wie ein Tiger, den Gesetzen der Schwerkraft trotzend
Ich bin ein Rennauto, das vorbeirast wie Lady Godiva
Ich werde abgehen, abgehen, abgehen
Nichts kann mich aufhalten
Ich brenne durch den Himmel, yeah
[…]
Halte mich jetzt nicht auf …
(*Don't Stop Me Now,* Queen)

ter flog Hündin Laika als erstes Lebewesen ins All, und am 12. April 1961 folgte ihr mit Juri Gagarin der erste Mensch. Seitdem starten hier regelmäßig Raketen. Die nächste in etwa 60 Minuten.

Die dreistufige Sojus ragt eindrucksvoll in die Höhe. Betankt mit 195 Tonnen flüssigem Sauerstoff und 80 Tonnen Kerosin wird sie ausreichend Schubkraft erzeugen, um die Erdanziehungskraft zu überwinden und drei Menschen in den Orbit zu befördern. Einer von ihnen ist mein Freund Tim, den ich seit der letzten Runde des Auswahlverfahrens in Paris kenne. Festgegurtet kauert er in einer maßgefertigten Sitzschale und sehnt sicherlich den Moment herbei, in dem die Triebwerke zünden. Um die Wartezeit zu überbrücken, wird die Lieblingsmusik der Mannschaft per Funk in das Cockpit übertragen.

Tim hat sich *Don't Stop Me Now* von Queen gewünscht. Gut möglich, dass er das Lied jetzt hört – so wie wir, seine Familie, Freunde und Kollegen, die mit nach Kasachstan gereist sind. ESA-Ingenieur Romain Charles spielt für uns den Rocksong auf seinem Smartphone ab. Als die Melodie durch die Steppe hallt, läuft mir ein Schauer über den Rücken.

Ich freue mich unglaublich, an dem Ort sein zu dürfen, an dem die astronautische Raumfahrt ihre Anfänge genommen hat. Es ist zudem das erste Mal, dass ich einen Start live erlebe. Das erste Mal, dass die Interkontinentalrakete direkt vor meinen Augen in den Weltraum schießen wird. Tief in mir formen sich die ersten wild vorauseilenden Gedanken, in denen ich in dieser Kapsel sitze und auf ihrem Feuerstrahl in das schwarze Universum reite.

Die Sojus ist ein bewährtes Transportmittel für Satelliten und Raumschiffe. Die äußerst robuste Maschine kann bei Wind und Wetter abheben, lässt sich nicht einmal von Schneestürmen ausbremsen. Ich bin so hibbelig, als würde ich selbst auf der Spitze der Rakete ausharren, und kann den Countdown kaum erwarten. Wie muss sich all das erst für Tims Familie anfühlen? Seine

Mutter macht sich offensichtlich große Sorgen. Verkrampft verschränkt sie die Arme vor der Brust, die Lippen fest zusammengepresst. Mein Chef Frank muntert sie auf. Er erzählt ihr, was in den letzten Minuten vor dem Start im Raumschiff vor sich geht, dass sicherheitshalber noch einmal alle Systeme gecheckt werden. Der Belgier war der erste europäische ISS-Kommandant und zwei Mal im All gewesen. Er ist genau der Richtige, um den Angehörigen in dieser Situation Beistand zu leisten.

In den vergangenen Tagen haben wir alle viel Zeit miteinander verbracht. Wir waren zusammen im Missionskontrollzentrum in Moskau und im nahe gelegenen Sternenstädtchen, dem Trainingszentrum der Kosmonauten. Anschließend sind wir nach Baikonur geflogen. Wir erkundeten gemeinsam die Stadt und lernten einiges über die russischen Raumfahrttraditionen. Besonders die Erzählungen über den von Gagarin eingeführten Brauch, auf dem Weg zur Startrampe den bereits hermetisch versiegelten Raumanzug zu öffnen, um sich gegen den Hinterreifen des Busses zu erleichtern, brachten uns zum Lachen. Angeblich, so verriet uns der Tourguide, würden sich die Raumfahrer auch persönlich von der Qualität des Treibstoffs überzeugen und dazu ein Schlückchen von den alkoholischen Treibstoffkomponenten probieren. Besonders inspirierend fand ich die Tradition, dass alle Kosmonauten vor ihrem Erstflug ein Bäumchen pflanzen. Als Jahre später feststand, dass ich mit einer amerikanischen Kapsel zur ISS fliege, entschied ich mich, den Brauch zu übernehmen. Mein Bäumchen würde jedoch in Köln seinen Platz finden müssen, da bei der NASA nur tote Astronauten ein solches Pflänzchen erhalten.

Zweimal durften wir während unseres Aufenthalts in Baikonur Tim im Kosmonauten-Hotel besuchen und mit ihm reden – allerdings nur durch eine Glasscheibe, denn zwei Wochen vor dem Start begeben sich die Raumfahrer in Quarantäne, um sich nicht noch auf der Zielgeraden mit irgendeiner Krankheit anzustecken. Tim ist ein sehr in sich ruhender Mensch, und bei den

Besuchen kam es mir so vor, als seien seine Gäste nervöser als er selbst. Ich kann sie gut verstehen. Schließlich wird ihr Sohn, Vater, Ehemann oder Freund auf einem Feuerbiest in den Weltraum reiten und danach sechs Monate weit weg von ihnen in der Schwerelosigkeit leben. Eine Vorstellung, die mir plötzlich total unwirklich erscheint.

»Gleich geht es los«, verkündet Romain ganz aufgeregt. Ich blicke auf meine Armbanduhr. Es ist 14.01 Uhr. Der Start ist für 14.03 Uhr angesetzt. Einen Countdown gibt es bei den Russen nicht, daher übernimmt Romain diese Aufgabe. »Noch 20 Sekunden. Achtung«, sagt er. Mein Puls steigt, mein Herz rast. Wie mir geraten wurde, lasse ich mein Handy in der Tasche. Ich will das Spektakel nicht durch die Kamera sehen, sondern es mit allen Sinnen erleben und auskosten. »Es geht los!«, ruft mein Kollege.

Die Hauptstufe der Rakete zündet, ebenso die vier seitlichen Hilfstriebwerke – auch Booster genannt. Ein Lichtblitz schießt vor mir empor, eine Dampfwolke hüllt die Startrampe ein. Völlig geräuschlos steigt die Sojus gen Himmel. Noch nie wurde mir die Differenz zwischen Licht- und Schallgeschwindigkeit so bewusst wie jetzt. Es dauert drei Sekunden, bis schlagartig das wilde Grollen zu hören ist. Es wird immer stärker, vibriert in meiner Magengrube und schüttelt mich von oben bis unten durch. Die Urgewalt, die in der Maschine steckt, ist in meinem ganzen Körper zu spüren. Völlig im Bann dieser unbändigen Kraft schaue ich der Sojus hinterher. Unaufhaltsam zieht sie mit donnerndem Brüllen davon. Der Flug ist präzise getaktet. Jede Sekunde Schub zählt. Ein falsches Zündintervall der Triebwerke könnte dazu führen, dass das Gespann auf unseren Planeten herabstürzt oder auf eine ungewollte Erdumlaufbahn gerät.

Nach nur 45 Sekunden befindet sich die Sojus bereits in elf Kilometer Höhe und hat eine Geschwindigkeit von 1640 Kilometern pro Stunde erreicht. Dies ist der Augenblick, in dem sie der größten mechanischen und aerodynamischen Belastung ausgesetzt ist. Die Crew muss der doppelten Erdanziehungskraft standhalten. Just in dem Moment bildet sich hinter der Rakete ein heller Schweif. »Was ist da los?«, will Tims Mutter voller Angst wissen. Wahrscheinlich hat auch sie die Bilder vom 28. Januar 1986 im Kopf, als die Raumfähre Challenger kurz nach dem Start explodierte und die sieben Astronauten ums Leben kamen. »Alles gut. Es ist alles in Ordnung«, antwortet Frank. Die Sojus habe eine andere Luftschicht durchquert und die Brenngase hätten eine Kondensation verursacht. Dadurch sei der merkwürdig anmutende Schweif entstanden. Inzwischen ist die Rakete seit gut zwei Minuten in der Luft, hat eine Höhe von circa 40 Kilometern erreicht. Die vier Seitentanks sind leer und werden abgesprengt. Symmetrisch entfernen sie sich voneinander, malen ein Sternenmuster in den Himmel – das Koroljow-Kreuz, benannt nach dem legendären Konstrukteur der Sojus. »Die Crew hat einen absoluten Bilderbuchstart hingelegt«, kommentiert Frank zufrieden das Ereignis über unseren Köpfen.

Die leistungsstarke Rettungsrakete der Sojus-Kapsel muss somit erfreulicherweise nicht zum Einsatz kommen. Im Notfall hätte sie das Raumschiff von der großen Rakete getrennt und die Astronauten innerhalb von Sekunden aus der Gefahrenzone geschossen. Erstmals wurde das System am 26. September 1983 aktiviert. Damals trat Treibstoff aus einem defekten Ventil aus, und die Sojus-Rakete fing auf der Abschussrampe Feuer, woraufhin das Kontrollzentrum die Rettungsrakete aktivierte. Diese beförderte die Kosmonauten Vladimir Titov und Gennady Strekalov statt zur Saljut-7-Raumstation sicher zurück auf die Erde. Am 11. Oktober 2018, knapp drei Jahre nach Tims Start, löst der Rettungsmechanismus ein zweites Mal aus: Ein Boostertank trennt sich nicht von der Rakete, da ein Mechaniker einen verbogenen Bolzen verwendete. Die Sojus gerät ins Taumeln und außer Kontrolle. Die Sicherungsautomatik zündet die Rettungsrakete, die Alexei Ovchinin und Nick Hague sicher von der versagenden Rakete wegkatapultiert und rund 400 Kilometer vom

Startplatz entfernt landen lässt. Beide überstehen dieses hochdynamische Ereignis trotz der extremen g-Kräfte unbeschadet und fliegen sechs Monate später beim zweiten Versuch zur ISS.

Heute läuft zum Glück alles nach Plan. In gerade einmal drei Minuten hat das Raumschiff die Grenze zum Weltraum erreicht. Die Besatzung benötigte lediglich 180 Sekunden, um in eine Höhe von 100 Kilometern zu gelangen und somit unseren Planeten zu verlassen. Wahnsinn! Doch zum Jubeln ist es noch zu früh. Die Schutzhülle der Kapsel wird abgesprengt, die Rakete immer schneller. Etwa fünf Minuten nach dem Start trennt sich ihre zweite Stufe ab, nachdem die dritte bereits gezündet ist. In einer Höhe von 170 Kilometern erreicht das Raumschiff eine Geschwindigkeit von 13 250 Kilometern pro Stunde. Die Astronauten werden mit ihrem vierfachen Körpergewicht in die Sitze gepresst. Während Tim den physisch anstrengendsten Teil des Fluges über sich ergehen lässt, bleibt uns nichts anderes übrig, als abzuwarten.

Die Sojus ist aus unserem Sichtfeld verschwunden. Die Dampfwolke hat sich aufgelöst. In der Steppe Kasachstans ist wieder Ruhe eingekehrt. Frank starrt gespannt auf sein Smartphone. Sobald die Kapsel in 220 Kilometer Höhe auf ihre Erdumlaufbahn einschwenkt und die letzte Raketenstufe abstößt, wird er eine Benachrichtigung erhalten – das sollte etwa neun Minuten nach dem Start der Fall sein. Niemand redet ein Wort. Ich frage mich gerade, ob Tim schon die Gelegenheit hatte, einen Blick auf unseren Planeten zu erhaschen, da durchbricht Franks Stimme die Stille: »Sie haben es geschafft!« Mit knapp 28 000 Kilometern pro Stunde ist die Kapsel jetzt schnell genug, um allein weiterzufliegen. Die Astronauten können durchatmen. Und wir auch! Wir fallen einander in die Arme, applaudieren, jubeln, lassen die Sektkorken knallen.

Während wir es uns in einem Restaurant gut gehen lassen, steht der Sojus-Crew der längste Teil der Reise noch bevor. Sie kann nicht einfach senkrecht zur Raumstation fliegen, sondern muss Flugbahn für Flugbahn emporklettern. Mit jeder Zündung geht es eine Stufe höher. Wie lange der Flug dauert, hängt im Wesentlichen von der Position der ISS auf der Umlaufbahn ab. Ist der Startzeitpunkt hochpräzise gewählt, reichen zwei Erdumkreisungen aus, um die Flugbahn der Raumfähre an die der Raumstation anzupassen. Die Astronauten gelangen dann innerhalb von drei Stunden ans Ziel. Dieser Idealfall tritt aber nur circa einmal pro Monat auf. Bei weiteren Startfenstern, die sich etwa alle zwei bis drei Tage öffnen, braucht es schon vier oder auch die klassischen 34 Erdumrundungen, um die Kapsel in eine geeignete Andockposition zu manövrieren. Die Reisezeit beträgt dann bis zu 50 Stunden.

Tims Flugzeit liegt dazwischen. Es dauert etwa sechs Stunden, bis sein Raumschiff auf der Umlaufbahn der ISS angekommen ist und die Verfolgungsjagd auf ihren Höhepunkt zusteuert. Mit 28 000 Kilometern pro Stunde fliegt die Raumstation vornweg. Die Sojus-Kapsel ist ihr dicht auf den Fersen. Im Cockpit herrscht nun höchste Konzentration. Zwar erfolgt der Andockvorgang vollautomatisch, aber die Crew muss bei Problemen jederzeit eingreifen können. Tim, der NASA-Astronaut Timothy Kopra und der Kosmonaut Juri Malentschenko überwachen das risikoreiche Manöver auf einem Bildschirm. Grüne Buchstaben und Zahlen zeigen ihnen die Entfernung an. Ein Fadenkreuz hilft dabei, den Dockingpoint der ISS zentimetergenau zu lokalisieren.

Wir beobachten die Aktion in einem Kino in Baikonur. Extra für uns werden die Bilder aus dem Kontrollzentrum in Moskau live auf die Leinwand übertragen. Wir sind alle ziemlich aufgedreht. Schon in wenigen Minuten kommt es zum Rendezvous im All. Sojus und ISS werden sich miteinander vereinen, Tim wird seinen Raumanzug ablegen, die Luke öffnen und in die Station schweben. Aber irgendetwas stimmt nicht. Anhand der Telemetriewerte erkenne ich, dass das Navigationssystem, das die Station mithilfe von Radarimpulsen anpeilt, ausgefallen sein muss. Die Crew muss ihr Gefährt daher manuell andocken. Ein solches

Manöver ist selten notwendig, aber Raumfahrer trainieren es in ihrer Ausbildung gefühlt unzählige Stunden in Simulatoren. Kommandant Malentschenko übernimmt die Steuerung. Er gilt als einer der erfahrensten Kosmonauten, dies ist sein sechster Flug. Es heißt, er könne die Kapsel blind an der ISS einparken. Ich hoffe, da ist etwas Wahres dran, denn heute könnte er diese Fähigkeit gut gebrauchen. Die Sonne steht ungünstig und blendet die Kosmonauten. Malentschenko kann das Docking-Ziel wohl erst sehr spät erkennen. Zumindest erkläre ich mir so, dass das Raumschiff nun in Schräglage auf die Station zudriftet, in einem offensichtlich unplanmäßigen Winkel. Gerade noch rechtzeitig, bevor sie um Haaresbreite mit der ISS kollidiert, gelingt es dem Kommandanten, die Sojus abzufangen. »Kein Grund zur Panik. So etwas kann schon mal vorkommen«, entschärft Frank unsere Anspannung, »sie probieren es gleich noch einmal.«

Die Kapsel fliegt automatisch etwa 90 Meter zurück, und Malentschenko kann erneut Anlauf nehmen. Dieses Mal nähert sich das Raumschiff sanft und geradlinig seinem Ziel. Wie im Lehrbuch. Nach sechseinhalb Stunden, neun Minuten später als geplant, rastet die Sojus punktgenau in dem Andockkonus ein. Ein Jauchzen geht durch den Raum. Tims Freunde klatschen sich ab, seine Eltern umarmen sich. Auch mir fällt eine Riesenlast von den Schultern. Nach all den Sorgen, die wir uns gemacht haben, können wir das, was jetzt kommt, einfach nur genießen. Erst viel später, während meiner Ausbildung, werde ich aufgrund der Diskussionen meiner Ausbilder und Astronautenkollegen erkennen, dass dieser Moment des Andockens wesentlich gefährlicher war, als es Franks Kommentar vermuten ließ. Aber meine schier unglaubliche Begeisterung für den Astronautenberuf konnte dies nicht trüben.

Meine Vorfreude auf meine eigene Mission war nun größer denn je. Irgendwann würde auch ich in einem Raumschiff die Erde verlassen, das war mir in den vergangenen Tagen erst so richtig bewusst geworden. Bisher hatte ich nur in der Theorie gewusst, wie der Start abläuft. Die Sojus live dabei zu beobachten und ihre ungeheure Kraft zu spüren war eine wertvolle und emotionale Erfahrung. Und es gab noch etwas, was mir von der Reise nach Baikonur in Erinnerung blieb: Ich hatte nun eine Vorstellung davon, wie sich meine Familie und Freunde fühlen werden, während sie auf dem Feld ausharren und in der Ferne die majestätische Rakete erblicken – mit mir an der himmelsstürmenden Spitze.

Aquanauten auf dem Meeresgrund

Juli 2016, Florida, USA

Sie gewährt Einblicke in eine geheimnisvolle Welt, bietet die Möglichkeit, ein weitgehend unbekanntes Terrain zu erforschen, und dient ihren Bewohnern als Zufluchtsstätte in einem für sie lebensfeindlichen Ökosystem: die Aquarius. So gesehen unterscheidet sie sich kaum von einer Raumstation. Allerdings ist sie nicht für die Weiten des Universums geschaffen, sondern für die Tiefen des Ozeans. Fast 20 Meter unter der Wasseroberfläche ruht das Unterwasserhabitat und -labor mitten im Florida Keys National Marine Sanctuary vor der Küste von Key Largo. Die Stahlkonstruktion wirkt wie eine versunkene Minibohrinsel. Getragen von dicken Pfeilern, erhebt sie sich vier Meter aus dem sandigen, teils mit Steinen bedeckten Boden. Doch die Lebewesen integrieren diesen Fremdkörper geschickt in ihr Reich. Gelbe und rote Korallen zieren an einigen Stellen die Fassade. Grüne Algen wuchern auf ihrem Dach. Fische schwirren zwischen den außen liegenden Rohren und Leitungen hindurch. Nach mehr als 35 Jahren auf dem Grund des Ozeans ist die Aquarius zu einem Teil der faszinierenden Unterwasserwelt geworden.

Die Wissenschaftler, die in der Station forschen, wollen nicht bloß für einen flüchtigen Besuch zum Riff abtauchen, sondern im Einklang mit den Meerestieren leben und deren Verhalten über einen längeren Zeitraum studieren. Unterstützung erhalten sie dabei von Astronauten. Einmal im Jahr mietet die NASA die Aquarius, die im Besitz der Florida International University ist, um die Trainingsmission NEEMO abzuhalten. Die extremen Bedingungen unter Wasser sollen Mensch und Ausrüstung auf künftige Missionen zu fremden Himmelskörpern vorbereiten. In der Regel verbringen die Raumfahrer zwischen 8 und 16 Tage auf dem Meeresboden. Regelmäßig brechen sie dabei auch zu Einsätzen außerhalb der Station auf. Wenn die Aquanauten die ISS des Meeres verlassen, müssen sie wie bei einem echten Weltraumspaziergang verschiedene Aufgaben erledigen. Diese sind klar definiert: So sollen Reid Wiseman (NASA, erster Kommandant), Megan McArthur (NASA, zweite Kommandantin), Marc O' Griofa (Wissenschaftler), Dawn Kernagis (Wissenschaftlerin), Noel Du Toit (Wissenschaftler) und ich während NEEMO 21 eine Mission auf dem Mars nachempfinden. Zwei professionelle Techniktaucher, Hank Stark und Sean Moore, sind für unsere Sicherheit verantwortlich.

Auszüge aus einem Tauchtagebuch:

TAG 1, 21. Juli 2016: Die grünlich schimmernde Aquarius schiebt sich nach wenigen Minuten in mein Blickfeld. Zunächst ist sie nur schemenhaft, dann immer deutlicher erkennbar. Unzählige kleine Fische huschen um uns herum. Es scheint, als würden sie uns in ihrer Welt willkommen heißen. Einer nach dem anderen tauchen wir durch ein Loch in der Unterseite in unsere Unterkunft hinein. Über eine Leiter gelangen wir in den Nassbereich. Hier kann kein Wasser eindringen, da der Raum mit Luft gefüllt ist, deren Druck der Meerestiefe entspricht. Mit einer Fläche von gerade einmal 37 Quadratmetern ist es im Inneren der Station ganz schön eng. Auf Komfort haben die Architekten keinen Wert gelegt, als sie den 300 Tonnen schweren Koloss entwarfen. Dafür umso mehr auf Zweckmäßigkeit. Im Nassbereich legen wir unser Equipment ab, ziehen die Neoprenanzüge aus und duschen uns kurz ab. Auch eine Toilette gibt es hier. Durch eine dicke Tür gelangen wir in die Einstiegsschleuse. Diese gleicht einem Technikraum mit Lebenserhaltungssystemen, Versorgungsleitungen, Ventilen, Druckluftrohren und Schaltkästen. Außerdem sind ein Arbeitsplatz, mehrere Regale sowie eine Not-Toilette und ein Waschbecken vorhanden. Direkt nebenan befindet sich – ebenfalls hinter einem luftdicht schließenden Tor – das Herz der Station: die Hauptkabine. Sie ist mit einer kleinen Küche bestückt, inklusive Mikrowelle und Kühlschrank. Vor einem Bullauge stehen Metalltische und Bänke, auf denen mit Müh und Not vier Personen gleichzeitig Platz nehmen können. Auf der gegenüberliegenden Seite ist das Kontrollzentrum untergebracht. Eine Wand gespickt mit Knöpfen, Anzeigen, Computern und Bildschirmen. Hinter einem Vorhang versteckt sich der Durchgang zum Schlafzimmer. Wie in einer Jugendherberge sind die Betten übereinandergestapelt – drei rechts, drei links.

Ich bilde mir ein, unter den Füßen ein leichtes Schwanken zu spüren, meine Ohren dröhnen vom Brummen der Anlagen, und sogar meine Stimme verändert sich. Wegen des annähernd doppelten Luftdrucks quaken wir wie Donald Duck und müssen über uns selbst lachen. Leider bleibt mir kaum Zeit, all das Fremde auf mich einwirken zu lassen. Denn Sean und Hank wollen uns eine Sicherheitseinweisung geben. Feuer, Stromausfall und kontaminierte Luft sind die kritischsten Notfälle, die uns hier unten erwarten könnten. Wir brauchen etwa 20 Minuten, um die drei Szenarien durchzugehen. Im Anschluss steht der erste Außeneinsatz an.

Während des Vorbereitungstrainings habe ich mir diesen Ausflug herbeigesehnt. Ich wollte unbedingt meine handelsübliche Tauchausrüstung gegen den massiven, bleischweren Taucherhelm tauschen und damit über den Meeresboden laufen. Aber jetzt, kurz vor der Premiere, hält sich meine Vorfreude in Grenzen. Ich bin angespannt, als ich mir die eng anliegende Halsmanschette aus Neopren wie einen Strumpf über den Kopf stülpe. »Alles klar, sitzt«, sage ich zu Hank. Er wird den Helm nun an ebenjener Manschette festschrauben. Als er ihn mit einem dumpfen Ploppen aufsetzt, fühle ich mich wie in einem Foltergerät aus dem Mittelalter. Mein Kopf ist gefangen. Unerreichbar eingeschlossen in einer 15 Kilogramm schweren Stahlkugel – aus der ich allein niemals rauskommen würde. Ich versuche, mir meine Verunsicherung nicht anmerken zu lassen. Erst recht nicht vor Hank, einem ehemaligen Navy-Taucher, der keine Schwäche duldet. Betont lässig schnüre ich mir Bleigürtel um Hüfte und Knöchel, nehme den Rucksack mit der Notfallsauerstoffflasche entgegen und klettere durch das Loch hinaus in den freien Ozean.

Reid läuft, ohne zu zögern, los. Er ist ein erfahrener Marinepilot, Testflieger und Astronaut. 2014 verbrachte er 166 Tage an Bord der ISS. Der Spaziergang in 20 Meter Tiefe schüchtert ihn überhaupt nicht ein. Im Gegensatz zu mir. Ich bin gehemmter, achte sorgfältig darauf, nicht hinzufallen. Was, wenn ich über einen der dicken Felsbrocken stolpere, die Neoprenmanschette verrutscht und Wasser in meinen Helm eindringt? Wenn irgendetwas schiefgeht, kann mir niemand helfen. Es wäre auch keine Option, zur Oberfläche zu schwimmen. Würde ich hastig auftauchen, würde meine Lunge aufgrund des zu schnellen Druckausgleichs reißen. Wie erstarrt bleibe ich stehen. Es muss mir gelingen, dieses Kopfkino auszuschalten. Ich schließe die Augen und erinnere mich an eine Trainingseinheit in der vergangenen Woche. Dabei habe ich die Halsmanschette angehoben und den Helm absichtlich geflutet. Zu spüren, wie die Luft entweicht und das Wasser gnadenlos um mein Gesicht in das stählerne Kopfgefängnis strömt, war psychisch extrem provozierend und unangenehm. Aber ich habe es geschafft, wie besprochen ruhig zu bleiben, die Situation für einige Sekunden zu tolerieren, um erst dann das rettende Druckluftventil aufzudrehen. Innerhalb von

Sekunden wurde massiv Luft in den Helm gepumpt und das Wasser herausgedrückt. »Du weißt, was im Notfall zu tun ist. Vertrau der Technik!«, sage ich zu mir selbst und öffne wieder die Augen.

Je weiter ich die Aquarius hinter mir lasse, desto steiniger wird der Boden. Mein Partner ist schon bis zum Riff vorgedrungen und bewundert die farbenprächtigen Geschöpfe. Ich stelle mich neben ihn. Wir reden nicht. Wir staunen nur. Ein tellergroßer, blaugelber Fisch und sein Kumpel jagen an uns vorbei. Sie winden sich geschickt zwischen den Korallen hindurch. Ein winziger Krebs beobachtet die beiden. Als die Luft rein ist, lugt er aus der Felsspalte hervor, rennt wie wild los und verschwindet gleich wieder im nächsten Versteck. »Wow, welch ein Glück, dass wir diese Wunderwelt entdecken dürfen«, rufe ich Reid zu.

TAG 2, 22. Juli 2016: Zwischen all den ähnlich geformten Felsen und Korallenbänken die Orientierung zu behalten stellt uns vor eine enorme Herausforderung. Vor allem, wenn das Wasser so trüb ist wie heute. Aus diesem Grund haben Reid und ich ein spezielles Navigationsgerät dabei. Es sieht aus wie ein Tablet, das auf einen Tauchscooter montiert wurde. An seiner Unterseite sind Kameras befestigt, die den Boden scannen. Dieses optische System stammt ursprünglich aus dem Militärbereich. Eines Tages könnte eine ähnlich innovative Technik aber auch Astronauten auf dem Mars eine große Hilfe sein. Denn fernab der Erde gibt es kein GPS-Signal. Ein Kompass würde ebenfalls nicht funktionieren, da das Magnetfeld des Roten Planeten nicht stark genug ist.

Auf dem Bildschirm erscheint eine Karte des Riffs, ein roter Punkt markiert unser Ziel. Es ist etwa 150 Meter von der Aquarius entfernt. Während mein Partner den Weg vorgibt, ziehe ich eine Handkarre mit Werkzeugen und Ausrüstung hinter uns her. Wir nähern uns dem Ziel nur langsam. Die Handkarre lässt sich auf dem sandigen Untergrund kaum bewegen, bleibt an jedem noch so kleinen Stein hängen und kippt andauernd um. Mehrmals müssen uns Sicherheitstaucher unter die Arme greifen. Wie Adler kreisen sie während eines Außeneinsatzes über unseren Köpfen. Wenn es Probleme gibt, sind sie sofort zur Stelle. Es ist ein beruhigendes Gefühl, sie an unserer Seite zu wissen. Wobei meine Anspannung von gestern spurlos verschwunden ist. Die Vorzüge des Helms weiß ich inzwischen zu schätzen: Es ist großartig, unter Wasser zu sein und dabei frei mit Kollegen kommunizieren zu können.

Heute arbeiten wir im Auftrag der Coral Restoration Foundation (CRF). Die gemeinnützige Organisation setzt sich für den Schutz der Meere ein und möchte in der Nähe der Aquarius bedrohte Korallenarten ansiedeln. Unsere Aufgabe besteht darin, die Kinderstuben in 20 und 30 Meter Tiefe aufzubauen. Reid reicht mir ein großes PVC-Rohr, das ich senkrecht in den Boden ramme. In die vorgebohrten Löcher stecken wir nun viele kleinere Röhrchen hinein. Die fertige Konstruktion ähnelt einem Tannenbaum, den wir mit Kärtchen schmücken. Behutsam hänge ich sie auf, damit die darauf befestigten, briefmarkengroßen Korallen nicht kaputtgehen. Zwischendurch schauen immer mal wieder Fische vorbei. Sie sind neugierig. Begutachten uns wie neue Nachbarn, die gerade erst in ihr Viertel gezogen sind. Ich fühle mich wie im Zoo, nur dass die Tiere uns beäugen. Die Unterwasserwelt ist ein faszinierendes Mysterium. Ich hoffe sehr, dass wir ihr mit unserer Arbeit etwas Gutes tun. Wenn alles nach Plan läuft, beginnen unsere Korallen in den nächsten Monaten zu wachsen. Sie liefern den Forschern wichtige Informationen, auf deren Grundlage die Restaurierung des Riffs fortgesetzt werden kann.

Nach etwa drei Stunden klettern wir wieder auf die Plattform vor der Aquarius. Dort sollen wir nun ein Experiment zur optischen Kommunikation testen. Dazu installieren wir zunächst Lampen, Sender und Empfänger. Auch bei Missionen zum Mars wird es eine der wichtigsten Aufgaben der Crew sein, eine zuverlässige und robuste Datenverbindung zu generieren. Herkömmliche Kommunikationssysteme basieren auf Funktechnologie, die Bandbreite der Übertragung ist physikalisch begrenzt und funktioniert nicht unter Wasser. Daher haben Forscher einer US-Universität neue Methoden entwickelt. Sie übermitteln die Daten mithilfe optischer Signale (Laserlicht). Dies ermöglicht eine schnellere Verbindung und spart Energie. Die Reichweite der Systeme soll mehrere Hundert Meter betragen. Unsere Verbindung reißt jedoch nach nur zwei Metern ab. Wir werden in den kommenden Tagen einen erneuten Versuch starten. Aber für heute machen wir Feierabend.

Zurück in der Station, erwartet uns eine ganz besondere Überraschung. Die NASA hat eine Videoschalte zur ISS organisiert. Von den Tiefen des Ozeans in die Weiten des Weltalls. Das außergewöhnlichste Telefonat meines Lebens. Wir quetschen uns alle zusammen in die Hauptkabine und starren gebannt auf einen der Bildschirme. Plötzlich winken uns drei Astronauten zu, unter ihnen Kate Rubins, die erst vor zwei Wochen zur ISS aufgebrochen ist. Nach einem kurzen Plausch nehmen uns unsere Kollegen mit auf einen Rundgang. Sie schweben in das Aussichtsmodul Cupola und drehen die Kamera Richtung Fenster. Ausgerechnet in dem Moment fliegt die Raumstation über die Florida Keys. Der Atlantische Ozean schimmert in verschiedenen Blautönen, ein paar weiße Wolken ziehen darüber hinweg. Und irgendwo unter der Wasseroberfläche hocken wir in der Aquarius. Es ist ein schier überwältigendes Erlebnis mit Gänsehautgarantie: vom Weltraum auf die wunderschöne Erde zu blicken und gleichzeitig durch das Bullauge die Fische in ihrem natürlichen Lebensraum beobachten zu können.

TAG 3, 23. Juli 2016: Nach drei Tagen in der Aquarius habe ich mich mit der enthaltsamen Lebensweise abgefunden. Körperhygiene ist nur eingeschränkt möglich, wir ernähren uns meist von Hühnchen-Reis-Gerichten aus der Mikrowelle, und Privatsphäre gibt es hier unten ohnehin nicht. Doch an eines werde ich mich wohl nie gewöhnen: das Gefühl, in einem Unterwasserbunker eingeschlossen zu sein. Vor allem an Tagen, an denen ich den Innendienst übernehmen muss, komme ich mir vor wie ein Gefangener. Dann wird mir bewusst, dass ich abhängig bin – von Spezialtauchern, die regelmäßig Kisten voller Lebensmittel vorbeibringen, und von einer Schwimmboje, die unter anderem die Luftzufuhr sicherstellt. Glücklicherweise schafft es der eng getaktete Stundenplan, mich die äußeren Umstände vergessen zu lassen.

Unser Programm beginnt gleich nach dem Aufstehen. Noch vor dem Frühstück schließen wir uns an ein hochmodernes Telemetriegerät an. Es übermittelt Körperdaten und Messwerte an einen Arzt, der unseren Gesundheitszustand überwacht. Die daraus gewonnenen Erkenntnisse tragen dazu bei, die medizinische Versorgung auf Langzeitraumflügen zu verbessern. Ein weiteres Gerät, das wir bei der NEEMO-Mission verwenden, ist ein tragbarer Monitor, der den Wassergehalt im Körper misst. Bei den anstrengenden Außeneinsätzen kann es schnell passieren, dass wir dehydrieren. Der Monitor hilft, diese Gefahr einzudämmen. Zudem gibt er den Wissenschaftlern Auskunft darüber, wie sich der erhöhte Druck in 20 Meter Tiefe auf die Flüssigkeitsverlagerung auswirkt.

Die Funktion des Bodenkontrollzentrums übernehmen Mitarbeiter in einer Zentrale an Land. Dort sitzt auch der Mission-Direktor (MD). Wie auf der ISS startet der Arbeitstag mit einer Besprechung. In Echtzeit können wir uns mit unseren Kollegen an der Wasseroberfläche unterhalten. Wenn alle Fragen geklärt sind, rücken zwei Aquanauten zur Expedition auf dem Meeresboden aus. Die anderen beiden bleiben in der Station. Sie führen Experimente durch oder fungieren als Innen-Astronaut (IVA). Letzterer sitzt im Aquarius-Kontrollzentrum und hält den Kontakt zu den Aquanauten, solange diese auf Außenerkundungstour sind. Zeitgleich ist er dafür verantwortlich, mit den Mitarbeitern im Landkontrollzentrum und auf dem Boot zu kommunizieren und sie über jedes Geschehnis auf dem Grund des Ozeans auf dem Laufenden zu halten. Heute übernimmt Reid den Job des IVA. Marc und Megan brechen zum simulierten Weltraumspaziergang auf.

Während meine Kollegen alle in irgendeiner Weise mit dem Außeneinsatz beschäftigt sind, kümmere ich mich um die Sequenzierung von Abstrichproben. Ich bin hoch motiviert, die 50 Seiten umfassende Prozedur durchzuarbeiten. Insbesondere, weil ich damit etwas zur Forschung auf der ISS beitragen kann. Meine Astronauten-Kollegin Kate wird vielleicht von unseren Erfahrungen profitieren, wenn sie dieses spannende Experiment erstmals auf der Raumstation ausprobiert.

Die DNA-Sequenzierung erlaubt es, Mikroorganismen zu identifizieren. Bei der Erforschung fremder Planeten könnten wir damit noch vor Ort feststellen, ob dort Lebewesen existieren. Aber auch auf der Raumstation wäre die DNA-Sequenzierung extrem nützlich. Sie wird helfen, die mikrobiologische Belastung zu kontrollieren. Auf der ISS fühlen sich Mikroben wie Schimmel durchaus wohl. Sie wachsen vor allem in Modulen, in denen feuchte Handtücher oder Klamotten hängen. Da manche Mikroben gesundheitsschädlich sind und Krankheiten auslösen, nehmen die Astronauten regelmäßig Abstriche von Oberflächen und schicken diese mit Frachtkapseln zurück zur Erde. Wissenschaftler analysieren die Proben im Labor. Oft dauert es mehrere Wochen oder sogar Monate, bis die Ergebnisse vorliegen und auf die unerwünschten Kleinstlebewesen reagiert werden kann. Die Wissenschaftler träumen daher davon, die DNA-Sequenzierung direkt in der ISS vorzunehmen. Dafür haben sie ein Verfahren entwickelt, das auch gut geschulte Laien umsetzen können.

TAG 5, 25. Juli 2016: Noch während Hank meinen Helm festschraubt, spüre ich, dass etwas anders ist. Zwar hat sich die Atemmaske im Inneren wie gewohnt an mein Gesicht angeschmiegt, aber seitlich davon scheint wieder einmal ein Polster verrutscht zu sein. Genervt versuche ich, es mit einer leichten Kopfbewegung wegzudrücken. Erfolglos. Ich sollte Hank Bescheid sagen. Er könnte mir die Tauchglocke abnehmen, das Polster neu befestigen und mir die Glocke erneut aufsetzen. Aber genau das hatten wir gerade schon einmal gemacht und dadurch bereits einige Minuten verloren. Wertvolle Minuten, die von unserem Nachttauchgang abgehen. Spontan beschließe ich daher, über das Missgeschick hinwegzusehen. Stattdessen richte ich meine Konzentration auf das, was vor mir liegt: ein einstündiger Spaziergang durch den pechschwarzen Ozean.

Sämtliche Scheinwerfer rund um die Aquarius sind ausgeschaltet. Nur der Mond spendet ein wenig Licht. Ganz langsam werden erste Konturen erkennbar. Mehrere schwarze Punkte fliegen wie Torpedos an uns vorbei, gefolgt von einem länglichen Schatten. Auf dem sonst scheinbar unbelebten Felsen neben der Station wimmelt es nur so von kleinen Lebewesen. Eine Koralle hat ihre Fangärmchen ausgestreckt, um Plankton aus dem Wasser zu fischen. Schnecken und Krebse, die sich tagsüber in ihren Höhlen verkriechen, wagen sich nun auf Futtersuche. Voller Neugierde springe ich von der Plattform, um diesen fremden Lebensraum zu erkunden. Doch stattdessen lande ich mitten in einem Horrorfilm.

Kaum haben meine Füße den Boden berührt, ist die Luftzufuhr schlagartig unterbrochen. Ich kann kaum noch atmen. Reflexartig betätige ich das Druckluftventil an meinem Helm. Nichts geschieht. Auch die Notfallsauerstoffflasche auf meinem Rücken lässt sich nicht aktivieren. »Ich bekomme keine Luft«, schnaufe ich. »Ganz ruhig, du bist nur wenige Meter vom Eingang entfernt«, ertönt Reids Stimme.

Was auch immer hier gerade vor sich geht, ich muss es zurück in die Station schaffen. So schnell wie nur irgendwie möglich krabbele ich die Plattform hinauf. Eine Lichtsäule fällt aus dem Einstiegsloch und weist mir den Weg. Ich laufe ihr entgegen, klettere die Stufen zum Nassbereich empor und recke meinen Kopf aus dem Wasser. Hank wartet schon, nimmt mir die Tauchglocke sofort ab, sodass ich endlich wieder befreit atmen kann. Mit weit aufgerissenen Augen sauge ich die Luft tief ein. Sauerstoff strömt wieder ungehindert in meine Lunge. Obwohl ich den Atem letztlich wohl nur etwa 30 Sekunden lang ungewollt anhalten musste, hat es sich angefühlt wie eine Ewigkeit. Erschöpft von diesem traumatischen Erlebnis setze ich mich langsam neben Hank. Er sagt kein Wort.

Ich bin mir sicher, dass er weiß, wie es zu dem Zwischenfall kommen konnte. Denn noch während ich nach Luft schnappe, rückt er bereits das Polster im Helm zurecht. Es war in die Atemmaske gerutscht und hatte ein Ventil blockiert. »Setz mir die Tauchglocke bitte wieder auf. Wenn ich jetzt nicht sofort da rausgehe, tue ich es nie wieder«, sage ich. Wortlos hebt Hank die Stahlkugel auf meinen Kopf und befestigt sie an der Halsmanschette. Diesmal sitzen alle Polster vorbildlich. Ich gleite erneut ins Wasser. Genießen kann ich die Erkundungstour aber nicht mehr. Meine Gedanken kreisen unentwegt um das zuvor Erlebte.

Ich hätte Hank sofort Bescheid sagen müssen, als ich das verrutschte Polster bemerkt habe. Die Entscheidung, es zu ignorieren, war falsch und unprofessionell. Der Ozean hat mich an diesem Abend eine ganz wichtige Lektion gelehrt: Auch wenn ich mich unter Druck gesetzt fühle, muss ich das Protokoll gewissenhaft abarbeiten. Es gibt Situationen, in denen darf man keine hastigen Abkürzungen nehmen oder ungeduldig Schritte überspringen. Im All wie im Meer könnte mich solch ein Fehler das Leben kosten.

TAG 6, 26. Juli 2016: Der Mars umkreist die Sonne in einer durchschnittlichen Entfernung von 228 Millionen Kilometern. Er ist somit etwa eineinhalb Mal so weit von dem Wärme spendenden Feuerball entfernt wie die Erde. Die Folge: Auf dem Roten Planeten ist es meist bitterkalt. Doch Astronauten werden dort noch weitaus größere Probleme zu bewältigen haben. Lebenswichtige Ressourcen sind nicht vorhanden. Die Atmosphäre ist dünn und besteht hauptsächlich aus Kohlendioxid. Und immer wieder ziehen heftige Staubstürme mit hohen Geschwindigkeiten über seine Oberfläche hinweg. Erkundungstouren auf dem fernen Planeten werden die Raumfahrer der Zukunft vor gewaltige Herausforderungen stellen. Einigen davon begegnen wir bereits heute.

Reid und ich sind zu einem vierstündigen Außeneinsatz aufgebrochen. Wir sollen drei Korallenarten identifizieren und anschließend Proben davon sammeln. Ich bin gespannt, ob uns das gelingen wird. Reid und ich haben gestern Abend noch lange zusammengesessen und das Aussehen der Nesseltiere studiert. Es gibt zwar ein paar Merkmale, in denen sich die verschiedenen Typen unterscheiden. Aber auf den ersten Blick sind sie nur schwer auseinanderzuhalten. Damit wir nicht aus Versehen die falschen Korallen abschneiden, unterstützen uns Biologen im Landkontrollzentrum. Dank unserer Helmkameras können sie virtuell mit uns über den Meeresgrund laufen und uns Anweisungen geben. Diese Vorgehensweise ist auch bei künftigen Marsmissionen geplant. Geologen könnten den Astronauten Tipps zufunken, während diese auf der Oberfläche nach Steinen suchen.

Allerdings gibt es dabei ein Problem: Die Umlaufzeiten von Mars und Erde um die Sonne unterscheiden sich, da die Erde der Sonne näher steht. Je nach relativer Position von Erde und Mars zueinander kann die Entfernung zwischen den beiden 56 Millionen bis 401 Millionen Kilometer betragen. Die Kommunikation erfolgt mit Funksignalen, die sich nicht schneller als Lichtgeschwindigkeit ausbreiten können. Zwischen den Raumfahrern und dem Kontrollzentrum verzögert sie sich bei maximalem Abstand dabei auf rund 22 Minuten – pro Strecke. Kann es gelingen, trotz des großen Zeitversatzes effizient zu arbeiten? Das sollen wir bei NEEMO herausfinden.

Mitarbeiter der NASA haben unsere Systeme gestern umgestellt – wir proben mit 15 Minuten Zeitversatz in jeder Richtung, was einer Entfernung von rund 275 Millionen Kilometern zwischen Mars und Erde entspricht. Nun ist es so, dass sich die Aquanauten während ihres Außeneinsatzes nach wie vor in Echtzeit mit dem Innen-Astronauten in der Aquarius unterhalten können. Die Kommunikation zwischen ihm und dem Kontrollzentrum an Land verzögert sich jedoch um 30 Minuten. Wir müssen daher eine Vorgehensweise finden, bei der wir möglichst wenig Zeit verlieren. Eine Idee: Nummernkärtchen. Zuversichtlich positionieren Reid und ich diese temporär vor den uns interessant erscheinenden Korallen. Von jeder angebrachten Markierung schießen wir mit unserer Helmkamera ein Foto. Innen-Astronautin Megan leitet die Bilder an die Experten im Kontrollzentrum weiter. Sie hat heute den stressigsten und nervenaufreibendsten Job. Durch die Zeitverzögerung ist in der Aquarius ununterbrochen ihre Aufmerksamkeit gefordert. Ständig werden Daten auf die Bildschirme vor ihr gestreamt. Sie muss parallel auf Nachrichten von uns und aus dem Kontrollzentrum reagieren. Da diese mit einem Versatz von 30 Minuten eintrudeln, passen Fragen und Antworten selten zusammen. Unsere IVA jongliert den ganzen Tag über mit mehreren Bällen gleichzeitig. Lediglich das Planungsinstrument Playbook erleichtert ihr die Arbeit ein wenig.

NASA-Mitarbeiter haben die Software geschrieben, um den Ablauf bei Raumfahrtmissionen übersichtlicher zu gestalten. Megan hat das Programm auf ihrem Computer geöffnet. Wir nutzen es unter Wasser über Tablets, die in robusten, wasserdichten Hüllen verpackt sind. Allerdings sind wir während des Außeneinsatzes offline. Im Inneren der Station kann Megan über Playbook jedoch unseren Zeitplan aktualisieren, aber auch Fotos und Videos versenden. Um die Kommunikation zu erleichtern, gibt es die Möglichkeit, Mitteilungen mit erhöhter Priorität zu verschicken. Sie laufen bei Megan in einem gesonderten Fenster ein, wodurch sie schneller auf neue Nachrichten zugreifen und gezielt zu älteren zurückblättern kann.

Die Biologen aus dem Kontrollzentrum geben nicht nur vor, welche Proben wir mitbringen sollen, sondern auch, wie diese zu entnehmen sind. Eine Sorte müssen wir diagonal abschneiden, die andere herausbohren. Über Playbook kann ich die entsprechenden Anleitungen aufrufen. Normalerweise ist es strengstens verboten, Korallen zu ernten oder zu beschädigen. Aber uns liegt eine behördliche Sondergenehmigung vor. Wir dürfen bis zu 100 Proben für wissenschaftliche Zwecke zur Wasseroberfläche befördern.

Nach mehr als drei Stunden haben wir alle Aufgaben erledigt. Unser Außeneinsatz auf dem Mars neigt sich dem Ende zu. Auf dem Rückweg legen wir noch einen kurzen Stopp an der Korallenfarm ein. Wir wollen kontrollieren, ob es den Meeresbewohnern, die wir am zweiten Tag der Mission aufgehängt haben, gut geht. Dazu beleuchten wir die Korallen und ermitteln mit einem Fluoreszenzmesser, wie viel Licht sie abgeben. Anhand der Messwerte lässt sich feststellen, ob eine Koralle tot oder lebendig ist. Die Ergebnisse stimmen zuversichtlich: Unsere Schützlinge gedeihen prächtig im Garten der Aquarius.

TAG 10, 30. Juli 2016: Wie sich die Apollo-Astronauten Neil Armstrong und Buzz Aldrin wohl gefühlt haben, als sie 1969 über die Mondoberfläche gehüpft sind? Diese Frage habe ich mir schon oft gestellt. Schade, dass es nicht möglich ist, dieses unglaubliche Erlebnis auf der Erde nachzuempfinden. Oder vielleicht doch? Noel und ich sind heute ausnahmsweise nicht auf dem Mars unterwegs, sondern simulieren einen Außeneinsatz auf dem Trabanten. Wir nutzen die Gelegenheit für ein paar elegante Sprünge. Vergangene Woche hat Reid es sogar geschafft, einen astreinen Salto auf dem Meeresgrund hinzulegen, während ich die Turnübung mit der Videokamera gefilmt habe.

Doch wir sind nicht zum Spaß hier draußen. Unsere eigentliche Aufgabe ist es, Werkzeuge zu testen. Wir haben sogar nachgebaute Apollo-Instrumente dabei. Zum Beispiel eine Art Greifzange, mit der wir ein paar dicke Steine aufheben sollen. Zu unserem Equipment gehört auch ein Spezialbohrer. Er gleicht den Geräten, die Wissenschaftler in der Antarktis benutzen, um Eisbohrungen vorzunehmen. Die Bohrkerne sind wichtige Archive der Vergangenheit und liefern Informationen über die Klimaveränderung. Eine ähnliche Funktion erfüllen auch Bohrkerne des Mondes. Forscher können daraus Schlüsse über die Entstehung des Trabanten, der Erde und vielleicht sogar des Universums ziehen. Ob unser Spezialbohrer im Weltraum zum Einsatz kommen wird, ist noch ungewiss. Er muss zunächst beweisen, dass er extremen Bedingungen standhält. Um das zu prüfen, stecke ich die Spitze des etwa ein Meter langen Metallrohrs in den Boden und drehe an einem Rad, damit es sich in die Tiefe gräbt. Anschließend betätigte ich einen Mechanismus, der das Rohr verschließt und verhindert, dass der Sand wieder herausrieselt.

Als wir etwa 200 Meter von der Aquarius entfernt sind, erreicht uns ein Funkspruch. Einer der Techniktaucher ist wohl ins Visier eines Hais geraten, während er vor der Station auf uns gewartet hat. »Sean ist unversehrt, aber wir müssen die heutige Mission aus Sicherheitsgründen abbrechen«, gibt Megan bekannt. Enttäuscht über das plötzliche Ende unseres Mondspaziergangs packen wir unseren Kram zusammen. Da der Taucher bereits in der Station ist, müssen wir unsere Versorgungsleitungen selbst einrollen. Mein 200 Meter langer Schlauch macht mir das Leben zur Hölle. An einigen Stellen ist er so verknäult wie ein durcheinandergeratener Wollfaden. Ich bin heilfroh, als die Aquarius endlich in Sicht kommt. Wegen des trüben Wassers kann ich sie nur vage erkennen. »Ich schätze, es liegen noch etwa 15 Meter vor uns«, sage ich zu Noel. Just in dem Moment schwimmt ein dicker Bullenhai auf uns zu, dreht gleich wieder ab und braust davon. Vor Schreck zucke ich zusammen. Noel bleibt völlig perplex stehen. »Los, schnell!«, fordere ich ihn zum

Weitergehen auf. Keine Ahnung, wer von dem Aufeinandertreffen überraschter war: der Hai oder wir.

TAG 16, 5. August 2016: NEEMO ist eine einmalige Expedition in der Astronauten-Karriere. Ich werde diese Traumwelt höchstwahrscheinlich nie wiedersehen. Es fällt mir schwer, sie zurückzulassen. Allerdings gebe ich auch zu: Nach 16 Tagen in der Aquarius sehnt sich mein Körper danach, dieser ewigen Feuchtigkeit zu entkommen. Ich möchte wieder frische Luft einatmen, den Wind auf meiner Haut spüren, in den blauen Himmel schauen. Während meiner Mission auf der ISS werde ich viel länger auf all das verzichten müssen. In der jetzigen Situation ist das ehrlich gesagt keine angenehme Vorstellung. Aber vielleicht ist es auch nicht der richtige Zeitpunkt, um darüber nachzudenken.

Ich schaue noch einmal zur Aquarius, stoße mich leicht von der Plattform ab und schwimme der Sonne entgegen.

Eisige Stunden in der Wildnis

November 2016, Tyngsjö, Schweden

Im Winter ist Schwedens Wildnis gnadenlos. Ein eisiger Wind pfeift zwischen den Bäumen hindurch, der Boden ist von einer dicken Schneeschicht überzogen und Temperaturen von bis zu minus 15 Grad Celsius sind keine Seltenheit. Nur wenige Menschen verirren sich in dieser Jahreszeit nach Tyngsjö. Das kleine Dorf liegt im Herzen des südlichen Dalarna, 300 Kilometer von der Hauptstadt Stockholm entfernt, abseits jeglicher Zivilisation. Die Landschaft ist reich an Seen und Wäldern, die Natur wild und weitläufig. Der perfekte Ort für ein knallhartes Überlebenstraining. 48 Stunden lang soll ich gemeinsam mit Tom Hoppenbrouwers, ESA-Trainer für die Columbus-Systeme, und Kathrin Nowak, Sicherheitstaucherin am EAC, durchhalten.

Ich bin mir sicher, dass wir diese Mission locker meistern werden. Kathrin ist in ihrer Freizeit viel in der Natur unterwegs, Tom besteigt hobbymäßig hohe Berge, und ich habe früher im Urlaub oft über längere Zeiträume gecampt. Gern erinnere ich mich an meine Reisen mit dem Motorrad durch die nasskalten und windigen Gegenden Schottlands und Irlands sowie an meine längeren Trekkingtouren rund um das Annapurna-Gebirge im Himalaja oder um die Torres del Paine in den Anden. Nach all diesen Abenteuern sollten die kommenden zwei Tage und Nächte ein Kinderspiel werden. Zumal wir uns bereits eine Woche lang intensiv auf die Zeit in Schwedens Wildnis vorbereitet haben. Dennis und Roel, zwei ehemalige Elitesoldaten und Outdoorexperten, zeigten uns in einem Grundlagentraining, was es hier draußen zum Überleben wirklich braucht. Immer wieder haben sie uns dabei die Dreierregel in Erinnerung gerufen. Diese besagt, dass man drei Tage ohne Wasser, drei Wochen ohne Nahrung, aber bei extremen Witterungsverhältnissen nur drei Stunden ohne Unterschlupf und Feuer überstehen kann. Das erklärt, warum wir uns in den vergangenen Tagen intensiv mit dem Errichten eines adäquaten Lagers unter freiem Himmel auseinandergesetzt haben.

Was es dazu braucht? In erster Linie jede Menge Holz unterschiedlichster Form und Größe. Dennis demonstrierte uns, wie man einen Lean-to-Shelter – einen simplen Unterstand – baut, indem man zahlreiche Äste an ein Gerüst aus dünnen Baumstämmen anlegt. In einer weiteren Übungseinheit wagten wir uns an den Super-Shelter für Fortgeschrittene. Dieser erfordert neben Naturmaterialien auch eine Rettungsdecke und Plastikplanen. »Bei kaltem Wetter solltet ihr euren Unterstand vom frostigen Boden abheben«, erläuterte uns der Holländer und konstruierte eine Art Podest aus dicken Baumstämmen. Als Liegefläche dienten dicht nebeneinander platzierte Äste, die mit frischen Kiefernzweigen bedeckt wurden. »Die bequemste Matratze der Welt«, versicherte uns Dennis mit einem Augenzwinkern. Als Dach spannten wir zunächst die Plane über das Naturbett und brachten anschließend die Rettungsdecke als zusätzlichen Schutz an. Eine ziemlich clevere Idee: Die Spezialfolie wird nämlich zu einer provisorischen Outdoorheizung, da sie die Wärme des Lagerfeuers reflektiert. Um ein solches zu entzünden, durften wir ein Schlageisen benutzen. Tom gelang es auf Anhieb, mit diesem Metallstab aus Magnesium die überlebenswichtigen Funken zu produzieren, Kathrin und ich brauchten ein paar Versuche. Aber inzwischen sind wir alle Profis im Umgang mit dem vergleichsweise primitiven Werkzeug. Was soll da noch schiefgehen?

Mitnehmen dürfen wir nur das Nötigste: Messer, Säge, Axt, Schlageisen, drei Decken, eine Plane, Angelhaken, Schnüre und drei leere Konservendosen. Mithilfe einer Karte und eines Kompasses sollen wir zunächst zu einer vorgegebenen Stelle mitten im Nirgendwo wandern. Tom übernimmt die Navigation und lotst uns zielsicher durch das zauberhafte Winterwunderland.

Als wir nach mehr als zwei Stunden das Ziel erreichen, wählen wir eine ebene Stelle am Ufer eines zugefrorenen Sees, um unser Lager aufzuschlagen. Sonnenstrahlen glitzern auf der dünnen Schneeschicht, die sich auf die Eisdecke gelegt hat. Vor uns erstreckt sich eine unberührte Felsenlandschaft, gespickt mit dichten Nadelwäldern. Die Aussicht ist großartig. Einen schöneren Ort hätten wir uns für das Camp kaum vorstellen können. Doch Zeit zum Genießen haben wir nicht. Wer in der Wildnis überleben will, muss hart arbeiten. Bäume fällen, Äste zurechtsägen, Tannenzweige sammeln – all das kostet eine Menge Energie, die wir anfangs übermotiviert rauspowern. Mit der Zeit realisieren wir jedoch, dass wir uns auf einem zweitägigen Marathon befinden und nicht auf einem Sprint. Wir benötigen allein fünf Stunden, um einen Lean-to- und einen Super-Shelter zu errichten.

Die letzte Stunde bis zum Sonnenuntergang verbringen wir mit der hektischen Suche nach Brennholz. Als die Nacht gnadenlos hereinbricht, sind wir müde, hungrig und bereits unterzuckert. Doch das größte Problem ist die Kälte. Langsam wird uns bewusst, dass es vielleicht doch keine gute Idee war, das Camp am Seeufer aufzubauen. Ein harscher Wind fegt über das vereiste Gewässer. Das offene Terrain bietet keinerlei Schutz. Da wir nicht genug trockenes Feuerholz gefunden haben, müssen wir frische Zweige nachlegen. Die produzieren aber keine wärmenden Flammen, sondern lediglich jede Menge Rauch.

Völlig erschöpft versuchen wir, wenigstens ein bisschen zu ruhen. Ich halte es nicht länger als 15 Minuten in meinem Naturbett aus. Es ist bitterkalt, ich bin durchgefroren. Wir müssen darauf achten, dass wir keine Erfrierungen bekommen. Davor haben uns die Ausbilder eindringlich gewarnt. Also setze ich mich an das qualmende Feuer und schlage mir die Nacht um die Ohren. Kathrin geht es genauso. Bibbernd strecken wir unsere nackten Füße in Richtung der winzigen Flamme – sie sind so eisig und gefühlstaub, dass wir uns Sorgen machen, sie würden unbemerkt verbrennen. »Brandblasen können nach einer Wintersurvival-Expedition sicherlich nur wenige Menschen vorweisen«, scherze ich sarkastisch.

Alle drei leiden wir unter der Kälte sowie dem Mangel an Schlaf und Nahrung. Ebenso unter immer größer werdendem Durst. Schnee zu Trinkwasser zu schmelzen mag vielleicht simpel sein, doch mit zunehmender Erschöpfung passieren uns immer öfter Fehler: Mehr als einmal kippen die Dosen am Feuer um und das ersehnte warme Wasser verschwindet zischend im gefrorenen Boden. Gegen den Aschegeschmack kochen wir frische Tannenzweigspitzen mit – unser Tee für Survivors, der alles andere als lecker schmeckt. Eines ist definitiv sicher: Mit Pfadfinderromantik hat dieser Ausflug nichts zu tun.

Aber wir absolvieren das Überlebenstraining ja nicht zum Vergnügen. Es geht vielmehr darum, den Ernstfall zu proben.

Denn bei der Rückkehr zur Erde ist eine punktgenaue Landung nicht immer möglich. Wird der Schub zum Wiedereintritt in die Atmosphäre nur ein paar Sekunden zu früh oder zu spät eingeleitet, kann die Kapsel Hunderte Kilometer vom geplanten Zielort entfernt auf den Boden treffen. Gut möglich also, dass wir mitten in einer Einöde stranden, so wie die zwei Kosmonauten, an deren Raumschiff am 19. März 1965 die automatische Steuerung versagte.

Kommandant Pawel Beljajew hatte damals keine andere Wahl, als den Bremsvorgang im Orbit und die Landung mit dem Reservesystem von Hand zu erledigen. Bei einer Geschwindigkeit von 28 000 Kilometern pro Stunde blickte er durch das kleine Fenster, orientierte sich und zündete die Steuerungsraketen. Allerdings zu spät. Woschod 2 fiel nicht in der Steppe von Kasachstan, sondern in Sibirien auf den Boden, etwa 30 Kilometer südwestlich der Stadt Beresniki. Es dauerte vier Stunden, bis Hubschrauberpiloten die Kosmonauten in einem Nadelwald gefunden hatten. Landen konnten sie dort jedoch nicht. Beljajew und Leonow schwebten in Lebensgefahr. Es herrschte Eiseskälte. Nach Tagen in der Schwerelosigkeit war ihre Muskulatur geschwächt, sodass sie sich kaum auf den Beinen halten konnten. An Bord gab es keine Notfallausrüstung, sie hatten nur den Fallschirm, um sich ein Zelt zu bauen. Schneegestöber machte es unmöglich, ein Feuer zu entfachen. Soldaten versorgten die Männer aus der Luft mit Verpflegung, warmer Kleidung und Skiern. Auf diesen mussten sich die Kosmonauten letztendlich zu einer fünf Kilometer entfernten, eigens gerodeten Lichtung durchschlagen. Dort nahm sie ein Hubschrauber in Empfang. Mehr als zwei Tage nach ihrer Landung.

Ich habe schon nach der ersten Horrornacht keine Energie mehr. Auch meine Kollegen sind fix und fertig. Die Kombination aus Unterkühlung und Unterzuckerung ist kaum auszuhalten. Was würde ich jetzt für einen Schokoriegel geben! Die Anzeige des Thermometers bleibt bei minus neun Grad Celsius stehen.

Die Sonne lässt sich nicht blicken. Dafür aber unsere Ausbilder. Dennis und Roel haben uns die ganze Zeit aus der Ferne beobachtet und geben uns nun Tipps für die zweite Hälfte des Überlebenstrainings. In erster Linie kritisieren sie die Position der beiden Unterstände. »Die müsst ihr dichter zusammenstellen, damit nicht so viel Wärme verloren geht«, erklärt Dennis. Wie angeordnet, bauen wir alles ab und neu auf. In Zeitlupe, denn jede schnelle Bewegung saugt etwas von unserer ultraknappen verbliebenen Energie. Vor allem weitere Bäume zu fällen geht an die Substanz. Den Versuch, Fische fürs Abendessen zu angeln, lassen wir gleich bleiben. Wir wollen nicht noch mehr Kraft verschwenden, und die Wahrscheinlichkeit, dass wir etwas fangen, ist ohnehin gering.

Als es dunkel wird, haben wir kaum noch trockenes Holz. Alles ist klamm und feucht. Wir schaffen es nicht, ein größeres, wärmendes und konstantes Feuer zu entzünden. Der Nahrungsentzug verursacht Kopfschmerzen und ein flaues Gefühl im Magen. Außerdem können wir uns nur noch schlecht konzentrieren – keine gute Voraussetzung, um mit scharfen Gegenständen wie Messer und Axt zu hantieren. Für mich als Kommandant des Teams ist es an der Zeit, eine Entscheidung zu treffen. Ich will unsere Gesundheit nicht aufs Spiel setzen und erkläre das Experiment nach 33 Stunden in der Wildnis für beendet. An Kathrins und Toms Gesichtern erkenne ich die Enttäuschung, das gesetzte Ziel von zwei Tagen nicht geschafft zu haben, aber sie verstehen meinen Entschluss und tragen ihn mit. Schweren Herzens und mit hängenden Köpfen treten wir den Rückzug in unsere Hotelzimmer an.

Als wir uns am Tag danach zur Besprechung treffen, erhalten wir sehr zu unserer Verwunderung eine gute Nachricht: Der Lehrgang gilt trotz allem als bestanden. Laut unseren Ausbildern ging es nicht nur darum, Überlebenstechniken einzuüben und exakt 48 Stunden durchzuhalten. Ein wesentliches Ziel war es, uns sowohl unsere psychischen als auch physischen Limits aufzuzeigen. Wir sollten lernen, unter schwierigen Umständen konzentriert zu agieren, Situationen richtig einzuschätzen und als Team zusammenzuhalten. Unsere Crew, so das Urteil, habe hervorragend zusammengearbeitet, große Einsatzbereitschaft gezeigt und sei bestrebt gewesen, die Aufgabe durchzuziehen. Außerdem hätten wir bewiesen, dass wir die grundlegenden Fähigkeiten zum Überleben in der Natur beherrschen. Wir hätten einen klaren Kopf bewahrt, und ich als Kommandant hätte Verantwortung für die Gruppe übernommen und den Mut aufgebracht, das Training abzubrechen. Das sei die richtige Entscheidung gewesen. »Wenn du es nicht beendet hättest, hätten wir es getan«, gibt Dennis zu, »noch eine Nacht hätten wir euch nicht da draußen gelassen.«

Nach dieser Ansprache ist unsere Enttäuschung wie weggeblasen. Ich bin zufrieden und stolz auf unser Team. Das Überlebenstraining war eine unglaubliche Erfahrung, die ich anfangs total unterschätzt hatte. Schwedens Wildnis führte mir vor Augen, wie schnell man in eine Notlage geraten kann. Aber mir ist auch bewusst geworden, dass es möglich ist, eine gefährliche Situation durchzustehen – indem man ruhig bleibt, gemeinsam nach Lösungen sucht und das Problem Schritt für Schritt bewältigt.

Historisches Training im Gelben Meer

August 2017, Yantai, China

Der Anschnallgurt presst mich kräftig in die Sitzschale des Shenzhou-Raumschiffs. Noch hängen wir in unserer Kapsel an einem Kran einige Meter über der Wasseroberfläche, doch in wenigen Sekunden werden wir im Meer landen. Meine Hände krallen sich instinktiv an den Armlehnen fest. Ein Klicken ertönt, gefolgt von einem heftigen Ruck. Mit einem lauten Platschen schlägt das Raumschiff auf dem Wasser auf. Der Startschuss zur Abschlussübung ist gefallen. Es ist ein historischer Moment: Erstmals in der Geschichte trainieren ausländische und chinesische Raumfahrer gemeinsam im Reich der Mitte. Vor der Küste der Hafenstadt Yantai, nahe der Südspitze Koreas, proben wir das Überleben auf hoher See für den Fall, dass wir beim Rückflug aus dem Weltraum notwassern müssen. Nachdem wir in den vergangenen Tagen die unterschiedlichen Schritte einzeln geübt haben, werden wir nun in Dreierteams unser Können beweisen.

Mehrere Motorboote düsen um uns herum und erzeugen einen Wellengang. Doch davon dürfen wir uns nicht ablenken lassen. Wir müssen ein festgelegtes Protokoll abarbeiten. Ich löse den Anschnallgurt, krabble aus dem Sitz und beginne, die Taschen mit unserer Notfallausrüstung zusammenzusuchen. Taikonaut Ye Guangfu, den ich vor etwa einem Jahr bei einem Training in Köln kennengelernt habe, unterstützt mich dabei. Unser Kommandant Liu Boming versucht derweil, Funkkontakt mit dem Kontrollzentrum aufzunehmen. Die Bordsprache ist Chinesisch. Die Ausbilder haben uns angehalten, nur dann ins Englische zu wechseln, wenn ich gar nicht mehr mitkomme. Zwar pauke ich die schwierige Sprache inzwischen seit fünf Jahren und kann mich ganz gut verständigen, aber unter herausfordernden Bedingungen ist es vermutlich nicht ganz einfach, das passende Vokabular parat zu haben.

Die Temperatur im Raumschiff ist unerträglich. Der Schweiß tropft mir von der Stirn und brennt in den Augen. Ich bin heilfroh, als wir endlich die Erlaubnis erhalten, die Druckanzüge auszuziehen und in die Rettungsanzüge zu schlüpfen. Im Gegensatz zur engen russischen Kapsel bietet die chinesische so viel Platz, dass wir uns alle drei gleichzeitig umziehen können. Ich habe bei der heutigen Übung einen Vorteil: Taikonauten dürfen bisher maximal 1,75 Meter groß sein, und mit meinen 1,83 Metern passe ich nicht in ihre Druckanzüge. Daher trage ich einen Taikonauten-Blaumann, der deutlich leichter abzulegen und zudem atmungsaktiv ist. Nachdem ich es in den roten Gummi-Overall geschafft habe, helfe ich Guangfu und Boming, die sich stöhnend und mit überhitzten Köpfen aus der engen Schale pellen. Anschließend öffnen wir die Luke. Jetzt muss alles ganz schnell gehen, jedoch absolut fehlerfrei ablaufen. Wenn Wasser in die Kapsel eindränge, würde sie sinken. Und wir mit ihr.

Der Kommandant krabbelt zuerst hinaus an die frische Luft. Wir reichen ihm das aufblasbare Schlauchboot und die Beutel mit dem Notfallequipment. Sorgfältig befestigt er das Material an Leinen, damit nichts verloren gehen kann. Dann gibt er uns ein Zeichen und springt ins Wasser. Guangfu tut es ihm gleich. Ich bin als Letzter dran. Konzentriert steige ich die drei Stufen hinauf, klettere aus der Luke und hüpfe ins kühle Nass des Chinesischen Meeres. Nach der Hitze im Inneren fühlt sich das wie eine Befreiung an. Aber in Sicherheit bin ich erst, nachdem ich mich in das Rettungsboot gewuchtet habe.

Wir kramen das Satellitentelefon und das GPS-Gerät heraus, damit wir dem Kontrollzentrum unsere Position und einen kurzen Lagebericht durchgeben können. »Alle drei Raumfahrer sind wohlauf, aber wir mussten im Schlauchboot Schutz suchen«, meldet Boming. »Okay. Wir schicken einen Helikopter und ein Rettungsschiff«, lautet die Antwort. Im Ernstfall kann dies mehrere Stunden oder gar Tage dauern. Ich hoffe, dass wir uns nicht so lange gedulden müssen. Da uns die Sonne auf den Kopf brennt, funktionieren wir kurzerhand die Notfallbeutel zu Hüten um. Sieht komisch aus, hilft aber. Wie im Protokoll vorgesehen, kommt nun der Morsespiegel zum Einsatz. Während die beiden Taikonauten mit Lichtblitzen die Schiffe am Horizont auf uns aufmerksam machen, streue ich Pulver ins Meer. Das Wasser um uns herum verfärbt sich leuchtend grün, wodurch wir für die Hubschrauberpiloten besser zu erkennen sind. Nun heißt es abwarten.

»Wie lange sie uns hier wohl ausharren lassen?«, frage ich mich. Das Hochseerettungsschiff steht längst bereit, lediglich ein paar Hundert Meter entfernt. Unter den Passagieren sind neben meiner Kollegin Samantha – die in einer anderen Gruppe an dem Training teilnimmt –, unseren Ausbildern sowie hochrangigen Vertretern der chinesischen Raumfahrt auch zahlreiche Medienleute, denn unsere Übung soll öffentlichkeitswirksam beweisen, dass die chinesische Weltraumagentur in der Lage ist, solch eine hochwertige Schulung zu organisieren. Nichts darf schiefgehen.

Vermutlich ist das auch der Grund, warum Samantha und ich in den vergangenen Tagen keinen einzigen Schritt ohne Begleitung machen durften. Die Chinesen hüten uns, als wären wir kleine Kinder. Für sie wäre es eine Katastrophe, wenn ihren Gästen auch nur das Geringste zustieße.

In Gedanken vertieft, merke ich nicht, dass sich das Hochseerettungsschiff in Bewegung gesetzt hat. »Sie kommen«, freut sich Guangfu. Wir winken und rufen. Wenig später lassen unsere Retter einen riesigen Korb zu uns herab. Wir krabbeln hinein und werden hochgezogen. Den ersten Teil der europäisch-chinesischen Abschlussübung haben wir nach einigen Stunden auf See erfolgreich gemeistert und damit auch einen bedeutenden Beitrag zur Kooperation der beiden Raumfahrtnationen geleistet. Diese begann im Jahr 1980, beschränkte sich lange Zeit jedoch auf die unbemannte Raumfahrt. Beispielsweise startete die Volksrepublik im Jahr 2003 den ersten von zwei Forschungssatelliten, der mithilfe europäischer Messinstrumente das Magnetfeld der Erde untersuchte.

Schließlich beschlossen die Organisationen, auch in der bemannten Raumfahrt einen Schritt aufeinander zuzugehen. 2012 gründete die ESA dafür eine Arbeitsgruppe, deren Projektleitung ich übernehmen durfte – zu jener Zeit war ich als EAC-Mitarbeiter für internationale Kooperationsprojekte verantwortlich. Unser Ziel war es, die Partnerschaft mit Chinas Behörde für bemannte Raumfahrt CMSA aufzubauen und sie in die internationale Raumfahrtgemeinschaft zu integrieren.

Obwohl es aufgrund der Sprache und kultureller Unterschiede immer mal wieder zu kleineren Missverständnissen kommt, nähern wir uns an. Zumindest auf der Arbeitsebene. Auf der Verwaltungsebene sieht das anders aus. Die chinesische Hierarchie ist kompliziert und für Außenstehende nicht immer nachvollziehbar. Darüber hinaus hatte das Land in der Vergangenheit kaum Gelegenheit bekommen, mit internationalen Raumfahrtpartnern zusammenzuarbeiten. Die USA verweigern den Chinesen die Mitwirkung an Projekten wie der ISS. Es gibt sogar ein Gesetz, das »Wolf Amendment« von 2011, das der NASA eine Kooperation mit der Nationalen Raumfahrtbehörde Chinas, der CNSA, verbietet. Aus Angst vor Spionage. Die ESA sieht das weniger kritisch. In einer Kooperation muss ja nicht alles offengelegt werden. Wir sind überzeugt: Bei einer Zusammenarbeit mit der CMSA und der ihr übergeordneten CNSA können bei richtiger Ausgestaltung die Vorteile überwiegen und Brücken zwischen den Ländern gebaut werden.

China wird im April 2021 mit dem Aufbau der Raumstation CSS beginnen, die sie auch Tiangong, Himmelspalast, nennen. Auch Raumfahrer anderer Länder sollen dort willkommen sein. Wenngleich wir auf der CSS nichts erforschen könnten, was nicht auch auf der ISS umsetzbar wäre, böte ein Aufenthalt auf der chinesischen Raumstation doch ein kulturelles Abenteuer. Für mich wäre es jedenfalls eine Ehre, dem Himmelspalast als erster Europäer einen Besuch abstatten zu dürfen und die Basis für eine zukunftsträchtige Kooperation zu schaffen.

Außerdem wollen wir in den nächsten Jahren ja auch tiefer in den Weltraum vordringen. Und da Missionen zum Mond oder gar Mars teuer und technisch komplex sind, braucht es möglichst viele Verbündete. Die Raumfahrt ist zudem eine Herausforderung für die Menschheit. Das hört sich jetzt vielleicht pathetisch an, aber wenn wir unser »Raumschiff Erde« verlassen, gibt es keine Grenzen mehr. Da draußen sind wir einfach nur Menschen, die dasselbe Ziel haben: das Unbekannte zu erkunden. Je größer dabei die Auswahl an unterschiedlichen Technologien ist, desto sicherer werden diese Reisen. Man stelle sich vor, Astronauten kreisen in einer Station um den Mond. Kurz vor ihrer Rückkehr merken sie, dass der Hitzeschild der Kapsel defekt ist, sie beim Wiedereintritt in die Atmosphäre also verglühen werden. Da wäre es doch ideal, wenn ein Raumschiff eines Partnerlandes zur Verfügung stünde, eines, bei dem es keinerlei Probleme mit dem Hitzeschild gibt. Diese Kapsel könnte als Ersatz geschickt werden und Menschenleben retten.

China wäre aber nicht nur ein Partner mit ergänzender Technologie. In den vergangenen rund 20 Jahren zeichnete sich die Volksrepublik auch durch eine zuverlässige und kontinuierliche Organisation seiner ambitionierten Raumfahrtprogramme aus. Während in den USA spätestens alle acht Jahre ein neues Staatsoberhaupt das Ruder übernimmt und sich damit verbunden oft die Prioritäten bei der Erforschung des Universums ändern, werden in China Raumfahrtziele über Jahrzehnte hinweg definiert. Politischer und wirtschaftlicher Rückhalt sind für eine beschlossene Mission in der Regel garantiert. Durch den Austausch auf Fachebene im Rahmen wissenschaftlicher Kooperationen wird zudem Vertrauen aufgebaut und, so die Hoffnung, eine friedliche Öffnung totalitärer Systeme begünstigt. All das waren Gründe, warum sich die ESA im Jahr 2015 trotz vieler Hürden und politischer Bedenken dazu entschloss, mit der CMSA und der CNSA ein Abkommen über die Zusammenarbeit im Bereich der bemannten Raumfahrt zu unterzeichnen. Doch das Abkommen sollte bald schon hinfällig sein. Im Januar 2023 wird der neue ESA-Generaldirektor Josef Aschbacher über den Nachrichtendienst Twitter erklären, dass man gemeinsame Projekte mit China etwa in Sachen Wissenschaft und Erdbeobachtung zwar wie geplant fortsetze, die Kooperation in der astronautischen Raumfahrt jedoch bis auf Weiteres auf Eis lege. Die ESA könne es sich nicht leisten, gleichzeitig auf zwei Raumstationen im erdnahen Orbit engagiert zu sein, und die Zusammenarbeit auf der ISS verlaufe nun mal vorbildlich.

Von dieser Kehrtwende ahnen wir während unseres Aufenthalts in Yantai noch nichts. Nach der erfolgreichen Abschlussübung essen Samantha und ich noch ein letztes Mal mit den Taikonauten zu Abend. In China ist das ganz normal. Damit sich die Raumfahrer untereinander besser kennenlernen und das Team gestärkt wird, verbringen sie viel Zeit miteinander. Sie gehen zusammen in die Kantine, fahren teils gemeinsam in Urlaub und wohnen sogar auf demselben Campus. Privat- und Berufsleben verschmelzen. Die Taikonauten sind ein eingeschworener Haufen, fast wie eine Familie. Ich setze mich neben Guangfu. Vor uns stehen die verschiedensten Speisen, außerdem gibt es ein kleines Büfett. Alles sieht superlecker aus, und ich liebe chinesisches Essen. Als ich mir eine weitere Portion Reis auf den Teller schaufeln will, flüstert mir Guangfu zu: »Matthias, iss nicht zu viel. Lass noch ein wenig Platz. Wir haben noch eine Überraschung.« Ich verzichte daher auf einen Nachschlag und warte gespannt auf das Dessert. Doch dann stehen alle der Reihe nach auf und verabschieden sich in ihre Zimmer.

Als ich gerade anfangen will, meinen Koffer zu packen, klopft es an der Tür. Es ist Guangfu. »Hey, komm mal mit rüber«, sagt er. Unterwegs sammeln wir Samantha ein. Im Korridor duftet es ganz köstlich nach Essen. Guangfu führt uns in einen Raum, in dem die Taikonauten eine Abschiedsfete organisiert haben. Der Tisch ist reichlich gedeckt mit dem Besten vom Besten. Es gibt Suppe, Ente, Fisch, Meeresfrüchte, Teigtaschen und Mondkuchen. »Bitte, greift zu, wir freuen uns, dass ihr unsere Gäste seid«, sagt Wang Yaping, die 2021 als erste Taikonautin einen Weltraumspaziergang absolvieren wird. Stolz erzählt sie, dass sie die Köstlichkeiten extra für uns auf dem Markt in Yantai gekauft hätte. Samantha und ich sind total gerührt, einen derart persönlichen Abschied haben wir nicht kommen sehen. Wir schlagen uns die Bäuche voll, quatschen über Raumfahrt, lassen das Training Revue passieren und erzählen von unseren Familien zu Hause. Ich habe das Gefühl, als würden wir uns schon ewig kennen. Nach den zwei Wochen in China bin ich mir sicher: Mit diesen Taikonauten würde ich ohne Zaudern in den Weltraum aufbrechen.

Mondmission auf Lanzarote

November 2017, Lanzarote, Spanien

Der Mond ist eine trostlose Gegend. Ein toter Himmelskörper, auf dem es keinerlei Leben gibt. Die Oberfläche ist mit einer grauen Staubschicht überzogen, und Meteoriten haben riesige Krater in den Boden gerissen. Doch Wissenschaftler sehen in dem Trabanten mehr als eine Gesteinswüste. Für sie ist der natürliche Satellit der Erde wie ein Buch, in dem wertvolle Informationen über unser Sonnensystem niedergeschrieben stehen. Aus diesem Grund lernen Astronauten, die geologischen Schätze zu verstehen, die wir vielleicht eines Tages auf der Mondoberfläche finden werden. Die PANGAEA-Kampagne – benannt nach dem einstigen Superkontinent – bereitet uns auf die Erforschung des fremden Himmelskörpers vor. Wie könnte eine Erkundungstour auf dem 384 400 Kilometer entfernten Trabanten aussehen? Welche planetaren Gesteine interessieren die Wissenschaftler am Boden? Wie gelingt es uns, diese zu finden? Und welche Hilfsmittel sind nötig, um das kostbare Gut ins Raumschiff zu transportieren? Auf all diese Fragen soll das ESA-Programm Antworten liefern. Geologen, Raumfahrtexperten und Astronauten forschen dazu Seite an Seite. Wir machen dort weiter, wo die Amerikaner vor mehr als 50 Jahren aufgehört haben. Das Besondere: Es ist die Erde, die uns hilft, die geologischen Prozesse auf dem Mond besser zu begreifen.

Bislang haben wir an vier verschiedenen Orten, in vier unterschiedlichen Welten trainiert. Im Nördlinger Ries in Bayern machten wir uns mit den typischen Merkmalen eines Einschlagkraters vertraut. Schon den Apollo-Astronauten diente die vor 15 Millionen Jahren durch einen Meteoriteneinschlag entstandene, fast kreisförmige Vertiefung als Studiengelände. Das Nördlinger Ries im Grenzgebiet zwischen Schwäbischer und Fränkischer Alb hat einen Durchmesser von rund 25 Kilometern und zählt zu den am besten erhaltenen großen Einschlagkratern der Erde. In den italienischen Dolomiten untersuchte unser Team die Ablagerungen von Muscheltieren in den Gesteinsschichten. Sie beweisen, dass die Bergregion einst tief unter Wasser lag. Eine gute Übung für künftige Missionen zum Mars, denn Wissenschaftler hoffen, auf dem Roten Planeten in mittlerweile ausgetrockneten Seen ähnliche Sedimente und damit Hinweise auf Leben außerhalb der Erde zu entdecken. Das wäre eine wissenschaftliche Sensation und würde eine uralte Frage der Menschheit beantworten: Gibt es Leben irgendwo da draußen? Die karge Vulkanlandschaft auf der spanischen Insel Lanzarote kommt einem fremden Planeten näher als kaum eine andere Region der Erde. Dort bereiteten wir uns auf das vulkanische Tiefland, den jüngeren Teil des Mondes, vor. Zum Abschluss führte uns die Reise auf die Lofoten in Norwegen, um die für das alte Mondhochland typischen geologischen Formationen unter die Lupe zu nehmen.

Bis Astronauten die Oberfläche des Erdtrabanten tatsächlich erkunden werden, dürften noch ein paar Jahre vergehen. Die NASA hat angekündigt, im Zuge des ARTEMIS-Programms bis 2024 wieder Raumfahrer auf dem Mond landen zu lassen und bis 2028 die Raumstation Gateway im Mondorbit zu errichten – in Zusammenarbeit mit der ESA. Die Europäer bauen zum einen mehrere Module, zum anderen entwickelten sie die Antriebseinheit für die Orion-Kapsel, die Menschen von der Erde zur Station transportieren soll. Im Gegenzug dürfen auch ESA-Astronauten an dem Mondprogramm teilnehmen und zum Außenposten Gateway fliegen. Dieses könnte ein Tor in die Tiefen des Weltraums sein, eine Art Zwischenstopp für Flüge zum Mars, aber auch ein Ausgangsort für Expeditionen zur Mondoberfläche. Um diese zu erforschen, ist nicht nur jede Menge geologisches Wissen notwendig, sondern auch modernste Technik. Zum PANGAEA-Programm gibt es daher noch eine Erweiterung: PANGAEA-X. Die kombiniert Geologie, hochmoderne Ausrüstung und Weltraumforschung. 40 Astronauten, Wissenschaftler und Ingenieure arbeiten mit den neuesten Geräten, Navigations- und Vermessungssystemen.

Wir testen die Technologien unter möglichst realistischen Bedingungen auf Lanzarote. Die Insel der hundert Vulkane eignet sich hervorragend als Übungsgelände. Pflanzen wachsen hier selten. Statt Wiesen, Weiden und Wäldern bedecken schroffe und scharfkantige Steine den sandigen Boden. Die Farben Schwarz, Grau und Rostbraun dominieren. Während ich mir die Gegend ansehe, kann ich mir leicht vorstellen, ich würde über den Erdtrabanten wandern. Begleitet werde ich von meinem Ausbilder Hervé Stevenin. Wir tragen Raumanzüge, Handschuhe und Helme. Per Funk und Video sind wir mit Geologen verbunden, die ganz in der Nähe in einem provisorischen Kontrollzentrum sitzen und uns gezielt zu für sie interessante Stellen lotsen. Dort sollen wir Gesteinsproben sammeln. Mit Tablets dokumentieren wir unsere Mission und streamen den Fachleuten regelmäßig Daten und Audiokommentare. Zusätzlich übertragen Kamerasysteme Fotos der Landschaft in Echtzeit ins Kontrollzentrum. In Zukunft werden solche Bilder als begehbares virtuelles Modell zur Verfügung stehen, sodass die Geologen mithilfe von 3-D-Brillen die Oberfläche gemeinsam mit den Astronauten erkunden können.

In den schweren Raumanzügen kann man nur recht unbeholfen arbeiten und sich schlecht bücken. Daher zählt es zu unseren Aufgaben, verschiedene Geräte zum Aufheben von Gesteinen zu testen. Unter anderem haben wir original nachgebaute Instrumente der Apollo-Crew dabei: einen Hammer, einen Rechen und einen Greifer. Mit den klobigen Handschuhen ist es schwierig, diese zu bedienen. Aber wir dürfen das Material auf gar keinen Fall anfassen. Die Gefahr, dass wir es dabei kontaminieren und so die spätere wissenschaftliche Auswertung verfälschen, ist zu groß. Bevor wir mit der Suche nach dem perfekten Gestein beginnen, beschreiben wir die Umgebung. Da wir bei Erkundungen auf dem Mond die Augen der Fachleute ersetzen werden, müssen unsere Beschreibungen sehr präzise sein und wir auf unsere Wortwahl achten, denn Geologen benutzen ein völlig anderes Vokabular als Laien. Während ich mich orientiere und mir alles genau ansehe, wird mir bewusst, wie viel Geröll hier herumliegt. Im Theorieunterricht wirkten die Merkmale so einfach und einleuchtend, aber jetzt sehen für mich alle Steine irgendwie gleich aus.

»Das Wichtigste ist, dass du nicht einfach wahllos irgendeinen Stein aufhebst«, erklärt mir Geologe Francesco, der mir schon beim CAVES-Programm viele wertvolle Tipps gegeben hat, über Funk. Ich müsse einen Blick für das Gesamte haben und auf die Besonderheiten in der Landschaft achten. »Wenn du Steine von den auffälligen und unauffälligen Stellen sowie von deren Übergängen sammelst, hast du Proben, die repräsentativ für das ganze Gebiet sind«, erläutert er. Ich versuche, seine Ratschläge umzusetzen, dabei aber effizient und schnell vorzugehen. Auf dem Mond bleiben uns nur etwa sieben Stunden je Außeneinsatz, dann ist der Sauerstoffvorrat des Raumanzugs aufgebraucht.

Als Nächstes soll ich eine Lavahöhle erkunden. Solche unterirdischen Gänge sind auch auf dem Erdtrabanten zu finden. Um die Höhle zu vermessen, schleppe ich ein Hightechinstrument mit mir: einen 200 000 Euro teuren Laserrucksack, der die Dimensionen der Gänge erfassen und ein 3-D-Modell davon erstellen wird. »Jetzt bloß nicht auf die Nase legen und das teure Teil kaputt machen«, denke ich. In der Höhle ist es nur unwesentlich kälter als draußen. Hier herrscht das ganze Jahr über eine konstante Temperatur von knapp 20 Grad Celsius. Ein dumpfer Geruch steigt mir in die Nase, manchmal bilde ich mir ein, das Meer zu riechen. Wie es wohl auf dem Mond duften mag? Einige Apollo-Astronauten verglichen den Geruch des Gesteins Anorthosit mit dem von Schießpulver, andere mit dem von abgebrannten Bremsbelegen. Wie gern würde ich es selbst herausfinden. Der Mond ist mein absolutes Wunschziel. Es muss ein unglaubliches Gefühl sein, auf dem fernen Himmelskörper zu stehen und den Erdaufgang zu beobachten, zu sehen, wie, umgeben vom ewigen Schwarz, eine blau-weiß marmorierte Kugel am Horizont emporsteigt.

Nach der Rückkehr ans Tageslicht berichte ich den Ingenieuren, wie ich mit dem Laserrucksack und anderen Geräten zurechtgekommen bin. Viele Prototypen, die wir bei PANGAEA-X ausprobieren, sind sehr spezialisiert, das eine Instrument kann dies, das andere jenes. Für unsere Expedition zum Mond hätten wir gern viele Funktionen in ein möglichst robustes und kompaktes Gerät gepackt. Wir versuchen daher, die Produkte gemeinsam mit den Herstellern zu optimieren. Denn nur wenn Mensch und Maschine gut harmonieren, wird es gelingen, perfekte Proben von der Mondoberfläche mitzubringen.

Mond und Erde haben einen gemeinsamen Ursprung. Einst schlugen Asteroiden und Kometen auf beiden Himmelskörpern ein. Falls sie es waren, die das erste Leben mit sich brachten, könnten sich heute noch organische Substanzen im Wassereis nachweisen lassen, das in den extrem kalten Kratern der Mondpolarregionen zu finden ist. Auf der Erde sind inzwischen alle Spuren verwischt, da sie sich von Beginn an kontinuierlich wandelt, ihre Oberfläche sich stets verändert. Auf dem Mond hingegen ist seit Urzeiten alles nahezu gleich geblieben, denn dort gibt es kein Wetter, kein Klima und keine Plattentektonik. Lediglich Meteoriteneinschläge und bereits vor Millionen Jahren erloschener Vulkanismus haben die Oberfläche sichtbar umgeformt, während der stetige Sonnenwind nur submikroskopische Spuren hinterlässt. Die tote Wüste aus Gestein könnte dazu beitragen, ungeklärte Fragen zur Entstehung unseres Sonnensystems zu beantworten. Vergleichbar mit einem Geschichtsbuch, das uns in die Vergangenheit blicken lässt und wertvolle Erkenntnisse liefert, um erdähnliche Exoplaneten und die Chancen für weiteres Leben da draußen besser beurteilen zu können.

Auch ein Radioteleskop soll in Zukunft auf dem Mond entstehen, um Milliarden Jahre alte Radiosignale aus der dunklen Frühphase des Universums aufzufangen – aus der Zeit, bevor die ersten Sterne zu leuchten begannen. Die Radiosignale würden uns helfen, die physikalische Entstehung unseres Universums zu begreifen. Auf der Erde können wir sie nicht empfangen, da unser Planet anders als der Mond eine Atmosphäre hat, die diese Signale schluckt.

Instrumente und Material von der Erde zum Mond zu transportieren ist allerdings sehr aufwendig und teuer. Die Frage ist daher, ob es möglich ist, aus dem staubigen Mondsand etwas Sinnvolles herzustellen. Manche Wissenschaftler und Techniker träumen vom 3-D-Druck mit Mondsand: Mittels gebündelter Sonnenenergie soll der Sand angeschmolzen, zu Ziegeln verbacken und gedruckt werden. Diese könnte man als Fundament für eine Mondbasis oder das Radioteleskop verwenden. Oder zumindest als Baumaterial für eine Straße und eine Landefläche. Ohne eine befestigte Fläche endet nämlich jede Mondlandung mit einer größeren Landefähre unweigerlich in einem Sandsturm, da der extrem feine Staub wegen der geringen Schwerkraft viel schneller aufgewirbelt wird.

Andere Versuche zielen darauf ab, den im Mondsand gebundenen Sauerstoff auszukochen, um damit Atemluft für Astronauten herzustellen. Kann man Mondsand auch schmelzen, um darin enthaltene Metalle zu gewinnen? Leider fehlen die meisten der auf unserem Planeten vorhandenen schwereren chemischen Elemente und damit auch die meisten Metalle. Wie können wir

Zugang zu dem Wassereis erhalten, das in den tiefen Kratern in den Mondpolarregionen vermutet wird? Ist es überhaupt möglich, in sperrigen Raumanzügen in völliger Dunkelheit mehrere Tausend Meter an Steilhängen in die kältesten Bereiche – bis zu minus 249 Grad Celsius! – unseres Sonnensystems hinabzusteigen? Was, wenn dabei etwas schiefgeht? Auf Hilfe von der Erde dürfen wir nicht hoffen. Mir schaudert bei diesem Gedanken. Doch wir müssen dieses Risiko eingehen, denn Wasser ist für uns wertvoller als Gold – es kann Trinkwasser sein, es enthält Sauerstoff zum Atmen, und der ebenfalls enthaltene Wasserstoff ist gemeinsam mit Sauerstoff ein perfekter Treibstoff für Raketen. Lösen wir das Problem, an das Wassereis zu kommen, wird der Mond zur kosmischen Tankstelle und ermöglicht uns, weiter in den Weltraum zu fliegen und die nächsten Geheimnisse des Universums zu entschlüsseln.

Grenzenlose Freiheit

September 2019, Bordeaux, Frankreich

Der Pilot reißt die Nase des Flugzeugs gen Himmel. Das Lächeln verschwindet aus meinem Gesicht. Die Wangen werden nach unten gezogen. Mein Blick geht automatisch Richtung Boden. Jetzt bloß den Kopf stillhalten, sonst wird mir schwindelig – trotz der Spritze gegen Reisekrankheit, die ich eben bekommen habe. Regungslos starre ich aus dem Fenster. Die Tragflächen in solch einer ungewöhnlichen Position zu sehen, macht mir jedes Mal aufs Neue bewusst, welch wildes Manöver wir fliegen. Statt parallel stehen sie jetzt schon in einem etwa 30-Grad-Winkel zum Horizont. Und es geht noch steiler nach oben. Aus dem Cockpit ertönen die Winkelangaben wie ein Countdown: »30! 40! 47! Injection!« Plötzlich verlangsamt sich die Maschine und fliegt mit einer geringen Restbeschleunigung weiter. Mein Körper hebt vom Sitz ab wie ein mit Helium gefüllter Ballon. Allerdings nur wenige Zentimeter, der Anschnallgurt verhindert, dass ich durch die Kabine schwebe. Dennoch ist da das Gefühl grenzenloser Freiheit. 22 Sekunden lang. Ehe ich anfangen kann, den Moment zu genießen, hat der Flieger seinen Scheitelpunkt erreicht und geht in den Sturzflug über. Bald höre ich erneut Winkelangaben, diesmal zu unserer nun negativen Steigung: »20! 30! Pull out!« Jetzt zieht die Flugzeugnase wieder nach oben. Es wirken Kräfte von 1,8 g, also fast das doppelte Körpergewicht.

Als wir horizontal fliegen, schnalle ich mich ab. Bei der nächsten Parabel darf ich die Schwerelosigkeit erfahren, ohne dabei von einem Gurt festgehalten zu werden. Mir bleiben nur zwei Minuten, bis es wieder losgeht. Mit etwas wackligen Beinen begebe ich mich in den mittleren Teil der Kabine. Hier sind unterschiedliche Bereiche mit Netzen voneinander abgetrennt und die Fenster zugeklebt. Es gibt nur einen kleinen Bereich, in dem es erlaubt ist, wirklich frei zu schweben. Dort lege ich mich mit dem Rücken auf den Boden. Der turbulente Ritt über den Wolken beginnt. »30! 40! 47! Injection!« Injection – Einschuss in die Schwerelosigkeit – ist seit meinem ersten Parabelflug mein Zauberwort. Ich spüre, dass ich abhebe. Wie ein fliegender Teppich schwebe ich in der Luft. Ein faszinierendes Gefühl, das mit nichts zu vergleichen ist.

Ich muss an meine ersten Minuten in der Schwerelosigkeit denken. Diesen besonderen Augenblick durfte ich mit Samantha und dem französischen Astronauten Thomas Pesquet teilen. Während die beiden schon Erfahrung mit dem Schweben hatten und geschickt durch den Raum flogen, rammte ich völlig unbeholfen, ohne Körperkontrolle gegen die Decke, dann gegen die Wand. Wir mussten herzhaft lachen, hatten einen Heidenspaß. »20! 30! Pull out!« Ich drehe mich mit den Füßen zum Boden, falle wie ein Stein nach unten und lande sicher. Ein Grinsen breitet sich auf meinem Gesicht aus. »Das hängt sicher mit dem Scopolamin zusammen, das dir der Arzt vor dem Start gespritzt hat«, scherzt ein Flugbetreuer. Das Medikament gegen Übelkeit macht als Nebenwirkung sowohl etwas müde als auch euphorisch. Ich bin jedoch überzeugt, dass meine Glücksgefühle einzig und allein dem überwältigenden Erlebnis geschuldet sind, sich vom eigenen Körpergewicht zu befreien.

Mindestens einen Parabelflug absolviert jeder Astronaut, bevor er zur Raumstation aufbricht. Meist bieten sich uns jedoch mehrere Gelegenheiten. Bei mittlerweile insgesamt 311 Parabeln habe ich 114 Minuten in der Schwerelosigkeit verbracht. Sechs Minuten mehr, als Juri Gagarin bei seinem historischen Erstflug um die Erde erleben durfte. Möglich macht dieses Abenteuer ein geschichtsträchtiger Flieger, der in Bordeaux stationiert ist. Der Airbus A310 mit dem Namen Air Zero G ist mehr als 30 Jahre alt. 1989 gebaut, gehörte er zwei Jahre lang Interflug, der staatlichen Fluggesellschaft der ehemaligen DDR. Danach reisten Kanzlerin Angela Merkel und andere Politiker der Bundesrepublik Deutschland in der Maschine zu Terminen in aller Herren Länder. 2014 kaufte die Firma Novespace den Flieger und funktionierte ihn für ihre Zwecke um. Das Unternehmen bietet wissenschaftliche Parabelflüge, aber auch Schnupperflüge in der Schwerelosigkeit für jedermann an. An die vergangenen Zeiten erinnern inzwischen nur noch einige deutschsprachige Beschriftungen und die Aschenbecher in den wenigen Sitzreihen im hinteren Teil des Flugzeugs. Viel mehr Nostalgie ist nicht übrig geblieben. Die meisten Sitze, alle Gepäckablagen und sogar die Toiletten wurden entfernt. Im mittleren und vorderen Teil der Kabine wurde ein Forschungsbereich eingerichtet, der mit Schaumstoff gepolstert ist.

31 Parabeln bestreiten die Piloten pro Flug. Damit sie den normalen Flugverkehr nicht stören, lenken sie die Maschine in einen eigens gesperrten Luftraum. Der befindet sich – je nach Wetterlage – über dem Atlantik zwischen Gironde und der Bretagne oder über dem Mittelmeer. Nachdem ich zwei Parabeln

lang Zeit hatte, mich an das Schweben zu gewöhnen, beginnt nun das eigentliche Training, das mich mit dem Arbeiten ohne Schwerkraft vertraut machen soll. An der Wand vor mir hängt ein Poster des Columbus-Moduls. Gleich soll ich mich möglichst schnell in dem Modul orientieren. Ich warte auf den Countdown und das Codewort für den Beginn der Schwerelosigkeit. Und da kommt es: »30! 40! 47! Injection!« Während ich meine Augen geschlossen halte, wirbelt mich mein Ausbilder Hervé durch die Luft und um sämtliche Körperachsen. »Auf geht's«, sagt er. Ich öffne die Augen, suche einen Punkt, der mir verrät, wo ich mich gerade befinde. Meine Füße zeigen in die falsche Richtung. Irgendwie muss ich es schaffen, mich umzudrehen. Ich greife nach einem Seil, hangele mich daran entlang. Doch ich bin zu langsam. »20! 30! Pull out!« Hervé hilft mir, sicher zu landen. Das war wohl nichts. »Orientier dich bei der nächsten Parabel nicht am Boden oder der Decke. Konzentriere dich nur auf deine Aufgabe«, rät er. »30! 40! 47! Injection!« Wieder schließe ich die Augen, und Hervé wirbelt mich durch die Luft. Doch dieses Mal fühlt es sich anders an. Dieses Mal weiß ich sofort, wo ich bin. In meinem Kopf hat sich ein Schalter umgelegt. Mein Gehirn hat verstanden, dass es in der Schwerelosigkeit kein Oben und kein Unten gibt. Daher ist es auch möglich, in allen drei Dimensionen zu arbeiten.

Kopfüber soll ich nun mit einem Akkuschrauber eine Schraube auf- und wieder zudrehen. Würde ich das Gerät starten, ohne meinen Körper zu stabilisieren, würde ich mich wie wild um die Schraube drehen. Ich hänge meine Füße ein, stütze mich mit der linken Hand ab und bediene mit der rechten den Akkuschrauber. Als der Hinweis »Pull out!« das Ende der Schwerelosigkeit verkündet, packt mich Hervé und stellt mich auf die Füße. Gut, dass mein Trainer so schnell reagiert hat, sonst wäre ich vermutlich unsanft auf den Boden geklatscht. 22 Sekunden sind schnell vorbei. Gutes Timing ist bei einem Parabelflug daher besonders wichtig.

Ich frage mich, wie es wohl sein wird, durch die Raumstation zu schweben. Hier im Airbus gibt es nur diese eine Kabine, die ISS hingegen besteht aus zahlreichen Modulen. Um von A nach B zu gelangen, muss man sich nicht nur elegant um Ecken herumbewegen, sondern auch in unterschiedliche Etagen gleiten. Viele Astronauten leiden nach ihrer Ankunft im erdnahen Orbit eine Weile unter Übelkeit, weil ihr Orientierungs- und Gleichgewichtssinn gestört ist. Hoffentlich bleibt mir die Raumkrankheit erspart, damit ich die grenzenlose Freiheit, die mit dem Schweben einhergeht, vom ersten Moment an genießen kann – ganz ohne einen Countdown, der mich alle 22 Sekunden auf den Boden zurückholt.

It's Showtime!

Januar 2020, Düsseldorf, Deutschland

In meinem Bauch kribbelt es. Eine Mischung aus Aufregung und Vorfreude. In wenigen Sekunden beginnt mein erster Auftritt als DJ Explornaut. Vor 30 000 Zuschauern. »Seid ihr bereit für die Show?«, fragt eine laszive Frauenstimme durch die Lautsprecher. Wagemutig tauche ich hinter meinem Versteck auf der Bühne hervor. Noch nie in meinem Leben waren so viele Augen auf mich gerichtet, haben mir so viele Menschen zugejubelt, war ich der Star einer solch gigantischen Show. Es ist der absolute Wahnsinn!

Feuerfontänen schießen gen Himmel. Laserlichter zucken über das Publikum hinweg. Fette Bässe wummern durch die Arena Düsseldorf. Und ich bin mittendrin, gebe Vollgas. Im Astro-Blaumann tanze ich hinter einem Mischpult voller Knöpfe und Schalter. DJ Le Shuuk performt neben mir. Er ist ein Vollprofi, gehört zu den ganz Großen im Elektrobusiness. Mit seinem Mix heizen wir die Stimmung gewaltig an, steuern die Emotionen der Leute. Vor dem Auftritt hat mir Le Shuuk gezeigt, welche Regler ich bedienen kann, ohne dabei etwas am Sound kaputt zu machen. Lässig schiebe ich sie nun vor und zurück. Unsere Musik kommt an. Die Fans hüpfen im Rhythmus vor der Bühne auf und ab. Sie filmen uns mit ihren Smartphones, feiern, als gebe es kein Morgen. Es ist ein perfekter Auftritt. Ich genieße jeden Augenblick. Die Lichter, die Bässe, die vielen Menschen – wie im Rausch tanze ich immer weiter. Exakt 110 Sekunden lang. Dann ist die Show für mich schon wieder vorbei. Die Feuerfontänen erlöschen, die Musik verstummt. Ich reiße beide Arme nach oben, verabschiede mich und verschwinde in den Backstagebereich, während Le Shuuk der Meute mit dem nächsten Sound einheizt.

Die Premiere ist geglückt. Bei der World Club Dome Winter Edition habe ich meine Feuertaufe als Plattenaufleger bestanden. Bislang war die Ausbildung zum Discjockey kein fester Bestandteil meines Trainingsplans. Doch das ändert sich ab sofort. Denn ich werde der nächste kosmische DJ. Während meines Aufenthalts auf der Raumstation soll ich selbst gemixte Musik auf die Erde schicken – und somit die Nachfolge meines Kollegen Luca antreten. Der Italiener hatte seinen großen Auftritt bereits im August 2019. Im Columbus-Modul legte der Kommandant der Expedition 61 auf. Seine Show wurde live auf die riesige Leinwand eines Kreuzfahrtdampfers übertragen. Mehr als 2500 Gäste tanzten auf dem Partyschiff vor der Küste Ibizas zu dem intergalaktischen Sound. Etwa zwölf Minuten lang dauerte das Set des in der Schwerelosigkeit schwebenden DJ.

Wenn es nach Initiator Bernd Breiter geht, soll mein Auftritt im Orbit noch spektakulärer werden. Der Gründer der Agentur Big City Beats ist bekannt für seine außergewöhnlichen Events. Er hat schon ein Observatorium in den Schweizer Alpen, einen ICE der Deutschen Bahn, einen Airbus am Frankfurter Flughafen und den Parabelflieger von Novespace in einen Club verwandelt. Eine Zusammenarbeit mit der ESA bietet ihm nun die Möglichkeit, seine Veranstaltungen sogar in den Weiten des Universums abzuhalten.

Für meine Mission hat er sich etwas besonders Aufsehenerregendes einfallen lassen: Er will nicht nur, dass ich als DJ auflege, sondern gleich die ganze ISS in eine Space Club Kitchen, eine Weltraum-Clubküche, verwandeln. Ich soll an Bord unter elektronischer Musikbegleitung ein Dinner zubereiten, während mir Menschen auf der ganzen Welt via Livestream dabei zusehen, mitkochen und eine gute Zeit haben. Was wir beim Organisieren des Megaevents allerdings nicht wissen können, ist, dass uns ein grausamer Krieg in die Quere kommen und es die Veranstaltung daher nicht in ihrer ursprünglich geplanten Form geben wird. Das finde ich unfassbar schade, denn für die ESA ist die Kooperation mit Bernd eine tolle Chance, bei einem jungen Publikum das Interesse für die Raumfahrt zu wecken.

Der Auftritt heute Abend hat eindrucksvoll bewiesen: Es ist viel leichter, Menschen mit Emotionen zu erreichen als mit Fakten. Die Musik ist ein Türöffner. Sie kann uns helfen, junge Leute für Wissenschaft und Technik zu begeistern. Auch das ist Aufgabe eines Astronauten. Früher hätte ich es nie für möglich gehalten, dass mir die Öffentlichkeitsarbeit einmal so viel Spaß machen würde. Mein Lampenfieber war groß. Ebenso die Sorge, dass ich die Fragen der Journalisten nicht adäquat beantworten könnte. Doch Astronauten haben einen großen Vorteil: Die Menschen finden uns und unsere Arbeit prinzipiell gut. Im Gegensatz zu Politikern nehmen uns Medienvertreter selten ins Kreuzverhör. Sie sind vielmehr neugierig, erkundigen sich meist nur über die alltäglichen Dinge: Wie hart ist das Training? Wie ist es, zu schweben? Wie geht man auf der ISS auf die Toilette?

Komplizierte Fragen erhalte ich höchstens bei Fachvorträgen oder Gesprächen mit Wissenschaftsjournalisten. Da kann es auch schon mal vorkommen, dass ich eine Antwort nicht weiß. Anfangs hätte ich mich dafür geschämt, heute stehe ich dazu. Ein

Interview ist schließlich keine Doktorarbeit. Als ich das erkannt habe, ist mir eine große Last von den Schultern gefallen. Seitdem bin ich vor Terminen in der Öffentlichkeit nicht mehr nervös. Und würde mich ein Journalist um drei Uhr nachts aus dem Bett läuten, wäre ich bereit, seine Fragen zu beantworten.

Die Routine bringt allerdings ein anderes Problem mit sich: Sie verleitet dazu, Auftritte zu locker zu nehmen. Es gibt Tage, an denen ist man nicht in der Stimmung, ein Interview zu geben. Nach einem anstrengenden Training oder einer langen Reise im Flugzeug fehlt schon mal die Energie, zum hundertsten Mal dieselbe Frage mit Leidenschaft zu beantworten. In solchen Momenten nehme ich mir Charles Duke zum Vorbild. 1972 spazierte der NASA-Astronaut von Apollo 16 als jüngster Mann über den Mond, und heute noch spricht er mit einer unfassbaren Faszination über seine Jahrzehnte zurückliegenden Erlebnisse. Als ich ihn bei einem Event im Technik Museum Speyer kennenlernen durfte, hat er mich schwer beeindruckt. Mit einer wahnsinnigen Energie und einem Leuchten in den Augen beantwortete er jede meiner Fragen zu seinen elf Tagen und zwei Stunden außerhalb der Erde beziehungsweise seinen insgesamt 22 Stunden Monderkundung – obwohl er sie wahrscheinlich schon Tausende Male gehört hat. Es ist eine große Begabung, seine Leidenschaft so lange zu bewahren.

Letztendlich verbringen Astronauten deutlich mehr Zeit damit, auf Bühnen zu stehen, als im All zu schweben. Wir fungieren als Botschafter, erklären die Bedeutung der Weltraumforschung und informieren über die bemannte Raumfahrt. Täglich trudeln bei der ESA zahlreiche Anfragen ein. Medienvertreter bitten uns um Interviews, Universitäten fragen für Vorträge an, und Fans wünschen sich Autogrammkarten. Darüber hinaus sind wir beliebte Gäste bei Podiumsdiskussionen. Wir treten in Radiosendungen, im Fernsehen und in Podcasts auf. Jede Lücke im Trainingsplan wird für die Öffentlichkeitsarbeit genutzt. Seit 2010/11 sind ESA-Astronauten zudem in den digitalen Medien unterwegs. Den Anfang machte Paolo Nespoli während seiner MagISStra-Mission. Er ist nicht nur der körperlich größte Europäer, der jemals ins All geflogen ist, sondern auch ein sehr redegewandter Mensch, der es versteht, andere für die Raumfahrt zu begeistern. Während seiner Aufenthalte an Bord der ISS schoss der Italiener beeindruckende Fotos und ließ die Internetnutzer über Onlineplattformen an seinen Eindrücken teilhaben. Auch André Kuipers nutzte Twitter im Lauf seiner PromISSe-Mission 2011/12 ausgiebig. Den medialen Durchbruch schaffte jedoch Chris Hadfield während seines Raumflugs 2012/13. Er twitterte mehr, als es manchen NASA-Managern recht war, sodass sie bei nachfolgenden Missionen die Nutzung digitaler Medien durch Astronauten zunehmend reglementierten. Inzwischen verwenden Raumfahrtagenturen weltweit standardmäßig soziale Netzwerke, um ihre Arbeit zu präsentieren. Twitter, Facebook, Instagram, Flickr, YouTube und Co. ermöglichen es ihnen, die unterschiedlichsten Personengruppen anzusprechen. Ziel der ESA ist es dabei, Wissenschaftler, Politiker, Studenten und Schüler gleichermaßen für ihre Projekte zu gewinnen.

Mir bereiten vor allem Aktionen mit Kindern viel Freude. Sie sind authentisch, neugierig und stets mit vollem Eifer bei der Sache. Für mich war es daher ein Highlight, als ich im Dezember 2018 bei *1, 2 oder 3* auftreten durfte. Die Quizshow des ZDF habe ich schon als kleiner Junge regelmäßig geguckt. Ich wollte mich unbedingt bewerben, hätte mir aber wahrscheinlich vor Aufregung in die Hose gemacht. Als ich die Gelegenheit bekam, als Astronaut in der Sendung aufzutreten, ging für mich ein Kindheitstraum in Erfüllung. Die Kinderfrage, was mit einem Astronauten ohne Raumanzug im All passieren würde, konnte ich den jungen Teilnehmern mit einem Experiment sehr anschaulich beantworten. Dazu hatten wir einen Schaumkuss unter einer kleinen Glasglocke platziert, in der wir mittels einer Pumpe ein Vakuum erzeugten. Dabei dehnte sich der Schaumkuss immer mehr aus und platzte schließlich. Moderator Elton und sein Team haben ein Talent dafür, ihren Studiogästen komplexe Themen näherzubringen. Von ihnen konnte ich einiges lernen. Sie gaben mir zum Beispiel den Tipp, mit Kindern in möglichst kurzen Sätzen zu sprechen. So sei es für die Jungen und Mädchen einfacher, meinen Erklärungen zu folgen.

Andererseits sollte man Kinder nicht unterschätzen. Während mir Erwachsene zu 95 Prozent die gleichen Fragen stellen, schaffen es die Kleinen immer wieder, mich zu verblüffen und ins Straucheln zu bringen. Ich werde nie meinen Besuch bei der Internationalen Luft- und Raumfahrtausstellung (ILA) in Berlin vergessen. Da kam ein ganzer Schwarm Grundschüler auf mich zugerannt. Sie waren total fasziniert, einen Astronauten zu treffen, sind mir nicht mehr von der Seite gewichen. Mit großen Augen haben sie mich angesehen, als stünde ein Superheld vor ihnen. Sie haben mir Löcher in den Bauch gefragt – bis ein Junge wissen wollte, ob ich denn schon mal im Weltraum war. »Nein, ich bereite mich gerade auf meinen ersten Flug vor«, antwortete ich stolz. Daraufhin warf mir der Knirps vor: »Dann bist du ja gar kein echter Astronaut«, drehte sich um und ging weg. Er hatte mich entlarvt. Und ehe ich michs versah, waren alle Kinder verschwunden.

Die Reaktionen von Menschen sind eben nicht planbar. Ich musste lernen, mich damit abzufinden. In der Raumfahrt wird nichts dem Zufall überlassen, bei Auftritten hingegen weiß ich nie, was als Nächstes passieren wird. Ich muss spontan auf die Leute reagieren. Was mir früher Bauchschmerzen bereitet hat, finde ich inzwischen superspannend. Die Öffentlichkeitsarbeit bietet mir nicht nur die Gelegenheit, meine Leidenschaft für die Raumfahrt mit anderen zu teilen, sondern nebenbei die verrücktesten Dinge zu erleben. Als ich mich für den Astronautenberuf entschied, wusste ich, dass ich im Rampenlicht stehen werde. Aber welche Ausmaße das annehmen würde, hätte ich nie vermutet. Zu Studentenzeiten spielte ich eher schlecht als recht Elektrogitarre und bin aus unserer dörflichen Punkband geflogen, weil ich angeblich zu melodisch war. Wer hätte damals gedacht, dass ich einmal als kosmischer DJ Explornaut vor 30 000 Musikfans auflegen würde?

Ein Spielplatz für Astronauten

Januar 2021, Houston, Texas, USA

Mein Arbeitstag in Houston beginnt mit einer 15-minütigen Autofahrt. Von meiner Unterkunft bis zum Lyndon B. Johnson Space Center (JSC) sind es nur wenige Kilometer. Heute Morgen habe ich Glück, die Straßen sind wie leer gefegt. Sogar auf der mehrspurigen NASA Road 1 herrscht kaum Verkehr. Entspannt kann ich zum Raumfahrtzentrum düsen. Die Strecke kenne ich inzwischen auswendig. Ein Großteil meiner Ausbildung findet in den USA statt, oft verbringe ich hier mehrere Monate am Stück.

Trotzdem sind die Trainingstage im JSC immer wieder ein Erlebnis. Der Campus ist gewaltig. Es gibt mehr als 100 Gebäude, darunter schier unzählige Bürokomplexe und Trainingshallen. Eine davon ist sogar mit einer Vakuumkammer ausgestattet, in der wir die Raumanzüge im luftleeren Raum ausprobieren können. Außerdem sind auf dem Gelände zahlreiche Labore für die verschiedensten Forschungsbereiche untergebracht. In einem dreht sich beispielsweise alles um die Herstellung von Weltraumnahrung, während in einem anderen die Gesundheitsrisiken bei Langzeitmissionen im Fokus der Wissenschaft stehen. Das JSC verfügt auch über ein Besucherzentrum, eine kleine Ambulanzklinik und ein Gelände namens Rock Yard mit simulierter Mond- und Marsoberfläche, auf dem Raumfahrzeuge und Rover getestet werden. In Gebäude 31N, der Lunar Sample Laboratory Facility, werden mehr als 350 Kilogramm Mondgestein asserviert, die die Astronauten während der Apollo-Missionen gesammelt haben.

Ich erinnere mich noch genau an meinen ersten Houston-Aufenthalt. Damals, zu Beginn meiner Grundausbildung, hatte ich mich auf ein supertolles NASA-Zentrum mit modernster Architektur gefreut, stattdessen erwartete mich ein Gelände mit unästhetischen Betonklötzen. Als ich dann die beeindruckenden Anlagen im Inneren sah, schlug die Enttäuschung schnell in Begeisterung um. Das JSC ist ein Spielplatz für Astronauten, auf dem alles vorhanden ist, was wir zur Vorbereitung für einen Flug in den Weltraum benötigen. Und noch vieles mehr.

So steht auf dem Campus etwa auch das legendäre Missionskontrollzentrum: In Gebäude 30 wirken Mitarbeiter seit 1965 an jedem bemannten amerikanischen Raumfahrtprogramm mit, angefangen bei Gemini 4 über Apollo, Apollo-Sojus und Skylab bis hin zu Space Shuttle. So manche berühmte Funksprüche aus dem Weltraum sind hier eingegangen – beispielsweise »Houston, wir haben ein Problem« der Apollo-13-Crew oder »Der Adler ist gelandet« von Neil Armstrong. Seit 1998 leiten Ingenieure und Techniker im JSC die Missionen zur ISS. Es gibt mehrere Kontrollräume, von denen aus sie die Flüge koordinieren. Eine unterschiedlich große Anzahl von Lotsen betreut ein Raumschiff auf seinem Weg in den Orbit – bei kritischen Phasen wie Start und Landung sind alle Positionen besetzt. Etwa zwölf Leute sind immer anwesend und dafür verantwortlich, die ISS zu überwachen. Die Experten im Hauptkontrollraum werden von Dutzenden weiteren Fachkräften unterstützt. Die Kernteams sind 24 Stunden am Tag, 365 Tage im Jahr im Einsatz. Rund um die Uhr behalten sie die Systeme der Raumstation im Auge, überwachen die Aktivitäten der Besatzung und stellen sicher, dass der Betrieb wie geplant läuft.

Für uns Astronauten ist Gebäude 4 besonders wichtig. Dort sind auf der sechsten Etage unsere Büros untergebracht. Es gibt einen elektronischen Zugangscode, den nur wenige NASA-Mitarbeiter kennen. So können wir abgeschirmt und ganz in Ruhe arbeiten. Darüber hinaus finden in dem Komplex verschiedene Trainingseinheiten statt. Im Erdgeschoss üben wir zum Beispiel das Fotografieren, damit wir auf der ISS spektakuläre Bilder von der Erde schießen können. Den Umgang mit dem robotischen Arm bringen uns die Ausbilder in Gebäude 16 im ehemaligen Shuttle Engineering Simulator bei. Die Halle trägt den Spitznamen Dome, weil sie wie eine Kuppel geformt ist und an ein Planetarium erinnert. Darin befindet sich ein Modell des Aussichtsmoduls Cupola inklusive der Computerstation, mit der wir den Greifarm bedienen. Dieser ist außen an der ISS angebracht und wird etwa gebraucht, um Versorgungskapseln einzufangen und anzudocken. Die Simulation ist ziemlich realistisch. Ich liebe es, in dem Cupola-Nachbau zu stehen und in den an die Decke projizierten Weltraum zu schauen. In der Ferne ist meist die Erde zu sehen, und irgendwann taucht die Versorgungskapsel auf, die langsam auf einen zufliegt – für mich ein ganz besonderer Anblick.

Heute steht ein ISS-Notfalltraining auf dem Stundenplan. Dazu muss ich einmal quer über den rund 650 Hektar großen Campus zu Gebäude 9 fahren. Obwohl am JSC mehrere Tausend Angestellte arbeiten, begegnet mir dabei kaum jemand, da aufgrund der gegenwärtig grassierenden Covid-19-Pandemie die Anzahl anwesenden Personals stark begrenzt ist. Ohne all die Menschen blüht die lokale Tierwelt richtig auf. Unterwegs entdecke ich mehrere Rehe, die ungestört umherstreifen. Kurz vor acht Uhr erreiche ich mein Ziel: die Space Vehicle Mockup Facility im Herzen des Space Center. Dort treffen Gegenwart und Zukunft der Raumfahrt aufeinander. In einem Bereich stehen Prototypen von Mondrovern und erste Module der geplanten Gateway-Station, die schon bald um den Erdtrabanten kreisen soll, in einem anderen befindet sich ein maßstabsgetreuer Nachbau der ISS. Wenn ich durch das Eingangstor spaziere, komme ich mir vor wie ein Kind in einem Spielzeugladen. Mit einem

Funkeln in den Augen stelle ich mir vor, wie ich durch die Module schwebe und die Schwerelosigkeit genieße.

Meine Astronautenkollegen Raja Chari, Tom Marshburn und Kayla Barron haben sich schon vor dem Harmony Node, auch Knoten 2 genannt, eingefunden. Mit ihnen werde ich in den kommenden Monaten noch viel Zeit verbringen. Denn seit Kurzem steht fest, dass wir gemeinsam als Crew-3 in einem Dragon-Raumschiff der Firma SpaceX in den Weltraum aufbrechen werden. Zunächst werden in der Öffentlichkeit jedoch nur Raja, Tom und ich als Besatzungsmitglieder genannt, während Kayla als Joker intern gleich auf drei Missionen geführt wird: Crew-3, Crew-4 oder auch die Sojus dazwischen. Alles hängt von der Frage ab, ob Russland einen Kosmonauten für einen Flug mit der neuen amerikanischen Kapsel bestätigen wird. Während die NASA ein Gegengeschäft bevorzugt – Mitflug eines Kosmonauten in einer amerikanischen Kapsel im Tausch gegen den Mitflug eines Astronauten in einer Sojus –, hätte Russland für einen Platz in der Sojus lieber Geld. Die quirlige Kayla trägt diese Rolle als Spielball im politischen Gerangel mit Humor.

»Guten Morgen, wie geht's?«, rufe ich ihr und meinen anderen beiden Teamgenossen zu. Wir begrüßen uns mit Abstand. Beim Training tragen alle Beteiligten ihren Mund-Nasen-Schutz. Die Hygienevorkehrungen sind hoch. Sollte sich ein Astronaut mit Covid-19 infizieren, wäre seine Mission in Gefahr.

Wenige Meter von uns entfernt bereiten sich unsere Trainer auf die heutige Übung vor. Mindestens zehn Experten aus unterschiedlichen Bereichen sind anwesend, um die Systeme zu steuern und die Katastrophe zu simulieren. Sie denken sich anspruchsvolle Szenarien aus und geben uns Messwerte und Informationen vor, mit denen wir arbeiten müssen. In dem ISS-Nachbau sind Kameras installiert. So können uns die Ausbilder auf die Finger schauen und beobachten, ohne uns dabei im Weg zu stehen. All das ist ein Heidenaufwand, der sich in regelmäßigen Abständen wiederholt. Vor allem in den letzten Monaten vor

Missionsbeginn häufen sich die Notfallübungen auf unserem Stundenplan.

Uns bleibt noch ein wenig Zeit für einen Rundgang durch die Raumstation. Wir starten in Knoten 2. Wenn es die Situation zulässt, etablieren wir hier in Notfällen den »Safe Haven«, unseren sicheren Hafen. Der Raum hat nämlich gleich mehrere Vorteile: Er ist nicht nur mit Funkgeräten und Steuerungscomputern ausgestattet, an ihm ist auch die SpaceX-Kapsel angedockt. Dadurch hätten wir – wenn alle Stricke reißen – die Möglichkeit, die ISS jederzeit zu verlassen und zur Erde zurückzufliegen. Der Safe Haven der Kosmonauten befindet sich auf der gegenüberliegenden Seite im Dockingadapter für das Sojus-Raumschiff beziehungsweise im russischen Servicemodul.

Knoten 2 verbindet bis zu sechs Räume: Von hier aus gelangt man ins europäische Columbus-Forschungslabor, in bis zu drei angedockte US-Kapseln, in das japanische Kibo-Modul sowie das angrenzende amerikanische Labormodul Destiny, kurz Lab. In Letzteres begeben wir uns und hangeln uns von dort weiter in den Unity Node, Knoten 1. Im gesamten nicht russischen Teil der Raumstation sind International Standard Payload Racks, ISPR, verbaut. Diese telefonzellengroßen Haltevorrichtungen mit technischen Geräten und wassergekühlten Systemen beinhalten jeweils ein komplettes Labor zur Forschung. Im russischen Segment sind sämtliche Instrumente hinter mit Klapptüren versehenen Wandverkleidungen angebracht und werden luftgekühlt.

Die ISS ist ein unfassbar komplexes Gebilde, dementsprechend faszinierend ist es, durch die Module zu laufen. Anfangs kam ich mir dabei vor wie in einem Irrgarten. Doch mittlerweile ist mir die Konstruktion vertraut. Ich schlage vor, dass wir von Knoten 1 nach rechts in Knoten 3 abbiegen. Dieser als Tranquility Node bezeichnete Raum gehört den Amerikanern. Die mechanische Struktur wurde aber in Europa gefertigt, und erst die Endausstattung erfolgte in den USA. Direkt daran angedockt ist das in Italien hergestellte Permanent Multipurpose Module, PMM, das ausschließlich als Lager dient. Sämtliches Material, verpackt in dicken, weißen Taschen, ist hier verstaut – von Werkzeugen über Experimentequipment bis hin zu Essensvorräten. Es gibt Listen, in denen genau festgelegt ist, wo welcher Gegenstand hingehört.

Die ISS gleicht einer Wohngemeinschaft, in die alle drei Monate Leute ein- und wieder ausziehen. Es muss Ordnung herrschen, damit die Besatzung benötigtes Material ohne größere Suchaktionen findet. Ein Ausbilder hat mal erzählt, dass auf der Raumstation mehr als 1000 Gegenstände als verloren gelten. Die befinden sich zwar noch an Bord, aber niemand weiß, in welcher Tasche sie stecken. Sie sind im WG-Chaos verschollen.

Damit nicht noch mehr Inventar abhandenkommt, ist es im All eine unserer Hauptaufgaben, uns um die Logistik zu kümmern. Wie Lagerarbeiter in einem Supermarkt schweben wir mit Barcode-Scannern durch die Station, dokumentieren und inventarisieren. Besonders viel zu tun gibt es, wenn ein Raumfrachter mit Nachschub eintrifft oder wir eine Kapsel für ihren Rückflug zur Erde packen müssen. Dann transportieren wir alles Mögliche vom Lagermodul in das Raumschiff oder eben umgekehrt. Im PMM duschen wir auch, wobei dies eher ein Abrubbeln mit einem feuchten Tuch ist. Zudem verstaut die Besatzung hier ihren Müll und hängt die verschwitzten Sportklamotten zum Trocknen auf. Einige ISS-Bewohner haben dem Raum mal den Spitznamen Müffelmodul verliehen. Sollte die Notfallübung hier stattfinden, bedeutet das sehr viel Arbeit für uns. Denn um an die Gefahrenquelle zu gelangen, müssten wir zunächst jede Menge Kram beiseiteräumen.

Eine Lautsprecheransage beendet unseren Rundgang. In wenigen Minuten beginnt das Training. Die Ausbilder weisen jedem von uns eine Position in der Station zu. Ich soll mich in Columbus begeben und so tun, als wäre ich am Experimentieren. Welchen Notfall wir gleich proben, wissen wir nicht. Auch der Ort, an dem sich die Katastrophe ereignen wird, ist uns noch nicht bekannt. Dafür infrage kommt prinzipiell die gesamte ISS.

Sie ist das größte Objekt, das Menschen jemals in den Weltraum transportiert haben: 80 Meter breit, 88 Meter hoch, und ihre Spannweite misst einschließlich der Solarsegel von einem Ende zum anderen 108 Meter. Etwa genauso viel wie ein Fußballplatz. Um all ihre Komponenten in die Umlaufbahn zu transportieren, waren mehr als 40 Raketenstarts notwendig. Am 20. November 1998 schossen die Russen das erste Modul Sarja, das auch als Functional Cargo Block bezeichnet wird, in den erdnahen Orbit. Daran befestigte die Besatzung des Space Shuttle Endeavour 16 Tage später den amerikanischen Knoten 1. Im Lauf der Jahre wuchs die Raumstation zur komplexesten Maschine heran, die je gebaut worden ist. Sie bringt inzwischen etwa 450 Tonnen auf die Waage und bietet Astronauten einen Wohn- und Arbeitsraum von 1200 Kubikmetern.

Fünf Weltraumorganisationen haben die Raumstation gemeinsam aufgebaut – neben den USA und Russland sind auch Kanada, Japan und Europa beteiligt. Die Planungen begannen schon in den 1980er-Jahren während des Kalten Krieges. Die Zusammenarbeit von Ost und West galt damals als politisches Zeichen und leitete den Beginn einer neuen Raumfahrtära ein. Die Kosten für die ISS – einschließlich Entwicklung, Montage und Betrieb über einen Zeitraum von 30 Jahren – belaufen sich nach Schätzungen der ESA auf mehr als 100 Milliarden Euro. Europa trägt etwa acht Milliarden Euro bei. Rein rechnerisch zahlt jeder Einwohner in den derzeit 22 ESA-Mitgliedsstaaten pro Jahr also einen Euro. Ein Euro, der dazu beiträgt, das alltägliche Leben auf der Erde zu erleichtern. Leistungsstarke Computer, Akkus für Heimwerkergeräte, Satellitennavigation, Solarzellen, Rauchmelder, Beiträge zu Medikamentenentwicklungen, Messungen wichtiger Materialparameter zum Designen neuer Legierungen – all das haben wir der Forschung in der Schwerelosigkeit zu verdanken.

Seit mehr als 20 Jahren leben und experimentieren Menschen auf der ISS. Sie gehen Phänomen in den Bereichen Biologie, Materialforschung, Technologie, Medizin und Erderkundung auf den Grund. Als erster Deutscher stattete Thomas Reiter im Jahr 2006 dem Außenposten der Menschheit einen Langzeitbesuch ab. Am 7. Februar 2008 reiste Hans Schlegel mit dem Space Shuttle Atlantis in den erdnahen Orbit. Bei einem fast siebenstündigen Außenbordeinsatz trug er dazu bei, Columbus zu montieren. Als dritter Deutscher machte sich Alex im Jahr 2014 zu seiner ersten und 2018 zu seiner zweiten Mission auf den Weg. Ich werde also der vierte ISS-Bewohner aus der Bundesrepublik sein.

89 Prozent der Erdanziehungskraft sind in rund 400 Kilometer Höhe noch vorhanden. Damit die ISS nicht auf die Erde stürzt, muss sie sich mit einer Geschwindigkeit von 28 000 Kilometern pro Stunde vorwärts bewegen. Dabei purzelt sie beständig um unseren Planeten. Und mit ihr die Astronauten an Bord, die dies allerdings als Schwerelosigkeit erfahren. Alle 90 Minuten umrunden sie den Planeten einmal. In wolkenlosen Nächten können Erdbewohner die kosmische Forschungsinsel mit bloßem Auge beobachten. Im Vorbeiflug gleicht sie einem hellen Stern, der in wenigen Minuten von Westen nach Osten über den Himmel zieht.

Die Raumstation ist mit einem ausgeklügelten Sicherheitsapparat ausgestattet. Mehr als 50 Spezialcomputer und 350 000 Sensoren überwachen ihre kritischen Systeme. Die meisten Materialien sind feuerfest und dürfen weder splittern noch Dämpfe ausgasen. Die Experimenttechnik ist ebenfalls mit Sicherheitsvorkehrungen entsprechend dem Risiko aufgebaut. Stromanschlüsse dürfen nur verbunden beziehungsweise getrennt werden, wenn zuvor die Sicherung des Anschlusskastens ausgeschaltet wurde. Trotz all dieser Maßnahmen sind Notfälle in der galaktischen Maschine nicht ausgeschlossen. Wir bereiten uns daher bereits auf der Erde intensiv auf unterschiedliche Katastrophenszenarien vor. Ich bin gespannt, welches uns heute erwartet.

Ein schriller Alarm dröhnt aus den Lautsprechern. Die Warnanzeige des Columbus-Moduls fällt mir direkt ins Auge: Eine der drei Leuchten blinkt rot auf. Das bedeutet Feuer. Ich lasse meinen Blick durch das Labor schweifen, entdecke weder Flammen noch Rauch. Der Gefahrenherd liegt wahrscheinlich in einem anderen Bereich der Station. Würde es bei mir zu Hause brennen, würde ich entweder das Feuer zu löschen versuchen oder aus der Wohnung flüchten. Auf der ISS lodern die Flammen vermutlich im Verborgenen. Sie zu lokalisieren ist gar nicht so einfach. Und wegzulaufen ist keine Option. Wir können ja nicht in den Raumanzug springen und in den Weltraum rennen. Ich begebe mich daher zu unserem Notfalltreffpunkt in Knoten 2. Raja trifft fast zeitgleich mit mir ein. Wir widmen uns einem tragbaren Instrument, das noch an seinem Stauplatz an der Wand hängt und das mein Kollege bei Ertönen des Alarms eingeschaltet hat. Es weist uns auf potenziell gefährliche Schadstoffe in der Luft hin. Das Messergebnis ist eindeutig: In diesem Modul ist alles in Ordnung. Unser sicherer Hafen steht. Auch Tom und Kayla stoßen zu uns. Es geht ihnen gut, keiner ist verletzt. Somit können wir die Aufgabenverteilung, die wir vor der Simulation festgelegt haben, beibehalten. Raja und ich bilden das Vorwärtsteam. Wir schnappen uns Messinstrumente, gehen vorsichtig durch die ISS und kontrollieren immer wieder die Luftwerte. Auf diese Weise versuchen wir, das Feuer zu finden.

Tom und Kayla leisten derweil mithilfe des Überwachungscomputers in Knoten 2 Detektivarbeit. In welchen Modulen haben die Rauchsensoren Alarm geschlagen? Haben bereits Systeme versagt? Gibt es vielleicht ausgelöste Sicherungsmechanismen? Unsere Kollegen nehmen alles unter die Lupe, was Hinweise zur Gefahrenquelle liefern könnte. Sie folgen hierbei penibel den Instruktionen in dem mehrere Hundert Seiten umfassenden Notfallbuch, das für jede Situation zertifizierte Handlungsanweisungen bereithält. Auf der ISS gibt es für die allermeisten Vorgänge Protokolle, selbst für Putzaktionen. So müssen wir zum Beispiel mit dem Kontrollzentrum am Boden absprechen, in welche Steckdose wir den Staubsauger einstöpseln dürfen, damit es nicht zu einer lokalen Überlastung der Leitung kommt. Einen kommerziellen Staubsauger nutzen wir für den gewöhnlichen Schmutz, der sich auf der Station ansammelt. Den Spezialstaubsauger, den die NASA noch zu Space-Shuttle-Zeiten entwickelt hat, verwenden wir für ausgelaufene Flüssigkeiten. Die Beutel dafür kosten pro Stück angeblich 1000 Dollar.

Raja und ich arbeiten uns indessen Stück für Stück vor. »Im Weltraum geht es nicht zuerst um Schnelligkeit, sondern vielmehr um Sicherheit«, pflegt einer der Ausbilder zu sagen. In Knoten 1 stoßen wir auf eine im wahrsten Sinn des Wortes heiße Spur.

»Der Kohlenmonoxidwert ist hier leicht erhöht«, gebe ich per Funk durch. Ein Zeichen für einen Verbrennungsvorgang. »Moment, ich sehe mir den Bereich genauer an«, meldet Tom. Keine 30 Sekunden später hat er eine entscheidende Information für uns. »Schon bevor der Alarm losging, ist in Knoten 3 ein Aggregat überhitzt und ausgefallen«, erklärt er.

Liegt hier vielleicht die Brandursache? Wir gehen in das angrenzende Modul. Und tatsächlich, der Kohlenmonoxidwert ist hier noch höher. »Das defekte Aggregat befindet sich in Rack vier«, konkretisiert Kayla. Ihre Stimme strahlt wie immer eine unglaubliche Gelassenheit aus. Mit gerade einmal 33 Jahren ist sie zwar das Küken im Team, doch von ihrem Verhalten in Extremsituationen können wir uns alle eine Scheibe abschneiden. Als U-Boot-Offizierin hat sie gelernt, präzise Anweisungen zu erteilen, ohne dabei jemals hektisch zu werden. »Probiert Fireport Nummer vier aus«, weist uns Kayla weiter an. Raja reagiert augenblicklich und schiebt eine Sonde in die kreisrunde Öffnung, um über einen Zeitraum von etwa fünf Minuten die Schadstoffkonzentration im Inneren des Racks zu messen. Tom und Kayla schalten per Computer schon mal vorsorglich alle Geräte in dem Wandschrank ab.

Während wir auf das Ergebnis warten, kehrt eine ungewohnte Stille an Bord ein. Normalerweise brummt auf der ISS ununterbrochen das Belüftungssystem. Es stellt sicher, dass die Raumluft in Bewegung bleibt, denn in der Schwerelosigkeit steigt warme Luft nicht nach oben. Aber wegen des Feueralarms haben die Stationscomputer die Anlage zwischen den Modulen automatisch deaktiviert, um die Sauerstoffzufuhr zu unterbrechen und so das Feuer zu ersticken. So weit die Theorie. In der Praxis können jedoch unterschiedlichste Faktoren dazu führen, dass die Flammen weiterlodern. Das ist auch bei unserer Simulation der Fall. Die Kohlenmonoxidkonzentration steigt in einen kritischen Bereich, plötzlich quillt Rauch hinter der Abdeckung hervor.

Raja und ich setzen die Atemmasken auf, die in Knoten 3 verstaut sind. Sie liefern Sauerstoff für sieben Minuten. Mehr Zeit bleibt uns nicht, um das Feuer zu löschen. Die Kommunikation untereinander ist durch die Masken sehr eingeschränkt. Dank der exakt vorgeschriebenen Prozedur braucht es aber auch nicht viele Worte.

Raja schließt die Luke zwischen Knoten 3 und dem angedockten Lagermodul, damit sich der Rauch nicht noch weiter ausbreitet. Ich greife mir den Feuerlöscher, um das Rack mit Kohlendioxid zu fluten. Da es nur eine Übung ist, löse ich ihn nicht aus. Bei einem realen Einsatz im Weltraum müsste ich jetzt jedoch höllisch aufpassen. Der Feuerlöscher wird beim Ausströmen des Gases so kalt, dass er Erfrierungen an den Händen verursachen kann. Außerdem müsste ich mich sicher verankern, sonst würde ich durch den Rückstoß wie eine Rakete durch die Station schießen. Das erinnert mich an den Film *Gravity* mit Sandra Bullock. Sie nutzt den Feuerlöscher, um damit von der zerstörten ISS zur chinesischen Raumstation zu fliegen. Komplett unrealistisch. In dem Moment packt mich Raja von hinten. Er hält mich fest, um mich zusätzlich zu stabilisieren. Damit ist die Simulation beendet. Die Ausbilder verkünden, dass die Werte sinken. Wir haben die Flammen besiegt.

Alle Beteiligten sind zufrieden, die Übung lief wie am Schnürchen. Das nächste Mal werden sich die Trainer also vermutlich ein anderes Szenario einfallen lassen, zum Beispiel Druckverlust. Dann müssen wir in der Lage sein, das Loch in der Hülle der Raumstation aufzuspüren. Dazu schließen wir nacheinander die Luken zwischen den einzelnen Modulen und dichten sie hermetisch ab. Unterstützt von speziellen Sensoren können wir so die undichte Stelle orten. Darüber hinaus üben wir, was bei vergifteter Atemluft durch ausgetretenes Ammoniak aus dem Kühlsystem zu tun ist. Eine ganz heikle Situation, die sich jederzeit ereignen könnte. Im Inneren des amerikanischen Segments sind Leitungen installiert, durch die Kühlwasser fließt. Sie schützen die vielen Geräte vor Überhitzung, indem sie deren Wärme aufnehmen und über Wärmetauscher in die mit Ammoniak gefüllten Kühlleitungen und Radiatoren außerhalb der Station abtransportieren. Von dort wird die Wärme in den Weltraum abgestrahlt. Ammoniak ist als Kühlmittel im All hervorragend geeignet. Im Gegensatz zu Wasser hat es den Vorteil, dass es über einen großen Bereich der teils extremen Minustemperaturen in den Leitungen nicht gefriert. Allerdings ist die chemische Verbindung aus Stickstoff und Wasserstoff ultragiftig. Dringt sie durch ein Leck in den Wärmetauschern in den Innenraum der ISS, müssten die Astronauten sofort ihre Atemmasken aufsetzen und den verseuchten Bereich evakuieren.

Wie es sich anfühlt, fernab der Erde in Lebensgefahr zu schweben, hat mein Mentor, der deutsche Raumfahrer Reinhold Ewald, erleben müssen. Seit meiner Zeit als Eurocom unterstützt er mich beständig mit wertvollen und vor allem humorvollen Ratschlägen. Besonders spannend finde ich seine Schilderungen, wie er in den Jahren des wirtschaftlichen Zusammenbruchs der Sowjetunion sein Training nahe Moskau mit Improvisationskunst absolvieren musste. Doch so gern die rheinische Frohnatur von seinen Erlebnissen berichtet, über die Ereignisse des 24. Februar 1997 schweigt er. Mir scheint, dass ihm der Schrecken selbst nach all den Jahren nicht gänzlich aus den Knochen gewichen ist.

Damals lebte er mit fünf weiteren Raumfahrern an Bord der russischen Station MIR. Einer von ihnen, Alexander Lasutkin, zündete am späten Abend vorschriftsgemäß eine Sauerstoffkerze, um den Sauerstoffgehalt in der Luft zu erhöhen. Doch die Patrone war defekt. Als sich der Kosmonaut wieder auf den Weg zu seiner Crew begeben wollte, hörte er ein Geräusch. Er drehte sich um und sah Feuer. Die Flamme erstreckte sich etwa über einen Meter, Funken sprühten durch die Gegend, das Modul füllte sich mit dichtem Rauch. Aufgrund der Hitze begann das Metall der Kartusche zu schmelzen, die dünne Aluminiumhaut der Station drohte durchzubrennen. Unverzüglich stülpten die Männer ihre Atemmasken über. Einige von ihnen versuchten, die Flammen zu ersticken. Erfolglos, denn das brennende Material setzte unentwegt Sauerstoff frei. Die anderen machten das Sojus-Raumschiff zur Flucht startklar. Es waren zwar zwei Kapseln an der MIR angedockt, doch wegen der Flammen hatte die Mannschaft nur Zugang zu einer, und die bot lediglich Platz für die Hälfte der Astronauten. Um alle zu retten, blieb nichts anderes übrig, als den betroffenen Bereich mit Feuerlöschern zu kühlen und zu hoffen, dass die Aluminiumhülle der Hitze standhalten würde. Diese Hoffnung erfüllte sich: Nach etwa zwölf Minuten war die chemische Reaktion der Sauerstoffkerze durchgelaufen, das Feuer aus. Wegen des giftigen Qualms waren die Männer noch mehrere Stunden lang gezwungen, Atemmasken zu tragen. Trotz allem blieben sie an Bord.

Von solch schwerwiegenden Notfällen ist die Internationale Raumstation bisher verschont geblieben. In den vergangenen 20 Jahren sind nur kleinere Probleme aufgetreten, welche die Bewohner mit Unterstützung der Ingenieure am Boden lösen konnten. Damit die ISS auch in Zukunft ein sicherer Ort bleibt, müssen wir sie regelmäßig warten und kaputte Dinge reparieren. Auch darauf bereiten wir uns in Gebäude 9 vor.

Nach der mehrstündigen, anstrengenden Notfallübung verschonen uns die Ausbilder heute Nachmittag jedoch mit komplizierten Instandsetzungsarbeiten, und wir widmen uns vermeintlich banalen Dingen: dem alltäglichen Leben auf der ISS. Tom, der bereits 161 Tage im erdnahen Orbit verbracht hat, braucht diese Trainingseinheit nicht mehr. So folgen nur Raja, Kayla und ich dem Ausbilder in Knoten 1. Er liegt in der Mitte der Station zwischen dem amerikanischen und dem russischen Teil, ist Küche und Gemeinschaftsraum in einem. Hier trifft sich die Mannschaft zu Besprechungen, zum Kochen und Essen. In erster Linie stehen Konservendosen sowie verschweißte, gefriergetrocknete Mahlzeiten zur Verfügung. Um diese zuzubereiten, müssen wir den entsprechenden Beutel an einer Maschine festklemmen und heißes oder kaltes Wasser hinzufügen.

Der Ausbilder zeigt, wie's geht. Beutel auswählen, einklinken, Flüssigkeitsmenge einstellen, Knopf drücken, kurz warten und schon ist der Kaffee fertig. Ganz einfach. Komplizierter ist die Wartung der Vorrichtung. Ab und zu nehmen wir Wasserproben, um die Qualität zu analysieren. Das Trinkwasser auf der ISS ist eine Mischung aus recycelter Feuchtigkeit, die der Luft entzogen wurde, und aufbereitetem Urin. Womit wir auch schon beim nächsten Thema wären.

Von Knoten 1 gehen wir wieder in Knoten 3. Hier befindet sich neben einem Fitnessstudio auch die Toilette. In einer abgetrennten Kabine gibt es für die flüssigen Ausscheidungen einen Staubsaugerschlauch, an dessen Ende ein Trichter angebracht ist. Ein Metallbehälter samt Klodeckel dient dem festen Geschäft. Anhand zweier Kontrollfelder mit Knöpfen und Lämpchen muss ich zunächst checken, ob das System einsatzbereit ist. Leuchten die LED-Lichter grün, kann ich einen Modus auswählen und so den Absauger aktivieren. Erst danach darf ich den Klodeckel anheben. In die Toilette hat mein Vorgänger schon eine frische Einwegtüte eingehängt. Nach der Sitzung muss ich diese verschließen, ins Innere fallen lassen und einen neuen Beutel für meinen Nachfolger einsetzen. Die richtige Installation dieses Klobeutels wird auch noch einmal in Russland geübt und sogar in einer Prüfung bewertet.

»In der Anfangszeit geht ihr am besten nackt zur Toilette. Warum? Das werdet ihr sicherlich noch herausfinden«, sagt unser Ausbilder und lacht. Ich kann es mir schon denken: Auf der ISS gibt es keine Waschmaschine, und unser Kleidervorrat ist übersichtlich. Mehr Tipps kann uns der Trainer an der Stelle leider auch nicht geben. Wir werden diesbezüglich eigene Erfahrungen sammeln müssen. Es gibt Dinge, die wir erst im Weltraum richtig lernen können. Dazu zählt auch das Waschen und Zähneputzen in der Schwerelosigkeit. Pro Tag steht jedem ISS-Bewohner nur ein Viertelliter Wasser für die Körperhygiene zur Verfügung. Das reicht gerade mal für eine Katzenwäsche.

Unsere letzte Station für heute ist Knoten 2. Wo wir während der Notfallübung unseren Safe Haven etabliert hatten, gibt es vier Schlafkojen. Sie sind mit schallisolierenden Wänden abgetrennt und bieten ein wenig Privatsphäre. Damit wir beim Schlummern nicht davonschweben, ist der Schlafsack an der Wand befestigt. Luca hat mir erzählt, dass viele ISS-Bewohner nach einer Weile Schulterschmerzen bekommen, weil nicht nur tagsüber, sondern auch beim Schlafen in der Schwerelosigkeit die Schultern nach oben gezogen werden. Er hat mir empfohlen, die Hände im Schlafsack hinter den Rücken zu klemmen. Dadurch würde die Muskulatur entlastet. Außerdem solle ich beim Schlafen den Kopf möglichst dicht an das Belüftungsgitter halten, damit sich um ihn herum keine Blase aus ausgeatmetem Kohlendioxid bildet.

Nach dem Training schlendere ich gemeinsam mit Raja und Kayla zum Parkplatz. Offiziell ist unser Arbeitstag zwar um 17 Uhr beendet, aber wir haben alle noch einiges zu tun. Für mich geht es jetzt zum Sport. Als Astronaut muss ich fit bleiben, ein bis zwei Stunden Bewegung täglich sind fest eingeplant. Danach werde ich mich auf das nächste Außenbordeinsatztraining vorbereiten. Dazu gehe ich mental alle Arbeitsschritte durch, die während der sechsstündigen Einheit auf mich zukommen. Anschließend beantworte ich Presseanfragen, bestücke meine Social-Media-Kanäle, pauke Russisch-Vokabeln oder informiere mich über aktuelle Themen in der Raumfahrt. Spätestens um 24 Uhr lege ich mich ins Bett. Morgen früh will ich ausgeschlafen sein, denn es wird wieder ein aufregender Trainingstag im Johnson Space Center werden.

Ein Stückchen Weltraum auf Erden

Januar 2021, Houston, Texas, USA

Raja und ich haben uns heute Morgen extra früh verabredet, es steht nämlich eine besonders wichtige Trainingseinheit an. Im beeindruckenden Neutral Buoyancy Laboratory (NBL) der NASA werden wir einen Außenbordeinsatz, eine Extravehicular Activity (EVA), simulieren. Pünktlich um 6.30 Uhr treffen wir uns in dem riesigen Gebäude, das auch als Schwebelabor bekannt ist und etwa fünf Kilometer vom Johnson Space Center entfernt liegt. In seinem Zentrum befindet sich das größte Hallenbad der Welt, rund 23 Millionen Liter Wasser passen hier hinein. In dem gigantischen Pool ist fast die komplette ISS in Originalgröße nachgebaut. Da das Arbeiten unter Wasser dem Zustand der Schwerelosigkeit ziemlich nahekommt, gibt es keinen realistischeren Trainingsort.

Alle reden immer von einem Weltraum*spaziergang*, aber ein Außenbordeinsatz ist knüppelharte körperliche und psychische Anstrengung – und ein risikoreiches Unterfangen, bei dem jeder Handgriff sitzen muss. In diversen Unterrichtseinheiten haben wir den Ablauf der Übungsmission bereits präzise durchgesprochen und in etlichen Gesprächen die Choreografie aller Prozedurpunkte diskutiert. Außerdem intensivierte ich mein Fitnessprogramm und stählte insbesondere Arme und Hände für die schweißtreibende Aktivität. Um ihr genügend Flüssigkeit entgegenzusetzen, trank ich in den vergangenen Tagen viel Wasser und Kokoswasser (mein Geheimrezept). Gleichzeitig achtete ich darauf, mindestens acht Stunden Schlaf pro Nacht zu bekommen, und schlussendlich habe ich gestern Abend und heute Morgen kalorienreiche Kost zu mir genommen. So kann ich den Einsatz ausgeruht und mit genügend Energie im Magen antreten.

Trotz all der Vorbereitungen bin ich etwas aufgeregt – wie immer bei diesen Trainingseinheiten. Ich muss mich jetzt ganz genau auf meine Aufgabe fokussieren und sowohl exakt als auch flott meine Ausrüstung zurechtlegen. Wenn man einen Teil davon vergisst oder sie nicht richtig funktioniert, hat man später ein Riesenproblem. Aus dem Grund prüfen wir alle Werkzeuge gemeinsam mit den Ingenieuren und üben noch einmal den Umgang mit dem Hightech-Weltraum-Akkuschrauber. Der kostet mehr als ein Kleinwagen und ist wie die meisten Utensilien hier eine Spezialanfertigung. Die Geräte müssen robuster und stabiler sein, damit wir sie auch mit unseren klobigen Handschuhen bedienen können. Nacheinander deponiere ich die Teile am Beckenrand und baue meine Mini-Workstation auf – meine persönliche Werkbank, die ich unter Beachtung aller Regeln nach meinem Belieben einrichten darf und die vorn am Raumanzug befestigt wird. Dabei achte ich darauf, dass ich nicht zu viel unnötiges Zeug mitnehme, da mich dies später stören könnte. Entscheidend sind auch Kleinigkeiten, wie zum Beispiel die Haken von der richtigen Seite einzuhängen. Was im Alltag fast keinen Unterschied macht, kann die Arbeit unter Wasser beziehungsweise im Weltraum schnell unmöglich oder zumindest qualvoll werden lassen.

Als die Ausrüstung bereit für ihren Einsatz ist, begeben wir uns zur medizinischen Untersuchung. Nur wer hundertprozentig fit ist, bekommt grünes Licht. Der Arzt hört meine Lunge ab, kontrolliert das Trommelfell und misst den Blutdruck. Im Umkleideraum lege ich das Maximum Absorbency Garment, kurz MAG, an. Hinter diesem Fachbegriff verbirgt sich eine XXL-Pampers für Erwachsene. Wir können die EVA schließlich nicht unterbrechen, um mal schnell zur Toilette zu schweben. Die Astronautenehre gebietet allerdings, diese Windel nur für »Anwendungsfall Nummer 1« zu verwenden. Über das MAG ziehe ich die Funktionsunterwäsche und darüber das Liquid Cooling and Ventilation Garment (LCVG) – einen weißen Ganzkörperstrampler mit integrierten Lüftungsröhrchen und Kühlwasserschläuchen.

Um acht Uhr steht eine Besprechung mit dem kompletten Team im NBL-Kontrollraum an. Für Taucher, Ingenieure, Techniker und Experten der verschiedenen Systeme ist es die letzte Möglichkeit, ihre Fragen loszuwerden. Der Test Director (TD) erklärt noch einmal kurz den Ablauf und lässt sich von allen Teilnehmern reihum bestätigen, dass sie bereit sind. Um Missverständnisse in der Kommunikation auszuschließen, arbeiten wir während des Außenbordeinsatzes mit Funkrufnamen. Chris, der das EVA-Trainingsteam leitet, ist ab sofort der Test Conductor (TC), wir Astronauten werden als EV1 und EV2 bezeichnet.

Am Pool empfangen uns gleich mehrere Spezialisten. Sie helfen Raja und mir, in die Extravehicular Mobility Unit (EMU), den Raumanzug der NASA, einzusteigen. Auf der Erde stellt uns sein Gewicht von 160 Kilogramm vor eine Herausforderung. Wir würden es niemals schaffen, ihn allein anzuziehen. Selbst mit Unterstützung ist es eine Qual. Auf dem Boden sitzend robbe ich in die untere EMU-Hälfte, bestehend aus Hose und Stiefeln. Dabei muss ich aufpassen, dass ich mit den Füßen nicht in dem faltigen Innenstoff hängen bleibe. In der Regel gelingt mir das nicht, und ich muss um eine Boot Bladder Manipulation bitten: Der Stiefel wird abgetrennt und das faltige Material aus dem Fersenbereich gezogen. Danach muss der Schuh wieder hermetisch dicht mit dem Hosenbein verbunden werden. Ohne diese Korrektur würde ich nach dem Aufpumpen des Anzugs auf 0,3 Bar starke Schmerzen im Fußbereich spüren, da Falten im Anzug unter Druck hart wie ein Brett in den Körper einschneiden. Die anfälligsten Stellen hierfür sind der Fuß- sowie der Handbereich, aber auch die Kühlschläuche drücken unangenehm.

Zwei Suit-Techs helfen mir auf die Beine und begleiten mich zu einer Plattform am Beckenrand, auf der das starre Oberteil montiert ist. Bevor ich mich dort hineinzwänge, dehne ich Arme und Schultern. Muskelrisse durch Überstrecken der kleinen Fasern beim Einsteigen sind leider keine Seltenheit. Ich kenne mehrere Kollegen, die aufgrund einer daraufhin erforderlichen Schulteroperation ihren Flug um ein bis zwei Jahre verschieben mussten. Vorsichtig hocke ich mich unter den Torso des Anzugs, spanne meine Core-Muskulatur an, um die Bandscheiben bei der ungesunden Haltung nicht zu verletzen, und schlängele mich mit den Armen voran in die Rüstung. Ganz langsam schiebe ich mich nach oben, recke den Kopf durch die Halsöffnung. Wieder bleibe ich mit der Nase am Metallring hängen. Ein Problem, das mich seit meinem ersten Training im Raumanzug begleitet. Damals hatte ich befürchtet, die NASA könnte mich für Außenbordeinsätze disqualifizieren, weil meine Nase zu groß für die Öffnung ist. »Du musst den Kopf nach links drehen«, hatte mir daraufhin ein Techniker geraten. Im Gegensatz zu anderen Astronauten muss ich den Kopf allerdings nach rechts wenden, um durchzurutschen. Zum Glück habe ich mir heute die Nase nicht aufgeschürft. Auch dies passiert mir häufiger. Nassgeschwitzt spitze ich endlich aus dem Oberteil hervor. Puh, was für eine Anstrengung! Meine NASA-Kollegen scherzen oft, dass der Einstieg in den Anzug wie eine umgekehrte Geburt sei. Mir fällt keine bessere Beschreibung ein.

Schon vor dem Einsatz unter Wasser brauche ich eine erste

Verschnaufpause. Ein Mitarbeiter reicht mir ein Tuch, mit dem ich die Schweißtropfen auf meiner Stirn abwische. Der EMU-Anzug ist keine Maßanfertigung. Astronauten können lediglich zwischen den Standardgrößen M, L und XL wählen. Das Gemeine: Bei allen Versionen hat die Halsöffnung den gleichen Durchmesser.

Als Nächstes schließen die Techniker den LCVG-Overall an. Durch die darin eingearbeiteten Plastikröhrchen wird gleich das Kühlwasser fließen. Während des Einsatzes ist dieses System zur Regulierung der Temperatur überlebenswichtig. Denn unser Körper erwärmt sich in dem luftdichten Raumanzug so stark, dass wir ohne Kühlung innerhalb kurzer Zeit einen Hitzeschlag erleiden würden. Der Overall hat aber noch eine weitere Funktion. Er nimmt die verbrauchte Atemluft auf und transportiert sie durch kleine Schläuche in das Lebenserhaltungssystem auf unserem Rücken. Dort wird sie aufbereitet und in den Raumanzug zurückgeleitet. Beim Training werden wir zwar über Schläuche, die an den zentralen Systemen des Gebäudes angeschlossen sind, mit Atemluft und Kühlwasser versorgt, um aber den Umgang mit dem Anzug möglichst realistisch zu üben, verwenden wir einen Dummy als Lebenserhaltungssystem.

Während sich mein Puls allmählich normalisiert, befestigen die Spezialisten den Hosenbund am Oberteil, klicken die Ärmel an und montieren die Handschuhe. Nachdem mir ein Suit-Tech die Snoopy-Cap – eine Fliegermütze mit integriertem Headset – aufgesetzt hat, fehlt nur noch der kugelrunde Helm. In dem Augenblick, in dem er einrastet, bin ich hermetisch von der Außenwelt abgeriegelt. Sechs Stunden lang werde ich mein Gesicht nicht mehr berühren können. Schon bei dem Gedanken beginnt meine Nase zu jucken. »EV1, alles klar bei dir?«, lenkt mich die Stimme des TD ab. »Alles in Ordnung«, versichere ich ihm. »Wir setzen den Anzug jetzt unter Druck«, informiert er mich. Ein leises Knacken ertönt. Die Hülle bläht sich auf wie ein Ballon. Da sich der Luftdruck im EMU-Inneren nun verändert, muss ich in dieser Phase mehrmals einen Druckausgleich herstellen. Normalerweise würde ich mir hierfür mit den Fingern die Nase zuhalten. Da das wegen des Helms nicht geht, presse ich meine Nasenlöcher gegen ein gummiertes Schaumstoffteil und atme kräftig durch die Nase aus. Nach circa 30 Minuten ist es vollbracht: Der Raumanzug ist bereit für die unendlichen Weiten des Universums – oder in unserem Fall für die Unterwasserwelt des NBL.

Im Grunde genommen ähnelt der EMU einem Miniraumschiff, das uns vor den Gefahren des Weltraums schützt: vor kosmischer Strahlung, Mikrometeoriteneinschlägen, extremer Hitze und Kälte. Seine Hülle setzt sich aus bis zu 14 Schichten zusammen, und auch der Helm ist besonders widerstandsfähig. Über die vier Millimeter dicke Polykarbonatscheibe können wir ein mit einer Goldfolie beschichtetes Visier und verschiedene Blenden herunterklappen, um uns gegen das Sonnenlicht abzuschirmen. Der Anzug verfügt sogar über einen Rucksack mit Düsenantrieb, den sogenannten SAFER. Sollten wir bei einem Außenbordeinsatz den physischen Kontakt zur ISS verlieren, könnten wir damit zur Station zurückfliegen. Das Kernstück des EMU ist das Lebenserhaltungssystem, ausgestattet unter anderem mit Sensoren, Batterien, Filtern, Pumpen, Sauerstofftank, Ventilatoren und Warnanlagen. Raja und ich tragen außerdem Helmkameras, deren Aufnahmen in Echtzeit auf die Bildschirme im Kontrollzentrum übertragen werden. Dort sitzt ein Expertenteam, dem garantiert keiner unserer Fehler entgeht. Heute sind außerdem noch Prüfer anwesend.

In der ISS lagern vier amerikanische EMU- sowie drei russische Orlan-Anzüge. Die Modelle unterscheiden sich stark in Aufbau und Funktion. Da sowohl ein Außenbordeinsatz mit dem Orlan als auch einer mit dem EMU möglich ist, muss ich mit beiden zurechtkommen. Dafür übe ich in Houston mit der amerikanischen, in Swjosdny Gorodok mit der russischen Variante. In dem Trainingszentrum nahe Moskau gibt es ebenfalls ein Schwebebecken. Es ist deutlich kleiner als das NBL-Becken, bietet jedoch genügend Platz für die nachgebauten ISS-Module des russischen Segments. Auch im EAC in Köln ist ein Schwebelabor vorhanden, das für den einst geplanten, aber leider später eingestellten europäischen Weltraumgleiter Hermès dimensioniert wurde. Auch der zugehörige Weltraumanzug wurde nie fertig entwickelt, weshalb wir dort einen Overall samt Handschuhen und Stiefeln tragen, der einem Raumanzug ähnelt. In diesem improvisierten Trainingsoutfit können wir aber ebenfalls ein Gefühl für die Schwerelosigkeit entwickeln, und wir haben im EAC-Pool die Möglichkeit, an einem originalgetreuen Nachbau des Columbus-Moduls den Umgang mit Weltraumwerkzeugen und die stark unterschiedlichen Sicherheitsprotokolle der amerikanischen und russischen Kollegen zu üben. Damit ist das Unterwassertraining in Köln unter Leitung von Hervé eine hervorragende Vorbereitung für das Training im NBL – das jetzt endlich startet.

Ein Kran hievt die Plattform, auf der ich in meinem Raumanzug befestigt bin, über den Beckenrand und senkt sie ganz langsam ab. Zentimeter für Zentimeter. Währenddessen schließe ich die Augen, denn der Übergang ins Wasser kann leichten Schwindel auslösen. Als die Plattform stoppt, halte ich kurz inne. Einer der schönsten Momente des Tages steht mir bevor. Ich möchte ihn ein wenig herauszögern. Doch lange halte ich es nicht aus. Voller Vorfreude öffne ich die Augen – und fühle mich sofort, als würde ich fernab unseres Planeten schweben. Vor mir liegt die ISS. Wie das sagenhafte Atlantis weilt sie auf dem Beckenboden. Ich entdecke die Luftschleuse, verschiedene Module und Verbindungsknoten. Sogar die Integrated Truss Structure (ITS), eine Gitterstruktur, an der im All die Solarzellen befestigt sind, ist vorhanden. Der Anblick ist beeindruckend: Das NBL bietet ein Stückchen Weltraum mitten auf der Erde.

Taucher befreien mich von der Plattform und ziehen mich in die Mitte des Beckens. Dort klemmen sie mir den SAFER auf den Rücken, beziehungsweise einen Dummy, da der Raketenrucksack unter Wasser nicht funktioniert. Die Taucher geben mir ein Zeichen. Ich soll zeigen, dass ich trotz der im Raumanzug eingeschränkten Bewegungsfreiheit mit der rechten Hand an den Verriegelungshebel fassen und die Klappe öffnen kann, hinter der sich der SAFER-Joystick verbirgt. Das Fliegen mit dem SAFER üben wir mittels Virtual Reality. Bei den ersten Versuchen bin ich kläglich gescheitert. Der Tank war leer, ehe ich die Station erreicht hatte. Ich wurde zu Weltraumschrott. Inzwischen schwirre ich souverän durch das imaginäre Universum. Die SAFER-Abschlussprüfung habe ich bereits bestanden. Hoffentlich werde ich beim heutigen Tauchgang genauso erfolgreich sein.

Unter Wasser sind wir nicht wirklich schwerelos. Für einen Gewichtsausgleich füllen Taucher Blei oder auch Auftriebskörper in speziell dafür vorgesehene schmale Fächer und Aussparungen des Unterwasser-EMU – so lange, bis wir nicht nur die Höhe beibehalten, sondern in jeder gewählten Stellung verweilen können, ohne nach vorn, nach hinten oder in irgendeine andere Richtung abzudriften. Ich liebe diese Prozedur. Dabei kann ich ähnlich wie bei einer Massage zur Ruhe kommen, indem ich relaxt in meinem Anzug in dieser bizarren Traumwelt liege, während mich die Taucher immer wieder drehen und wenden. Im Kopf gehe ich die Aufgaben durch, die mich in den nächsten sechs Stunden erwarten. Es sind die letzten entspannten Minuten vor einem herausfordernden Training. Heute spielt der Test Director sogar Musik ein. Heavy Metal aus den 80er- und 90er-Jahren hat in dieser Unterwasserwelt immer noch seine Hochburg und lässt meine Gedanken in die Space-Shuttle-Zeit zurückgleiten, für die der EMU-Raumanzug ursprünglich entwickelt wurde.

Als ich schließlich perfekt ausbalanciert bin und schwebe, ist das ein Moment, den man sich für kein Geld der Welt kaufen kann. All die Anstrengungen des heutigen Morgens sind vergessen. Meine Gedanken drehen sich nur noch um die Raumstation, dieses gigantische Gebilde aus Metall, das in greifbarer Nähe vor mir liegt. Im Kopfhörer ertönt die Stimme des Test Directors, der die Musik abstellt und sich fürs Erste von uns verabschiedet. Ab jetzt hat Chris das Kommando. »EV1, bist du bereit?«, fragt er. Ich antworte: »EV1 is ready for operations.«

Wie bei einem echten Außenbordeinsatz starten wir in der Luftschleuse. Bevor wir die Luke öffnen, müssen wir uns sichern. Raja befestigt seine Leine an einem Haken. Ich befestige meine an ihm. Um uns herum schwimmt ein Knäuel aus Seilen und Taschen mit Material für den heutigen Einsatz. Ich ziehe und zurre an den Leinen, um herauszufinden, wo der Anfang und wo das Ende ist. Nachdem wir das Seilchaos unter Kontrolle gebracht haben, gleite ich durch die Luke. Im Weltraum würde sich jetzt mehr als 400 Kilometer unter meinen Füßen die Erde drehen und mir ordentlich Stoff fürs Kopfkino bieten. Besonders Anfänger verkrampfen bei ihrem ersten Außeneinsatz in dieser Situation und klammern sich verzweifelt am erstbesten Haltegriff fest. Zu überwältigend ist der freie Blick auf unseren Planeten. Die NASA trägt dem Rechnung und gibt den Astronauten nach dem Ausstieg eine *adaptation time,* eine Eingewöhnungszeit. Hier im Pool ist die Aussicht deutlich weniger spektakulär. Statt auf die blaue Perle blicke ich auf den blauen Beckenboden.

Wie bereits unzählige Male geübt, hänge ich meine Sicherheitsleine ein. »Gate closed, slider locked, black on black«, melde ich. Die Mitteilung, dass der Haken fest verriegelt und damit die Verbindung zwischen mir und der Station hergestellt ist, werde ich im Laufe des Tages noch zigmal wiederholen. Das kurze Seil muss ich während der EVA nämlich immer wieder an unterschiedlichen Stellen befestigen. Im Gegensatz zu der langen Hauptsicherungsleine, die stets am gleichen Haken eingehängt bleibt und sich automatisch aus- oder einrollt. Die wichtigste Vorschrift bei einem Außenbordeinsatz lautet: Astronauten müssen stets an zwei Punkten mit der ISS verbunden sein, damit sie auf keinen Fall verloren gehen. Wobei das kurze Seil nicht immer genutzt werden muss. Während wir uns an der Station entlanghangeln, genügt es, sich festzuhalten. Erst am Ziel angekommen, befestigen wir wieder die kürzere Leine. Manchmal braucht man zum Arbeiten eine stabile Position, die uns das bewegliche Seil nicht verschaffen kann. In dem Fall verwenden wir als zweite Sicherung entweder eine Fußhalterung, in der Fachsprache Adjustable Portable Foot Restraint (APFR), oder die Hüfthalterung Body Restraint Tether (BRT). Dieses an der Taille montierte Teil sieht aus wie ein Schwanenhals. Das freie Ende lässt sich an den Handläufen der Station anbringen. Mittels einer Schraube kann man den flexiblen Schwanenhals versteifen, sodass man sich keinen Millimeter wegbewegt, während man Reparaturen vornimmt. Darüber hinaus dient der BRT als Halter für unser Handgepäck.

Raja gesellt sich zu mir. Wie beim Tauchen erledigen wir nun einen Buddy-Check. Wir kontrollieren uns gegenseitig und kommentieren die Sichtprüfung. »Helmlicht ist an. Videokamera läuft. Workstation sicher eingerastet. Keine Schäden an den Handschuhen erkennbar«, berichte ich. Alles ist, wie es sein soll. Wir dürfen uns zum Arbeitsplatz begeben. Aufgabe der heutigen EVA ist es, eine neue Pumpe für das Kühlsystem einzubauen. Wir sollen das Ersatzteil, das außen an der Station lagert, abmontieren, mithilfe des robotischen Arms zu seinem künftigen Einsatzort transportieren, dort anschließen und zum Laufen bringen. So weit der Plan. Die Ausbilder lassen sich aber garantiert so manch eine Überraschung für uns einfallen.

Meine Finger umschließen den gelben Handlauf. Gern würde ich mich daran abdrücken und wie Superman an der Station vorbeifliegen. Aber das ist verboten. Die Taucher achten penibel darauf, dass ich mich mit mindestens einer Hand festhalte. Auch Schwimmbewegungen führen zu Punktabzug, denn sie würden uns im Vakuum nichts nützen. Gerade für Anfänger ist es verlockend, mit den Füßen zu paddeln, um sich zu stabilisieren. Doch das habe ich mir längst abgewöhnt. Je mehr Zeit ich in dem Becken verbringe, desto weniger nehme ich das Wasser um mich herum wahr. In meinem Anzug bin ich trocken, kann atmen und reden. Lediglich die Luftblasen der Taucher erinnern mich daran, dass ich nicht wirklich im All bin.

Langsam und wachsam arbeiten Raja und ich uns unserem Ziel entgegen, denn unterwegs lauern etwa scharfe Kanten, die unsere Handschuhe oder den Raumanzug beschädigen könnten. Der Nachbau der ISS sieht verblüffend echt aus. Die Architekten haben an jedes noch so kleine Detail gedacht. Schläuche imitieren die Versorgungsleitungen, spitze Stäbe dienen als Antennen. Selbst APFRs lagern an der Station. Da die Originalgeräte sehr schwer sind und wie Steine zu Boden sinken würden, trainieren wir ihren Transport mit Plastikmodellen. Raja und ich nehmen zwei davon mit. Am Arbeitsplatz tauschen Taucher die Dummys gegen die echte Variante. Diese können wir an dafür vorgesehenen Steckplätzen einrasten und uns mit den Füßen darin fixieren.

Raja befestigt seinen APFR am Roboterarm. Meinen bringe ich unterhalb der Plattform an, auf der die neue Pumpe montiert ist. Sie ist so groß wie ein amerikanischer Kühlschrank. Auch hierbei handelt es sich um eine maßstabsgetreue Attrappe, deren Anschlüsse mit dem Original übereinstimmen. Schraube für Schraube löse ich das Gerät mit einem Weltraum-Akkuschrauber von der Halterung. Raja befestigt eine Sicherheitsleine an der Pumpe. In keiner einzigen Sekunde darf irgendetwas lose herumschweben. Das gilt nicht nur für uns, sondern für jeden x-beliebigen Gegenstand. Schließlich hält Raja die Pumpe in seinen Händen. Er wird nun den Experten im Kontrollzentrum exakte Anweisungen erteilen. Auf sein Kommando hin steuern sie den Roboterarm und fliegen Raja samt Pumpe vom einen Ende der Station zum anderen. Als sich das Gespann in Bewegung setzt, erhalte ich eine nur für mich hörbare Anweisung des Ausbilders: »EV1, du stellst fest, dass sich in deinem Helm eine kleine Menge

Wasser angesammelt hat.« Ich hätte es mir denken können: Chris, ein sehr konzentrierter Typ, der sich selten zu einem Witz hinreißen lässt, hat sich absichtlich den ungünstigsten Augenblick für die Notfallübung ausgesucht.

»Es kriecht Wasser um meinen Kopf herum«, teile ich Raja mit. Prompt stoppt er den Roboterarm. Mein Problem hat jetzt oberste Priorität. »Wie schlimm ist es?«, will er wissen. »Die Situation ist noch nicht akut, uns bleibt hoffentlich noch genügend Zeit, die Pumpe zu fixieren und zur Luftschleuse zurückzukehren«, informiere ich ihn. Doch die nächste Anweisung lässt nicht lange auf sich warten: »EV1, du hast so viel Wasser im Helm, dass du nichts mehr sehen und hören kannst.« Bei einem realen Außenbordeinsatz wäre ich jetzt in Lebensgefahr – und Raja meine einzige Hoffnung, denn im freien Universum gäbe es nur uns zwei. Zum Glück bemerkt Raja gleich, dass mit mir etwas nicht stimmt. Er leitet die Rettung ein. Bei dem nervenaufreibenden Manöver muss er mich ohne mein Zutun zur Luftschleuse schleppen.

Wie real die Gefahr ist, bei einer EVA zu ertrinken, erfuhr mein ESA-Astronautenkollege Luca am 16. Juli 2013. Gemeinsam mit Chris Cassidy (NASA) war er für Wartungsarbeiten in den Weltraum ausgestiegen. Nach etwa einer Stunde meldete Luca: »Es ist schwer zu beschreiben, ich spüre eine Menge Wasser an meinem Hinterkopf.« Die NASA-Experten im Kontrollzentrum reagierten sofort, brachen die Mission ab. Doch das Wasser im Helm stieg rasch an. Fast im Blindflug kämpfte sich Luca an seiner Rettungsleine entlang zurück zur Station, schaffte es noch gerade so in die Luftschleuse. Als ihm seine Kollegen den Helm abnahmen, hatten sich darin eineinhalb Liter Flüssigkeit angesammelt.

Ein Expertenstab ging der Ursache auf den Grund. Anfang 2014 präsentierten die Gutachter einen 222 Seiten umfassenden Bericht: Im Wasserkreislauf des Raumanzugs war ein biologischer Film gewachsen und hatte Ventile im Pumpensystem verstopft. Die Flüssigkeit staute sich und entwich über Lüftungsschläuche ins Innere des Helms. Als Reaktion auf den Vorfall integrierten Suit-Techs ein pampersähnliches Saugpad in die Snoopy-Cap, das gut einen halben Liter Wasser absorbieren kann. Zusätzlich bauten sie einen Schnorchel ein. Dieses Plastikrohr ist an einem Ende mit dem Mund erreichbar, das andere Ende führt bis zum Beinbereich. Sollte Flüssigkeit in den Helm eindringen, könnten wir durch den Schnorchel Luft aus dem unteren Teil des Raumanzugs einatmen. Auf der ISS müssen die Astronauten ihre Anzüge nun außerdem gründlicher warten und vor jedem Einsatz die Leitungen durchspülen. Diese Vorkehrungen schafften Abhilfe, das Problem galt als erledigt – bis zu jenem Tag im März 2022, an dem ich im freien All unterwegs sein werde.

Außenbordeinsätze zählen zu den gefährlichsten Tätigkeiten fernab der Erde. Das wohl bekannteste Unglück ereignete sich am 18. März 1965. Damals unternahm der russische Kosmonaut Alexei Leonow als erster Mensch eine EVA. An einem knapp fünf Meter langen Seil schwebte er aus der Raumkapsel Woschod 2 und verbrachte zwölf Minuten und neun Sekunden im freien Raum. In der kurzen Zeit im Vakuum hatte sich der elastische Raumanzug so stark ausgedehnt, dass Leonow nicht mehr durch die Luftschleuse passte. Doch der Kosmonaut reagierte bedacht: Mithilfe eines Ventils an seinem rechten Oberschenkel reduzierte er den Druck im Anzug und zwängte sich gerade noch rechtzeitig ins Innere des Raumschiffs.

Auch Raja schafft es bei unserem Training, den imaginären Notfall zu meistern. Innerhalb der gesetzten Frist wuchtet er mich mit einem Ruck gekonnt in die Schleusenkammer. Im Weltraum wäre der Außenbordeinsatz an dieser Stelle beendet. Aber für uns geht es nach einer kleinen Verschnaufpause gleich weiter. Die Taucher bringen uns zurück zum Arbeitsplatz. Während sich Raja nun mit dem Roboterarm zu der Stelle fliegen lässt, an der wir die Pumpe einbauen werden, hangele ich mich an der Station entlang zum Zielort. Der Weg dorthin ist weit und kräftezehrend. Im Vakuum des Weltraums könnte ich mich spielend leicht vorwärtsbewegen, aber im Trainingspool bremst mich der Wasserwiderstand aus. Ich brauche gefühlt eine halbe Ewigkeit. Um das Gerät zu montieren, muss ich in das Metallgerippe der ITS hineinkrabbeln. Der Innenraum ist randvoll mit technischen Geräten. In dem dicken Raumanzug quetsche ich mich in eine Ecke. Raja bringt die Pumpe in Position. Ich übernehme das Kommando über den Roboterarm und weise die Mitarbeiter im Kontrollzentrum an. Immer wieder müssen wir nachjustieren. Das Einparken ist Millimeterarbeit.

»Matthias, ich habe etwa einen Liter Wasser im Helm«, unterbricht mich Raja. »Halte durch, ich bin gleich bei dir«, beruhige ich ihn. Ein Rauschen schallt aus dem Kopfhörer. Die Kommunikation ist abgebrochen. So schnell ich kann klettere ich aus dem Gerüst. Mein Partner treibt regungslos im Wasser. Als er mich sieht, reckt er seine Daumen nach oben. Ein gutes Zeichen: Er ist nicht bewusstlos. Trotzdem drängt die Zeit. Mir bleiben 35 Minuten, um ihn in Sicherheit zu bringen. Das wird eine mühselige Aktion! Die einzelnen Schritte sind vorgeschrieben. Ich könnte sie im Schlaf aufzählen – und doch verläuft jede Rettung anders. Es gilt, situationsbedingt Entscheidungen zu treffen, Hektik zu vermeiden und einen kühlen Kopf zu bewahren.

Behutsam, aber stetig ziehe ich Raja hinter mir her. Passe auf, dass er nicht mit dem Helm gegen die Station knallt oder mit seinem Anzug an spitzen Elementen hängen bleibt. Meter für Meter kämpfe ich mich der Luftschleuse entgegen. Ständig muss ich die Sicherheitshaken öffnen, umhängen und schließen. Dabei dürfen sich die Leinen nicht verheddern. In dem unbeweglichen Raumanzug würde ich es kaum schaffen, ein Seil zu entknoten. »Wie geht es EV2?«, will die Flugkontrolle wissen. Ich drehe mich zu Raja um. Er genießt seine Pause. Entspannt liegt er im Anzug, grinst und reckt beide Daumen nach oben. »EV2 geht es gut. Er befindet sich rechts von mir und ist nach wie vor bei Bewusstsein«, keuche ich ins Mikrofon. Mit letzten Kräften trete ich den Endspurt an. Als wir die Schleuse erreichen, bin ich fix und fertig. Aber wenigstens ist mein Ausbilder zufrieden. »Gut gemacht«, lobt Chris.

Ein Außenbordeinsatz ist eine extreme physische Belastung. Bei einem durchschnittlichen Ausstieg verbraucht ein Astronaut zwischen 1500 und 2500 Kalorien, etwa so viel wie bei einem 40-Kilometer-Lauf. Eine EVA dauert in der Regel mehrere Stunden. Den Rekord halten mit acht Stunden und 56 Minuten am Stück die US-amerikanischen Astronauten James Voss und Susan Helms. Die insgesamt meiste Zeit außerhalb einer Raumstation verbucht der Kosmonaut Anatoli Solowjow auf dem Konto. In den Jahren 1990 bis 1998 schwebte er 16 Mal durch die Luke der MIR-Station und hielt sich 78 Stunden und 48 Minuten im freien Universum auf.

Auf der ISS waren bisher mehr als 250 EVAs erforderlich. Insgesamt wurden in der Geschichte der Raumfahrt bereits mehr als 400 Weltraumspaziergänge absolviert – darunter auch einige außergewöhnliche. Am 7. Februar 1984 schwebte NASA-Astronaut Bruce McCandless als erster Mensch völlig frei mit einem Raketenrucksack durch den Orbit. Im November 2013, drei Monate vor Beginn der Winterspiele in Sotschi, krabbelten die Kosmonauten Oleg Kotow und Sergej Rjasanski mit der Olympischen Fackel durch die Luke. Und im Oktober 2019 ernteten die US-Astronautinnen Christina Koch und Jessica Meir große Aufmerksamkeit, als sie den ersten rein weiblichen EVA-Einsatz meisterten.

Die Vorstellung, mit 28 000 Kilometern pro Stunde durch den Kosmos zu schweben und dabei nur durch eine vergleichsweise dünne Hülle vom Vakuum getrennt zu sein, ist gruselig und faszinierend zugleich. Neben dem Flug ins All gehört ein Außenbordeinsatz zu meinen größten Wünschen und Träumen. So, wie es momentan aussieht, stehen die Chancen dafür gut. Ende Juli 2021 soll ein Frachtraumschiff den europäischen Roboterarm ERA und das russische Forschungsmodul Nauka ins Weltall bringen. Es werden mehrere EVAs nötig sein, um die Objekte an der Raumstation zu installieren. Zudem rechnet die NASA mit der Reparatur eines Bauteils beziehungsweise der Installation neuer Sonnensegel während unserer Mission. Ein Grund mehr, bei der heutigen Prüfung alles zu geben.

Seit knapp fünf Stunden sind wir nun schon unter Wasser. Meine Hände schmerzen, die Muskulatur ist ausgelaugt. Jede Bewegung in den steifen Handschuhen kostet mich Überwindung. Jetzt heißt es: Zähne zusammenbeißen. Die neue Pumpe ist mittlerweile dort, wo sie hingehört. Um die elektrischen und hydraulischen Leitungen anzuschließen, muss ich ein paar Minuten lang kopfüber arbeiten. Beim Versuch, einen Schraubenzieher aus meinem Werkzeugkoffer zu ziehen, quellen mir auch noch sämtliche Teile aus der Tasche. An Schnüren gesichert, baumeln sie nun wie Tintenfischarme durch das Wasser und verfangen sich ineinander. Dieses Missgeschick führt zwar nicht zu Punktabzug, aber die Tatsache, dass ich sie mit meinen klobigen Handschuhen entwirren muss, ist Strafe genug.

Welch ein Glück, dass mich der TC ausgerechnet jetzt erlöst: »Unsere Trainingszeit ist um, und ich denke, wir haben für heute alle Ziele erreicht. TD, du kannst übernehmen.« Ich jubiliere innerlich, diese Worte sind die schönsten des Tages. Unverzüglich wechsle ich in den Passivmodus, entspanne meine gepeinigten Hände und Arme und lasse mich kraftlos treiben. Diesen Moment habe ich so sehr herbeigesehnt!

Zurück am Beckenrand und befreit von Helm und Anzug, sinke ich erschöpft auf einen Stuhl. »Hast du Schmerzen?«, will der Arzt von mir wissen. »Nein, alles bestens«, sage ich. Wobei das etwas übertrieben ist. Meine Muskeln brennen, ich bin platt und ausgelaugt. Für eine Sekunde frage ich mich, warum ich mir das antue. Gleichzeitig verspüre ich tiefste Zufriedenheit. Der heutige Trainingstag hat mich meinem Traum ein ganzes Stück näher gebracht. Ich habe die Prüfung bestanden. Es fühlt sich an, als hätte ich den Gipfel des Mount Everest erklommen. Der Aufstieg war unfassbar anstrengend, aber der Ausblick auf einen Außenbordeinsatz entschädigt für all die Strapazen.

Nach einem kurzen Gesundheitscheck behält mich der Arzt noch zehn Minuten im Auge, ehe er mich in die Umkleide entlässt. Dort befreie ich mich aus dem Kühloverall und betrachte mich nebenbei im Spiegel. Meine Beine zittern, mein Körper ist mit roten Druckstellen übersät, und bekleidet bin ich nur noch mit meiner vollgesaugten XXL-Windel. Ich muss lachen: Das ist definitiv der unastronautischste Moment der ganzen Ausbildung.

Kosmische Notaufnahme

April 2021, Houston, Texas, USA

Sergei liegt röchelnd vor mir auf dem Boden. Verzweifelt ringt er nach Luft. Es scheint, als würde ihm eine unsichtbare Schnur den Hals zuziehen. Wenn ich nichts unternehme, wird er vor meinen Augen ersticken. Ohne zu zögern, drücke ich den Knopf für »Intercomm«. »Wir haben einen Notfall im Lab. Sergei hat einen anaphylaktischen Schock erlitten. Ich brauche schnell Unterstützung«, funke ich. Der Hilferuf ist durch sämtliche Lautsprecher der Raumstation zu hören. Meine Crew wird gleich hier sein und das Kontrollzentrum in Houston informieren. Doch bis dahin bin ich auf mich allein gestellt.

Der Patient ist instabil. Seine Atmung setzt aus. Er verliert das Bewusstsein. Im Weltraum müsste ich ihn nun auf der im Lab installierten Trage festschnallen, damit er während der Behandlung nicht wegdriftet. Diesen Schritt überspringen wir bei der heutigen Übung im Johnson Space Center jedoch. Sergei ist bereits auf der Liege positioniert, und ich leite sofort Erste-Hilfe-

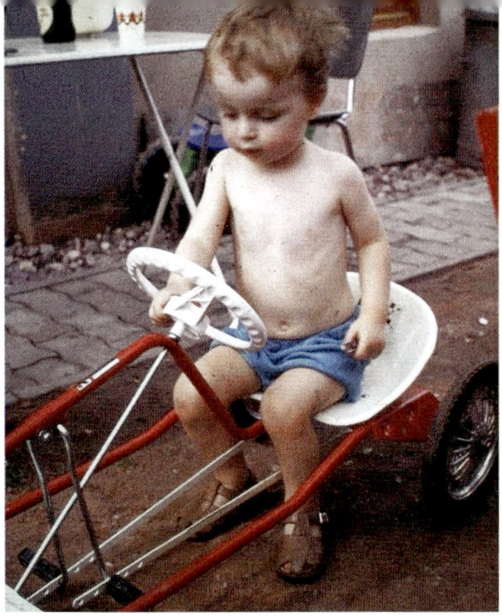

links: Sobald die Wiesen mit ausreichend Schnee bedeckt waren, ging es für mich mit dem Schlitten ab auf die Piste. Mein liebster Rodelplatz: ein kleiner Hügel ganz in der Nähe meines Elternhauses. © Privatarchiv Matthias Maurer

rechts: Je schneller, desto besser: Als kleiner Junge habe ich die Nachbarschaft besonders gerne auf meinem Kettcar unsicher gemacht. Hier bei meinen ersten Fahrversuchen in meinem Heimatort Gronig im Saarland. © Privatarchiv Matthias Maurer

Schon als Kind träumte ich davon, Pilot zu werden. Diesen Wunsch erfüllte ich mir schließlich während des Studiums. Bei einem Auslandssemester an der Universität in Leeds, England, durfte ich zum ersten Mal selbst den Steuerknüppel in die Hand nehmen. Die Segelfluglizenz erwarb ich dann später im Saarland. © Privatarchiv Matthias Maurer

Am 15. Dezember 2015 erlebe ich meinen ersten Raketenstart. Die Sojus schießt wie ein Lichtblitz vor meinen Augen empor. Obwohl ich einen Kilometer von der Startrampe entfernt stehe, spüre ich die Kraft der Maschine im ganzen Körper. Sie benötigt gerade einmal 180 Sekunden, um die Raumfahrer, unter ihnen mein ESA-Astronautenkollege Tim Peake, in den Weltraum zu befördern.
© ESA

oben: Beim Rollout beobachte ich, wie die Sojus-Rakete in Schrittgeschwindigkeit auf einem Schwerlastzug zur Abschussrampe gefahren wird. Es ist skurril, die Hightech-Maschine auf den alten, klapprigen Waggons liegen zu sehen. Früher war es Tradition, Münzen auf die Gleise zu legen und von dem Raketenzug plattwalzen zu lassen. Sie sollten als Talisman dienen. Heute ist das verboten. Ich habe aber trotzdem von einem russischen Kollegen eine solche Münze erhalten. © Privatarchiv Matthias Maurer

unten: Zwei Kapseln sind an der Internationalen Raumstation ISS angedockt: links die Sojus, die drei Kosmonauten ins All befördern kann, rechts eine Progress, die unter anderem Verpflegung und Experimenten-Equipment zum Außenposten transportiert. © ESA/NASA

oben: Traumhafte Unterwelt: Beim CAVES-Training auf der italienischen Insel Sardinien erkunde ich mit einem Team aus Astronauten und Wissenschaftlern die Sa-Grutta-Höhle. In dieser Kammer hängen hunderte Tropfsteine wie Tentakel von der Decke, weshalb unsere Vorgänger sie auf den Namen Jellyfish, Qualle, getauft haben. © ESA

unten: Die Wände in der Unterwelt sind teils so steil, dass wir uns mehrere Meter abseilen müssen. Wie bei Außenbordeinsätzen im Weltraum gilt es dabei, ein detailliertes Protokoll zu befolgen. Ob unter oder über der Erde – die Sicherheit des Teams steht immer an erster Stelle. © ESA

oben: Lagerfeuer-Romantik? Nicht ganz. Jeden Abend versammeln wir uns um eine Lampe, lassen den Tag Revue passieren und besprechen unsere nächsten Erkundungstouren. Neben uns Astronauten sind immer auch unsere Trainer mit dabei, unter ihnen ESA-Ausbilderin Loredana Bessone und Höhlenexperte Francesco Sauro. © ESA

unten: Die unterirdischen Seen, die wir auf unseren Streifzügen durchqueren, sind eiskalt. Doch mit dicken Neoprenanzügen bekleidet, wagen Luca Parmitano (hinten), Sergey Kud-Sverchkov (vorne von links), Alexander Misurkin, ich und Scott Tingle uns ins glasklare Wasser. © ESA

links: Wie James Bond darf ich mich 2017 beim Überlebenstraining im Gelben Meer an einem Hubschrauber hochseilen. Bei der Übung lernen wir, uns nach einer Notwasserung in Sicherheit zu bringen. © ESA

Im Theorieunterricht in der Hafenstadt Yantai erläutert uns ein Ausbilder, wie wir die Notfallausrüstung richtig einsetzen. Er spricht dabei Chinesisch, weshalb meine ESA-Astronautenkollegin Samantha Cristoforetti (links) und ich besonders aufmerksam zuhören müssen. Bei dem Training lernen wir auch die Raumfahrtikone Yang Liwei kennen, treffen auf Liu Boming und Nie Haisheng, die 2021 auf der chinesischen Station leben, sowie auf Wang Yaping und Ye Guangfu, die zur gleichen Zeit im Weltraum sind wie ich. © ESA

oben: Bei NEEMO 21 lebe ich (oben rechts) für 16 Tage auf dem Meeresboden vor der Küste Floridas, USA. Zu meinem Team gehören (von links): Noel Du Toit (Wissenschaftler), Dawn Kernagis (Wissenschaftlerin), Reid Wiseman (NASA-Astronaut und Kommandant der für 2024 geplanten Artemis-2-Mission zum Mond), Megan McArthur (NASA-Astronautin der Crew-2) und Marc O'Griofa (Wissenschaftler). Durch das Bullauge der Unterwasserstation zu sehen sind unsere beiden Sicherheitstaucher Hank Stark (links) und Sean Moore. © NASA

unten: Auf der Plattform vor der Aquarius testen Reid Wiseman (rechts) und ich ein Experiment zur optischen Kommunikation. Um eine zuverlässige Datenverbindung zu generieren, müssen wir Lampen, Sender und Empfänger installieren. © NASA

oben: Wasser statt Vakuum: Im Sternenstädtchen, Russland, bereite ich mich auf meinen ge planten – letztlich jedoch leider abgesagten – Außeneinsatz im Orlan-Raumanzug vor. In de Mitte des zylinderförmigen Pools arbeite ich an nachgebauten russischen ISS-Modulen. Die Si cherheitstaucher lassen mich dabei keine Sekunde aus den Augen. © ESA/ROSKOSMOS

unten: Ganz bequem kann ich durch eine Tür in den russischen Orlan-Raumanzug einsteiger Zuvor habe ich mich bereits in den blauen Kühloverall gezwängt, der verhindert, dass ich i dem hermetisch abgedichteten Mini-Raumschiff überhitze. © ESA/ROSKOSMOS

ben: Beim EVA-Training in Houston, Texas, USA, tragen wir für das Unterwassertraining mo-lifizierte amerikanische EMU-Raumanzüge. Diese sind so schwer, dass wir sie nicht alleine nziehen und ins Becken steigen können. Sogenannte Suit-Techs helfen uns daher in die Mon-uren. Anschließend werden wir mittels einer Plattform in den NBL-Pool gehievt. © NASA/ESA

inten: Tauchgang im größten Hallenbad der Welt: Der NBL-Pool fasst rund 23 Millionen Liter Vasser. Auf dem Beckenboden ist fast die komplette ISS in Originalgröße nachgebaut. Es gibt einen Ort auf der Erde, an dem ich mich dem Weltraum näher fühle. © NASA/ESA

Hoch hinaus geht es bei der Kletteraus bildung auf der italienischen Inse Sardinien. Die Trainer bereiten un damit auf die Expedition in de Sa-Grutta-Höhle vor, bei der wi immer wieder steile Passage überwinden müssen. © ES

ben: Die karge Vulkanlandschaft auf der Insel Lanzarote, Spanien, ähnelt der Mondoberfläche vie kaum eine andere Region auf der Erde. Hier bereiten wir uns auf künftige Raumfahrtmissionen vor, bei denen wir auf unserem kosmischen Nachbarn landen wollen. © ESA

nten: Wir üben Mond: Beim Geologietraining PANGAEA teste ich gemeinsam mit meinem Ausbilder Hervé Stevenin (links) alte und neue Werkzeuge für die Erkundung des Erdtrabanten. Um die Mission möglichst realistisch zu gestalten, tragen wir improvisierte Raumanzüge – inklusive Helm und klobigen Handschuhen. © ESA

Fliegendes Klassenzimmer: Die Gewinnerschüler der portugiesischen Kampagne »Astronau
für einen Tag« dürfen bei einem Parabelflug das unbeschreibliche Gefühl des Schwebens erfah
ren. Doch nicht nur die Kinder, auch mein französischer Astronautenkollegen Jean-Francoi
Clervoy und ich haben jede Menge Spaß. © Novespace/Portuguese Space Agency

Was passiert mit einem Schaumkuss im Vakuum? Elton (links) und ich finden es bei de
ZDF-Kindersendung »1, 2 oder 3« heraus. Für mich geht ein Kindheitstraum in Erfüllung, al
ich dort am 29. Oktober 2018 zu Gast sein und das Experiment vorführen darf. © ZDF/Ra
Wilschewski

Begleitet von Feuerfontänen starte ich im Januar 2020 beim World Club Dome in Düsseldorf meine Ausbildung zum Weltraum-Diskjockey. Unter dem Pseudonym DJ Explornaut stehe ich gemeinsam mit DJ Le Shuuk (links) am Mischpult. Vor uns: etwa 30 000 Musikfans! © Big City Beats

Im strömenden Regen posieren Stargeiger David Garrett (links), »Big City Beats«-Gründer Bernd Breiter (rechts) und ich vor der Kamera. Auf dem Dach eines Hochhauses in Frankfurt drehen wir einen Werbefilm für die Space Club Kitchen. Unser Ziel: die Menschen durch Musik und Essen miteinander zu vereinen und dabei auch über die Raumfahrt zu sprechen. © BigCityBeats

oben: Der Airbus A310 ist in Bordeaux, Frankreich, stationiert. Regelmäßig hebt er ab, um Wissenschaftler in die Schwerelosigkeit zu befördern. Dort können sie ihre Experimente testen, ohne dass die Schwerkraft die Ergebnisse verfälscht. Wir Astronauten nutzen das Parabelflugzeug der Firma Novespace, um ein Gefühl für das Arbeiten im Weltraum zu bekommen. © ESA/Novespace

unten: Wissenschaft im Forschungsflieger: Bei der Parabelflugkampagne des DLR schauen mein Astronautenkollege Thomas Pesquet (dunkelblauer Anzug) und ich den Forschern schwebend über die Schultern. Sie haben viele spannende Versuche, unter anderem aus den Bereichen Medizin, Physik und Materialwissenschaften, mit an Bord gebracht. © Novespace

oben: Auf einem Spezialanhänger rollt unsere Falcon-9-Rakete aus dem Hangar des Weltraumbahnhofs in Cape Canaveral, Florida, und wird zu der Abschussrampe transportiert. Als ich sie so daliegen sehe, wird mir bewusst: Jetzt geht es wirklich bald los! Die restliche Zeit bis zum Start verbringen wir mit Presseterminen, Fotoshootings und ausgedehnten Strandspaziergängen. © NASA

unten: Beim Walkout ist nichts dem Zufall überlassen: Eine Choreographie schreibt vor, in welcher Reihenfolge wir das Neil Armstrong Operations and Checkout Building verlassen sollen. Raja Chari und Tom Marshburn gehen vorne, Kayla Barron und ich hinten. In dieser Formation dürfen wir noch ein letztes Mal unseren Familien zuwinken, ehe wir zur Startrampe chauffiert werden. © NASA

Die Falcon-9-Rakete hüllt die Startrampe in eine dicke Rauchwolke und zischt dann wie ein Blitz gen Himmel. Sie beschleunigt von 0 auf knapp 28 000 Kilometer pro Stunde in nicht einmal zehn Minuten. Das ist definitiv der schnellste Ritt meines Lebens! © NASA

Maßnahmen ein. Mit beiden Händen beuge ich seinen Kopf leicht nach hinten und beginne mit der Mund-zu-Mund-Beatmung.

»Was ist passiert?«, will Raja wissen, der als Erster um die Ecke stürmt. Kayla und Tom treffen direkt nach ihm ein. »Sergei reagiert allergisch auf das Antibiotikum, das er wegen einer entzündeten Schnittwunde an seiner Hand einnehmen musste«, erkläre ich. Weit weg von der Erde würde mein Kollege jetzt im wahrsten Sinn des Wortes in Lebensgefahr schweben. Um ihn zu retten, müssen wir als Team zusammenarbeiten. Das Kommando übernimmt Tom, der vor seiner Astronautenkarriere als Notfall- und Raumfahrtmediziner tätig war. Er agiert gewissermaßen als Chefarzt, bewahrt den Überblick und gibt uns Anweisungen. Gleichzeitig tauscht er sich mit einem Mediziner aus, der mittlerweile vom Kontrollzentrum zugeschaltet ist. Weil ich während meines Zivildienstes im Rettungsdienst gearbeitet habe, leite ich die Behandlung am Patienten. Kayla und Raja unterstützen mich dabei.

Sie schnappen sich die Notfallausrüstung: mehrere Taschen prall gefüllt mit Instrumenten, Medikamenten und Handbüchern. Ich greife mir den Beatmungsbeutel, drücke die Maske auf Sergeis Gesicht und presse gleichmäßig Luft in seine Lunge. »Wir brauchen das Adrenalin«, sagt Tom. Unverzüglich zieht Kayla eine Spritze aus der roten Tasche hervor und jagt sie in den Oberschenkel des Patienten. Wie der darauf reagiert, entscheiden unsere Ausbilder. Denn selbstverständlich üben wir nicht an einem echten Menschen, sondern an einer hochmodernen Puppe, liebevoll Sergei genannt, deren Vitalfunktionen sich von außen steuern lassen. Herztätigkeit, Sauerstoffsättigung und Blutdruck – all das können die Trainer einstellen. Sie wählen in der Regel immer das denkbar dramatischste Szenario aus. Kein Wunder also, dass sich der Zustand unseres Patienten schlagartig weiter verschlechtert. »Ich kann keinen Puls mehr tasten«, rufe ich meinen Kollegen zu. Fast zeitgleich verkündet Tom die

Diagnose bereits dem Kontrollzentrum: »Sergei hat einen Kreislaufstillstand.«

Bei medizinischen Notfällen fernab der Zivilisation müssen Astronauten in der Lage sein, selbst die Behandlung zu übernehmen. Auf der Erde verbringen wir daher viele Stunden damit, sowohl Erste-Hilfe-Maßnahmen als auch komplexere Eingriffe einzuüben. Jeder Raumfahrer muss mindestens einen Basismedizinkurs absolvieren. Mehrere Besatzungsmitglieder erhalten eine zusätzliche Ausbildung als Crew Medical Officer. Diese habe auch ich abgeschlossen. Um meine Kenntnisse auszubauen, war ich drei Tage lang an der Uniklinik in Köln zu Gast. Dort durfte ich den Profis unter anderem in der Notaufnahme und im Operationssaal über die Schultern schauen. Zudem lernte ich beim Training in Deutschland und Amerika, Wunden zu nähen, mir selbst und anderen Blut abzunehmen, Blasenkatheter zu legen, schmerzende Zähne zu versorgen und Menschen in Schwerelosigkeit zu reanimieren.

Für all diese Behandlungen steht auf der ISS eine kleine Krankenstation im Lab zur Verfügung. Sie ist mit zahlreichen medizinischen Instrumenten ausgestattet, unter anderem einem Defibrillator, Beatmungsmasken und Ultraschallgeräten sowie einer umfangreichen Bordapotheke. Medikamente dürfen wir nur in Abstimmung mit Medizinern am Boden einnehmen beziehungsweise verabreichen. Rund um die Uhr steht in Houston ein Expertenteam bereit, das uns bei Notfällen unter die Arme greift. Ein Flugarzt ist entweder im Kontrollzentrum anwesend oder kann binnen weniger Minuten hinzugerufen werden. Sollte ein ernster Zwischenfall auftreten, schaltet er sich per Videoanruf direkt in die Raumstation. So wie auch jetzt während unserer Simulation.

Ein Wettlauf gegen die Zeit beginnt. »Herzdruckmassage starten«, ordnet der Mediziner an. Seine Stimme ist laut und deutlich zu hören. Für einen kurzen Moment drängt sie unsere Gespräche, das Brummen der Ventilatoren sowie all die anderen

Geräusche in den Hintergrund. »Bist du bereit?«, frage ich Raja, als die Durchsage beendet ist. Er nickt mir zu, platziert seine Hände auf dem Brustkorb des Patienten und drückt sie mit gestreckten Armen nach unten. 30-mal mit ganzer Kraft. Danach presse ich zweimal den Beatmungsbeutel zusammen. Während wir den Vorgang wiederholen, schließt Kayla den Defibrillator an. Sie klebt zwei Elektroden auf Sergeis nackten Oberkörper, eine unterhalb des rechten Schlüsselbeins, die andere unterhalb der linken Achselhöhle, und aktiviert das Gerät. Es führt uns mit Sprachbefehlen durch die Behandlung. »Abstand halten, Analyse läuft, Schock empfohlen«, sagt die Computerstimme. Alle nehmen ihre Hände von der Puppe. Raja betätigt die Schock-Taste. Es folgt ein lang gezogener Piepton, dann der Stromschlag. Wieder meldet sich das Gerät zu Wort: »Herzdruckmassage fortsetzen.«

Da die Reanimation sehr anstrengend ist, wechseln wir die Aufgaben. Raja übernimmt den Beatmungsbeutel, ich das Drücken des Brustkorbs. Bevor ich damit loslegen kann, muss ich mich mit einem Gurt festschnallen. Ohne diese Vorkehrung würde ich mich in der Schwerelosigkeit lediglich vom Patienten wegdrücken. Um das zu verhindern, gibt es noch eine weitere Möglichkeit. Eine Technik, die ich im Parabelflieger geübt habe. Dabei schwebt man im Handstand über dem Patienten und stemmt seine Füße gegen die Decke. Das sieht spektakulär aus, dennoch hoffe ich, dass ich die Methode nie anwenden muss. Die Wahrscheinlichkeit, dass bei einem Astronauten im Weltall ernste gesundheitliche Probleme auftreten, ist zum Glück äußerst gering, da schon im Auswahlverfahren alle Bewerber aussortiert werden, die nicht hundertprozentig fit und gesund sind. Trotzdem kann immer etwas passieren.

Während Raja und ich weiterhin mit der Herzdruckmassage beschäftigt sind, bereitet Kayla die Instrumente zum Legen eines Notfallzugangs vor. Tom kontrolliert die Anzeige des Defibrillators. Die Werte gibt er an das Kontrollzentrum durch und informiert auch über unsere Vorgehensweise: »Bisher haben wir einen Schock ausgelöst, der nächste folgt in 30 Sekunden.« Wieder ertönt die Computerstimme: »Analyse läuft, Abstand halten, Schock empfohlen.« Dieses Mal löse ich den Stromschlag aus. Ein paar Sekunden später versuche ich, an der Halsschlagader den Puls zu ertasten. »Ich kann nichts fühlen«, gebe ich bekannt. Wir müssen mit der Herzdruckmassage fortfahren. Hoffentlich wird Sergei durchhalten. Neben dem anaphylaktischen Schock hat auch das Leben in der Schwerelosigkeit seinem Organismus zugesetzt.

Die Raumstation ist wirklich kein optimaler Lebensraum für Menschen. Seit Beginn der Evolution hat sich unser Körper an die Schwerkraft angepasst. Im Weltraum ist diese jedoch nicht vorhanden. Die Schwerelosigkeit bringt das Gleichgewichtsorgan kräftig durcheinander. Auf der Erde gibt die im Ohr enthaltene Flüssigkeit samt ihren Otolithenkristallen dem Gehirn eine Orientierung, wo oben und unten, rechts und links ist. Im All funktioniert dieses Balancesystem nicht. Neuankömmlinge auf einer Raumstation leiden daher an der Raumkrankheit. Ihnen ist schwindelig, und einige müssen sich übergeben. Diese Phase ist sehr individuell und hält so lange an, bis sich das Gehirn an die neue Umwelt gewöhnt hat. Meist braucht es dafür ein paar Tage.

Die Schwerelosigkeit bringt auch Veränderungen mit sich, die der Körper nicht so einfach ausgleichen kann. Beispielsweise muss das Herz nicht mehr so kräftig pumpen, da mangels Schwerkraft die Körperflüssigkeiten nicht mehr zu Boden gezogen werden. Blut, Wasser und Lymphe verlagern sich von den unteren Extremitäten in den Oberkörper und den Kopf. Dadurch haben die ISS-Bewohner schlanke Beinchen und ein aufgequollenes Gesicht. Das sieht nicht nur merkwürdig aus, sondern ist für den Körper vor allem eine enorme Belastung. Er scheidet vermehrt Urin aus, um die Flüssigkeit loszuwerden, die nun nicht mehr in den Beinen lagert. Dadurch wird das Blut dicker, der Körper reagiert mit dem Abbau von Blutkörperchen. Daraus wiederum resultiert ein trockener Blutverlust, der bis zu einem Liter betragen kann. Gleichzeitig erhöht die Flüssigkeitsumlagerung den Hirnwasserdruck. Die Folge: Es kommt zu einer leichten Quetschung des Gehirns sowie der Augäpfel, meist begleitet von einer Flüssigkeitseinlagerung in die Netzhaut.

Doch nicht nur die Leistung der Augen lässt während einer Reise durch das Weltall nach. Der menschliche Körper ist smart, baut alles ab, was er nicht gebrauchen kann. So wird die Immunabwehr schwächer; die Ärzte vermuten, weil sie in der keimarmen Umgebung der ISS weniger gefordert wird. Nach spätestens drei Wochen setzt Muskelschwund ein, da es in Schwerelosigkeit an körperlich anspruchsvollen Aktivitäten mangelt. Hinzu kommt, dass die Astronauten in einer leicht gekrümmten Embryostellung durch die Gegend schweben. Ihre Haltungsmuskulatur wird dauerhaft entlastet, was Beschwerden im Rücken auslösen kann. Wissenschaftler haben bereits bei fünf- bis elftägigen Missionen einen Muskelverlust von bis zu 20 Prozent beobachtet. Bei langen Missionen kann er sogar bis zu 50 Prozent betragen – wenn keine Gegenmaßnahmen ergriffen werden.

Ähnlich verhält es sich mit den Knochen, die gleichzeitig als Stützgerüst und Kalziumspeicher dienen. Auch sie benötigen Belastungsreize, um stabil zu bleiben. Infolge der Schwerelosigkeit verlieren Raumfahrer pro Monat zwischen ein und zwei Prozent ihrer Knochenmasse. Nach einem halben Jahr wäre der Rückgang gefährlich hoch, wenn nicht trainiert würde. Wobei selbst bei hoher Trainingsintensität immer noch ein Abbau der lasttragenden Knochen stattfindet, der sechsmal höher ist als bei Frauen in der Menopause. Anders ausgedrückt: Trotz Sport altert das Astronautenskelett innerhalb von sechs Monaten um bis zu 20 Jahre und wird so zerbrechlich wie das einer 70-jährigen Frau. Durch den mit dem Knochenabbau einhergehenden Kalziumverlust erhöht sich zudem das Risiko für Nierensteine. Nach der Rückkehr zur Erde regeneriert sich das Knochenmaterial wieder. Bis dieser Vorgang vollständig abgeschlossen ist, vergehen jedoch mehrere Monate bis Jahre.

Für Mediziner bietet all das eine perfekte Forschungsgrundlage. Knochenabbau, Muskelschwund, Kreislaufprobleme – diese Krankheiten weisen auch Patienten auf der Erde auf. Der Unterschied: Bei der ISS-Besatzung entwickeln sie sich im Zeitraffertempo. Dadurch haben unter anderem die Ärzte am DLR die Gelegenheit, zu untersuchen, wie eine Krankheit entsteht – und nach der Rückkehr der Astronauten zur Erde den Genesungsprozess zu beobachten. Die daraus gewonnenen Erkenntnisse helfen, die Medizin voranzubringen und neue Behandlungsmethoden zu entwickeln. Parallel dazu organisieren Forscher des Raumfahrtzentrums immer wieder auch Bettruhestudien. Bei diesen Versuchen liegen die Probanden bis zu acht Wochen lang in Betten mit sieben Grad Kopfneigung nach unten. So können die Wissenschaftler zumindest einige körperliche Veränderungen herbeiführen, die auch in der Schwerelosigkeit auftreten, und ihnen unter streng kontrollierten Bedingungen auf den Grund gehen.

Deutlich schwieriger ist es, die Effekte kosmischer Strahlung zu untersuchen. Die Crew auf der ISS muss einer 500- bis 1000-mal stärkeren Strahlenbelastung standhalten als die Erdbewohner, die durch die Atmosphäre größtenteils vor der unsichtbaren Gefahr aus dem All abgeschirmt sind. Die Folgen betreffen nahezu alle Systeme sowie auf molekularer Ebene das Erbgut und die Zellteilung. Die erhöhte Dosis steigert das Krebsrisiko. Daher setzen Weltraumagenturen definierte Limits. Die ESA gibt zum Beispiel vor, dass das Krebsrisiko maximal um drei Prozent ansteigen darf. Erreicht ein Astronaut durch mehrere Missionen im Universum diesen Grenzwert, ist seine aktive Karriere beendet.

Die von der Schwerelosigkeit verursachten körperlichen Veränderungen zwingen uns zu teils ungewöhnlichen Behandlungsmaßnahmen. Um Medikamente schneller verabreichen zu können, legen Ärzte auf der Erde in der Regel einen intravenösen Zugang. Im Weltraum ist diese Methode ungeeignet, da wegen der Flüssigkeitsumlagerung weniger Blut durch die Adern fließt, die Venen somit schlecht zu punktieren sind. Bei Notfällen müssen wir daher einen intraossären Zugang legen – also im Knochen. Vereinfacht ausgedrückt: Wir werden Sergei einen Hohlnagel ins Schienbein schlagen.

Kayla übernimmt diese Aufgabe. Sie desinfiziert die Stelle, an der sie die Haut durchstechen wird. Danach kommt eine Art Nagelpistole zum Einsatz. Klingt barbarisch, ist aber sehr effektiv. Jetzt können wir das Antiallergikum direkt in das gut durchblutete Knochenmark leiten, wo es schnell aufgenommen und im Körper verteilt wird.

»Der Zugang sitzt. Die Herzdruckmassage läuft. Doch der Patient atmet immer noch nicht selbstständig«, meldet unser Chefarzt dem Kontrollzentrum. Dann wendet er sich mir zu: »Matthias, Intubation vorbereiten.« Im Ernstfall würde Tom diese Behandlung selbst übernehmen, schließlich ist er der Spezialist im Team. Doch beim heutigen Training darf ich mein Können unter Beweis stellen. Kayla reicht mir eine durchsichtige Tüte mit den notwendigen Instrumenten. Während meiner Ausbildung zum Rettungssanitäter habe ich gelernt, eine endotracheale Intubation vorzunehmen, indem die Zunge des Patienten mit einem Laryngoskop, einem gebogenen Spatel, zur Seite gedrückt und der Tubus zwischen den Stimmbändern hindurch in die Luftröhre geschoben wird. Im Weltraum benutzen wir dafür einen sogenannten Larynxtubus, der für Laien einfacher anzuwenden ist. Ich muss nur den Mund des Patienten öffnen und das System in die Speiseröhre einführen. Diese wird nun automatisch mit einem kleinen aufblasbaren Luftballon verschlossen. Ein größerer Ballon dichtet gleichzeitig den Rachenraum ab. So kann die Luft ausschließlich in die Luftröhre strömen. Wir schließen Sergei an ein Beatmungsgerät an. Mehr können wir erst einmal nicht für unseren Patienten tun. Erneut fordert uns die Computerstimme auf, zurückzutreten. »Abstand halten, Analyse läuft, kein Schock empfohlen«, gibt sie bekannt. Wieder kontrolliere ich den Puls. Und dieses Mal kann ich ihn spüren. »Wir haben Sergei zurück«, verkünde ich meiner Crew.

Solch lebensbedrohliche medizinische Zwischenfälle sind in den mehr als 50 Jahren bemannter Raumfahrt noch nicht vorgekommen. Bisher hatten die Astronauten immer nur mit kleineren Wehwehchen zu kämpfen, etwa Augenreizungen, Quetschungen, Hautproblemen, Platzwunden oder herausgefallenen Zahnplomben. Doch es können jeder Zeit unkalkulierbare Ereignisse auftreten, angefangen bei allergischen Reaktionen über Herzprobleme bis hin zu schweren Unfällen. Umso wichtiger ist es, zumindest den vorhersehbaren gesundheitlichen Problemen vorzubeugen. Dazu haben Forscher eine Strategie entwickelt, die sich aus drei Säulen zusammensetzt.

Die erste Säule ist ausreichend Bewegung. Zweieinhalb Stunden Sport gehören für die Astronauten auf der ISS zur täglichen Routine. An mindestens sechs Tagen in der Woche begeben sie sich in die galaktische Muckibude, die ihren Platz in Knoten 3 gefunden hat. Ausgestattet ist sie mit Geräten sowohl für Kraft- als auch für Ausdauertraining. Um beim Joggen auf dem Laufband nicht davonzuschweben, tragen die Raumfahrer eine korsettähnliche Gurtkonstruktion, deren Gummibänder sie mit bis zu 80 Prozent ihres Körpergewichts auf die Lauffläche pressen. Ein Trainer am Boden gibt das Tempo mittels vorprogrammiertem Profil vor. Als Alternative zum Laufband steht ein Fahrradergometer bereit, eines der ältesten Fitnessgeräte an Bord. Gebaut haben es Wissenschaftler in Dänemark. Das Besondere daran: Es gibt keinen Sattel, denn den würden die Sportler in der Schwerelosigkeit ohnehin nicht benötigen. Das Herzstück des Fitnessstudios ist das Advanced Resistive Exercise Device, kurz ARED. Seit die Maschine, die sich für klassische Übungen zum Muskelaufbau eignet, im Jahr 2009 installiert wurde, hat sich der Gesundheitszustand der ISS-Bewohner enorm verbessert. Dank

ARED gelingt es den Astronauten, den Abbau von Knochen und Muskeln einzudämmen.

Ergänzt wird das Fitnessprogramm durch Säule Nummer zwei: eine ausgewogene Ernährung. Wir erhalten einen individuell auf unsere Bedürfnisse abgestimmten Ernährungsplan, der die optimale Menge an Nährstoffen auflistet, die wir während der Reise zu uns nehmen sollten. Ich muss demnach pro Tag etwa 3000 Kalorien essen. Rund zwei Drittel davon stammen aus der Standardweltraumnahrung, welche NASA-Mitarbeiter für die gesamte Mission im Voraus auswählen. Sie deckt den Grundbedarf an Vitaminen, Mineralien, Eiweißen, Fetten, Kohlenhydraten und Ballaststoffen. Das letzte Drittel der Kalorienzufuhr besteht aus Bonus-Essen, das ich selbst zusammenstellen darf.

Die dritte Säule beruht auf einer intensiven medizinischen Betreuung. Bereits vor dem Start bekommt jeder Astronaut einen Flugarzt zugewiesen, der ihm während der gesamten Mission zur Seite steht. In meinem Fall ist das die Französin Brigitte, die ich schon während des Auswahlverfahrens kennengelernt habe. Auf der Erde treffe ich mich regelmäßig mit ihr zu Kontrolluntersuchungen – zu denen sie mir zur Belohnung immer ein Pain au Chocolat und einen Smoothie mitbringt. In der Raumstation werden wir uns zu virtuellen Sprechstunden verabreden, anfangs täglich, später wöchentlich. Bei den Sitzungen geht es sowohl um meine körperliche als auch um meine psychische Verfassung. Brigitte muss sich ein Gesamtbild machen können. Nur so ist sie in der Lage, gesundheitliche Probleme frühzeitig zu erkennen.

Bei unserem Patienten Sergei hatte zuvor nichts auf einen anaphylaktischen Schock hingedeutet. Allergien waren bei ihm nicht bekannt. Er hatte keinerlei Beschwerden. Der Ausfall seines biologischen Systems trat völlig unerwartet ein. Nachdem es uns gelungen ist, seinen Zustand zu stabilisieren, beraten wir nun über das weitere Vorgehen. Wir sind uns schnell einig: Einen erneuten Kollaps würde er nicht überstehen. Wir haben alle medizinischen Möglichkeiten an Bord der Raumstation ausgereizt. Uns bleibt keine andere Wahl: Wir müssen Sergei zur Erde zurückbringen.

Innerhalb von circa 90 Minuten könnten wir das Dragon-Raumschiff vorbereiten und die Heimreise antreten. Im Gegensatz zur Sojus-Kapsel ist es sogar mit einem System ausgestattet, über das ein Patient bei Bedarf kontinuierlich mit Sauerstoff versorgt werden könnte. Der Rückflug selbst dauert etwa sieben Stunden. Theoretisch brauchen wir also nicht einmal einen halben Tag, um einen verletzten oder erkrankten Kollegen von der ISS in eine Klinik zu transportieren. So gesehen ist die Anbindung an ein Krankenhaus besser als in einigen Gebieten auf unserem Planeten.

Bei künftigen Weltraummissionen wird es nicht immer möglich sein, so schnell zur Erde zurückzukehren. Der Heimweg von der in Planung befindlichen Raumstation Gateway etwa wird drei bis sieben Tage in Anspruch nehmen. Bei Missionen zum Mars wird die Gesamtreisedauer mindestens 500 Tage betragen und kann nicht verkürzt oder abgebrochen werden. Nicht einmal eine telemedizinische Betreuung in Echtzeit wird es bei Expeditionen zum Roten Planeten geben können, da aufgrund der enormen Entfernung bis zu 20 Minuten vergehen, bis eine Nachricht der Astronauten zur Erde durchdringt. Bei einem Notfall, bei dem jede Sekunde zählt, müssten wir allein klarkommen.

Folglich müssen wir uns nicht nur im technischen, sondern auch im medizinischen Bereich weiterentwickeln, wenn wir den erdnahen Orbit verlassen wollen. Das fängt schon bei der Vorsorge an. Wie könnten Langzeittherapien gegen Knochen- und Muskelschwund aussehen? Wie gelingt es, Astronauten besser vor der kosmischen Strahlung und gegen die Schädigung der Augen zu schützen? Und was tun, wenn ein Crewmitglied eine Operation benötigt? Werden wir chirurgische Eingriffe in der Schwerelosigkeit wagen? Wird daher immer ein Arzt mit an Bord sein? Das sind nur einige Fragen, die wir uns in Zukunft stellen müssen.

Geheimnisvolles Sternenstädtchen

Juli 2021, Swjosdny Gorodok, Russland

Seitdem ich vor zwei Wochen das Eingangstor durchquert habe, fühle ich mich in die Vergangenheit zurückversetzt. In der kleinen Siedlung nordöstlich von Moskau scheint die Zeit stehen geblieben zu sein. In mehr als 60 Jahren hat sich hier kaum etwas verändert. Swjosdny Gorodok ist ein außergewöhnlicher Ort. Hier begann einst die Ära der bemannten Raumfahrt. Juri Gagarin, der als erster Mensch die Erde verließ, war häufig zu Besuch in dem seinerzeit noch streng geheimen Raumfahrtzentrum. Um die Gegner während des Kalten Krieges zu verwirren, ließen die sowjetischen Regierungschefs es auf den Landkarten an der falschen Stelle einzeichnen. So konnten die Kosmonauten im Verborgenen für ihre Missionen trainieren.

Inzwischen ist das Sternenstädtchen, so die wörtliche Übersetzung, eine gefragte Ausbildungsstation für Himmelsstürmer aus den USA, Russland, Japan, Kanada und Europa. Sie bereiten sich hier auf ihre Missionen zur ISS vor, üben etwa in der Zentrifuge, dem Schwebelabor oder den Sojus-Simulatoren. Schaulustige sind nach wie vor unerwünscht. Eine solide Mauer schützt das Dorf vor ungebetenen Gästen. Wer ins Innere vordringen möchte, braucht einen Passierschein und muss an uniformierten Wachleuten vorbei. Ich war während meiner Ausbildung schon ein paar Mal hier. Weil ich jedoch mit einer amerikanischen Kapsel, der Dragon, ins All fliegen werde, verbringe ich leider nicht ganz so viel Zeit in Russland wie die anderen aus meiner Astronautenklasse.

Für ihre Mitarbeiter hat die ESA teilweise die zweite Etage des Profilaktoriums gemietet. In dem Gebäude gibt es neben einem Büro und einer Gemeinschaftsküche drei Apartments. In einem davon bin ich für die Dauer meines Aufenthalts untergebracht. Es verfügt über ein Bad, einen kleinen Vorraum mit Kühlschrank und Garderobe sowie ein Wohn- und ein Schlafzimmer. Die beiden letzteren Räume bieten Zugang zu einem langen, sehr schmalen Balkon. Die Einrichtung erinnert mich an meine ganz frühe Kindheit. Vorhänge, Polstermöbel, Holzgarnituren – alles ist in Braun- und Orangetönen gehalten. Auch die Küche am Ende des Flurs stammt aus den 70er-Jahren. Gleich gegenüber wohnt der Priester des Sternenstädtchens, mit direktem Blick auf seine wunderschöne russisch-orthodoxe Holzkirche mit ihren blauen Zwiebeltürmchen und den goldenen Kreuzen.

An diesem Morgen habe ich die Küche für mich allein. Normalerweise beginnt der Arbeitstag im Sternenstädtchen um 9 Uhr, das Training für Außenbordeinsätze startet jedoch früher. Ich muss um 8.30 Uhr am Wasserbecken sein und bin spät dran. Zum Frühstücken bleibt mir keine Zeit mehr, ich trinke nur schnell eine Tasse Cappuccino. Als ich durch den Flur zum Treppenhaus hetze, blicke ich in die Gesichter meiner Vorgänger. An der Wand hängen Fotos von allen europäischen Astronauten, die je in einem russischen Vehikel in den Weltraum aufgebrochen sind. Fast bin ich ein bisschen neidisch, dass von mir kein Bild dazukommen wird. Das letzte Foto zeigt Luca, der 2019 im Sojus-Raumschiff abhob. Auf dem ersten ist Sigmund Jähn zu sehen.

Als er am 26. August 1978 in die Raumkapsel stieg, kannte ihn kaum jemand. Sein Flug war bis zum letzten Tag geheim gehalten worden. Erst als die Staatspartei der Deutschen Demokratischen Republik ihr Okay gab, durften die Medien einen vorgegebenen Text veröffentlichen. Innerhalb weniger Stunden nach dem Start wurde Sigmund Jähn zum Volkshelden. Sein Gesicht prangte auf Briefmarken, Sondersendungen liefen im TV, und in den Läden gab es Souvenirs von ihm zu kaufen. In sieben Tagen, 20 Stunden und 49 Minuten umrundete der Kosmonaut aus Sachsen die Erde 124 Mal, besuchte die Raumstation Saljut 6, führte viele Experimente durch und schoss jede Menge Fotos. Nach der Landung auf der Erde kannte ihn jeder. Zumindest in der DDR. Als 1989 der Ostblock zusammenbrach, begann Jähn als Berater für die ESA und das DLR zu arbeiten. Er baute das ESA-Büro im Sternenstädtchen auf und agierte als Vermittler zwischen den Nationen. Mit seinem Verhandlungsgeschick hat er wesentlich dazu beigetragen, Russland und die USA zusammenzuführen. Nur dank Menschen wie ihm ist es gelungen, solch ein riesiges Projekt wie die ISS zu stemmen.

Ich habe Sigmund Jähn 2017 bei den Internationalen Raumfahrttagen in seinem Geburtsort Morgenröthe-Rautenkranz getroffen. Im Anschluss an die offizielle Feier lud uns der Weltraumpionier in sein Waldhaus ein. Wir saßen mit mehreren Leuten zusammen, redeten ein bisschen über Raumfahrt und tranken die obligatorischen Gläschen Wodka. Obwohl meine Mission damals noch in weiter Ferne lag, gab mir Sigmund Jähn Tipps und sprach mir Mut zu. Ich habe ihn als einen ganz lieben Menschen kennengelernt. Ich bewundere ihn sehr, und er ist auch heute noch ein Vorbild für mich – sowohl wegen seiner kosmonautischen Fähigkeiten als auch seiner Leistungen als Brückenbauer zwischen Ost und West. Als dann einziger Europäer an Bord der Raumstation werde auch ich versuchen, ein solides Bindeglied zwischen meinen amerikanischen und russischen Freunden zu sein und potenzielle Reibungspunkte abzubauen.

Ein freundliches »Guten Morgen« holt mich zurück ins Hier und Jetzt. Die Dame an der Rezeption winkt mir zu. Wer das Profilaktorium betritt oder verlässt, muss sich an- beziehungsweise abmelden. Mich kennt sie schon, und ich kann mir sofort mein Fahrrad aus dem Treppenhaus schnappen. Draußen bläst mir ein lauwarmer Wind entgegen. Es ist ein herrlicher Sommertag. Der Weg führt zunächst entlang eines am Waldrand gelegenen Weihers, dessen Ufer sich hervorragend zum Joggen eignen. Das Sternenstädtchen ist ein idyllischer Ort, an dem die Menschen ihre Umwelt noch zu schätzen wissen. Um die 6000 Einwohner, die alle in irgendeiner Form mit der Raumfahrt verbandelt sind, wohnen hier in Betonklötzen im Sowjetstil, die eher trist aussehen, im Inneren jedoch nicht selten pompöse

Wohnungen aufweisen. Auf den Straßen begegnet man häufiger älteren Kosmonauten und ihren Ausbildern. Obwohl sie schon lange im Ruhestand sind, haben sie die Siedlung, die noch immer den Charme der Sowjetunion versprüht, nie verlassen. Ein Mann, der ebenfalls sein ganzes Leben hier verbracht hat, ist Yuri, der Leiter des ESA-Büros. Er erzählt die spannendsten Geschichten, während er mich zum Training begleitet. Meist handeln sie von jenen Zeiten, in denen Kosmonauten wie Popstars gefeiert wurden und jeder Start mit einem nahezu unkalkulierbaren Risiko verbunden war.

Nach wenigen Minuten erreiche ich auf meinem Drahtesel eine Kreuzung im Herzen des Städtchens. Rechts geht es zum Einkaufsviertel mit Supermärkten, Friseuren, Souvenirläden und einer Tankstelle. Geradeaus steht, umgeben von Birken, das berühmte Gagarin-Denkmal. Die mehrere Meter große Betonfigur verliert die Geschehnisse in Swjosdny Gorodok niemals aus den Augen. Sie beobachtet mich sicherlich auch, als ich schwungvoll nach links in Richtung des Trainingsgeländes abbiege. Dieses ist gesondert durch einen Zaun gesichert. Wachmänner kontrollieren jeden ganz genau, bevor sie Eintritt gewähren.

Mein heutiges Ziel liegt ganz am Ende der Straße: das Hydrolaboratorium. Als ich die Tür des hohen, runden Bauwerks aufstoße, erwartet mich ein Rundgang mit großen Innenfenstern. Sie gewähren Einblick in das zylinderförmige Wasserbecken, das in die Mitte des Gebäudes eingelassen wurde. Zwar ist es deutlich kleiner als der NBL-Pool in Houston, dafür ist die Konstruktion umso spektakulärer. Mir kommt es vor, als stünde ich auf den Rängen eines Amphitheaters. Die Bühne ist der Beckenboden. Dort ruhen – angestrahlt von Scheinwerfern – nachgebaute russische ISS-Module. Im Zentrum des Aquariums wirken sie wie ein Raumschiff aus einem abgefahrenen Science-Fiction-Film.

Als ich am Beckenrand in der dritten Etage ankomme, bin ich außer Puste. Aber die Eile hat sich gelohnt, ich habe es rechtzeitig zum Training geschafft. Zuerst misst mir ein Arzt in seinem

Untersuchungszimmer den Blutdruck. Das Ergebnis treibt ihm Sorgenfalten auf die Stirn. »Der ist etwas zu hoch. Bist du nervös?«, will er von mir wissen. »Eigentlich nicht. Nur zu schnell geradelt. Gib mir bitte mal zwei, drei Minuten«, antworte ich. Im Umkleideraum klebt mir eine Krankenschwester Sensoren auf die Brust, um während des Trainings mein Herz und meine Atmung überwachen zu können. Eine Art Schlauch, den ich hinter mein rechtes Ohr klemme, misst die Körpertemperatur. Dann kann ich mich umziehen. Ich schlüpfe zunächst in meine privat organisierte Windel. Beim Ankleiden zum ersten Tauchgang im Sternenstädtchen musste ich mit Schrecken feststellen, dass Kosmonauten während des Trainings im Wasserbecken keine Pampers tragen. Ihrer Meinung nach sei die Dauer von knapp vier Stunden nicht lange genug für dieses nach russischem Empfinden sehr unmännliche Kleidungsstück. Aufgrund meiner Erfahrung in Houston hatte ich allerdings eine leicht abweichende Meinung, weshalb ich Yuri bat, mir Erwachsenenwindeln zu organisieren. Ich kann gar nicht ermessen, wie sehr ich ihn dadurch in Verlegenheit gestürzt haben muss. Als älterer und stolzer Herr, der über mehrere Jahrzehnte das Trainingszentrum geleitet hatte, war ihm dies sicher kein angenehmer Einkauf gewesen, da in dem Städtchen jeder jeden kennt. Vor dem zweiten Tauchgang überreichte er mir heimlich und mit Stirnrunzeln einen Zehnerpack mit den Worten: »Na ja, wenn's hilft.« Das tut es ganz sicher.

Über die Windel ziehe ich einen Strampelanzug aus Baumwolle. Den Brustbereich polstere ich mit Verpackungsschaumstoff, weil hier der EKG-Stecker immer Druckstellen verursacht. Anschließend streife ich mir den blauen Kühloverall über, der im Gegensatz zum amerikanischen über eine Kapuze verfügt, in die Schläuche eingearbeitet sind. Da die Handschuhe nicht optimal sitzen, klebe ich mir zum Abschluss noch die Finger mit Pflaster ab. Sie sind voller Schürfwunden von den fünf Trainingstauchgängen in den vergangenen 14 Tagen. Für die Gewichtsmessung kehre ich noch einmal in das Behandlungszimmer des

Arztes zurück. Dort steht mein stets gut gelaunter EVA-Partner Oleg Artemyev auf der Waage. Der erfahrene Kosmonaut bereitet sich gerade auf seinen dritten Raumflug vor. Aktuell ist geplant, dass wir in ungefähr neun Monaten gemeinsam in den freien Weltraum schweben. Ich wäre der erste Nichtrusse seit zwölf Jahren, der die Raumstation in einem Orlan-Anzug verließe. Daher erhalte ich auch eine intensivere Ausbildung im Hydrolab. Statt drei Tauchgängen, wie bei anderen europäischen Astronauten, sind es bei mir sechs. Dies ist mein letzter. Zur Generalprobe sind alle Personen anwesend, die auch bei einem echten Außenbordeinsatz im Kontrollzentrum dabei wären. Eine von ihnen ist Natascha – die beste Dolmetscherin, die wir im Sternenstädtchen haben. Zu wissen, dass ich jederzeit auf sie zurückgreifen kann, gibt mir Sicherheit. Mein Russisch wird zwar langsam besser, ist aber noch ausbaufähig. Die Sprache hat es in sich: Viele Vokabeln sind nicht intuitiv zu lernen, die Grammatik ist komplex und verwirrend, und es gibt nicht nur vier Fälle wie im Deutschen, sondern deren gleich sechs. Da Russisch nun einmal eine Pflichtsprache für ISS-Raumfahrer auf Langzeitmission ist, nehme ich es als sportliche Herausforderung.

Nach der Stippvisite beim Arzt treffen wir uns mit den Technikern am Beckenrand. Obwohl frisch renoviert, wirkt die Halle ziemlich altbacken. Wie in meinem Apartment dominiert auch hier das Design der 70er-Jahre. Doch davon sollte man sich nicht täuschen lassen. Die Russen sind pragmatische Leute, die auf Funktionalität achten. Hinter einer unscheinbaren Verpackung verbirgt sich oft hochmoderne Technologie – die robust und clever zugleich ist. Der beste Beweis dafür sind unsere Raumanzüge. Wie zwei nasse Säcke baumeln sie an einem Kran, der uns gleich ins Wasser heben wird. Ihre Hüllen wirken vergilbt, als wären sie zu lange der Sonne ausgesetzt gewesen. Kein sonderlich ästhetischer Anblick. Dafür ist ihr Aufbau sehr durchdacht. Der Orlan lässt sich mit Gurten raffen und so in der Länge verstellen – dadurch ist er für alle Körpergrößen geeignet, one size fits all. Im Helm wurde zusätzlich zum Sichtfeld ein Fenster integriert, durch das wir senkrecht nach oben blicken können. Das Modell ist einfach zu bedienen und seine Hülle äußerst strapazierfähig. Durch eine Öffnung im hinteren Teil des Anzugs kann ich ganz bequem hineinsteigen: ein wahrer Luxus im Vergleich zum EMU und besonders für meine lange Nase eine Wohltat. Nachdem einer der Techniker die Anzugtür verriegelt hat, soll ich an einem Ventil den Druck selbst einstellen. Dieser liegt im Orlan bei 0,4 Bar Überdruck und ist somit 0,1 Bar höher als im EMU-Raumanzug. Diese scheinbar kleine Differenz macht beim Ausstieg ins Vakuum einen großen Unterschied, im Guten wie im Schlechten: Durch den höheren Druck ist der russische Anzug noch steifer und unbeweglicher. Andererseits erfordern 0,4 Bar Absolutdruck keine mehrstündige Voratemzeit von reinem Sauerstoff im Inneren des Anzugs, um den Körper von gelöstem Stickstoff zu reinigen, der sonst zur bei Tauchern berüchtigten Dekompressionskrankheit führen würde. Der Unterschied von 0,1 Bar verkürzt diese Vorbereitungszeit von knapp zweieinhalb Stunden auf knackige 30 Minuten. Beim heutigen Training unter Wasser spielt dies allerdings keine Rolle, da mein absoluter Druck im Anzug von eins auf 1,4 Bar zunehmen und nicht wie im All auf 0,4 Bar abnehmen wird.

Es geht los. Die Taucher nehmen ihre Positionen ein. Wie beim Training in den USA begleiten sie uns zum Beckenboden und kümmern sich dort um die Tarierung. Allerdings betreiben die Russen dafür weniger Aufwand, weshalb wir zwar perfekt im Unterwasserweltraum schweben, uns aber ohne eine Neutarierung nicht frei in alle möglichen anderen Körperpositionen drehen können. Im Anschluss bringen sie uns zur Luftschleuse, dem Ausgangspunkt für den EVA-Einsatz 54, der momentan auf April 2022 terminiert ist. Oleg und ich sollen dabei den auf das russische Nauka-Modul montierten Roboterarm ERA in Betrieb nehmen. Es gibt allerdings einen kleinen Haken: Noch steht das Gespann auf dem Weltraumbahnhof Baikonur. Von dort soll es

Ende des Monats zur Raumstation abheben. Da sich der Start bislang schon etliche Male verschoben hat, befürchten Oleg und ich, dass wieder etwas dazwischenkommen könnte. Vor Kurzem habe ich mit meinem lieben Kollegen Dmitrij Churkin darüber gesprochen, der am EAC arbeitet und anfangs meine Trainingspläne erstellt hat. Auf die Frage, ob der Start des Gespanns denn wirklich sicher sei, antwortete er mit seinem fatalistischen Leitmotiv: »*Wsjo nje budjet tak.*« – »Es kommt eh immer anders (als gedacht)«. Und er sollte recht behalten: Zwar wird Nauka am 21. Juli 2021 abheben, unsere EVA jedoch trotzdem ausfallen.

Von alldem ahnen wir beim Training nichts. Voller Vorfreude auf unsere Expedition im freien Universum stürzen wir uns in die Arbeit. Über Funk gibt unser EVA-Ausbilder Mikail bekannt, dass der Einsatz beginnt. Gemeinsam mit Dolmetscherin Natascha sitzt er hinter einem extragroßen Fenster auf der zweiten Etage des Hydrolaboratoriums. Von dort hat er den besten Blick ins Becken und kann uns genau auf die Finger schauen. Unsere Anzüge sind farblich gekennzeichnet, damit uns die Mitarbeiter im Kontrollzentrum auseinanderhalten können. Oleg (EV1) trägt einen Orlan mit roten Streifen, ich (EV2) einen mit blauen. Wie es das Protokoll vorsieht, öffne und verlasse ich die Luftschleuse als Erster, sichere mich vorschriftsgemäß an der Außenwand der ISS und nehme zwei Taschen von Oleg entgegen. Eine ist gefüllt mit Werkzeugen, die andere mit Videokameras.

Schwer bepackt hangele ich mich im Schneckentempo an der Station entlang. Im Gegensatz zu den Amerikanern benutzen die Russen kein langes, stets fixiertes Sicherheitsseil, da sie viele Instrumente an der Außenseite der Raumstation installiert haben, die durch das lange Seil beschädigt werden könnten. Stattdessen verwenden sie zwei kurze Leinen, die ich gemäß des Bergsteigerprotokolls befestige. Während ich das erste Seil mit einer Hand eine Armlänge weiter umhänge, halte ich mich mit der anderen Hand fest. Danach ist das zweite Seil an der Reihe. Immer abwechselnd, um stets zweifach mit der Station verbunden zu sein.

Dieses meterweise Vorwärtshangeln kostet viel Kraft, jede Bewegung will sorgfältig durchdacht sein. Wenn man nicht richtig aufpasst, kann es schnell passieren, dass eine Leine nicht ordentlich eingehakt ist und man ohne Absicherung durch den Weltraum schwebt. Über einen Raketenrucksack, mit dem wir uns im Notfall zur ISS zurückmanövrieren könnten, verfügt der Orlan nicht.

Unsere erste Aufgabe besteht darin, das externe ERA-Bedienpult aus seiner Transportposition zu lösen und es an der dafür vorgesehenen Stelle zu montieren. Wir benutzen dazu überwiegend die gleichen Werkzeuge wie die Amerikaner – von einem Instrument abgesehen. Kosmonauten tragen immer auch einen Weltraumdolch an ihrem Gürtel. Mit diesem langen, an der Spitze abgerundeten Messer durchtrenne ich die Kabelbinder, die zur Transportsicherung angebracht wurden. Als ich meinen NASA-Kollegen davon erzählte, mussten sie herzhaft lachen. Sie konnten nicht glauben, dass man während eines Außenbordeinsatzes mit einem scharfkantigen Gegenstand hantieren darf. Das Risiko, mit dem Messer abzurutschen und ein Loch in den Raumanzug zu stechen, ist in den Augen der NASA viel zu hoch.

Nach knapp zwei Stunden haben Oleg und ich das Bedienpult in Gang gesetzt. Ich schwitze, meine Finger brennen. »Macht erst mal eine kurze Pause«, sagt Mikail. Sofort löse ich meine Hände vom Haltegriff und lasse mich treiben. Auch das wäre beim Training in den USA undenkbar. Dort müssen die Astronauten beweisen, dass ihnen die Strapazen nichts anhaben können. Im Sternenstädtchen gilt eine ganz andere Denkweise. Dank der Sensoren sehen die Betreuer, wie hart unser Körper arbeitet. Sobald Herz- und Atemfrequenz steigen, ordnen sie eine Ruhephase an. »Im Becken müsst ihr gegen den Wasserwiderstand ankämpfen – das ist nicht nur erschöpfend, sondern auch unrealistisch. Im Weltraum könnt ihr euch schließlich fast ohne Anstrengung fortbewegen«, so das Argument eines Ausbilders. Ich mag diese Einstellung. Ein wenig Entspannung tut gut. Denn solch ein EVA-Einsatz erfordert nicht nur körperlich, sondern auch geistig große Anstrengung. Für mich kommt erschwerend hinzu, dass die Kommunikation auf Russisch abläuft. Ich muss mich die ganze Zeit über zu 100 Prozent konzentrieren, um der Unterhaltung folgen zu können. Auf Natascha will ich möglichst nicht zurückgreifen. Sie kann das Gesagte zwar fließend übersetzen, aber sie ist keine Spezialistin für die Systeme. Der Ablauf ist reibungsloser, wenn ich direkt mit den Verantwortlichen im Kontrollzentrum sprechen kann.

Im zweiten Teil der EVA 54 nehmen wir die restlichen Installationsschritte am Roboterarm vor. Damit dieser seine volle Beweglichkeit erreicht, müssen wir zwei reifengroße Ringe abschrauben, die aktuell noch seine Gelenke blockieren. Im Weltraum würde ich die Halterungen nach dem Entfernen bündeln und in einem exakt vorgegebenen Winkel in Richtung Erde schleudern. Einige Zeit später würden sie als Weltraumschrott in die Atmosphäre eintreten und verglühen. Im Wasserbecken können wir diesen Vorgang logischerweise nicht identisch üben. Ich drücke die Halterungen daher einem der Techniktaucher in die Hand. Danach installieren wir zwei Videokamerasysteme. Sie verschaffen den Astronauten, die den ERA im Inneren der Raumstation steuern, einen perfekten Blick auf den Arbeitsbereich des Arms.

Insgesamt sechs Stunden sind für unseren Einsatz im Weltall angesetzt. Weil wir die finalen Funktionsprüfungen ausfallen lassen, sind wir im Hydrolaboratorium jedoch bereits nach vier Stunden durch. Wie zwei Fische, die müde gezappelt am Haken hängen, hievt uns der Kran aus dem Wasser. Glücklich, alles erfolgreich geschafft zu haben, steige ich zum letzten Mal aus meinem Orlan. Auch wenn mir dieses Training einiges abverlangt, wird es mir fehlen.

Nach einer kurzen Nachbesprechung entlässt uns der Ausbilder in den Feierabend. Ich freue mich total, denn ich bin mit meiner Crew verabredet.

Raja, Tom und Kayla halten sich momentan ebenfalls im Sternenstädtchen auf. In den nächsten Tagen werden wir eine Notfallübung für den russischen Teil der Raumstation bestreiten, aber heute wollen wir gemeinsam Spaß haben. In Houston treffen wir uns abseits der Arbeit nur selten. Dort verbringen meine Kollegen die knapp bemessene Freizeit meist mit ihren Lieben. Im Sternenstädtchen hingegen sind wir alle weit weg von unseren Familien, haben keine zusätzlichen Verpflichtungen. Ich lerne meine amerikanischen Freunde also besser in Russland kennen als in ihrem Heimatland. Um die Teamdynamik zu stärken, unternehmen wir viel zusammen. Am Wochenende waren wir zu einer Stadtbesichtigung in Moskau. Vorgestern haben wir eine urige österreichische Wirtschaft im Nachbardorf besucht. An den Wänden hängen Bilder von Kaiser Karl I., es gibt Schweinshaxen, Bier und manchmal auch Livemusik zum Schunkeln. Die Kneipe macht ihrem Namen – die deutschen Worte »Sehr gut« in kyrillischen Buchstaben geschrieben – alle Ehre. Doch im Sternenstädtchen existiert ein Pub, der noch außergewöhnlicher ist. Ich schätze, dass es uns heute Abend wieder dorthin verschlagen wird.

Zuerst aber wird bei meinen Freunden gegessen. Sie wohnen in einem schicken Gebäudekomplex mit Namen Cottage 3. Die Amerikaner haben dieses und zwei weitere Doppelhäuser in den 90er-Jahren errichtet, als die ersten NASA-Astronauten zur MIR-Station flogen. Das kleine Stückchen Heimat sollte ihnen die Vorbereitungszeit in der Ferne versüßen. In der geräumigen Küche brät Kayla bereits Hühnchenfleisch in einer Pfanne an, Tom schnippelt Gemüse, und Raja deckt den Tisch. Alle drei haben Erfahrung und Talent beim Kochen. Raja überrascht vor allem durch seine kreativen Mischungen, bei denen auch Knoblauch und Honig zusammen auf der selbst gemachten Pizza landen können. Für Kayla ist die Ästhetik beim Anrichten mindestens genauso wichtig wie die Auswahl der Zutaten. Meine drei Freunde entsprechen so gar nicht dem amerikanischen Klischee von Fast-Food-Junkies. Wie ich schätzen sie gesunde und ausgewogene Mahlzeiten.

Beim Essen haben wir uns viel zu erzählen. Tom, der schon vier Mal außen an der Station herumgekraxelt ist, hat ein paar wertvolle Tipps parat. Ich höre ihm fasziniert zu, lausche wie ein Kind bei einer aufregenden Geschichte. Von Spezialtipps bei der EVA bis hin zu kleinen Feinheiten bei der Benutzung der ISS-Bordtoilette reicht sein Erfahrungsschatz, den wir mit neugierigen Ohren aufsaugen. In weniger als vier Monaten brechen wir zu unserer Reise in den Weltraum auf. Unsere Trainer sagen, wir sind bereit. Trotzdem fühlt sich all das noch nicht real an, eher wie ein großartiger Traum.

Mit vollgegessenen Bäuchen erledigen wir den Abwasch. Danach ist es an der Zeit für einen Abstecher in Shep's Bar. Benannt ist sie nach Bill Shepherd, dem ersten Kommandanten in der Geschichte der ISS. Am 31. Oktober 2000 brach der amerikanische Astronaut zusammen mit den Kosmonauten Juri Gidsenko und Sergei Krikaljow zur Raumstation auf, um sie in Betrieb zu nehmen und mit dem bemannten Aufbau loszulegen. Bevor die drei diese neue Raumfahrtepoche einläuteten, richtete Shepherd im Keller von Cottage 3 einen Partyraum ein, der mich an das Jugendzentrum in meinem Heimatdorf erinnert – mit einer Couch, einem Fernseher, einer Bar, einem Billardtisch und, ganz neu, einer Dartscheibe. In einer Ecke steht eine Jukebox mit Schallplatten, die ich aber noch nie in Aktion gesehen habe. In eine der Wände haben NASA-Astronauten vor längerer Zeit ein großes Loch gebrochen, durch das man in den Nachbarkeller einsteigen kann. Dort ist das Fitnessstudio der US-Enklave im Sternenstädtchen untergebracht. Eine, wie ich finde, äußerst praktische Lösung, um das Sportprogramm mit einen Abstecher in den Astronautenpub zu verbinden.

Seit der Corona-Pandemie sind Feste in Shep's Bar zur seltenen Ausnahme unter jeweils frisch getesteten Kollegen geworden. Doch früher haben wir hier legendäre Partys veranstaltet. An eine kann ich mich noch lebhaft erinnern: Als im Sternenstädtchen dickster Winter herrschte, hatten ein paar amerikanische Kollegen im Vorgarten eine Eispiste zum Broomballspielen gebaut. Voller Eifer weihten sie uns in die Kunst dieser Sportart ein. Ausgerüstet mit Besen jagten wir auf der hubbeligen Eisfläche einem Ball hinterher, um ihn ins gegnerische Tor zu schießen. Trotz der Kälte duellierten wir uns bis in die Nacht hinein und feierten anschließend das sportliche Kräftemessen in Shep's Bar.

An diesem Abend ist es noch hell, als ich den Rückweg zu meiner Wohnung antrete. Die tief stehende Sonne hat den Himmel in allen Rottönen eingefärbt. Um das Schauspiel intensiver beobachten zu können, schiebe ich mein Fahrrad neben mir her. Es war ein schöner Tag gewesen. Das Training hätte kaum besser laufen können, und das gemeinsame Kochen und Essen hat Tom, Kayla, Raja und mich wieder ein bisschen enger zusammengeschweißt. Wir verstehen uns blendend, und mir gefällt sehr, wie sich jeder bemüht, den anderen zu integrieren, ein Team zu bilden. Raja ist dabei überaus aufmerksam und versäumt es nie, relevante Informationen auszutauschen. Tom redet ganz offen über seine positiven und negativen Erfahrungen aus früheren Missionen. Außerdem teilt er seine überaus hilfreichen Erkenntnisse aus seiner Zeit als Fliegerarzt mit uns. Kaylas Fokus liegt vor allem auf unserer Teamdynamik. Sie lässt nichts anstehen, spricht kleinere oder auch größere Problemchen im Umgang miteinander sofort an. Immer mehr erkenne ich, dass sie uns diesbezüglich allen hier einen großen Schritt voraus ist. Anfangs war es ungewohnt, doch inzwischen lerne ich ihre kantige Art immer mehr zu schätzen. Bei ihr weiß ich genau, woran ich bin und dass ich mich auf sie als hochkompetente, aber auch warmherzige Kollegin verlassen kann. Wir vier werden sicherlich eine tolle Zeit auf der Raumstation haben. In den vergangenen Tagen hat sich gezeigt: Wir können miteinander lachen, aber auch über ernste Themen sprechen. Im Sternenstädtchen wird eben nicht nur Raumfahrtgeschichte geschrieben. Hier entstehen auch echte Freundschaften.

Auge in Auge mit dem Drachen

August 2021, Hawthorne, Kalifornien, USA

Die Hauptzentrale von SpaceX ist kaum zu übersehen. In großen silbernen Buchstaben prangt der Firmenname über dem Eingangsbereich. Auf dem Vorplatz steht der erste Raketenantrieb, den das US-amerikanische Raumfahrtunternehmen in den erdnahen Orbit geschickt und anschließend sicher gelandet hat. Der Booster ragt fast 55 Meter in die Höhe und weist uns schon von Weitem den Weg. Nachdem wir einmal quer durch das kalifornische Hawthorne gefahren sind, lenkt Raja unseren Mietwagen von der Rocket Road auf den Parkplatz. Kayla agiert auf dem Beifahrersitz als DJ. Sie hat ihr Handy mit dem Autoradio gekoppelt und spielt uns Songs ihrer Playlist vor, die sie für den Starttag zusammengestellt hat. Meine Kollegin hat unter anderem *Thunder* von den Imagine Dragons ausgewählt. Als die Melodie ertönt, singt sie lauthals mit. Ich frage mich, wie man um diese Uhrzeit schon so munter sein kann. Kayla ist ein Morgenmensch, gleich nach dem Aufstehen bestens gelaunt und voller Energie. Ich hingegen gehöre zu der Kategorie Nachteule. Verschlafen sitze ich neben Tom auf der Rückbank und lausche der Gesangseinlage. Als diese beendet ist, schlendern wir zum Hintereingang. Es ist ein ganz gewöhnlicher Morgen. Ein Morgen, wie wir ihn in den vergangenen Monaten schon so oft erlebt haben. Und doch ist heute alles anders, denn heute werden wir zum letzten Mal den Anflug zur Internationalen Raumstation üben, ehe es richtig losgeht.

Mitten in der Trainingshalle, einem großen, fensterlosen Raum im zweiten Stockwerk, steht der Dragon-Kapsel-Simulator. Daneben ist ein reichhaltiges Büfett aufgebaut. Bevor der Arbeitstag beginnt, frühstücken wir ausgiebig. Es gibt Eier, Würstchen, Kartoffeln, Speck und Weißbrot. Kein Wunder, dass sich solch eine Trainingswoche bei SpaceX auch auf der Waage bemerkbar macht. Chris, der das SpaceX-Astronauten-Ausbilderteam leitet, hat sich zu uns gesellt, und wir unterhalten uns über die aktuelle Entwicklung der Pandemie. Wenn die Corona-Fallzahlen weiter so steigen, könnte es sein, dass die NASA die Anzahl unserer Startgäste drastisch einschränkt. Freunde und Bekannte dürften dann nicht dabei sein, nur unsere engsten Familienmitglieder. Um uns aufzumuntern, wechselt Chris das Thema. Er stellt eine Frage, auf die ich schon sehnsüchtig gewartet habe. »Wollt ihr eurer Dragon-Kapsel noch einen Besuch abstatten, ehe wir mit dem Training loslegen?« – »Ja, klar«, antworten wir nahezu unisono.

Wir folgen Chris durch die dreistöckige Unternehmenszentrale. Auf einer Fläche von rund 50 000 Quadratmetern befinden sich Produktionsanlagen, Fertigungshallen und Testbereiche. Sogar das Flugkontrollzentrum, von dem aus alle SpaceX-Missionen zur ISS geleitet werden, ist hier untergebracht. Designer, Ingenieure, Konstrukteure und Techniker teilen sich ein Großraumbüro, so ist die ganze Fachkompetenz an einer Stelle gebündelt. Die Kommunikationswege sind kurz, die unterschiedlichen Teams bestens vernetzt, was zu effizienten und unkomplizierten Abläufen beiträgt. Um die Mitarbeiter zu motivieren, dürfen sie sich kostenlos in einem offenen Café mit Eisdiele gleich neben dem Bürotrakt bedienen. In diesem Sinne ist SpaceX ein Paradebeispiel für die Unternehmenskultur der Zukunft. Neben wenigen Urlaubstagen und kurzen Kündigungsfristen, wie sie in den USA typisch sind, müssen die Mitarbeiter von SpaceX zwar lange Wochenarbeitszeiten von 60 bis 70 Stunden hinnehmen, dafür sind die Karrierechancen unglaublich. Viele der leitenden Manager scheinen mir jünger als ich gegen Ende meines Studiums.

So futuristisch wie die Unternehmenskultur ist auch die Inneneinrichtung bei SpaceX. Das Gebäude ist mit modernen, glänzenden Möbeln ausgestattet und durchgängig in den Farben Schwarz, Weiß und Grau gehalten. Ausgefallene Dekoartikel setzen Akzente. Wir treffen beispielsweise auf eine zwei Meter große Iron-Man-Figur, deren Brustpanzer ein Autogramm der Schauspielerin Scarlett Johansson ziert. Das Modell ist ein Überbleibsel aus dem Film *Iron Man 2,* der teils hier in der Fabrik gedreht wurde. Außerdem laufen wir unter einer von der Decke baumelnden Cargo-Kapsel hindurch, der ersten Dragon-Versorgungskapsel zur ISS, und kommen an zwei auffälligen Bildern vorbei. Auf einem davon ist der Mars zu sehen, wie man ihn von Satellitenaufnahmen kennt. Eine leuchtend rote Kugel, die in der Dunkelheit schwebt. Das andere zeigt einen blauen Planeten mit zahlreichen Grünflächen.

Als ich es zum ersten Mal sah, dachte ich einen Moment lang, es würde sich dabei um die Erde handeln. Doch bei genauerem Hinschauen fiel mir auf, dass es eine Fotomontage war, die den kolonialisierten Mars nach einem Terraforming darstellt. Es steht für eine weitere Vision von Elon Musk: Der Multimilliardär gründete SpaceX im Jahr 2002 mit dem Ziel, den Roten Planeten für Menschen bewohnbar zu machen. Er träumt davon, eine stabile Atmosphäre zu generieren, Pflanzen zu züchten und fließendes Wasser zu erzeugen. Er will die Menschen in eine Spezies verwandeln, die auf mehreren Planeten zu Hause ist. Eine Vorstellung, die ich als Astronaut besonders inspirierend finde.

Das Tempo, mit dem Musk seine Pläne vorantreibt, ist erstaunlich. In weniger als zwei Jahrzehnten stieg er zu den ganz großen Playern der Raumfahrtbranche auf. Vor allem die Entwicklung der wiederverwendbaren Falcon-9-Rakete war eine unglaubliche Pionierleistung, durch die sich die Kosten für Raketenstarts enorm reduzieren ließen. Als Konsequenz übernahm SpaceX 2017 weltweit die Marktführung bei Satellitenstarts. Einen weiteren Durchbruch erzielte die Firma am 30. Mai 2020. An jenem Sonntag flog sie die NASA-Astronauten Douglas Hurley und Robert Behnken zur Raumstation. Erstmals war es einem privaten Unternehmen gelungen, Menschen in den Orbit zu befördern.

Der damalige NASA-Chef Jim Bridenstine bezeichnete dies als den Anfang einer »neuen Ära der bemannten Raumfahrt«. Nachdem das Space-Shuttle-Programm im Jahr 2011 beendet wurde, sind die Amerikaner nun wieder in der Lage, selbst Astronauten zur ISS zu fliegen, und nicht mehr auf die Russen angewiesen. Auch die ESA arbeitet mit SpaceX zusammen. Am 23. April 2021 brach mein französischer Kumpel Thomas als erster Europäer in einer Dragon, einem »Drachen«, in die Erdumlaufbahn auf. Ich werde der erste Deutsche sein.

Das Raumschiff, mit dem wir abheben, steht in einer Reinhalle, weshalb wir ein paar Sicherheitsvorkehrungen einhalten müssen. Ein junger SpaceX-Mitarbeiter sammelt unsere Handys ein. Ihre Radiowellen könnten explosive Materialien auslösen, die in der Kapsel verbaut sind, und zum Beispiel die Fallschirme herausschleudern. Anschließend legen wir Ganzkörperoveralls, Schuhüberzieher und Hauben an. Sie dienen dazu, keinen Schmutz durch unsere Straßenkleidung einzuschleppen und die elektronischen Komponenten des Raumschiffs vor elektrostatischer Entladung zu schützen. »Handschuhe braucht ihr nicht. Es sei denn, ihr wollt die Kapsel berühren«, erklärt der Techniker. »Selbstverständlich möchten wir sie anfassen«, reagiert Tom prompt. Chris hat diese Antwort wohl schon erahnt, denn grinsend reicht er jedem von uns ein Paar und öffnet die Schleuse.

Unser Drachen ruht friedlich auf einem Podest. Voller Ehrfurcht streichen wir behutsam über seine weiße, glatte Haut, die von gummiartigen Silikonfugen durchfurcht ist. Ich fühle mich wie ein Kind, das mit leuchtenden Augen vor einem Karussell steht und unbedingt einsteigen möchte.

»Na? Gefällt euch die Kapsel?«, fragt eine Ingenieurin, die gerade die mechanischen Verbindungen überprüft. »Sie ist toll«, antworte ich. Als wir das Raumschiff zum ersten Mal besuchen durften, war nur seine Metallstruktur vorhanden. Jetzt ist es fertig – von zwei fehlenden Verkleidungen abgesehen. Unter diesen erkenne ich die metallischen Komponenten, die mit einer Vielzahl von Schläuchen und elektrischen Kabeln untereinander verwoben scheinen. Langsam spaziere ich weiter um die Dragon herum, deren Tanks gleichmäßig über den Umfang montiert sind.

Die Kapsel verfügt über ein Volumen von neun Kubikmetern und bietet Platz für bis zu sieben Passagiere, die NASA lässt allerdings nur vier Astronauten gleichzeitig damit fliegen. Sie ist mit Triebwerken ausgestattet, die es ermöglichen, sie im Weltraum zu manövrieren. Darüber hinaus sind weitere höchst leistungsstarke Super-Draco-Antriebe eingebaut, die das Launch Escape System (LES), das Start-Abbruch-System, steuern. Bislang ist dieser Mechanismus nur bei unbemannten Tests zum Einsatz gekommen. So etwa am 19. Januar 2020, als eine Fehlfunktion der Trägerrakete simuliert wurde. Wie geplant löste die Bordelektronik das LES aus. Die acht Super-Draco-Motoren zündeten und schossen die Kapsel aus dem Gefahrenbereich. Die Dragon öffnete die Fallschirme und landete sicher im Atlantik. Ein Hitzeschild auf der Unterseite schützt die Kapsel und ihre Insassen vor Wiedereintrittstemperaturen von bis zu 1900 Grad Celsius. Wie bei der Falcon setzt SpaceX auch bei der Dragon auf Wiederverwertbarkeit. Bis zu fünf Flüge sind zunächst pro Raumschiff geplant. Ein zusätzlich daran befestigtes Modul bietet 37 Kubikmeter Stauraum. Dieser sogenannte Trunk ist offen zum Vakuum des Weltraums und kann bei der Frachtvariante mit unempfindlichem Ladegut gefüllt werden. Seine Außenseite ist zur Hälfte mit Solarpaneelen bedeckt, die die Dragon während des Flugs mit Strom versorgen.

»In drei Tagen wecken wir den Drachen auf und bringen ihn zum Weltraumbahnhof. Es fällt mir nicht leicht, ihn gehen zu lassen«, gesteht die Ingenieurin mit traurigem Blick. Ihr Team hat die beeindruckende Maschine in Handarbeit zusammengebaut, jede Komponente einzeln montiert. Es ist beruhigend, zu wissen, dass die SpaceX-Angestellten ihren Beruf mit so viel Herzblut ausüben. Schließlich hängt unser Leben von ihrer Sorgfalt ab. »Wir müssen jetzt los«, unterbricht Chris das Gespräch und deutet auf seine Armbanduhr. Zum Abschied streiche ich noch ein letztes Mal über die weiße Hülle unseres Raumschiffs. Schon bald werden wir uns wiedersehen – auf der Abschussrampe des Kennedy Space Center.

Für seine Starts hat sich SpaceX das Nutzungsrecht der Rampe 39A auf dem Weltraumbahnhof in Cape Canaveral in Florida gesichert. Die Anlage gilt als ein Heiligtum der Raumfahrt. Am 16. Juli 1969 begann dort die Apollo-11-Mission zur ersten bemannten Mondlandung und am 12. April 1981 der Jungfernflug des Space Shuttle Columbia. Es ist ein geschichtsträchtiger Ort, an dem wir im November 2021 unsere Reise zur ISS antreten werden.

In den vergangenen Tagen haben wir bei langen Simulationen den kompletten Startablauf geprobt. Heute steht lediglich eine kurze Übung auf dem Programm, in der wir nur eine bestimmte Flugphase durchspielen. Zurück in der Trainingshalle, übergibt uns Chris an Melissa, unsere Ausbilderin bei SpaceX. Sie erklärt, was uns erwartet. Die Simulation beginnt demnach 23 Minuten nach dem Start. Während wir uns an der Schwerelosigkeit erfreuen, bricht ein Feuer aus. Wir sollen den Anforderungen entsprechend darauf reagieren.

Nacheinander steigen wir die Metallrampe zum Simulator empor. Sein Äußeres hat wenig mit unserer Dragon-Kapsel gemeinsam, doch sein Inneres ist vom Original kaum zu unterscheiden. Im Cockpit erinnert nichts mehr an die Raumschiffe von früher. Statt eines Schaltpults voller Knöpfe und Hebel empfängt uns ein ästhetisches Design in glänzender Schwarz-Weiß-Optik. Über den vier Schalensitzen hängt ein Bedienterminal mit drei Touchscreen-Monitoren. Darauf können Kommandant Raja und Pilot Tom alle Fluginformationen ablesen sowie in Notfällen in den manuellen Modus umschalten. Die beiden haben somit die Kontrolle über das Raumschiff – angesichts der Erfahrung, die sie mitbringen, eine logische Wahl.

Für Tom ist dies bereits die dritte Reise zur ISS. Das Außergewöhnliche: jedes Mal in einer anderen Kapsel – 2009 im Space Shuttle, 2012 in der Sojus und nun in der Dragon. Raja bricht zwar zum ersten Mal ins All auf, doch mit wilden Flugmanövern kennt er sich aus. Vor Beginn seiner Astronautenkarriere im Jahr 2017 war er Oberst bei der US-Luftwaffe. Er ist ein routinierter Testpilot, hat mehr als 2500 Flugstunden gesammelt. Kayla und ich unterstützen unsere Kollegen als Missionsspezialisten. Größtenteils lassen wir uns jedoch als Passagiere durch die Galaxie befördern. Der Vorteil: Uns bleibt mehr Zeit, den Flug zu genießen.

Ich habe mir vorgenommen, die Reise mit zahlreichen Bildern zu dokumentieren und über soziale Medien zu teilen, um möglichst viele Menschen an meinem Abenteuer teilhaben zu lassen. Daher packe ich auch bei der heutigen Übung zuerst das Fotoequipment aus. Raja kümmert sich um Essenzielleres: Er faltet die Toilette aus der Verkleidung heraus. Damit wir unser Bedürfnis unbeobachtet verrichten können, installiert er einen Plastikvorhang. Kayla kramt einen Beutel mit feuchten Tüchern aus einem Stauraum hervor, während Tom die Verpflegung ausräumt. Wenn wir die Kapsel bewohnbar machen, sollen wir darauf achten, dass kein Chaos entsteht. Tritt eine Gefahrensituation ein, müssen wir in der Lage sein, innerhalb kürzester Zeit alles wieder ordnungsgemäß zu verstauen. Mein Job ist es, den Überblick zu behalten. Ich liste exakt auf, aus welchem Fach wir welchen Gegenstand entnehmen und wo wir Abfälle verstauen. Diese Infos funkt Raja immer auch an das Kontrollzentrum. So stellen wir sicher, dass der Schwerpunkt der Kapsel stabil bleibt und sie nicht aus dem Gleichgewicht gerät.

Der Feueralarm ertönt. Zielstrebig nehmen wir unsere Atemschutzmasken, die wir direkt neben den Sitzen deponiert haben, stülpen sie über und verbinden sie mit dem Lebenserhaltungssystem. Nun beginnen Kayla und ich mit dem Aufräumen. Zügig, aber gewissenhaft stopfen wir sämtliche losen Gegenstände in die dafür vorgesehenen Fächer. Tom und Raja legen sich derweil in ihre mittleren Sitzschalen unter das Bedienterminal, um die Warnmeldungen auf den Bildschirmen zu checken. Es dauert nicht lange, bis Raja den Brandherd ausfindig gemacht hat. »Die Flammen lodern im Systembereich«, informiert er uns. Die Kapsel füllt sich mit Rauch. Wie es das Protokoll vorgibt, stellt unser Kommandant eine Verbindung zum Kontrollzentrum her. Gemeinsam mit den Fachkräften am Boden bespricht er das Vorgehen. Da wir zum Systembereich keinen Zugang haben, können wir den Brand nicht von Hand mit dem Feuerlöscher bekämpfen. Stattdessen aktiviert Tom diesen mittels der angeschlossenen Verrohrung und flutet das betroffene Modul mit Stickstoff. Die Flammen werden erstickt.

Kayla und ich bereiten unterdessen unsere Raumanzüge vor. Genau genommen ist dieser Ausdruck hier unzutreffend, da das Hightechoutfit nicht für Außenbordeinsätze, sondern nur für den Aufenthalt in der Kapsel gedacht ist. Sein Material ist äußerst robust, feuerfest und bietet selbst bei einem möglichen Druckverlust Schutz. Der Helm samt integriertem Kopfhörer und Mikrofon stammt aus dem 3-D-Drucker. Speziell designte Handschuhe ermöglichen es, die Touchscreens zu bedienen. Wir tragen die Montur während allen kritischen Flugphasen, also beim Start, Andocken, Abdocken und der Landung – sowie bei Notsituationen. Ich falte den Anzug auf meinem Sitz aus und schließe ihn über eine einzige Leitung sowohl an die Luft- als auch die Sprechverbindung an. Nitrox strömt hinein. Das Atemgasgemisch hat zwar einen hohen Sauerstoffanteil, allerdings ist die Luftzirkulation im Anzug bei diesem Notbetrieb äußerst gering. Die Folge: Der Körper überhitzt leicht. Bei unserer ersten Notfallsimulation haben wir alle den Fehler gemacht, uns zu schnell zu bewegen. Wir bekamen knallrote Köpfe, schwitzten, konnten kaum noch atmen und mussten letztlich die Visiere unserer Helme öffnen. Das darf heute nicht wieder passieren.

Trotz der hektischen Situation gönne ich mir daher eine Pause, warte, bis sich mein Puls beruhigt hat. Dann atme ich tief ein, halte die Luft an und setze meine Atemmaske ab. Nun kann ich in die rauchfreie Atmosphäre meines Anzugs gleiten. Kayla hilft mir dabei und zuppelt die widerspenstige Kunststoffhülle zurecht. Um sie hermetisch abzudichten, muss ich die Reißverschlüsse an der Innenbeinnaht und den Handschuhen zuziehen. Jetzt ist Kayla an der Reihe. Mit meiner Unterstützung zwängt sie sich ebenfalls in die Montur. Noch handelt es sich dabei um ein universelles Trainingskleidungsstück. Aber in den nächsten Wochen erhält jeder von uns ein maßgeschneidertes Modell. »Raja, Tom! Ihr seid dran«, rufe ich den beiden zu, nachdem Kayla und ich die Verschlüsse unserer Anzüge sicherheitshalber noch einmal gegenseitig überprüft haben.

Es dauert leidvolle 25 Minuten, bis wir alle umgezogen sind. Trotzdem liegen wir damit im vorgegebenen Zeitrahmen. Als Nächstes müssen wir uns in den Sitzschalen festschnallen. Wie in einem Rallyewagen fixieren wir uns mit 5-Punkt-Gurten. Unsere kniehohen Stiefel klinken wir zudem in Fußhalterungen ein. Nach jedem einzelnen Schritt hechele ich nach Luft und benötige eine kurze Pause, um meine Körpertemperatur wieder vom roten in den gelben Bereich zu senken.

Raja packt ein Handmessgerät aus, mit dem er die Luft in der Kapsel kontrolliert. »Das sieht nicht gut aus«, meldet er. Das Feuer haben wir zwar erfolgreich bekämpft, dafür bahnt sich ein neues Problem an. Bei der Löschaktion hat sich Rauch mit Schadgasen aus dem Systembereich in das Cockpit gedrückt. Ohne unsere Raumanzüge würden wir qualvoll ersticken. »Wir initiieren einen Luftaustausch«, kündigt Tom an. Er öffnet ein Ventil, und die verunreinigte Luft entweicht ohne Verzögerung in den imaginären Weltraum.

Wären wir tatsächlich im All unterwegs, hätten wir in unserer Kapsel nun ein Vakuum. Unsere Anzüge würden sich automatisch aufblasen wie ein Sack, um den Druckverlust auszugleichen. Nach einer Weile könnten wir die Ventile schließen und die Kabine mit Frischluft befüllen. Im Anschluss müssten wir evaluieren, wie groß der Schaden ist, und dementsprechend das weitere Vorgehen festlegen. Im besten Fall könnten wir unsere Anzüge ausziehen und den Flug zur ISS fortsetzen. Im schlimmsten Fall müssten wir, in den aufgeblasenen Anzügen verharrend, zur Erde zurückkehren und innerhalb von zwei Stunden die Notlandung vorbereiten.

Heute bleibt uns diese Entscheidung erspart. Die Übung ist vorbei. Die Tür des Simulators öffnet sich. Ich klappe das Visier meines Helms nach oben, löse den Anschnallgurt, krabbele aus der Sitzschale und recke meinen hochroten Kopf aus der Einstiegsluke. In der Halle hat sich das komplette SpaceX-Team versammelt, das in unsere Mission involviert ist. All die Mitarbeiter, die uns auf den Flug in der Dragon-Kapsel vorbereitet haben, sind gekommen, um uns viel Glück für die Reise zu wünschen. Allen voran Chris, der uns spontan zu einem Abschiedsabendessen einlädt. Schlagartig wird mir bewusst, dass wir gerade zum letzten Mal im Simulator geprobt haben. Wenn wir das nächste Mal ins Cockpit steigen, werden wir tatsächlich abheben. Es wird langsam ernst.

Vergangenen Monat habe ich mich bereits ausgiebig von Freunden aus meiner saarländischen Heimat verabschiedet, meine Kollegen im DLR besucht und die finale Trainingseinheit im Sternenstädtchen absolviert. Auf Wiedersehen zu sagen, ist einerseits ein gutes Gefühl, denn es bedeutet, dass der Start näher rückt. Andererseits ist immer auch ein bisschen Wehmut dabei. In Russland, Japan, Kanada, Deutschland, Italien und den USA durfte ich mit tollen Menschen zusammenarbeiten, die hart für mich und meinen Traum geschuftet haben. Raumfahrt ist vor allem Teamwork. Ihr unglaubliches Engagement macht meine Mission erst möglich. Dafür bin ich ihnen unendlich dankbar und werde sie im Herzen mit auf meine Reise nehmen.

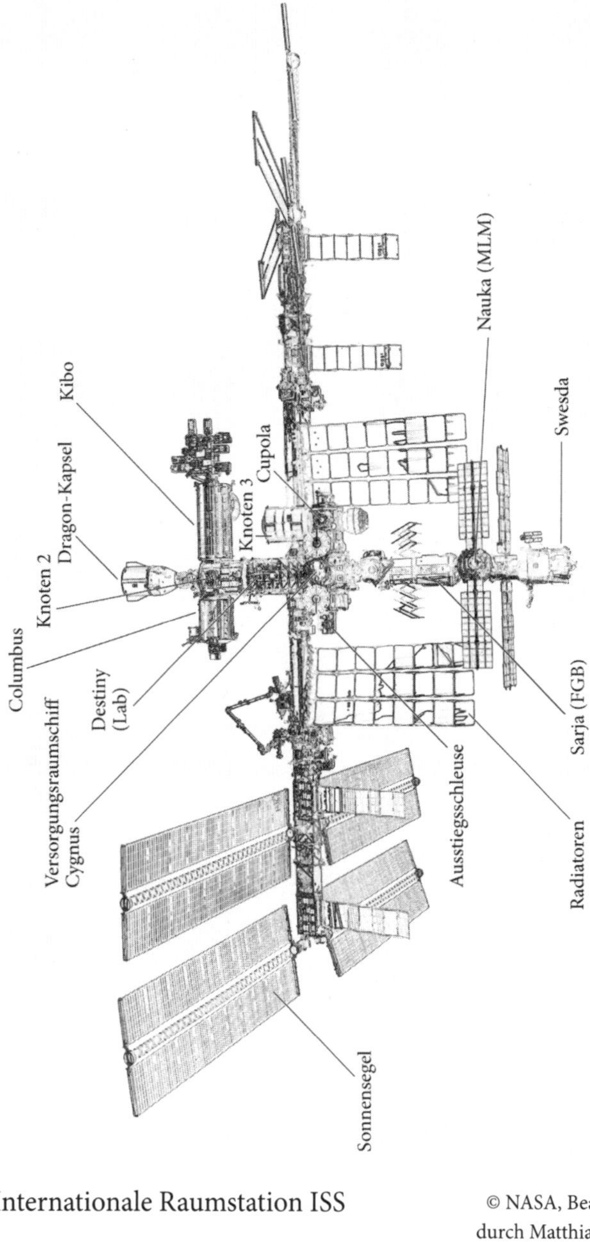

Die Internationale Raumstation ISS

AUF DIENSTREISE IM ALL

»To boldly go«

Donnerstag, 11. November 2021

Kühn, dorthin zu gehen,* wo bislang nur wenige Menschen waren, hocken wir im Schlund des Drachens. Nach all den Jahren der Vorbereitung sind wir mehr als entschlossen, die Erde zu verlassen. Unsere Gurte pressen uns fest in die Sitzschalen. Drei leuchtende Bildschirme tauchen meine darunterliegenden Kollegen sowie den Innenraum der komfortablen Kapsel in ein schummrig-farbenfrohes Licht. Tom, Kayla und ich reden kaum mehr ein Wort, sondern lauschen konzentriert den Funksprüchen unseres Kommandanten. Raja gibt immer wieder die Parameter unseres Raumschiffs durch, das wir auf den Namen Endurance – Ausdauer – getauft haben.

»Endurance – SpaceX. You are go to close your visors and to arm the launch escape system«, gibt Sarah Gillis, die uns bei SpaceX auf den Flug in der Dragon vorbereitet hat und nun im Kontrollraum sitzt, das entscheidende Kommando, unsere Helmvisiere zu schließen und das LES scharf zu schalten. Wenn nun etwas schiefgeht, wird automatisch ein Signal an die extrem kräftigen Super-Draco-Raketenmotoren geschickt, die unsere Kapsel unwillkürlich mit einer enormen Beschleunigung in sichere Entfernung schießen würden. Mit steigender Anspannung beobachte ich, wie Raja der Reihe nach mehrere Felder auf dem Touchscreen antippt und schließlich bestätigt: »Start-Abbruch-

* »To boldly go where no man has gone before« – »Kühn, dorthin zu gehen, wo noch kein Mensch zuvor war«, *Star Trek,* 1966 bis 1969

System ist aktiviert.« Kurz darauf schaue ich auf den Monitor: noch exakt 40 Minuten und 40 Sekunden bis zum Start. Obwohl der Countdown vor meinen Augen abläuft, kann ich es gar nicht glauben, dass wir heute tatsächlich abheben werden. Nach all den Startverschiebungen hatte ich befürchtet, dieser Tag würde niemals kommen.

Ursprünglich hatten wir bereits an Halloween zur ISS aufbrechen sollen. Aber wegen schlechter Wetterverhältnisse entlang des Notlandekorridors sagte das NASA-Management diesen Termin ab. Dann erwischte uns ein medizinisches Problem: Eines meiner Crewmitglieder hatte sich einen viralen Infekt zugezogen, der protokollgemäß auskuriert werden musste. Tag um Tag musste zudem der Rest der Crew allmorgendlich zum PCR-Test antreten, so lange, bis die Mediziner eine Ansteckung ausschließen konnten. Kaum war diese Gefahr gebannt, bahnte sich das nächste Unheil an: Stürme über dem Atlantik und auf unabsehbare Zeit schlechtes Landewetter drohten die Rückkehr von Crew-2 zu einer unendlichen Geschichte ausarten zu lassen. Als das Wetter eine unerwartete Lücke für eine sichere Landung bot, entschieden die Verantwortlichen, die Heimreise von Thomas und seinen Kollegen vorzuziehen – wodurch sich unser Missionsbeginn erneut verschob und ich leider meinen Kumpel nicht wie vorgesehen im All treffen würde. Insbesondere für meine europäischen Gäste war die Wartezeit problematisch: Mehr als 60 Freunde und Familienangehörige waren voller Vorfreude nach Florida gekommen, um die Rakete abheben zu sehen. Diejenigen, die nicht genug Urlaub hatten, mussten enttäuscht zurück nach Deutschland fliegen, ohne den Launch miterlebt zu haben.

Für mich war die Verschiebung weniger dramatisch – im Gegenteil: Ich konnte meinen unplanmäßig verlängerten Aufenthalt auf der Erde sogar genießen. Während unserer Quarantänezeit im Weltraumbahnhof hatten wir reichlich Freizeit. Wir durften uns frei auf dem Startgelände bewegen und Strandspaziergänge unternehmen. Allerdings galt es auch, einige Pflichttermine wie etwa digitale Pressekonferenzen oder Fotoshootings einzuhalten. So besichtigten wir beispielsweise, von professionellen Fotografen begleitet, die Falcon-9-Rakete und begutachteten unsere Dragon. Auf den Moment, das Gespann zum ersten Mal startklar auf der Rampe stehen zu sehen, hatten wir alle hingefiebert. Stolz und mit breitem Grinsen posierten wir davor. Einmal durften wir unsere Startgäste aus coronasicherer Entfernung beim sogenannten »wave across the ditch« grüßen. Ein Ritual, das die NASA schon zu Shuttle-Zeiten eingeführt hat. Damals standen die Astronauten auf der einen, ihre Angehörigen auf der anderen Seite eines Grabens – daher der Ausdruck »über den Graben winken«. Unsere Besucher hatten sich jedoch hinter einer Absperrleine auf einer Wiese eingefunden und jubelten uns aus etwa 15 Meter Entfernung zu. Ich war gerührt, wie viele meiner Freunde sich für dieses Abenteuer auf die lange Reise nach Amerika gemacht hatten, und hoffte sehr, dass sich das Erlebnis für sie lohnen würde.

Leider war nur mein Vater unter ihnen, für meine Mama wäre der Trip zu beschwerlich gewesen. Ich hätte den beiden in dieser Situation zu gern gesagt, dass ich es zuallererst ihnen zu verdanken habe, hier sein zu dürfen. Sie haben mich immer gefördert und unterstützt, stets zu mir gestanden, egal wie verrückt meine Ideen waren. Bislang hatte ich solche Gefühle nur schlecht ausdrücken oder zeigen können. Auch das ernste Thema, dass ich von dieser Mission vielleicht nicht wiederkomme, habe ich nie bei ihnen angesprochen. Sie wissen nicht, dass ich während meiner Vorbereitung ein Testament geschrieben habe und die ESA, wie vor jedem Start, eine Lebensversicherung abgeschlossen hat, sodass die Hinterbliebenen zumindest finanziell abgesichert wären.

Mit welch hohem Risiko eine Reise ins All verbunden ist, wurde uns am Kennedy Space Center ständig vor Augen geführt. Im Besucherzentrum gibt es einen Saal, in dem die Fragmente der Challenger-Katastrophe ausgestellt sind. Außerdem steht auf dem Gelände ein Memorial für Astronauten, die bei Raumfahrtunfällen ums Leben kamen. Wir haben die Gedenkstätte besucht und dabei auch noch einmal kurz über die kritischsten Manöver gesprochen, also den Start, das Andocken und die Landung. Aber insgesamt bemühten wir uns, dem Thema keine allzu große Aufmerksamkeit zu schenken. Stattdessen kosteten wir jede verbleibende Minute auf unserem Heimatplaneten aus – vor allem den zweitletzten Abend vor dem Start. An diesem bot uns die NASA traditionsgemäß ein *ultimate meal* an, was man leicht missverständlich auch als »Henkersmahlzeit« übersetzen könnte. Dabei handelt es sich um ein sehr liebevoll zubereitetes Wunschessen. Ich bestellte Riesenzackenbarsch mit frittierten Süßkartoffeln und grünem Salat mit Balsamico-Dressing. Als Nachspeise Eis.

Exakt sieben Stunden und 40 Minuten vor dem Abflug weckte uns eine NASA-Mitarbeiterin. Von nun an wurde die Startzeit, englisch T für Time, rückwärts gezählt, und wir mussten uns an einen streng getakteten Ablaufplan halten. Eine letzte irdische Dusche, ein finaler Snack, ein abschließender Medizincheck, und schon erhielten wir die Anweisung, unsere fensterlosen Schlafräume aufzusuchen und die Flugunterwäsche inklusive Windel anzuziehen. Fensterlos, da Astronauten hier vor dem Start die Schlaf- und Wachphasen ihres Biorhythmus auf die koordinierte Weltzeit UTC umstellen müssen, nach der sie auf der ISS leben, und dabei nicht durch einfallendes Tageslicht gestört werden sollen.

Die kleine Tasche mit meinem Privatkram ließ ich in diesem Zimmer zurück. Direkt nach der Landung in sechs Monaten würde ich sie zurückerhalten, wie man mir versicherte. Als ich ihren Reißverschluss zuzog, fragte ich mich, was ich wohl alles erlebt haben würde, wenn ich sie das nächste Mal öffnete. Doch ich durfte diesen Gedanken nicht zu lange zulassen, daher riss ich mich mit einem Seufzen von ihm los und machte mich auf den Weg in den Suit-Room, den Umkleideraum, in dem schon die Apollo-Astronauten ihre Fluganzüge angelegt haben. Bis heute hängen hier imposante Schwarz-Weiß-Fotos von ihnen an den Wänden und zeugen von der Raumfahrtära, in der die Menschheit erstmals einen Fuß auf einen fremden Himmelskörper setzte.

Meine Crewmitglieder und ich nahmen unsere weißen, maßgeschneiderten Fluganzüge in Empfang, checkten sie gründlich durch und zwängten uns mithilfe von SpaceX-Mitarbeitern hinein. Um die Druckdichtigkeit zu überprüfen, mussten wir uns nacheinander in eine Art Stuhl legen, der die gleiche Form wie die Sitze in der Kapsel hat. Die Suit-Techs klappten unsere Visiere nach unten, schlossen unsere Anzüge an Schläuche an und pumpten diese bis auf 1,3 Bar auf. Später, in der Kapsel, wiederholten wir diesen Test, denn nur, wenn die Dichtigkeit garantiert ist, hätten wir bei einem Druckabfall eine Überlebenschance.

Dreieinhalb Stunden vor dem Launch traten wir den Weg zur Startrampe an. Wir klemmten unsere kleinen Köfferchen, die kühlende Luft in die Anzüge bliesen, unter die Arme und verließen das fünfstöckige Neil Armstrong Operations and Checkout Building durch die symbolträchtige Doppelschwingtür. Auf sie hatten wir gestern noch unser Mission Patch geklebt – wie alle anderen Crews, die je vom KSC aus ins Universum abgehoben sind. Gemäß einer einstudierten Choreografie schritten wir hinaus in den Regen: Raja und Tom vorweg, Kayla und ich direkt hinter ihnen. Das schlechte Wetter bereitete uns Sorgen. Den ganzen Tag über hatte es in Strömen geschüttet. Die jüngste Launch-Prognose der Experten lautete 70 Prozent Go, mithin immerhin satte 30 Prozent No-Go. Unser Starttermin war also alles andere als gewiss und wir dementsprechend verunsichert. Doch das ließen wir uns nicht anmerken. Selbstbewusst marschierten wir an den Pressevertretern und unseren Familien vorbei, die vor dem Gebäude auf uns warteten, winkten souverän in die Menge und riefen unseren Lieben noch ein paar Abschiedsworte zu.

Danach stiegen wir in weiße Teslas mit Flügeltüren. Raja und Tom nahmen in dem vorderen Auto Platz, Kayla und ich in dem hinteren. Eskortiert von Polizeiwagen, setzte sich unsere kleine Karawane in Bewegung. Die etwa 15-minütige Fahrt über das weitläufige NASA-Gelände überbrückten wir mit Musik aus unserer persönlichen Playlist. Ich hatte mir für diesen Anlass unter dem Namen »Tesla to Dragon« acht Lieder abgespeichert.* Während ich den energiegeladenen Klängen lauschte, schaute ich aus dem Fenster. Regentropfen rannen die Scheibe herab und ließen die grell angeleuchtete Rakete, die uns in der sonst finsteren Nacht erwartete, wie ein verschwommenes Gemälde erscheinen. Die Falcon 9 sah majestätisch aus, und je näher wir ihr kamen, desto deutlicher konnte ich ihre charakteristischen Konturen erkennen: eine schlanke, weiße Rakete mit vier schwarzen, hochgeklappten und eng anliegenden Landebeinen am unteren Ende des Boosters, am oberen Ende wiederum vier schwarze Elemente, die Grid Fins aus Titan, die ungefähr zur gleichen Zeit zum Einsatz kommen, in der wir mit der Kapsel den Orbit erreichen. Sie werden sich ausfalten und den Booster bei seinem Landeanflug auf das Drohnenschiff im Meer wie die Federn eines Pfeils stabilisieren. Darüber erkannte ich die Oberstufe und unsere Dragon-Kapsel mit dem schwarz-weißen Trunk.

Unser Chauffeur hielt nur wenige Meter von der Rakete und dem direkt daneben befindlichen Startturm entfernt an, sodass wir uns, von den TV-Kameras nicht einsehbar, in einen nahe gelegenen Toilettenwagen schleichen konnten. Uns blieben exakt fünf Minuten, ehe wir in den Fahrstuhl steigen sollten, der zuerst Tom und Raja, dann Kayla und mich zu unserem Raumschiff an der Spitze der 70 Meter hohen Falcon 9 transportierte. Dort erwartete uns unsere NASA-Back-up-Astronautin Stephanie Wil-

* *Tage wie diese* (Die Toten Hosen), *Dream On* (Ronnie James Dio mit Yngwie Malmsteen), *Where Is My Mind* (Placebo), *Sonne* (Rammstein), *Wake Me up* (Russkaja), *Today* (The Smashing Pumpkins), *Astronaut* (Sido), *Epic* (Faith No More)

son. Ganz in Schwarz gekleidet stand sie neben einem alten klobigen Telefon, das noch aus Shuttle-Zeiten stammt und aus Nostalgiegründen auf dem modernen Startturm der Rampe 39B montiert worden war. Jeder von uns durfte einen Anruf tätigen, um einem ausgewählten Menschen Auf Wiedersehen zu sagen. Stephanie tippte die Nummer ein, die ich ihr vor ein paar Tagen zugesteckt hatte, und reichte mir den Hörer. »Hallo, Mama, hörst du mich?«, rief ich laut in die Sprechmuschel. »Ja, wir hören dich«, antwortete sie, und gleich darauf meldete sich mit einem kräftigen »Hallo, Matthias« auch mein Papa zu Wort, der leider nicht bis zum Start in den USA hatte bleiben können. So hatten meine Eltern aber immerhin die Gelegenheit, diesen Augenblick gemeinsam zu erleben. Sie erzählten mir, dass sie bei einer Veranstaltung im Rathaus meiner Heimatgemeinde Oberthal dem Zünden der Booster entgegenfiebern würden. »Passt gut auf euch auf und habt ganz viel Spaß«, wünschte mir meine Mama, während Stephanie schon mahnend an meinem Arm rüttelte. »Jetzt ist nicht die passende Zeit für lange Telefonate. Dein Taxi Richtung Himmel wartet«, flüsterte sie mir zu. Ich lächelte. »Tschüss, Mama, tschüss, Papa!«, beendete ich dieses bizarre Gespräch.

Um T-2h38 stolzierten wir durch den wegschwenkbaren Zugangsarm, der den Startturm mit unserem Raumschiff verband. Zuerst kletterte Raja, dann Tom und danach Kayla in das Cockpit. Ich war um T-2h35 als Letzter an der Reihe. Maria, die Spezialistin für die schicken SpaceX-Fluganzüge ist und auch unsere geschneidert hat, half mir beim Anschnallen. Mehrmals checkte sie, ob alle Gurte ordnungsgemäß saßen und meine Stiefel fest in die Halterung eingeklickt waren. Zu guter Letzt reichte sie mir eine kleine Tasche mit meiner Reisemedizin, die ich um den linken Oberschenkel band. »Das war's. Du bist startklar. Ich wünsche dir viel Glück«, sagte sie. Es folgte ein kurzer Funktest mit Sarah, ehe diese das nächste entscheidende Go auf unserem Weg ins All gab. Maria und die anderen Techniker schlossen daraufhin die Luke. Von außen überprüften sie noch eine Zeit lang die Dichtigkeit unseres Raumschiffs, bevor sie sich von der Abschussrampe entfernten.

Seitdem hocken wir hier, genießen die letzten Momente der irdischen Ruhe und versinken in eine kontemplative Stille, die nur durch die Funkrufe unterbrochen wird. Obwohl die NASA-Spezialisten bei ihrer neuesten Prognose das Wetter noch immer als »wacklig« bezeichneten, geben sie nun grünes Licht für die Betankungssequenz. Der Vorgang beginnt exakt um T-35min mit einem metallischen Ploppen, als sich die Ventile öffnen. Lautes Plätschern kündigt das Einströmen von Treibstoff in die erste Stufe der Falcon 9 an, die zweite folgt knapp 20 Minuten später. Der obere Teil der beiden Doppeltanks wird jeweils mit flüssigem Sauerstoff gefüllt, der untere mit als RP1 bezeichnetem Kerosin. Der eiskalte Treibstoff kühlt dabei die Aluminiumtanks unter metallischem Knacken und Klirren ab. Ein höchst interessantes Klangerlebnis, das mich an den Sound des Films *Das Boot* erinnert. Genau genommen an die Stelle, als das U-Boot zu tief absinkt. Ich bin heilfroh, dass uns die Ausbilder auf diese Geräuschkulisse vorbereitet haben. Sonst würde ich mich den Unterwasserhelden in Seenot zumindest emotional doch zu nahe fühlen.

Während das schrille Konzert andauert, bestätigt Sarah um T-10min, dass die Bildschirme für den Start konfiguriert sind. Dies ist der letzte Punkt unserer gemeinsamen Prozedur und folglich auch die letzte Interaktion mit ihr – ab sofort wird nur noch der Launch-Direktor mit uns kommunizieren. »Crew-3, es ist uns eine Ehre, euch heute beim Jungfernflug der Endurance am Steuerknüppel zu haben. Wir wünschen euch eine tolle Mission, viel Glück!«, verabschiedet sich Sarah. Sowohl auf Deutsch als auch auf Englisch fügt sie hinzu: »Fair winds and following seas! Immer eine Handbreit Wasser unterm Kiel!« Raja reagiert humorvoll und erinnert an unseren verpassten ursprünglichen Starttermin an Halloween, an dem wir »Saures« (schlechtes Wetter) statt des erhofften »Süßen« (Start) erhielten. Hernach bedankt er sich bei allen Mannschaften, die uns auf dem Weg hierhin begleitet haben und uns auch in den nächsten sechs Monaten zur Seite stehen werden. »Wir sind stolz und geehrt, als die sichtbare Spitze der Teams von NASA und SpaceX in kosmischer Höhe arbeiten zu dürfen«, beteuert unser Kommandant stellvertretend für uns alle. Um T-9min legt sich Funkstille über diese emotionalen Abschiedsworte – doch die nächste Ansage lässt nicht lange auf sich warten.

»Dragon and Falcon 9 in terminal count!«, kündigt der Launch-Direktor um T-5min an, dass Rakete und Kapsel nun von der Außenwelt abgetrennt sind. Ab sofort kontrollieren die internen Computer sämtliche Abläufe. Gespannt, wie die Saiten einer Gitarre kurz vor dem Reißen, starre ich auf den Monitor. Dies entspricht wohl dem Moment, in dem der Croupier die Kugel ins Roulette schleudert und die magischen Worte spricht: »Rien ne va plus«, nichts geht mehr. Ab jetzt entscheidet das Glück – wir sind ein Spielball in den unberechenbaren Händen des Schicksals. Die Tanks sind inzwischen maximal gefüllt. Die Rakete faucht und zischt und pufft weiße Wölkchen von überschüssigem Sauerstoff ab. Der Strongback, das riesige metallische Korsett, das die Falcon 9 bis zuletzt stabilisierte, hängt nun leicht weggeklappt neben ihr und ragt stumm in die Nacht. Es kann losgehen!

»Dragon ist im Countdown«, schallt es aus meinem im Helm integrierten Kopfhörer. Die Anzeige springt auf T-1min um. Noch immer kann ich es nicht begreifen, dass ich tatsächlich auf der Spitze einer Rakete hocke, die bereit ist, gen Himmel zu stürmen. Wie ein Traum erscheint mir diese Situation. Zu irreal, um wahr zu sein. Ohne mich einen einzigen Millimeter zu bewegen, lauere ich auf den finalen Funkspruch: »Endurance – SpaceX, ihr habt ein Go zum Launch.« Mein Traum wird wahr. Jetzt gleich. Ungläubig fassen Tom und ich einander an den Händen, werfen uns einen siegessicheren Blick zu. Dann nehmen wir die Startposition ein, pressen die Köpfe fest nach hinten und legen die Arme auf den Hüften ab. Unsere letzten Sekunden auf diesem Planeten sind angebrochen.

»T-10 s – 9–8–7–6–5–4–3–2–1 – lift off!«

Ritt mit dem Drachen

Donnerstag, 11. November 2021, 02.03 Uhr UTC

Mit einem Schlag bohrt sich die Rakete regelrecht in meinen Rücken und schiebt mich unbändig in die Höhe. Für einen Augenblick rutscht mir das Herz in die Hose, Zweifel schießen mir durch den Kopf. »Jetzt ist es zu spät«, sage ich mir, »halt einfach still.«

Wir jagen immer schneller gen Himmel, werden immer tiefer in die Polster gedrückt. Ich habe das Gefühl, als würde sich ein Elefant auf meine Brust setzen. Um das Luftholen zu erleichtern, wende ich die Pressatmungstechnik an, die uns beim Zentrifugentraining empfohlen wurde. Ich atme schnell in den Bauch ein, halte die Lungenflügel dabei stabil, zähle bis vier und atme flott wieder aus und ein. Nach 50 Sekunden nähern wir uns bereits der Schallgeschwindigkeit und damit dem höchsten dynamischen Druck auf die Falcon 9. Die neun Merlin-Triebwerke unter uns werden nun leicht und dennoch deutlich spürbar gedrosselt. Für einen Moment verschwindet der Elefant. Reflexartig inhaliere ich so viel Luft wie nur irgend möglich. Denn lediglich 20 Sekunden später haben wir diese entspannte Phase schon durchflogen, und die Merlins beschleunigen abrupt auf vollen Schub. Erneut presst es uns mit einem Mehrfachen unseres Körpergewichts in die Sitze. Die g-Kräfte reißen an meinen Gliedmaßen, ich spüre ein Vibrieren in jeder Zelle. Meine Sinne sind auf höchste Alarmbereitschaft geschaltet, sie saugen jedes noch so kleine Detail dieses wortwörtlich atemberaubenden Ritts auf. Vor allem die Klangkulisse zieht meine Aufmerksamkeit auf sich. Das Donnern, Grummeln und Fauchen der Rakete flaut seit Durchfliegen der Schallmauer immer mehr ab und verwandelt sich mit Verlassen der Atmosphäre in ein leises Summen.

»MECO« – kurz für »Main engine cut off« – hallt es aus dem Kopfhörer. Gut zweieinhalb Minuten nach dem Start haben sich die neun Merlins des Haupttriebwerks abgeschaltet. Gleich wird die erste Stufe abgetrennt und dem Drohnenschiff im Atlantik entgegensegeln. Uns katapultiert es derweil mit einem heftigen Ruck nach vorn in die Gurte, gleichzeitig schwingen unsere Arme nach oben. Gerade noch betrug die Beschleunigung 3,5 g, jetzt fällt sie unvermittelt auf 0 g zurück. Auf einmal scheint alles um mich herum in Zeitlupe zu geschehen. Es ist, als würde sich eine Welt auftun, in der die Regeln der Physik außer Kraft gesetzt sind. Eine schier unendliche Leichtigkeit umhüllt mich. Wir sind schwerelos! Vollkommen schwerelos! Allerdings nur für wenige Sekunden.

Exakt um T+2min52 zündet das verbleibende zehnte Merlin-Triebwerk mit seiner langen, für das Vakuum optimierten Düsenform der zweiten Stufe. Wir haben mittlerweile eine Höhe von 100 Kilometern erreicht, und das bedeutet, dass Raja, Kayla und ich uns nun ganz offiziell »geflogene Astronauten« nennen dürfen. Genießen kann ich diesen Triumph momentan aber nicht. Die g-Kräfte legen wieder enorm zu. Dies ist definitiv der unangenehmste Teil unserer bisherigen Reise. Das Einzeltriebwerk feuert mit solch einer gewaltigen Power, dass die Dragon deutlich stärker ruckelt als eben beim Chor der neun Merlins. Unter markerschütterndem Fauchen hebt es uns in den nächsten sechs Minuten noch einmal um 100 Kilometer an, beschleunigt uns gleichzeitig von knapp 7000 auf genau 27 014 Kilometer pro Stunde. Zwischenzeitlich wirken 4,5 g auf uns. Sich zu bewegen ist kaum möglich. Meine Arme liegen bleischwer auf meiner

Hüfte. Meine Gesichtszüge sind unbeherrschbar. Meine Backen werden weiter nach hinten gezogen, als ich dies je für möglich gehalten hätte. Und das Atmen erfordert eine immense Anstrengung, als würde ich gegen eine unsichtbare Kraft ankämpfen.

Während ich mit aller Gewalt versuche, die Kontrolle über meinen Körper zu behalten, ertönt die nächste Ansage: »SECO« *(second engine cut off)*. Punktgenau um T+8min45 schaltet das Triebwerk der zweiten Stufe ab, und wieder rauschen unsere Arme in die Schwerelosigkeit. Doch dieses Mal bleibt der Zustand erhalten. Dieses Mal holt uns die Schwerkraft nicht wieder ein! WIR SIND IM ALL ANGEKOMMEN! Laut Zählung der NASA habe ich gerade als 600. Mensch den Weltraum erreicht! In meinem linken Augenwinkel sehe ich unser Maskottchen neben Kayla schweben. Es ist schon lange Tradition in der Raumfahrt, ein Plüschtier als Schwerelosigkeitsindikator mit ins All zu nehmen – unseres ist eine Schildkröte. In ihrem silbern und grün schillernden Kleid tänzelt sie in der Luft, frei von Widerstand, Fesseln und Gewicht. Immer wieder stößt sie dabei mit dem Kopf gegen die Ecke von Rajas Monitor. Wie gut, dass wir ihr in weiser Voraussicht einen Astronautenhelm übergestülpt haben.

»Second stage separation«, lenkt der Launch-Direktor meine Aufmerksamkeit auf die technischen Vorgänge zurück. Die Abtrennung der zweiten Stufe ist soeben erfolgt, unsere Dragon-Kapsel von nun an allein unterwegs. »Genießt euren Urlaub bei den Sternen«, verabschiedet er sich. »Danke für den Ritt. Das war besser, als wir ihn uns vorgestellt haben«, antwortet Raja höflich. Wir müssen zwar noch ein paar Systemchecks abwarten, aber das Kritischste ist überstanden. »Wir haben es geschafft! Wir sind tatsächlich im Weltraum! Das war einfach nur irre!«, sprudelt es jetzt unaufhaltsam aus Kayla heraus. Auch Tom kann seine Begeisterung nicht zurückhalten. »Herzlich willkommen im Club der geflogenen Astronauten!«, ruft er uns zu und klopft mir auf die Schulter. »Vielen Dank«, entgegne ich überglücklich, aber mit noch leicht zittrigen Knien, »puh, was für ein wahnsinniger Ritt!« – »Echt krass! Deutlich wilder als im schnellsten Flugzeug, das ich je geflogen bin. Gefällt mir«, resümiert Raja.

Während wir gar nicht damit aufhören können, von unseren Starteindrücken zu schwärmen, schubst Kayla unser flauschiges Plüschtierchen in meine Richtung. Es schwebt leicht wie eine Feder an meiner Nasenspitze vorbei, ehe ich es aus der Luft fische und zu Tom dirigiere. Eigentlich hätte er als Dienstältester das Maskottchen auswählen dürfen – und gern einen Pfau genommen, da er Teil einer NASA-Astronautenklasse ist, die den Spitznamen Peacock trägt. Da Kayla und Raja allerdings Mitglieder der Turtle-Class sind, haben sich die drei nach wochenlangem Feilschen auf einen Kompromiss geeinigt: eine Schildkröte im schillernden Pfauenlook. Und damit ich mich ebenfalls darin wiederfinden kann, tauften sie das Stofftier »Pfau«. Entschieden haben sie all dies übrigens nach einem professionellen Marketingvortrag der Turtle-Astronautin Loral O'Hara in Shep's Bar im Sternenstädtchen, wo wir den Beschluss mit Wodka aus Schnapsgläsern im Lady-Boots-Stil besiegelten.

»Ihr dürft euch abschnallen«, gibt Raja 25 Minuten nach dem Start endlich das Kommando, auf das wir alle sehnlichst gewartet haben. »Kayla und Matthias, ihr könnt euch zuerst umziehen, dann folgen Tom und ich.« Ohne auch nur eine Sekunde zu zögern, löse ich meinen Gurt und drücke mich sachte aus der Sitzschale. Die Schwerelosigkeit nimmt mich in ihre Arme, lässt mich geschmeidig durch das Cockpit gleiten. Jede Bewegung fühlt sich mühelos an, jede Faser meines Körpers ist vollkommen entspannt. Ich spüre, wie sich mein Herzschlag verlangsamt, meine Atmung vertieft und ich alle irdischen Sorgen hinter mir lasse. »Hey, seht euch das an«, ruft Kayla, die es als Erste geschafft hat, zu dem linken Fenster zu schweben. Zappelnd versuche ich, mir den Platz an dem zweiten Fenster zu sichern. Das Feintuning in dem Anzug gelingt mir nicht so geschmeidig wie erhofft. Unkoordiniert schwirre ich durch die Dragon, die mit einem Durchmesser von knapp vier Metern nur begrenzt Raum für waghalsige Flugmanöver bietet. Kurz vor dem Ziel erwische ich einen der sparsam installierten Haltegriffe. »Da hätte SpaceX schon ein paar mehr von anbringen können«, kommentiere ich meine Anstrengungen. »Dann würde die Kapsel aber nicht mehr so elegant aussehen«, quittiert Raja dies und lacht. »Wobei wir wieder beim Thema Ästhetik versus Funktionalität wären«, erwidere ich in scherzhaftem Tonfall und drücke meine Nase gegen die Scheibe – soweit es der Helm erlaubt. Die verhältnismäßig kleinen und optisch leicht verzerrenden Fenster der Dragon werden dem herrlichen Ausblick nicht gerecht, trotzdem erfreue ich mich mit sperrangelweit geöffneten Augen an der magischen Szenerie unter mir. Der blaue Pazifik gleitet konturlos dahin, ein paar Wölkchen haben sich sanft über ihn gelegt. Die Sonne spiegelt sich in dem Gewässer und erzeugt ein glitzerndes Mosaik. »Hey, ihr beiden! Ihr sollt euch umziehen und nicht einschlafen! Wir wollen uns auch abschnallen«, mahnt Tom mit gespieltem Oberlehrerton. Er weiß nur zu gut, wie magisch ein Fensterplatz im All sein kann.

Nachdem Kayla und ich uns vom Blick auf unseren Heimatplaneten losgerissen haben, können wir es plötzlich kaum erwarten, die unbequemen Fluganzüge loszuwerden. Seit mehr als viereinhalb Stunden stecken wir bereits in den steifen Monturen. Wir öffnen zuerst sämtliche Reißverschlüsse, dann pellen wir uns mit gegenseitiger Unterstützung aus den Schutzhüllen. Kayla zieht energisch an meinem Oberteil, doch statt des Oberteils bewegen wir uns – und zwar immer näher – aufeinander zu. »So wird das nichts. Aktion gleich Reaktion«, merkt sie an. Sie stemmt beide Füße unter einen Packgurt und unternimmt einen zweiten Versuch. Ich kann gerade noch meine Füße in Toms Sitz verkeilen, und schon ploppt der Anzug samt Helm von mir ab. Mit vor Anstrengung hochrotem Kopf schwebe ich plötzlich nur noch mit meiner Unterwäsche bekleidet umher. »Sehr elegante Technik«, wertet Tom. Was soll's, Hauptsache, sie hat funktioniert!

Es dauert gut 15 Minuten, bis wir alle aus den Fluganzügen geschlüpft sind. Gemäß Prozedur schließen wir sie wieder an die Luftversorgung an und hängen sie zum Trocknen über die Sitze. Erleichtert stelle ich dabei fest, dass meine Windel mit der extrastarken Saugschicht dicht gehalten hat. Beim Training in Hawthorne hatten wir einen kleinen Wettbewerb ausgetragen, welches Einlagemuster das effizienteste für das lange Ausharren in Rückenlage während des Startprozesses ist. Leider hatte ich damals ein suboptimales Design gewählt und zuvor wohl auch zu viel Wasser getrunken. Jedenfalls endete das Training in einem klatschnassen Anzug und unter dem Gespött meiner Crewmitglieder. »Na? Hattest du heute auch wieder ein Pippidesaster?«, fragt mich Raja neckisch. »Aber nein, heute lief alles optimal!« Alle lachen, auch ich.

Gemeinsam bereiten wir jetzt erst einmal unser Badezimmer vor, damit wir uns der Windeln entledigen, bequeme Klamotten anziehen und das WC ausprobieren können. Dieses ist, hinter einer Plastikverkleidung versteckt, über der Seitentür eingebaut. Raja testet es als Erster. Dazu nimmt er die Abdeckung ab, schaltet die sanft rauschende Absaugung ein und zieht den circa ein Meter langen Pinkelschlauch heraus.

Alles Weitere können wir nur erahnen, denn mit einem Grinsen schließt er den Privacy Curtain, einen Vorhang, der ein wenig Privatsphäre gewährt. Wenige Minuten später gleitet unser Kommandant wieder zu uns. »Klappt perfekt!«, kommentiert er sichtlich zufrieden auch diesen Part des Raumschiffs. »Nur schade, dass die Crew von Inspiration4 und Crew-2 das Problem mit dem kaputten Bordklo hatten«, dämpft Tom Rajas Euphorie, denn als Folge hat SpaceX für uns das Pinkeln auf 48 Mal beschränkt. Danach könnte der Urintank überlaufen und eine Korrosion verursachen. 48 Mal bedeutet, jeder von uns darf bei An- und Rückflug jeweils sechs Mal. »Das sollte für die je knapp 24-stündige Reise genügen«, denke ich und verschwinde als Nächster hinter den Vorhang.

Kurze Zeit später steht die erste von zahlreichen Zündungen unserer Triebwerke bevor, die uns in den nächsten 22 Stunden auf 400 Kilometer anheben und der ISS näher bringen sollen. Der sanfte Schub, den diese Booster entwickeln, ist nicht vergleichbar mit der gewaltigen Kraft, die während des Raketenstarts auf uns wirkte. Wir schnallen uns nur locker in unseren Sitzschalen fest, damit der Schwerpunkt der Kapsel nicht verändert wird, und genießen das klopfende Stakkato der kurzen Schubimpulse.

Um T+55min meldet sich unsere SpaceX-Ärztin. »Habt ihr die Reise ins Universum gut überstanden?«, fragt sie und erkundigt sich, ob wir schon erste Symptome der Raumkrankheit bemerken. Doch dank der Reisemedizin, die wir vor dem Start eingenommen haben, halten sich die Beschwerden in Grenzen. Wir spüren lediglich die beim Erreichen der Schwerelosigkeit sofort eingetretene Flüssigkeitsumlagerung als leichte Kopfschmerzen. Trotzdem erinnert uns die Ärztin an die Zäpfchen und Pillen, die sie in die kleinen Beintaschen gepackt hat: »Zögert nicht, bei Bedarf euren Medikamentenvorrat anzubrechen.« Anschließend empfiehlt sie, eine Kleinigkeit zu essen – was wir uns nicht zweimal sagen lassen. Hungrig packen wir unseren Proviant aus. Mein erstes Weltraummenü besteht aus kaltem Lachs, Kürbissuppe und einem Müsliriegel.

Laut Ablaufplan sollen wir nun achteinhalb Stunden schlafen. Aufgekratzt und euphorisch, tollen wir stattdessen in der Schwerelosigkeit herum, erkunden die möglichen Schlafstellen unter und über den Sitzen, gleiten dabei kreuz und quer durcheinander – sorgsam bedacht, niemandem die Füße ins Gesicht zu bohren. Zwischendurch schauen wir immer mal wieder aus einem der Fenster, um einen Blick auf die Welt unter uns zu erhaschen. Die Anspannung fällt immer mehr von uns ab, wir erholen uns von den Strapazen der vergangenen Stunden, kommen zur Ruhe und werden dann irgendwann doch müde. Ich finde für meinen Schlafsack einen hervorragenden Platz unter meinem Sitz, gleich neben der Fracht. Hier kann ich mich wunderbar ausstrecken. Unsere erste Nacht im All beginnt – und ist kürzer als erwartet.

Bereits um T+16h57min schlägt unser kosmischer Wecker Alarm. Erschrocken zucke ich zusammen, weiß zunächst gar nicht, wo ich bin. Weder war ich in einen Tiefschlaf gefallen noch richtig wach gewesen. Mein Gehirn hatte diesen Dämmerzustand genutzt, um sich durch eine Fülle von Erlebnissen zu wühlen, die nicht ganz real, aber auch nicht purer Traum waren. Wenig ausgeruht schäle ich mich aus meinem Schlafsack. Raja hängt indes bereits wieder wie gebannt an dem winzigen Fenster der Dockingluke, er scheint etwas Interessantes erspäht zu haben. »Kommt schnell her!«, ruft er uns plötzlich zu sich. Kayla zischt wie ein Hai durch die Kabine, sodass Tom und ich uns hinten anstellen müssen. »Ohhh! Unglaublich! Ist die schön!«, murmelt meine Kollegin andächtig. »Was gibt es denn da Tolles?«, fragt Tom aufgeregt. »Rückt doch bitte mal ein Stückchen zur Seite«, flehe ich meine Freunde an. Irgendwann haben die beiden ein Einsehen und überlassen uns den Fensterplatz. Und bei dem, was ich dann erblicke, wird mir ganz warm ums Herz. Im goldenen Glanz ihrer reflektierenden Sonnensegel schwebt sie wie eine zarte Libelle in der Schwärze der Nacht: unsere Oase im Nichts, unsere Heimat im All – die ISS.

Kosmischer Kuss

Donnerstag, 11. November 2021, 23.32 Uhr UTC

»Endurance, bitte bestätigt, dass ihr für den Endanflug bereit seid und eure Helmvisiere heruntergeklappt habt. Zudem eine kleine Erinnerung: Sobald die Dragon sich der ISS bis auf zwei Meter genähert hat und in der Crew-Hands-off-Zone angelangt ist, dürft ihr den Andockvorgang nicht mehr abbrechen. Habt ihr das verstanden?« Der Fluglotse aus dem SpaceX-Kontrollzentrum spricht betont langsam, um sicherzustellen, dass keine seiner Anweisungen untergeht. Doch die Sorge ist unbegründet. Wir hören ihn auch in 400 Kilometer Höhe noch laut und deutlich.

»Endurance hat alles verstanden. Unsere Visiere sind geschlossen. Sobald wir die Crew-Hands-off-Zone erreicht haben, werden wir jegliche Aktion vermeiden«, antwortet Raja. Wir tragen wieder unsere Raumanzüge und haben uns in den Sitzen festgeschnallt. Wir sind keine 30 Meter mehr von unserem neuen Zuhause entfernt. Der kosmische Kuss im All, die Vereinigung von Raumschiff und Raumstation, steht kurz bevor. Trotzdem ist bei unserem Kommandanten keine Spur von Aufregung erkennbar. Er überwacht und kommentiert die Anzeigen auf den Monitoren so routiniert, wie er es auch beim Training im Flugsimulator immer getan hat.

Seine Gelassenheit färbt auf mich ab. Obwohl wir mit 27 576 Kilometern pro Stunde durch das Universum jagen und den Andockpunkt der nur unwesentlich langsameren ISS millimetergenau treffen müssen, bin ich erstaunlich ruhig. Während ich den Funksprüchen lausche, überkommt mich eine enorme Müdigkeit, die die Geschehnisse um mich herum in weite Ferne rücken lässt. Ich fühle mich wie kurz vor dem Einschlafen, wenn Realität und Traum miteinander verschwimmen, meine Augenlider fallen immer wieder zu. Um nicht einzudösen, rufe ich mir in Erinnerung, wie kritisch das Andocken ist. Wenngleich der Vorgang vollautomatisch abläuft, kann immer etwas schiefgehen. Es könnten zum Beispiel die Dragon-Eye-Sensoren ausfallen und das Bordsystem das Andocken nicht erlauben. Dieses Szenario, das wir in Simulationen regelmäßig geübt haben, ist nun unsere größte Sorge. Zwar könnten wir in dem Fall sämtliche Computer resetten, doch wenn das keine Lösung bringen würde, müssten wir zur Erde zurückfliegen, und unsere Mission wäre vorzeitig beendet.

Tief in diesen Gedanken versunken, spüre ich plötzlich einen sanften Ruck. Meine Sitzschale schwankt sachte hin und her. »Capture confirmed!«, ruft der SpaceX-Fluglotse. »Kontakt bestätigt!«, bekräftigt Raja, ohne dabei auch nur die geringste Emotion zu zeigen. Ich hingegen bin schlagartig hellwach und würde am liebsten laut losjubeln. Wir haben unser Ziel erreicht! Von draußen höre ich ein Kratzen, verursacht durch mechanische Bauteile, die aneinanderreiben. Die Kapsel wackelt in den Dämpfern, kommt jedoch schnell zur Ruhe. Das ist ein gutes Zeichen. Unsere Dragon verhakt sich jetzt in mehreren Schritten fest mit der Raumstation. Fast 22 Stunden nach dem Start haben wir es geschafft: Wir sind endgültig angekommen!

Zu gern würde ich sofort in die Station schweben und meine neuen Kollegen – die Kosmonauten Anton Schkaplerow und Pjotr Dubrow sowie NASA-Astronaut Mark Vande Hei – begrüßen. Doch zuerst müssen wir sicherstellen, dass der Pressurized Mating Adapter (PMA), ein zwei Meter langer Tunnel, der Kapsel und ISS verbindet, keine undichten Stellen aufweist. Größtenteils steuern die beiden Bodenteams in Houston und Hawthorne diesen Prozess, indem sie Luft in den PMA pumpen und immer wieder Pausen einlegen, um die Druckdichtigkeit zu verifizieren. Mark unterstützt die NASA-Mitarbeiter vom Inneren der ISS aus, während Raja und Tom mit den SpaceX-Kollegen zusammenarbeiten. Die beiden lassen die Messwerte auf den Bordbildschirmen nicht aus den Augen. »Das sieht alles sehr gut aus«, versichert Tom. »Der Druck liegt aktuell bei 0,2 Bar.« Während wir darauf warten, dass der Wert weiter in die Höhe klettert, führt Raja diverse Kommunikationschecks durch und stellt unter anderem eine Verbindung ins Innere der Raumstation her. »Herzlich willkommen, ich hoffe, ihr hattet einen angenehmen Flug«, funkt Mark zu uns rüber. »Vielen Dank. Unsere Reise hätte nicht besser laufen können«, antwortet unser Kommandant. Und zum ersten Mal seit dem Andocken nehme ich einen freudigen Unterton in seiner Stimme wahr.

Exakt 45 Minuten nach Beginn der Dichtigkeitsprüfung zeigt das Manometer einen konstanten Druck von 1 Bar an. »Mark, zur Info für dich: Wir leiten jetzt den Einstiegsprozess ein. Kayla und Matthias, ihr dürft euch umziehen«, ordnet Raja an und reckt seine Daumen energisch in die Luft. Als hätten wir nur auf dieses Signal gewartet, stoßen Kayla und ich uns nahezu zeitgleich aus den Sitzschalen. Schwer zu sagen, wer schneller war. Wieder helfen wir uns gegenseitig aus den Fluganzügen. Dieses Mal stellen wir uns schon wesentlich geschickter an. Und in die blauen Astronautenoveralls zu schlüpfen, ist in der Schwerelosigkeit ohnehin ein Kinderspiel. So schnell wie jetzt haben wir die Umkleideaktion im Training nie gemeistert.

Just in dem Moment, in dem sich Tom und Raja ebenfalls aus ihren Anzügen pellen wollen, verkündet Mark, dass er die Luke zwischen Knoten 2 und dem Verbindungstunnel vollständig geöffnet hat.

»Dann müssten wir uns jetzt ja sehen können«, stellt Kayla begeistert fest. Sie fliegt zu dem 15 Zentimeter großen Bullauge, das in die Ausstiegsluke der Dragon eingebaut ist, juchzt kurz auf und winkt wie wild drauflos. »Darf ich auch mal gucken?«, frage ich und schiebe meine Kollegin behutsam beiseite. Wie ein Kind, das an Weihnachten vorwitzig durch das Schlüsselloch ins Wohnzimmer spitzt, luge ich durch das Fenster.

Mark ist dabei, den leicht nach oben gekrümmten Durchgang des PMA aufzuräumen und die Frachttaschen, die im Weg herumschwirren, an den Wänden zu befestigen. Durch eine Lücke kann ich gerade so ins Innere der ISS schauen. In Knoten 2 ist alles für unsere Ankunft vorbereitet: In einer Ecke hängt eine Videokamera, die das Hatch Opening, das Öffnen der Luke, live zur Erde übermitteln wird. Zur perfekten Ausleuchtung des Moduls haben unsere Kollegen zusätzlich einen Leuchtstrahler installiert. Ein Kosmonaut hängt kopfüber von der Decke und tippt eifrig auf seinem Tablet. Ich drücke meine Nase etwas fester gegen die Scheibe in der Hoffnung, erkennen zu können, ob es sich um Anton oder Pjotr handelt. Doch Raja zieht mich weg. »Das möchte ich mir auch mal ansehen«, sagt er und grinst.

Nachdem letztlich auch Tom einen Blick durch das Fenster geworfen hat, konzentrieren wir uns wieder auf die Prozedur. Diese sieht vor, dass wir die Ausstiegsluke der Dragon öffnen. Selbstverständlich kostet auch dieser Vorgang jede Menge Zeit. Da in unserem Raumschiff im Vergleich zur Station ein geringer Überdruck herrscht, können wir die Tür nicht mal eben aufziehen. Zuerst muss Raja zusammen mit den Bodenteams diverse Ventile elektronisch öffnen, damit Luft aus der Dragon ins Innere der ISS entweichen kann. Bis beide Seiten denselben Druck aufweisen, räumen Kayla und ich den Müll zusammen, aktualisieren die Inventarliste unserer Kapsel, hängen die SpaceX-Anzüge zum Trocknen über die Sitze und gönnen uns jeweils einen Energieriegel zur Stärkung. Dann endlich teilt Raja mit: »Der Druckausgleich ist abgeschlossen.«

»Ich darf die Luke aufmachen! Ich darf die Luke aufmachen!«, jubelt Kayla. Vor lauter Übermut verliert sie die Kontrolle, driftet nach hinten, dreht sich dabei um die eigene Achse und streift mit der Schulter die Ecke eines Monitors. Sie scheint die Kollision gar nicht wahrzunehmen. Zielstrebig greift sie den Knauf, mit dem sich die Luke aufkurbeln lässt. Nach den ersten Umdrehungen springt die Tür aus den beiden dicken Dichtringen im Rahmen. Allerdings nur so weit, dass sich gerade mal ein Blatt Papier dazwischenschieben lassen würde. Kayla und ich müssen die Luke nun von Hand in die gewünschte Position bugsieren. Wir packen die beiden länglichen Griffe und ziehen mit aller Kraft daran, was in Schwerelosigkeit aber gar nicht so einfach ist und uns einen ersten Vorgeschmack auf die besonderen Arbeitsbedingungen hier oben gibt.

»Seid ihr startklar?«, fragt Raja. Wir nicken. »Na dann, ladies first! Und als Nächstes bist du an der Reihe, Matthias.« Hinter Kayla gleite ich in den Tunnel. Mit jedem Zentimeter wird die Luft kühler und reiner. Das hätte ich nicht erwartet, immerhin leben an Bord der ISS seit mehr als 20 Jahren Menschen ohne Dusche zusammen. Doch statt zu müffeln, riecht es neutral sauber wie in einem Labor. Was für eine angenehme Überraschung! Vorsichtig taste ich mich an den Frachttaschen entlang. Die enge Röhre verleiht dem Übergang in mein neues überirdisches Leben fast schon etwas Theatralisches. Als ich Mark am Ende des PMA erspähe, breitet sich ein Grinsen auf meinem Gesicht aus, das in den nächsten Stunden nicht mehr verschwinden wird.

Zuletzt haben wir uns in der Nacht des legendären Broomballmatchs in Russland gesehen. Schon damals fiel mir auf, dass er gern lacht, viel redet und einen herzlichen Umgang pflegt. Kaum erreiche ich das Ende des Tunnels, drückt mich Mark innig. »Toll, dass ihr hier seid«, sagt er und befördert mich mit einer eleganten Drehung des Oberkörpers in die Mitte des Moduls. Dort fliege ich direkt Anton, dem derzeitigen Kommandanten der ISS, in die Arme. Auch wir sind uns im Sternenstädtchen häufiger begegnet – meist nach dem Sport in der Sauna und freitagabends gelegentlich in der Bar. Der einzige Mitbewohner, den ich noch nicht so gut kenne, ist Pjotr. Ich bin mir unsicher, wie ich ihn begrüßen soll, recke ihm vorsorglich nur meine Rechte entgegen. Der Kosmonaut umschließt sie, zieht mich lächelnd zu sich heran und umarmt mich, als würde er einen alten Freund willkommen heißen. Was für ein Empfang!

Um Tom und Raja Platz zu machen, hangele ich mich an eine der Seitenwände. Ungeschickt klemme ich meine Füße hinter ein Gummiband und versuche, meinen Körper zu stabilisieren. Die Umgebung wirkt vertraut und fremd zugleich. Hier oben sind viel mehr Kabel, Instrumente und Geräte verbaut als in den Trainingsmodellen. Es gibt keine einzige freie Stelle. Mein Gehirn rattert auf Hochtouren. Trotzdem kann es all die Eindrücke, die auf mich einprasseln, kaum verarbeiten. Indes macht sich die weitere Anpassung meines Körpers an die Schwerelosigkeit bemerkbar, die Flüssigkeitsumlagerung nimmt mehr und mehr zu:

Mein Kopf ist angeschwollen, meine Nase verstopft. Zudem wird mein Gleichgewichtsorgan auf eine harte Probe gestellt. So ganz wohl ist mir nicht. Ich habe das Gefühl, seekrank zu werden. »Dreh dich nicht zu schnell«, warnt mich eine innere Stimme, aber der Drang, das Schweben auszukosten, überwiegt. Wir Weltraumneulinge benehmen uns wie Welpen, die zum ersten Mal in den Garten dürfen. Aufgekratzt. Tapsig. Neugierig. Nur gut, dass Mark den Überblick behält. Ihm gelingt es sogar, uns alle für das erste offizielle Gruppenfoto der Expedition 66 zu versammeln.

Der nächste Programmpunkt ist eine Überraschung, die Tom hinter unserem Rücken organisiert hat. Er zaubert drei goldene Anstecknadeln aus einer Tasche und erklärt: »Eigentlich gibt es die erst nach der Mission. Nur wollte ich euch nicht so lange warten lassen.« Die Pins in Form einer Sternschnuppe erhalten normalerweise ausschließlich NASA-Astronauten, die einen erfolgreichen Flug ins All absolviert haben. Umso geehrter fühle ich mich, als Tom mir ebenfalls eine Nadel an den Kragen meines Overalls steckt.

Dann bereiten wir uns auf die offizielle Liveschalte vor. Mark und Pjotr erledigen den Soundcheck mit dem Kontrollzentrum in Houston. Tom, Raja und Kayla erhalten die Anweisung, Unterlagen aus der Kapsel zu holen. Ich wundere mich, ob ich eine Ansage verpasst habe. »Anton? Hast du mitbekommen, um was ich mich kümmern soll?« – »Hier, unterschreibe das bitte mal«, entgegnet er und drückt mir einen Stift sowie mehrere Seiten DIN-A4-Papier in die Hand. »Kein Problem«, sage ich, ohne zu wissen, unter was ich da überhaupt meine Unterschrift kritzele. Als ich die 15 Zettel unterzeichnet habe, macht Mark mir ein unwiderstehliches Angebot: »Wir haben noch ein bisschen Zeit. Willst du einen Abstecher in die Cupola unternehmen?« Was für eine Frage! »Auf jeden Fall«, antworte ich wie aus der Pistole geschossen. »Na dann, auf geht's! Du kennst ja den Weg.« Mein Kollege gibt mir ein Zeichen, vorneweg zu schweben.

Schwungvoll drücke ich mich mit den Füßen an der Wand ab. Mark, Anton und Pjotr folgen mir wie bei einer Prozession. Zunächst fliegen wir durch das Lab, in dessen hinterer Ecke das Funkgerät hängt, das wir für unsere täglichen Konferenzen mit den Bodenteams nutzen. Gleich daneben befindet sich ein ziemlich unordentlicher Schreibtisch samt Laptop und Notizbuch. An der Wand darüber kleben Scheren, Taschenrechner und Stifte. Das weitläufige Modul ist nicht gerade anfängerfreundlich gestaltet. Zwar sind viele Griffe vorhanden, nur leider nicht in meiner Reichweite. Unkoordiniert fuchtele ich mit Armen und Beinen, schaffe es dennoch irgendwie, mich in Knoten 1 zu manövrieren. Ich weiß gar nicht, wo ich zuerst hinschauen soll. Jeder Gegenstand zieht meine Aufmerksamkeit auf sich. Der hochgeklappte Esstisch, die unzähligen Staufächer, die vielen Mission Patches und Fotos. »Langsam schweben, Matthias! Langsam«, warnt mich Anton. Zu spät. In meiner Euphorie biege ich etwas zu dynamisch nach rechts um die Kurve in Knoten 3 und verpasse den Einstieg zur Cupola. Mark zieht mich ein Stückchen zurück und schiebt mich durch die Öffnung.

In dem kuppelförmigen Aussichtsturm ist es dunkel. Die Schutzklappen der sieben Fenster sind noch geschlossen, eine Vorsichtsmaßnahme, um während des Andockmanövers die Scheiben vor den Abgasen aus den Triebwerken der Dragon zu schützen. Diese hätten das Glas von außen verschmutzen und unsere Aussicht trüben können. »Du musst den Drehknopf betätigen, um die Klappen zu öffnen.« Mark deutet auf einen dicken, blauen Knauf.

Ich drehe vorsichtig daran, und die Rollläden falten sich auf wie eine Blütenknospe. Grelles Licht strömt durch die sechs seitlich angebrachten sowie das große, runde Fenster über mir. Ein blau-weiß-schwarzes Bild baut sich vor meinen Augen auf. Ich habe keine Ahnung, über welches Land oder welchen Ozean wir gerade hinwegfliegen. Der Rundumblick der Cupola erweckt fast den Eindruck, frei im All zu schweben, und mir ist, als würde ich fallen. Ich muss mich erst einmal festhalten und den Blick schnell auf etwas Stabiles im Inneren der Station richten, um meine Sinne zu entspannen.

Doch das Verlangen, diese himmlische Aussicht in voller Pracht zu genießen, ist unwiderstehlich. Immer öfter und länger gucke ich hinaus, lasse meine Augen immer weiter weg von der ISS und hinunter in die Tiefe schweifen. Und da ist er endlich, mein erster freier, beinahe poetisch berührender Blick auf diese magisch wundervolle Oase inmitten der Finsternis des absoluten Nichts. Eine Erkenntnis trifft mich, die mich ein wenig erschreckt: Die Erde leuchtet in vibrierendem Blau, der Himmel hingegen ist immer schwarz – auch am Tag. Ich kann regelrecht spüren, dass es auf unserem Planeten Leben gibt. Die Erde brummt nur so vor Energie. Und dann, als die Sonne langsam Richtung Horizont gleitet, nehme ich zum ersten Mal unsere Atmosphäre wahr – wie ein zarter Schleier ummantelt sie die blaue Perle. Der Gedanke, dass dieser hauchdünne Film zwischen Oberfläche und Vakuum das Einzige ist, was das Leben auf der Erde garantiert, lässt mich erschauern.

Meine Begeisterung mischt sich mit Demut. Bislang war es mein Kopf, der mir immer wieder sagte: »Matthias, du hast es geschafft. Du bist im Weltraum angelangt.« Aber jetzt hat auch mein Herz verstanden, dass mein größter Traum in Erfüllung gegangen ist.

Völlig überwältigt wende ich meinen Blick von der Erde ab und betrachte die Außenseite der Raumstation. Durch eines der Seitenfenster erkenne ich das russische Multipurpose Laboratory Module (MLM) gleich neben der Cupola sowie einen Cygnus-Raumfrachter, der aktuell an Knoten 2 angedockt ist. Aus dieser Perspektive wirkt die ISS noch größer und komplexer. »Wow, die ist riesig«, sage ich verblüfft. »Gefällt dir der Ausblick?«, fragt Anton. »Er ist phänomenal. Tausendmal besser, als ich ihn mir vorgestellt hatte«, bekräftige ich, schließe kurz die Augen und lasse mich treiben. Glücklich. Erleichtert. Zufrieden. Es ist ein perfekter Moment. »Wir müssen los«, unterbricht ihn Mark nach wenigen Sekunden und erinnert mich an die bevorstehende Liveschalte.

Ohne Umwege begeben wir uns zurück in Knoten 2, wo Raja eine Wasserflasche durch die Luft fliegen lässt und sich wie ein Schneekönig darüber freut. Kayla hat bereits ihren Platz vor der Kamera eingenommen und zurrt ihren Pferdeschwanz zurecht. Während Tom und ich uns zu den beiden gesellen, huscht Mark mehrmals an uns vorbei. Im Gegensatz zu uns Neulingen bewegt er sich geschickt und kontrolliert. Im Flug greift er sich das Mikrofon und schiebt es zu mir rüber. Ich reiche es gleich weiter an Tom und versuche, noch schnell meine vom Helm platt gedrückten Haare zu bändigen – nicht ahnend, dass wir schon seit unserer Ankunft ununterbrochen gefilmt werden.

Die Willkommenszeremonie dauert 15 Minuten. Wir sprechen mit NASA-Managerin Kathy Lueders und Josef Aschbacher, der seit März 2021 neuer ESA-Generaldirektor ist. Beide gratulieren uns zu dem gelungenen Anflug, wünschen uns eine erfolgreiche Mission und bekunden ihre Freude, uns in guter gesundheitlicher Verfassung zu sehen. Wir bedanken uns höflich für die Unterstützung und schildern unsere ersten Eindrücke von der ISS. Es fällt mir schwer, mich auf das Gespräch zu konzentrieren. Das Gezappel meiner Kollegen, all die Hintergrundgeräusche und farbenfrohen Monitore – noch immer lässt sich mein Gehirn von jeder Kleinigkeit ablenken. Daher bin ich froh, als das Event für beendet erklärt wird. Auch bei den Russen gibt es gleich nach der Ankunft auf der ISS eine öffentliche Liveschalte zur Erde. Allerdings reden die Kosmonauten dabei nicht nur mit ihren Vorgesetzten, sondern auch mit ihren Familienmitgliedern. Ich bin dankbar, meine Familie privat kontaktieren zu dürfen, ohne dass dabei ein weltweites Publikum zuhört.

Wenig später kann ich im Columbus-Modul über ein Programm auf einem Laptop, das eine internetbasierte Telefonverbindung zur Erde ermöglicht, endlich ungestört mit meiner Lebensgefährtin und danach mit meinen Eltern sprechen. Ich schildere ihnen stolz die bisherigen Erlebnisse meiner Traumreise und beantworte ihre Fragen: Wie hat sich der Raketenstart angefühlt? Hattest du Angst? Wie ist es, schwerelos zu sein? Die frisch erlebten Ereignisse sprudeln nur so aus mir heraus. Als ich die Verbindung unterbreche, fällt mein Blick zufällig auf die Anzeige in der Bildschirmecke. Auf der Raumstation ist es mittlerweile schon Freitag, kurz vor vier Uhr.

»Die perfekte Zeit, um die wichtigsten Schritte der Notfallprozeduren durchzugehen«, scherzt Mark, der im Gegensatz zu mir ziemlich fit zu sein scheint. Er zeigt uns, wo im amerikanischen Segment die Feuerlöscher, Messgeräte und Atemmasken hängen. Anton übernimmt diese Aufgabe für den russischen Teil und demonstriert bei der Gelegenheit den kürzesten Rettungsweg zur Sojus-Kapsel. Zwischendurch telefoniere ich mit meiner Flugärztin Brigitte, die unbedingt wissen will, wie es mir geht und wie ich mich fühle. Mit ihr werde ich mich laut Plan in den nächsten fünf Tagen täglich austauschen. So lange kann es erfahrungsgemäß dauern, bis alle Körperfunktionen wieder normal ablaufen. Als ich wieder zu den anderen stoße, sind diese bereits dabei, sich mit den vorerst wichtigsten Gegenständen an Bord vertraut zu machen: dem Wasserspender, dem Ofen und der Toilette – einer Kabine mitten in Knoten 3. Diese lässt sich durch eine Falttür verschließen und ist nach oben durch ein feinmaschiges Drahtgewebe abgedeckt. Anfangs war die Kabine oben offen, doch nachdem Karen Nyberg im Jahr 2013 einen braunen, ausgetrockneten, umherschwirrenden Klumpen entdeckte, forderten die Astronauten bei den zuständigen Fachleuten in Houston das Drahtgitter an.

Von den Dimensionen her ähnelt das Weltraum-WC ein wenig den Klohäuschen, die bei Festivals zum Einsatz kommen. Ein Waschbecken gibt es nicht, wir müssen uns mit feuchten Tüchern begnügen. Zudem hängen an den beiden Seitenwänden Boxen mit Desinfektionstüchern, Einweghandschuhen, Plastiktüten und Toilettenpapier. Lustigerweise haben wir von Letzterem zwei Sorten. Die amerikanische Variante entspricht in etwa Papiertaschentüchern, wie wir sie auf der Erde zum Naseputzen verwenden. Die russische hingegen ist eine Spezialanfertigung aus gewöhnlichem Toilettenpapier, das in grobmaschigen Verbandsstoff eingenäht wurde. Diese Sorte wird schon bald mein absoluter Favorit sein. Sie ist zwar etwas rauer, dafür griffig, reißfest, dank des eingenähten Papiers auch saugstark. Und dabei deutlich dünner als die recht dicke US-Variante – ein nicht zu unterschätzender Vorteil in Hinblick auf unsere kostbare Ressource »leerer Kloeimer«.

Das WC selbst ist auf einem Podest in der Kabine festgeschraubt. Wie es aufgebaut ist und funktioniert, habe ich beim Training im JSC gelernt. Es tatsächlich zu benutzen ist eine ganz andere Nummer. Mein Ausbilder hatte mir geraten, beide Füße in den Schlaufen am Boden zu fixieren und mich mit den Händen rechts und links an den Wänden festzuhalten. Mark hingegen gab uns den Ratschlag, die Schlaufen nicht zu nutzen und stattdessen zur Stabilisation die Knie gegen die Wände zu drücken. Unter Astronauten ist der Toilettenbesuch in der Schwerelosigkeit ein beliebtes Thema. Anfangs war es für mich befremdlich, darüber zu sprechen, doch es hat sich herausgestellt, dass der Austausch diesbezüglich ziemlich nützlich sein kann.

Thomas hat mal zu mir gesagt: »Alles, was auf der Erde runterfällt, fällt auf der ISS nicht automatisch. Du musst das Abkoppeln erzwingen.« Mein Ausbilder empfahl für ebenjenes Abkoppeln Einweghandschuhe. Aber als Kayla, Raja und ich diese Methode vor dem Start erörterten, meinte Tom, dass es eine viel angenehmere Technik gebe. Daraufhin demonstrierte er einen speziellen Hüftschwung, den er bei seiner ersten Mission entwickelt hatte. Ich habe in meinem Leben selten so gelacht, versicherte Tom aber auch, seine Methode auf der Raumstation auf jeden Fall auszuprobieren. Für Flüssiges genügt der Staubsaugerschlauch mit ovalem Plexiglasaufsatz. Die Handhabung ist ganz ähnlich wie in der Dragon-Kapsel und somit selbst für einen Weltraumneuling wie mich keine sonderlich große Herausforderung.

Um sechs Uhr dürfen wir uns schließlich in unsere Kojen zurückziehen. Tom, Kayla und Raja schlafen allesamt in Knoten 2, ich hingegen habe Columbus für mich allein. Weil die Stammbesetzung von sechs auf sieben Personen erhöht wurde, ist mit einer früheren Cargo-Kapsel eine neue Schlafkabine zur Raumstation geliefert worden. Mein NASA-Kollege Victor Glover von Crew-1 hat die sogenannte Casa im hinteren Teil des europäischen Moduls an der Decke montiert – oder dem, was wir als solche definiert haben. In der Schwerelosigkeit gibt es genau genommen ja keine Richtungen. Zur räumlichen Orientierung haben wir jedoch welche festgelegt: Die zur Erde ausgerichtete Wand ist unten und somit der Boden, die zum Weltraum zeigende ist oben und damit die Decke.

Thomas nahm die Casa vor etwa einer Woche in Betrieb, installierte meinen Computer und testete die Kabine drei Nächte lang. Da ich der erste Astronaut bin, der permanent darin schläft, ist sie noch ziemlich kahl und ungemütlich. Mark hat lediglich einen Schlafsack sowie zwei Taschen – Cargo Transfer Bags (CTB) – mit Kosmetikartikeln und Klamotten für die ersten paar Tage reingehängt. Aber das ist mir gerade total egal. Ich bin einfach nur todmüde. Als das Licht ausgeht, habe ich schlagartig das Gefühl zu fallen, als würde ich einen stockdüsteren Fahrstuhlschacht hinabstürzen, und ich muss die Beleuchtung wieder anschalten. Beim zweiten Versuch ist es schon etwas weniger schlimm, aber erst beim dritten Versuch halte ich durch und ziehe mir die Schlafmaske über die Augen. Kurz blitzt noch einmal das Bild unseres bezaubernden Heimatplaneten vor meinem inneren Auge auf, dann schlafe ich auf der Stelle ein.

Schweben und Schwindel

Freitag, 12. November 2021

Mein Kopf pocht, als ich die Augen aufschlage. Die Luft um mich herum ist furchtbar stickig. Vorsichtig schiebe ich die Schlafmaske auf die Stirn – ich habe nur diese eine und will sie nicht schon am ersten Tag verlieren. Ein dämmriges Licht fällt durch die Ritzen meiner Casa, dennoch kann ich kaum etwas erkennen. Unbeholfen versuche ich mich in der engen Koje aus dem Schlafsack zu befreien. Erst nach mehrmaligem Drehen gelingt es mir, zumindest meinen Oberkörper aus dem gepolsterten Riesenstrumpf zu pellen. Mit den Händen streiche ich an der Wand entlang, um den Lichtschalter zu finden. Seine Position hatte ich mir gestern Abend extra eingeprägt: links neben der Tür. Als ich ein hartes, rundes Etwas spüre, drücke ich drauf, und die Kabine wird mit grellem Licht geflutet.

Mit zusammengekniffenen Augen verstaue ich Schlafmaske sowie Ohrenstöpsel in der Hüfttasche des eleganten blauen Schlafsacks mit dem NASA-Logo. Er enthält einen Einlegesack aus Baumwolle, den ich alle zwei Monate auswechseln werde, zusätzlich viele kleine Stoffklappen, die ich öffnen oder schließen kann, um die Luftzirkulation und Temperatur im Inneren individuell anzupassen. Kopfüber krabbele ich nun aus meiner Kabine, wie eine Raupe, die sich aus dem Kokon schält. Im geräumigen Columbus recke ich mich erst einmal ausgiebig. Dabei stelle ich fest, dass nicht nur mein Schädel brummt, sondern ich mich insgesamt nicht wirklich fit fühle. Mir ist leicht schwindelig, ich schwitze, und mein Magen rumort seltsam. Fast so, als müsste ich einen Kater ausbaden. Fühlt sich so etwa die Raumkrankheit an? Macht mir die Flüssigkeitsumlagerung dermaßen zu schaffen? Oder habe ich bloß zu lange in meiner eigenen CO_2-Blase gelegen? So ganz deuten kann ich die Symptome nicht. Vor allem, weil es dafür auch noch eine ganz andere Ursache geben könnte: Kaffeeentzug. Wenn ich so darüber nachdenke, dürfte meine letzte Tasse inzwischen locker 36 Stunden zurückliegen. Vielleicht fehlt meinem Körper schlicht und ergreifend eine Dosis Koffein.

Ich krame ein paar frische Klamotten aus meinem CTB hervor und ziehe mich um. Dann stellt sich mir das nächste Weltraumproblem: Wie legt man Klamotten in Schwerelosigkeit zusammen? Schon auf der Erde bin ich kein Held im knitterfreien Falten meiner Kleidung, aber hier oben scheint mir das fast unmöglich. Immer wenn ich einen Ärmel gefaltet habe und an den zweiten gehe, schwebt wieder alles auf und durcheinander. Da ich gerade keinen Kopf für solch eine Fummelarbeit habe, stopfe ich einfach alles in einem großen Knäuel in die Tasche, schubse sie in meine Casa und schließe die Tür. Problem erledigt.

Auf der Suche nach Kaffee schwebe ich in Knoten 1. Meine Crew hat sich bereits in unserer Bordküche versammelt und tauscht sich rege über die erste Nacht in der Schwerelosigkeit aus. »Als ich aufgewacht bin, war ich ganz verwirrt. Ich habe nicht einmal mehr den Ausgang meiner Koje gefunden. Bis ich gemerkt habe, dass ich mich im Schlaf gedreht hatte und verkehrt herum lag«, erzählt Kayla, die sich in den vergangenen Stunden in eine völlig andere Person verwandelt hat. Ihre Stimme klingt nasal (eine Folge der Flüssigkeitsumlagerung), und ihre nun nicht in einem Pferdeschwanz gebändigten Haare schwirren frei um ihren Kopf, was sehr lustig aussieht. Auch meine beiden anderen Kollegen haben sich verändert. Ihre Gesichter sind aufgedunsen, und Tom hat noch dazu rot unterlaufene, tränende Augen.

»Guten Morgen«, rufe ich in die Runde. »Guten Morgen, Matthias, wie geht's?«, ertönt eine Stimme hinter mir. Erschrocken drehe ich mich um und erblicke Mark, der von Knoten 3 zu uns herüberrauscht und mich von oben bis unten mustert. »Hast du gut geschlafen?«, will er wissen, noch ehe ich die Chance hatte, seine erste Frage zu beantworten. »Ähm, ja, wie ein Baby. Allerdings habe ich den Eindruck, dass die Lüftung in meiner Koje nicht stark genug ist.« Dies war schon bei der Zertifizierung meiner Casa eine Hauptsorge der NASA-Ingenieure. Doch Mark weist darauf hin, dass auch meine Schlafposition an dem Sauerstoffmangel schuld sein könnte. »Du musst darauf achten, dass du nicht zu tief in deinen Schlafsack rutschst. Dein Gesicht muss frei sein zum Atmen. Typischer Anfängerfehler.«

Damit ich den nicht auch beim Kaffeekochen begehe, bietet mir Mark seine Hilfe an. Er führt mich zu einem Regal, das unsere Vorgänger vor einigen Jahren aus übrig gebliebenen russischen Transportboxen gebastelt haben. Jede der 14 grauen Kisten ist mit einem Etikett versehen. Es gibt unter anderem die Klassiker: Milch, Tee, Kakao, Müsliriegel und Nüsse. Aber auch einige Kategorien, die nicht auf Anhieb verständlich sind. So beinhaltet die Schachtel »Fake-Drinks« schrecklich süße Säfte, die so eklig schmecken, dass sie sich zu wahren Ladenhütern entwickelt haben. Die Box mit den Worten »Hint of« enthält Beutel mit einem Pulver, das Wasser »eine Spur von« Geschmack verleiht. Andere Kisten enthalten Desserts, Frühstück, Gemüse, Suppen, Fleisch und Fisch.

An der gegenüberliegenden Seite hängt ein weiteres improvisiertes Regal. Mein Kollege deutet auf zwei Schachteln, die mit meinem Namen gekennzeichnet sind. »Darin habe ich deine persönlichen Essens- und Getränkevorräte verstaut.« Ich lächle ihm dankbar zu und schnappe mir eine Tüte Pseudo-Cappuccino, dessen Pulver ich vor der Mission nach meinen Vorlieben optimiert und gemischt habe. Mitarbeiter der NASA-Space-Food-Abteilung haben diese Rezeptur sowie eine weitere für eine Art Café con leche übernommen und insgesamt je 180 Beutel damit befüllt. Beiden Kaffeespezialitäten fehlt unter Weltraumbedingungen leider der leckere Milchschaum. Da ich mir nicht sicher war, ob mir meine Kreationen auch im All schmecken würden, habe ich zusätzlich für jeden Tag je einen Beutel mit grünem Tee, indischem Chai und Ingwertee einpacken lassen. Das bedeutet, dass ich täglich auf insgesamt fünf individuelle Getränkebeutel zugreifen kann – wie alle meine Mitbewohner.

Voller Vorfreude schwebe ich zum Wasserspender, der schräg gegenüber dem Esstisch angebracht ist. Da ich keine Haltestange finde, kralle ich mich notdürftig mit einer Hand an dem Automaten fest und lasse meine Beine frei baumeln. Während ich meine Kaffeetüte einhänge, räume ich mit den Füßen sowohl Rajas als auch Kaylas Trinkbeutel ab, die mit Klettband an der Tischkante befestigt waren. Die beiden eilen den davonschwirrenden Objekten hinterher, ich unterstütze sie bei der Verfolgungsjagd. »Was für eine Show!«, ruft Mark und lacht laut los. Ich hingegen finde die Situation weniger komisch. Die Hektik bekommt meinem Magen so gar nicht, was dieser auch gleich mit einem Grummeln zum Ausdruck bringt.

Mark zeigt auf zwei Haltestangen am Boden. »Am besten, du hakst dich hier mit den Füßen ein. Dann hast du beide Hände frei, um den Wasserspender zu bedienen.« Tatsächlich verhilft mir der Hinweis zu einem stabilen Stand, und ich kann den Hebel problemlos auf »Dispense« (Dosieren) umlegen, den Drehregler auf 250 Milliliter einstellen und den Hot-Water-Knopf drücken. Beim Abziehen der Tüte wird es richtig warm an den Fingern. Ich muss mich wohl noch gedulden, ehe ich meinen Kaffee genießen kann. Damit ich mir die Finger nicht verbrenne, drücke ich den Beutel auf den Klebestreifen an der Tischkante, wo er punktuell haftet und gleichzeitig elegant schwebend schwingt, wie die Polypen einer Weichkoralle im Meer. Fasziniert beobachte ich die Schönheit der Bewegung eines so profanen Objekts in Schwerelosigkeit.

Wenige Minuten später ist endlich die Zeit gekommen, mein Verlangen nach Koffein zu stillen. Beim Versuch, einen Strohhalm in den Beutel zu stecken, unterläuft mir die nächste Panne: Aus Versehen öffne ich den Verschluss des Trinkhalms, und mir spritzt eine schwarze Fontäne entgegen. Zum Glück sind die Tropfen nicht mehr sehr heiß, sodass ich sie mit dem Mund aus der Luft fischen kann. »Willst du denn gar nichts frühstücken?«, will Kayla wissen. »Später, mein Magen ist noch nicht so ganz aufnahmebereit«, sage ich. Wobei das stark untertrieben ist, denn mir wird schon übel, wenn ich meinen Mitbewohnern nur beim Essen zusehe.

Ungläubig beobachte ich Kayla dabei, wie sie genüsslich an einer Art Weißbrot knabbert, zwischendurch vom Rührei und den Würstchen löffelt. Als Dessert gönnt sie sich einen Beutel rehydrierter Erdbeeren. Raja, der an einem Ernährungsexperiment mitwirkt, muss auf seinem Tablet dokumentieren, was er wann isst. Pflichtbewusst erledigt er dies auch schon an unserem ersten Morgen auf der ISS. Ich bewundere ihn für seine Disziplin – und bin froh, dass ich mit meinem Brummschädel vorerst keine Aufgaben übernehmen muss und mich bis zum späten Nachmittag ausruhen kann.

Erst um 17 Uhr steht der Programmpunkt »Station Familiarization« auf dem Terminkalender. Mark wird uns eine Führung durch unser neues Zuhause geben. Obwohl die Modellmodule auf der Erde sehr detailgetreu sind, unterscheiden sie sich doch stark von der echten Raumstation. Zum einen verändert sich das Innere der ISS aufgrund der vielen Experimente ständig, zum anderen sind in Houston oder Köln beispielsweise die Geräte an den Decken nur mit Postern oder Dummys angedeutet, da wir im Training ohnehin nicht über Kopf arbeiten. Außerdem weisen in der Raumstation einige Einrichtungsgegenstände Gebrauchsspuren auf und funktionieren teils nicht mehr so, wie es uns in der Ausbildung vermittelt wurde. Mark hat versprochen, uns ein paar Tricks und Kniffe zu verraten, die uns das Leben hier oben erleichtern.

Wir treffen uns in Knoten 2, in dem wir in Notsituationen unseren Safe Haven etablieren würden. »Immer wenn das Alarmsignal ertönt, kommt ihr unverzüglich hierher. Es sei denn, es wird eine vergiftete Atemluft gemeldet, dann begebt ihr euch sofort in eure Dragon-Kapsel«, frischt Mark unser Trainingswissen auf. Anschließend zeigt er uns noch einmal, wo wir das Notfallequipment finden. Wir wiederholen gewissermaßen das Briefing von gestern, nur dass uns unser Kollege dieses Mal auch auf einige Tücken bei der Bedienung hinweist.

So erklärt er, dass die Luke zwischen Knoten 1 und 3 beim Schließen ganz schön widerspenstig sein kann. Es bringe nichts, mit Gewalt daran zu reißen, stattdessen sei Feingefühl gefragt, erläutert Mark. »Ihr müsst mit einer Hand einen sanften Druck auf die obere Hälfte der Luke ausüben und gleichzeitig mit der anderen Hand daran ziehen«, offenbart er uns, wie sich das Tor überlisten lässt. Obacht sei auch bei der Inter-Module Ventilation (IMV) geboten. Im Notfall würden die Mitarbeiter der Kontrollzentren die Ventile ferngesteuert vom Boden aus zuklappen, um die Luftzufuhr zwischen den Modulen zu unterbinden. »Einige Ventile der IMV sind allerdings in die Jahre gekommen. Sie schließen nicht mehr vollständig, daher müsst ihr von Hand nachhelfen.«

Unser nächstes Ziel ist das Permanent Multipurpose Module. Hier versteckt sich der Lichtschalter hinter einer Textillasche, was so in den Trainingsmodellen ebenfalls nicht dargestellt ist. »Wenn man das nicht weiß, sucht man sich fast zu Tode. Glaubt mir, ich spreche aus Erfahrung«, sagt unser Kollege mit ironischem Unterton. Wir folgen ihm in das Columbus-Modul. Um dorthin zu gelangen, müssen wir mehrere Räume durchqueren und einige Male um Kurven gleiten.

Nachdem wir gestern Abend ungestüm wie junge Hunde durch die Station gewuselt sind, achten wir heute sorgfältig darauf, möglichst nirgendwo anzuschlagen. Bei der Ankunft waren wir so aufgedreht, dass wir all die zerbrechlichen Geräte um uns herum gar nicht richtig wahrgenommen hatten. Doch so langsam wird uns bewusst, dass wir nicht in einem Indoorspielplatz für Erwachsene, sondern einem Hightechlabor gelandet sind. Diese Erkenntnis verstärkt Mark, indem er uns auf besonders empfindliche Experimente aufmerksam macht. In Columbus sind beispielsweise mehrere Boxen mit Sensoren zur Strahlenmessung eingebaut. Die gleich rechts neben der Eingangsluke ist mit einem dicken roten Band umwickelt. Zusätzlich klebt daran ein gelber Zettel mit der Aufschrift »Do not bump«. »Selbst kleinste Erschütterungen können schon die Messergebnisse verfälschen. Also passt auf, dass ihr diese am besten nicht berührt«, warnt uns Mark und beendet damit die Unterrichtseinheit. In den nächsten Tagen werden weitere dieser Art folgen – teilweise im Team, teilweise unter Eins-zu-eins-Betreuung.

Zusammen schweben wir nun rüber zu den Kosmonauten. Sie haben uns zu einem Willkommensessen eingeladen und versprochen, ein traditionelles Menü zu servieren. Obwohl ich immer noch keinen Appetit verspüre, freue ich mich sehr auf den gemeinsamen Abend – und darauf, den russischen Teil der Raumstation erkunden zu dürfen. Im Vergleich zu den hellen, recht weiten amerikanischen Modulen mit den großen quadratischen Luken erscheinen mir die russischen sehr altbacken, eng und etwas chaotisch. Im Servicemodul Swesda, in dem uns unsere Gastgeber erwarten, riecht es etwas staubig und stickig, dafür gibt es an der Unterseite fünf tolle Fenster. Es wurde ursprünglich für die MIR konstruiert, dockte im Juli 2000 jedoch als erster rein russischer Beitrag an die junge ISS an.

Mit einer Länge von mehr als 13 Metern und einem Durchmesser von über vier Metern ist Swesda das größte Modul der ISS. In ihm sind neben Lebenserhaltungssystem, Stromverteilung, Datenverarbeitung und Flugsteuerung auch Küche, Trainingsgeräte, Toilette und Schlafkabinen untergebracht. Als wir hineingleiten, sortiert Anton gerade die Blätter, die ich gestern unterschrieben habe. Hinter ihm rattert der Drucker und spuckt weitere, ganz ähnlich gestaltete Zettel aus. »Was machst du damit eigentlich?«, frage ich. »Na, Autogramme sammeln. Als Andenken«, antwortet er. »Das ist eines seiner liebsten Hobbys hier oben«, merkt Pjotr leicht ironisch an, der wie eine Elfe mitten im Raum schwebt, ohne sich irgendwo festzuhalten. Regungslos und entspannt verharrt er an ein und derselben Stelle. »Das ist ja genial. Wie machst du das?«, will Raja wissen.

Bisher habe ich Pjotr als einen sehr in sich gekehrten Typ wahrgenommen, der wenig redet und in Gedanken oft in seiner ganz eigenen Welt zu sein scheint. Verglichen mit Anton, der stets Redebedarf beziehungsweise immer etwas Lustiges zu erzählen hat und dabei gern mal lauter wird, wirkt der Informatiker fast unsichtbar. Umso erstaunlicher, dass Raja ihn mit dieser simplen Frage aus der Reserve locken kann. »Ihr müsst euch zuerst irgendwo festhalten und Ruhe in den Körper bringen. Dann lasst ihr vorsichtig los«, erklärt Pjotr und führt uns die Technik vor. Bei ihm sieht die Bewegung so einfach aus, aber Raja, Kayla und ich schaffen es nicht ansatzweise, sie nachzuahmen. »Ihr übt beim Loslassen zu viel Druck aus«, analysiert der Kosmonaut. »Demonstrier ihnen doch mal dein Lieblingskunststück«, fordert Mark den Russen auf.

Als würde er auf einem unsichtbaren Stuhl Platz nehmen, setzt sich Pjotr daraufhin mitten in den Raum, rudert mit den Armen und bringt seinen Körper so zum Rotieren – ohne sich irgendwo abgestoßen zu haben. Kein anderer Raumfahrer beherrscht diese zirkusreife Nummer so wie er. Doch Kayla lässt sich von dem Schwierigkeitsgrad nicht abschrecken. »Das will ich auch können«, ruft sie und versucht, die akrobatische Leistung zu imitieren. Raja und ich machen es ihr nach. Wir wuseln durcheinander. Schweben kreuz und quer. Fliegen gegeneinander. »Für die Haltungsnote kann ich euch leider nur drei Punkte geben«, kommentiert Mark. »In der Kategorie Entertainment bekommt ihr aber eine Zehn«, fügt Anton hinzu. »Dann zeigt doch mal, was ihr draufhabt«, fordert Raja die beiden heraus. Auf einmal geht es zu wie auf einem Kindergeburtstag. Es ist laut, chaotisch und wunderschön. Alle plappern ausgelassen und albern herum. Alle außer Pjotr. Er genießt das Spektakel lieber mit etwas Abstand. Seelenruhig schwebt er im Schneidersitz am anderen Ende des Raums – wie ein Weltraum-Buddha, der die sieben Stufen der Erleuchtung durchlaufen hat, immer ein glückseliges Lächeln auf den Lippen trägt und mit sich und der Welt im Reinen ist.

Das bisschen Haushalt

Samstag, 13. November 2021

Samstag ist traditionell Putztag auf der Raumstation. Ehe wir ins Wochenende starten dürfen, müssen wir alle Module im westlichen Segment einmal gründlich reinigen. Wie in den meisten irdischen Wohngemeinschaften gibt es auch hier oben einen rotierenden Plan, der festlegt, wer für welchen Bereich beziehungsweise welche Aufgaben zuständig ist. Aufräumen, wischen, staubsaugen – der Hausputz im All unterscheidet sich kaum von dem auf der Erde. Nur waschen und bügeln brauchen wir auf der ISS nicht, denn unsere schmutzigen Klamotten gelten als Müll. Wir stopfen sie mit defekten Geräten, leeren Dosen, ausgedientem Verpackungsmaterial und gefüllten Kloeimern in einen angedockten, nicht wiederverwendbaren Raumfrachter, der, sobald er voll ist, in Richtung Erdatmosphäre geschickt wird und dort verglüht. Nicht jede Sternschnuppe ist also ein Wunder des Universums – manchmal ist sie menschlicher Abfall, der in Flammen aufgeht.

Heute sind wir Neuankömmlinge an der Reihe, uns um den Haushalt zu kümmern. Eine Schonfrist vom großen Reinemachen gibt es nicht. Mark hilft freiwillig und verrät uns seine kosmischen Putztricks. Unser fleißiger Mitbewohner demonstriert, wie wir die Oberflächen mit einem feuchten Lappen säubern sollen. Für den Kühlschrank, die Toilettenkabine und die Luftauslässe verwendet er spezielle Desinfektionstücher mit Wasserstoffperoxid statt Alkohol – der ist an Bord der Raumstation nämlich strikt verboten. Anschließend füllt er die Klopapierboxen auf, entsorgt die vollen Müllbeutel in den einzelnen Modulen und tauscht die abgenutzten Klebestreifen an der Tischplatte aus.

Wir sind dankbar für seine Unterstützung, aber statt Mark zu loben, frotzeln wir lieber über seine Putztechnik. Rajas knochentrockene Kommentare sind wie immer Pfeilspitzen ins Schwarze. Das lässt mich zumindest das Gelächter meiner Mitbewohner vermuten, denn leider brodeln die englischen Worte so enorm schnell aus ihm heraus, dass ich nicht ganz mitkomme und die volle Würze seiner Pointe verpasse. »Noch habt ihr gut lachen! Wartet nur, bis ihr zum ersten Mal allein putzen müsst und ich euch die Arbeit nicht mehr abnehme«, kontert Mark, der einen guten Sinn für Humor hat. Er packt gleich noch ein paar Putzanekdoten aus seiner Militärzeit aus und imitiert seinen damaligen Vorgesetzten, der die Zimmerkontrolle wohl immer besonders genau genommen hat. »Das erinnert mich an meine WG im ersten Studentenjahr und den Drill durch meine drei Mitbewohnerinnen«, erzähle ich, »ein klassisches Beispiel dafür, wie die eigene Bewertung und die Erwartungshaltung anderer im Hinblick auf ein und dieselbe Sache meilenweit auseinanderklaffen können.« – »Na, dann wollen wir mal dafür sorgen, dass sich das hier oben nicht wiederholt«, sagt Mark, schwebt davon und kommt wenig später mit dem Staubsauger zurück. »Ich zeige euch, wie das Teil funktioniert.«

Obwohl wir einen handelsüblichen Staubsauger verwenden, gibt es einiges zu beachten, was in erster Linie mit der Energieversorgung der ISS zusammenhängt. Mehrere an der Raumstation befestigte Solarsegel erzeugen Strom. Die Spannung ist so hoch, dass sie für uns Bewohner gefährlich wäre. Aus diesem Grund wird sie von den 148 Volt ganz außen an den Sonnensegeln auf 120 Volt an den Schnittstellen im Rackinneren heruntertransformiert und an den frei zugänglichen Steckdosen im amerikanischen Segment sogar auf 28 Volt abgesenkt. Um kommerzielle Geräte benutzen zu können, setzt ein Wechselrichter die 120 Volt Gleichspannung auf 110 Volt Wechselspannung gemäß US-Standard um. Da der Staubsauger vergleichsweise viel Strom benötigt und wir nicht riskieren wollen, dass eine Sicherung rausfliegt und dadurch womöglich essenzielle Geräte ausfallen, dürfen wir ihn nur in eigens dafür markierte Steckdosen einstöpseln – eine befindet sich in Knoten 1, eine zweite in Knoten 2. Sicherheitshalber hängen wir noch einen Fehlerstrom-Schutzschalter (FI) dazwischen. Danach erst stecken wir das orangefarbene Verlängerungskabel und zum Schluss den Staubsauger ein. Als Alternative haben wir einen Akkustaubsauger, den wir wie einen Rucksack auf den Rücken schnallen können. Aber irgendetwas stimmt mit dem zugehörigen Lademodul nicht, weshalb wir dieses elegante neue Teil leider nicht oft einsetzen werden.

Bevor wir den Staubsauger in Betrieb nehmen, müssen wir das Kontrollzentrum in Houston kontaktieren und den Capcom, den Verbindungssprecher, bitten, die Rauchmeldersignale im jeweiligen Modul zu blockieren. »In der Vergangenheit gab es öfter Feuerfehlalarme, wenn beim Saugen Staub aufgewirbelt wurde. Das wollen wir vermeiden«, erklärt Mark. Nachdem aus Houston die Bestätigung »Station, Houston – smoke detectors in the Lab are inhibited!« eingegangen ist, beginnt unser Kollege damit, die Lüftungseinlässe in Columbus zu säubern. In den feinmaschigen Gittergeweben sammeln sich Flusen, Hautschuppen, Haare und manchmal auch verloren gegangene Dinge. »Was haben wir denn da?«, fragt Mark und zieht ein Haarband hervor. »Das habe ich schon überall gesucht«, gesteht Kayla verdutzt. Ordnung zu halten ist im Weltraum wirklich schwierig. Andauernd kommt irgendetwas abhanden. Man klettet einen Gegenstand aus Versehen nicht richtig fest, dreht sich für einen kurzen Moment um, und schon ist er davongedriftet. Ihn wiederzufinden ist bei all den Instrumenten und Kabeln, die an den Wänden hängen, fast unmöglich. Oft sieht man kleine Dinge nicht, obwohl sie einem direkt vor der Nase herumschweben. »Beim Saugen ist daher ein wachsames Auge gefragt«, mahnt Mark.

Es ist lustig, ihm bei der Arbeit zuzusehen. Elegant gleitet er von einem Lüftungseinlass zum nächsten. Der Staubsauger segelt wie ein Drachen im Wind hinter ihm her, während sich das Verlängerungskabel kreuz und quer durch das Modul schlängelt. Obwohl ich Putzen auf der Erde so gar nicht mag, hätte ich gerade fast Lust, meinem Kollegen unter die Arme zu greifen. Doch der Stundenplan sieht vor, dass meine Crewmitglieder und ich uns der Dragon-Kapsel widmen. Bereits gestern haben wir sie wieder startklar gemacht, damit wir in Notsituationen jederzeit abdocken und zur Erde zurückkehren können. Nun sollen wir sie so ausstatten, dass wir im Fall einer vorübergehenden Evakuierung der ISS mehrere Stunden darin ausharren könnten. Außerdem müssen wir noch einiges an Fracht ausladen.

Tom und Kayla montieren eine große Sauerstoffflasche, die uns bei toxischer Atmosphäre über längere Zeit mit Atemluft versorgen könnte, und schließen einen Computer an, der es uns erlaubt, zusätzliche Notfallprozeduren einzusehen. Raja und ich räumen derweil das Gepäck aus, darunter Equipment für Experimente, Essen und Arzneimittel. Das auf unseren Tablets installierte Programm Stowtrack, dessen Oberfläche einer interaktiven Tabelle ähnelt, verrät uns, wo die Ladung in der Kapsel verstaut ist und wo wir sie auf der ISS hinräumen müssen. Ich soll Beutel 112 aus Fach Nummer zehn holen. Dazu muss ich mich hinter die beiden mittleren Sitzschalen quetschen und die 30 mal 30 Zentimeter große Wandverkleidung lösen. Dahinter verbirgt sich ein Fach, das bis zum Rand mit Taschen vollgestopft ist. Um Beutel 112 zu entnehmen, muss ich auch die Nummern 113, 114, 115 und 116 ausladen, die alle aneinander festgebunden sind. Die Gurte und Schnallen zu lösen, erfordert eine gehörige Portion Geduld – vor allem, da ich kaum Platz habe, mich zu bewegen. Raja arbeitet am Fach neben mir, und die anderen beiden haben den vorderen Teil in Beschlag genommen.

»Autsch«, stöhne ich, als Raja mir versehentlich seinen Ellbogen in die Rippen rammt. »Sorry, war keine Absicht«, entgegnet er, »aber irgendwie hält die Wandverkleidung nicht mehr.« Unser erster Arbeitseinsatz läuft alles andere als reibungslos. Wir sind ineffizient, tollpatschig und unkonzentriert. Als ich es endlich geschafft habe, Beutel Nummer 112 aus dem Gurtwirrwarr zu befreien, werfe ich erneut einen Blick in die Stowtrack-Tabelle. Ich soll die Tasche, die mit Medikamenten gefüllt ist, im Lab zwischenlagern. Doch zuvor müssen die übrigen Beutel zurück ins Fach – und zwar in der Reihenfolge 116, 114, 115, 113. Kaum lege ich mein Tablet beiseite, habe ich die Abfolge schon vergessen. Erschöpft quetsche ich die Taschen wahllos in das Fach hinein. Egal wie sehr ich mich jetzt beeile, den Zeitplan kann ich nicht mehr einhalten. Zweifel steigen in mir auf: Wie soll ich all die komplexen Experimente erledigen, wenn ich es nicht mal hinbekomme, Taschen vorschriftsgemäß zu verstauen?

Seit meiner Ankunft im Weltraum benehme ich mich wie ein zerstreuter Professor. Ich vergesse Dinge oder werfe sie durcheinander. Bestimmte Englischvokabeln fallen mir nicht mehr ein. Wenn ich Prozeduren lese, verstehe ich zwar die einzelnen Wörter, aber nicht den Zusammenhang. Und ich muss bei jeder Bewegung überlegen, nichts läuft automatisch. Mein Gehirn kämpft noch damit, dass der Raum hier oben in drei Dimensionen nutzbar ist. Wenn ich mich auf den Kopf stelle, verändert sich durch den neuen Blickwinkel die Umgebung und stimmt nicht mehr mit dem zuvor abgespeicherten Bild überein. Gefühlt 95 Prozent der Leistung meines Gehirns gehen für die Orientierung drauf. Zum Denken bleiben damit nur fünf Prozent übrig. Dazu kommt der ständige Druck im Kopf.

Selbst Tom klagt über sein *space-brain.* »Bei den beiden vorangegangenen Missionen hat es etwa zwei Wochen gedauert, bis ich wieder klar denken konnte«, erzählt er. Das Gehirn brauche eben Zeit, um sich an die veränderten Bedingungen anzupassen. Ein belgischer Wissenschaftler hat sogar herausgefunden, dass

Astronauten während ihres Raumflugs neue Gehirnbereiche aufbauen und ihnen dadurch mehr Prozessorleistung für die räumliche Koordination zur Verfügung steht. Der restliche Körper kommt zum Glück schneller mit der Schwerelosigkeit klar. »Die Raumkrankheit war ich bisher immer nach zwei bis drei Tagen los«, erinnert sich mein Kollege. Ich hoffe sehr, dass das bei mir auch so sein wird. Heute jedoch sind Schwindel und Übelkeit noch schlimmer als gestern. Im Gegensatz zu meinen Crewmitgliedern schlucke ich aber auch keine Pillen mehr, um die Symptome zu lindern, sondern vertraue auf Eukalyptustropfen. Davon abgesehen ist Arbeit die beste Ablenkung.

Nachdem wir alle dringlichen Gegenstände ausgeladen haben, kümmern wir uns um unsere persönliche Habe. Als Handgepäck in der Dragon war pro Person nur ein halbes Kilogramm erlaubt. In dem kleinen Beutel transportierte ich unter anderem Fotos meiner Familie, eine Glücksbringerkette meines Cousins und einen Ring meiner Mama. In einem unbemannten Raumfrachter, der vor einigen Wochen zur ISS gestartet war, durfte ich eine exakt 25 mal 24 mal 44 Zentimeter große Tasche sowie meinen doppelt so großen PR-Beutel mitschicken. Eingepackt habe ich in erster Linie symbolträchtige Gegenstände, zum Beispiel einen Rötelstein aus meiner Heimatgemeinde Oberthal. Das Saarlandmuseum hat mir unter anderem ein Keramikfragment aus dem zehnten Jahrhundert mitgegeben. Es soll dem Saarland den Rekord für den ältesten von Menschenhand gefertigten Gegenstand sichern, der je im All war. Darüber hinaus habe ich eine Kopie der Himmelsscheibe von Nebra und eine ROBert-Playmobil-Figur zum Dreh eines Erklärvideos für Kinder dabei. Besonders glücklich bin ich darüber, dass ich drei Röhrchen Bierhefe einer großen deutschen Brauerei einstecken durfte. Wenn es mir gelingt, sie heil zur Erde zurückzubringen, wird ein Braumeister sie zu »Space-Bier« verarbeiten. Dann hätten viele Menschen die Möglichkeit, zu erfahren, wie der Kosmos schmeckt. Auch Pflanzen- und Kräutersamen habe ich mitgenommen, damit in Mamas Garten in Zukunft Weltraumgemüse gedeihen kann.

Ich hole die PR- und meine persönliche Tasche aus dem PMA, wo sie zwischengelagert worden waren, und verfrachte sie in das Columbus-Modul. Die Dinge, die mir besonders am Herzen liegen, etwa Bilder, deponiere ich in meiner Casa. Weil es dort keine Staumöglichkeiten gibt, zweckentfremde ich meinen aufrollbaren Kulturbeutel und klette ihn an der Kabinenwand fest. Hinter Gummigurte, die ich an den Wänden entlang spanne, klemme ich Trinkbeutel, Kopfhörer, einen Satz Wäsche und meinen Schlafanzug.

Mit ein paar privaten Gegenständen um mich herum fühle ich mich in meiner Casa schon gleich viel wohler. Spontan beschließe ich, ein paar weitere Veränderungen vorzunehmen. Ich hänge einen Spiegel auf, um vor PR-Events mein Outfit inklusive Frisur checken zu können, und platziere vorsorglich meine Taschenlampe in Reichweite, falls es mal einen Stromausfall geben sollte. Außerdem baue ich den Laptop im Kabineninneren ab und verfrachte ihn nach draußen. Das Gerät strahlt so viel Wärme ab, dass ich in den vergangenen beiden Nächten den Eindruck hatte, neben einer Heizung zu liegen. Auch das Lüftergeräusch und seine LEDs störten mich. Zudem ändere ich die Position meines Schlafsacks, damit ich nicht mehr so tief in ihn hineinrutsche. Es hat sich herausgestellt, dass Mark mit seiner Vermutung teils richtiglag. Die Lüftung in meiner Koje funktioniert ordentlich. Solange mein Gesicht frei ist, kann ich anständig atmen und bekomme keine Kopfschmerzen. Trotzdem schicken mir die Ingenieure mit dem nächsten Frachtschiff zwei zusätzliche kleine Lüfter, die meinen Schlaf hoffentlich noch erholsamer werden lassen.

Bereits nach der kurzen Zeit im All habe ich herausgefunden, dass es viel angenehmer ist, frei schwebend zu pennen. Die NASA-Gebrauchsanleitung sieht vor, dass der Schlafsack an sechs Punkten an einer Wand befestigt ist. Ich hake ihn lediglich an einer einzigen, in Hüfthöhe befindlichen Öse fest. So kann ich mich frei bewegen und endlich auch die Beine ausstrecken.

Stolz bewundere ich mein Werk – und bekomme auf einmal mächtig Kohldampf. Schwindel? Übelkeit? Bauchschmerzen? Alles verschwunden. Abgesehen von dem Druck im Kopf fühle ich mich super. Zum ersten Mal seit der Ankunft auf der ISS habe ich Appetit, doch ich will mein Schicksal nicht herausfordern. Daher verzichte ich vorerst auf Milchprodukte sowie scharfe und fettige Speisen. Aus unserem Vorratsregal nehme ich drei Nahrungstüten mit Reis, Hähnchen und Gemüse. Der Reis ist bereits vorgekocht und muss nur noch für zehn Minuten in den Ofen. Gemüse und Hühnchen hingegen sind dehydriert, deshalb fülle ich die Beutel mit jeweils 150 Milliliter warmem Wasser auf. Praktisch: Auch sie müssen nun zehn Minuten lang ziehen.

Die Wartezeit überbrücke ich mit einem Abstecher in die Cupola. Ich komme gerade rechtzeitig, um einen spektakulären Sonnenuntergang zu beobachten. Rasant schnell versinkt der Feuerball hinter dem Erdhorizont: Gleißend weißes Licht wechselt plötzlich in ein immer sanfteres Gold und verschwindet letztlich als kleiner Blitz hinter dem hauchdünnen Schleier der Atmosphäre, die sich zu Ehren dieses Spektakels in alle Spektralfarben kleidet. Dann ist es schlagartig stockdunkel. Die Erde ist verschwunden. Ich starre in die absolute Finsternis. Nach einiger Zeit sind vereinzelt Sterne am Himmel sichtbar, die sich beim zweiten Hinschauen als Städte entlarven. Tagsüber kann ich diese nur mit einem Fernglas sehen, aber nachts strahlen sie in die Schwärze hinein und sind mit bloßem Auge erkennbar. »Irgendwo da unten«, denke ich, »sind die Menschen, die mir wichtig sind.« Sie werden mir in den nächsten sechs Monaten bestimmt fehlen.

Gefahr aus dem All

Montag, 15. November 2021

»Was ist los?«, fragt Kayla energiegeladen, als sie neben mich gleitet. Es ist vier Uhr morgens, trotzdem sind sie und Raja bereits ganz im Einsatzmodus, Tom und ich eher noch im Zombiezustand. Wir schweben in der Ecke des Labs und warten auf Marks Antwort. Er hat uns vor wenigen Minuten ziemlich unsanft geweckt und umgehend hierherbestellt. »Es kam ein Funkruf aus dem Kontrollzentrum in Houston rein, ein Satellit ist auseinandergebrochen«, verrät er uns nun endlich den Grund für die außerplanmäßige Versammlung. »In zwei Stunden werden wir in das Trümmerfeld hineinfliegen. Da die genauen Flugbahnen der einzelnen Schrottteile nicht bekannt sind, sollen wir eine eventuelle Evakuierung der Station vorbereiten und uns in die Raumschiffe zurückziehen. Bitte lest euch die entsprechende Prozedur durch. Wir treffen uns wieder in 15 Minuten.«

Ungläubig starre ich Mark an. Trümmerfeld? Evakuierung? All das passt so gar nicht zu dieser stillen, friedlichen Nacht. Die Dunkelheit verleiht der ISS eine ganz besondere Magie. Die Lichter sind ausgeschaltet. Lediglich die LEDs der Maschinen erleuchten die hochtechnologische Umgebung, verleihen ihr eine entspannende, fast schon hypnotisierende Wirkung. Nichts deutet auf die heranrasende Gefahr aus dem Weltraum hin. Keine schrillenden Alarmsignale, keine verzweifelten Funksprüche, keine panischen Reaktionen. Im Gegenteil: So ruhig wie jetzt ist es in unserem kosmischen Zuhause selten. Niemand hakt nach oder stellt Fragen. Stattdessen befolgen wir stoisch Marks Anweisungen.

Von dem besonnenen Verhalten meines Teams bin ich nicht ansatzweise überrascht. Schließlich lebe ich mit Menschen zusammen, die schon aufgrund ihrer militärischen Ausbildung souverän mit Extremsituationen umzugehen wissen. Raja hat mir mal verraten, wie er es in einem lebensgefährlichen Einsatz schafft, seine Emotionen zu kontrollieren. In einem bedachten Tonfall erklärte er: »Wenn ich ins Cockpit steige, wiederhole ich das, was ich im Training bis zum Abwinken geübt habe – ohne dabei über die vermeintlichen Konsequenzen nachzudenken. Ich setze die Prozedur konsequent um, weil ich weiß, dass es das Beste für mich ist.«

Von dieser Taktik versuche ich nun ebenfalls Gebrauch zu machen. So weit als möglich blende ich die bevorstehenden Ereignisse aus und wende mich der 15-seitigen Handlungsanweisung »Vorgehen bei einer drohenden Kollision mit Weltraumschrott« zu. Im Training hatten wir für die Umsetzung meist nur 20 Minuten Zeit, jetzt bleiben uns fast zwei Stunden, um die Schutzklappen der Fenster zu schließen, die angedockten Frachtraumschiffe abzuriegeln, elektrische Einheiten zu deaktivieren und die Luken aller Nebenmodule zuzuziehen. Im Fall eines Einschlags soll so sichergestellt werden, dass die Luft nur aus dem betroffenen Raum herausgesaugt wird und nicht in der kompletten ISS ein Vakuum entsteht.

Wer welche Aufgabe erledigt, ergibt sich fast von selbst, da jeder von uns als Spezialist für gewisse Einheiten ausgebildet wurde. Dementsprechend schnell sind wir mit unserer zweiten Besprechung durch. »Ich kümmere mich mit Pjotr um alles, was im russischen Segment anfällt, inklusive der Progress-Versorgungskapsel«, informiert Anton, der sich für dieses Meeting zu uns gesellt hat. Kayla wird als Expertin für das japanische Modul die beiden dortigen Luken verschließen. Tom übernimmt die Ausstiegsschleuse, Mark den Cygnus-Raumtransporter und Raja die Cupola sowie das PMM. Als einziger Europäer an Bord bin ich für Columbus zuständig.

Die Magie der Nacht ist nun verschwunden. Grelles Neonlicht erhellt jeden Winkel der Station und drängt die farbenfrohen LEDs in den Hintergrund. Die Stimmung ist professionell konzentriert und geschäftig, aber keinesfalls hektisch. Wie es die

Anleitung vorsieht, checke ich zunächst, ob all die darin aufgelisteten Geräte ausgeschaltet sind. Außerdem überprüfe ich die Ventile der IMV, die die Luftzirkulation zwischen dem europäischen und den anderen Modulen gewährleistet. Ein Mitarbeiter des Kontrollzentrums hat die entsprechenden Ventile bereits ferngesteuert verschlossen. Vorsorglich sehe ich noch einmal nach, ob die Klappen tatsächlich dicht sind. Bei einem offenen Ventil wäre es völlig nutzlos, die Luke zu schließen. »Houston, Station – hier ist Matthias. IMV zwischen Knoten 2 und Columbus geschlossen«, setze ich die Bodenteams in Kenntnis. Es folgt das Go zum Verriegeln der Luke.

Pedantisch halte ich mich an den vorgeschriebenen Ablauf, inspiziere die Dichtungsringe gründlich, bevor ich die Tür zuziehe. Was, wenn die ISS wirklich von Weltraumschrott getroffen wird? Könnte es sein, dass ich gerade zum letzten Mal in Columbus hineinschwebe? Ich schüttele den Kopf und rufe mir Rajas Ratschlag in Erinnerung. Statt über mögliche Auswirkungen zu grübeln, sollte ich mich auf die Prozedur konzentrieren – und bislang läuft es besser als in jedem Training, wir sind dem Zeitplan weit voraus.

Fast freue ich mich sogar ein wenig, dass wir das Erlernte anwenden dürfen. Dazu bekommen nur wenige Crews die Gelegenheit. Mit Radaren und Teleskopen können die Spezialisten am Boden frühzeitig Trümmerteile ab einer Größe von zehn Zentimeter Durchmesser orten und beobachten. Droht die Gefahr eines Zusammenstoßes, befördern sie die Raumstation in eine höhere Umlaufbahn. Solche Ausweichmanöver werden immer häufiger nötig, je mehr die Vermüllung des Universums zunimmt. Ich werde während meiner sechsmonatigen Mission insgesamt sechs solche Debris Avoidance Manoeuvres (DAM) miterleben. Im All schweben allerdings auch Trümmerteile umher, die so winzig sind, dass sie der Radarortung entgehen. Sie sind mitunter so klein wie eine Erbse, fliegen aber um das Vielfache schneller als eine Pistolenkugel und werden so zu galaktischen

Geschossen. Die Hülle der Raumstation, bestehend aus mehreren stabilen Schichten, ähnlich einer kugelsicheren Weste, kann Schrottteile bis zu einem Zentimeter Durchmesser abfangen. Gefährlich wird es, wenn Objekte mit einem Durchmesser zwischen einem und zehn Zentimetern auf die ISS treffen. Sie können erheblichen Schaden anrichten. In den vergangenen Jahren haben solche Schrottpartikel bereits Löcher in die Ammoniakleitung der Kühlanlage, in eines der Sonnensegel und in die Isolierung des Roboterarms geschlagen.

In der Ausbildung werden wir geschult, kleinere Lecks aufzuspüren und zu stopfen. Alex musste 2018 zusammen mit seinem Sojus-Kommandanten Sergei Prokopyev ein zwei Millimeter großes Loch in ihrer Kapsel finden und abdichten. Bei einem viel größeren Leck bleibt dafür keine Zeit. Die Atemluft würde schlagartig aus der Station entweichen, und jegliches Leben an Bord würde ausgemerzt. Kein Wunder also, dass die Flugdirektoren extrem vorsichtig sind. Selbst wenn die Wahrscheinlichkeit einer Kollision gering ist, schicken sie uns in unsere Kapseln, mit denen wir uns notfalls in Sicherheit bringen könnten.

»Laut Berechnungen treffen ISS und Trümmerwolke in 55 Minuten aufeinander. Euch bleiben noch 15 Minuten bis zur Evakuierung.« Der Hinweis aus dem Kontrollzentrum lässt meinen Adrenalinspiegel für einen Augenblick in die Höhe schnellen. Zwar habe ich alle mir zugeteilten Aufgaben erledigt, will allerdings unbedingt noch Verpflegung einpacken. Als Tom sieht, wie ich eine Ladung Müsliriegel in einen Plastikbeutel stopfe, reagiert er umgehend. »Ich fülle ein paar Getränkebeutel mit Wasser«, ruft er mir zu. Obwohl die Prozedur die Mitnahme von Proviant nicht vorsieht, wissen wir beide: Dieses Lunchpaket ist wichtig. Wir wollen nicht riskieren, dass Kayla später – wie sie den Zustand selbst beschreibt – *hangry*, also schlecht gelaunt, weil hungrig, neben uns in der Kapsel sitzt.

Zu guter Letzt riegeln wir Knoten 3 ab, den wir wegen der Toilette so lange wie möglich offen gelassen haben. Dann heißt es Abschied nehmen: Mark wird sich mit den Kosmonauten in die Sojus zurückziehen. Es ist merkwürdig, sich Tschüss sagen zu müssen, ohne zu wissen, wo und wann wir uns wieder treffen werden – und ob überhaupt. Wir machen aber keine große Sache daraus, umarmen uns nur kurz und setzen unser Programm unbeirrt fort. Es ist mittlerweile sechs Uhr. Raja, Kayla, Tom und ich müssen rasch in unsere Kapsel verschwinden.

Als Kommandant der Dragon übernimmt nun Raja wieder das Kommando. Er aktiviert zunächst zusammen mit Tom die Systeme. Danach beauftragt er Kayla und mich, die Luke zu schließen. Während ich die Bänder löse, mit denen die Tür fixiert ist, begutachtet meine Kollegin den Dichtungsring. Nach einer Weile meldet sie: »No FOD«, kurz für Foreign Object Debris – keine Verschmutzung durch Fremdkörper. Auf Rajas Kommando hin drücken Kayla und ich die Luke in Position, und Kayla dichtet sie mittels Kurbel hermetisch ab. Wir erledigen dieselben Schritte wie beim Andocken, nur eben rückwärts. Folglich müssten wir jetzt in unsere Fluganzüge schlüpfen. Doch als ich Raja frage, ob ich mich umziehen soll, blickt er ratlos auf sein Tablet. »Ich weiß es nicht«, antwortet er nach kurzem Überlegen. »Die Prozedur endet damit, dass die ISS getroffen wird und wir zurück zur Erde fliegen. In dem Fall müssten wir die Anzüge anlegen. Ob wir sie jetzt schon brauchen, steht hier nicht.«

Wir wundern uns zwar über die Lücke in der Anleitung, aber da wir erst die dritte Crew sind, die mit einer Dragon unterwegs ist, kann es durchaus sein, dass gewisse Prozesse noch nicht hundertprozentig ausgereift sind. Auch beim Training im SpaceX-Simulator haben wir hin und wieder Absätze entdeckt, die nicht präzise formuliert waren. Meist konnten uns die Spezialisten im Kontrollzentrum in diesen Fällen weiterhelfen. Zuversichtlich funkt Raja das Team in Houston an und fragt, ob wir die Fluganzüge anlegen müssen. Die Reaktion erfolgt prompt: »Nach eurem eigenen Ermessen.«

Mit dieser Antwort hätte niemand von uns gerechnet. Üblicherweise gibt es in der Raumfahrt für jedes Ereignis fest definierte Verhaltensregeln. Wenn sie nicht in einer Prozedur niedergeschrieben sind, werden sie von den Bodenteams vorgegeben. Dass wir ausgerechnet in solch einer heiklen Situation wie jetzt »nach eigenem Ermessen« handeln sollen, verunsichert uns. »Ich denke, es ist sinnvoll, in die Anzüge zu schlüpfen. Sollte uns ein Trümmerteil rammen, bleibt uns dafür vielleicht nicht mehr genug Zeit«, schlage ich vor. »Das sehe ich etwas anders«, erwidert Tom. Er vermutet, dass wir mehrere Orbits in der Kapsel absitzen müssen, und will nicht stundenlang in der unbequemen Montur ausharren. Raja pflichtet ihm bei: »Die Anzüge sind nicht nur unbequem, sie schränken auch unsere Beweglichkeit ein. Was, wenn wir schnell handeln und zurück in die Raumstation müssen?« Die Argumentation überzeugt mich nicht. Da ich aber keine Diskussion anzetteln möchte, gebe ich nach.

In den vergangenen 120 Minuten haben wir uns aktiv auf die Katastrophe vorbereitet und hatten dadurch das Gefühl, etwas gegen die heranrasende Bedrohung unternehmen zu können. Jetzt gibt es nichts mehr zu tun. Festgeschnallt in den Sitzschalen, sitzen wir untätig herum und warten. Das ist eindeutig der schwierigere Teil, weil er mit einer quälenden Hilfslosigkeit verbunden ist und zu allem Überfluss Raum für unschöne Gedanken lässt. Um mich abzulenken, schaue ich aus dem Fenster. Die Erde liegt im Schwarz der Weltraumnacht verborgen, lediglich ein partieller, zartgoldener Schweif lässt im Osten einen ersten Teil ihrer Silhouette erkennen. Allmählich verbreitert er sich, leuchtet immer intensiver und farbenfroher mit blauen und grünen Elementen, bis ihm ein orangefarbener Schimmer die Show stiehlt. Zügig schiebt sich nun die Sonne über den Horizont, entsendet ihre Lichtstrahlen. Innerhalb weniger Minuten vereinnahmen sie unseren Planeten und heben ihn aus dem tiefdunklen Universum hervor. Als die wolkenverhangene Oberfläche sichtbar wird, spricht Raja aus, was bislang niemand zu sagen gewagt hat: »Hoffentlich müssen wir nicht nach Hause fliegen. Vier Tage im All wären ein bisschen kurz.« Zum ersten Mal in meiner Astronautenkarriere verspüre ich wehmütige Sorgen. Nicht, heute sterben zu können, sondern, die Mission abbrechen zu müssen.

Als wüsste Kayla, was in mir vorgeht, versucht sie, das Gespräch in eine andere Richtung zu lenken. »Raja, was machen wir, wenn ein Trümmerteil in unsere Kapsel einschlägt?«, erkundigt sie sich. Da die Dragon vorn an der Station angedockt ist, ragt sie relativ ungeschützt in den Weltraum hinein. Sollte es zu einem Crash mit der Schrottwolke kommen, wäre die Wahrscheinlichkeit, dass unser Raumschiff zuerst getroffen wird, gar nicht so gering. Raja vertieft sich sofort wieder in die Prozedur. »Merkwürdig«, murmelt er. »Ich finde keine Angaben dazu.« Sieht ganz so aus, als müssten wir wieder nach eigenem Ermessen entscheiden. Da es in der Kapsel kein Reparaturset gibt, um ein etwaiges Einschlagsloch zu stopfen, bliebe uns nur, entweder mit einem defekten Raumschiff zur Erde zu fliegen oder uns in die ISS zu retten. Letzteres sieht die Handlungsempfehlung der Kosmonauten vor, erinnert sich Tom an das Training für seine zweite Mission im Sternenstädtchen. Wir entscheiden uns, gegebenenfalls diese Taktik zu übernehmen, wenngleich wir wissen, dass sie ausschließlich bei einem kleinen Leck funktioniert. Bei einem großen wäre der Druck in der Dragon deutlich geringer als im Inneren der Station, sodass sich die Luke nicht öffnen lassen würde.

Nachdem wir das Kontrollzentrum über unseren Plan informiert haben, kehrt Ruhe im Cockpit ein. Der fehlende Schlaf und das Nachlassen des Adrenalinschubs machen sich bemerkbar. Doch eine innere Wut hindert mich daran zu entspannen. Wir sind nur in dieser Lage, weil die Menschen den Weltraum gewissenlos als Mülldeponie missbrauchen. Als die Russen 1957 den ersten Satelliten starteten, war die Menschheit überzeugt, dass ein bisschen Schrott dem unendlichen Universum nichts anhaben könne. Doch nur wenige Jahrzehnte später geht vom Weltraummüll eine stetig wachsende Bedrohung aus. Laut Auswertungen des ESA Space Debris Office am ESOC in Darmstadt wurden bis Dezember 2022 insgesamt 14 710 Satelliten ins All befördert. Einige davon sind bereits abgestürzt, aber 9780 umkreisen nach wie vor unseren Planeten. Davon wiederum sind 7000 funktionstüchtig und untersuchen beispielsweise, wie sich das Wetter und das Klima auf der Erde verändern, oder stellen globale Dienstleistungen für Kommunikation, Fernsehen, Internet und Navigation zur Verfügung. Auf den Erdumlaufbahnen geht es geschäftiger zu als auf deutschen Autobahnen. Und mittendrin kursieren weit mehr als 33 000 Trümmerstücke mit einem Durchmesser größer als zehn Zentimeter, eine Million zwischen einem und zehn Zentimetern und 130 Millionen zwischen einem Millimeter und einem Zentimeter – alles in allem mehr als 10 500 Tonnen Müll. Vermutlich sind allein bei dem heutigen Vorfall Tausende neue Partikel entstanden.

Die tödlichen Fragmente der Vergangenheit gefährden unsere Zukunft – und diejenige nachkommender Generationen – im All. Im Space Environment Report, den die ESA jedes Jahr veröffentlicht, kommen die Fachleute zu einem alarmierenden Ergebnis: Wenn wir unser Verhalten nicht ändern, wird schon bald so viel Abfall hier oben herumschwirren, dass die Umlaufbahnen unseres Heimatplaneten nicht mehr sicher sind. Weder für Raumfahrzeuge noch für Astronauten. Aber auch für die Menschen auf der Erde kann Weltraumschrott zur Gefahr werden. Im Mai 2020 stürzen große Bruchstücke einer chinesischen Rakete unkontrolliert auf die Erde, statt in der Atmosphäre zu verglühen, und demolieren mehrere Häuser in dem afrikanischen Staat Elfenbeinküste. Im Juli 2022 fallen Teile einer Rakete der gleichen Baureihe in Malaysia zu Boden, und nur einen Monat später tauchen in den Snowy Mountains in Australien Raumfahrzeugtrümmer auf, die von der ersten bemannten SpaceX-Mission stammen. Menschen wurden bislang nicht durch herabstürzende Fragmente aus dem All verletzt, doch es ist nur eine Frage der Zeit, wann dies geschieht.

Höchste Zeit also, dieses Thema nicht länger zu ignorieren. Den Anfang hat die ESA mit der Zero-Space-Debris-Kampagne bereits gemacht. Ihr Ziel ist es, bis 2030 keinen neuen Abfall zu produzieren und ausgediente europäische Satelliten aus den Erdumlaufbahnen zu entfernen. Ein Teil des Problems erledigt sich von selbst, denn Objekte, die in bis zu 400 Kilometer Höhe zurückgelassen wurden, sind einer sehr starken Restreibung mit Partikeln aus der Erdatmosphäre ausgesetzt. Ohne Beschleunigung fallen sie innerhalb etwa eines Jahres von ganz allein in die Atmosphäre und verglühen. Mit zunehmender Höhe nimmt die Restreibung jedoch exponentiell ab – bis beispielsweise ein ausgedienter Satellit aus 800 Kilometer Höhe absinkt, können Hunderte Jahre vergehen. Aus diesem Grund wollen wir die höher fliegenden aktiv zum Absturz bringen. Gleiches gilt für Raumfahrzeuge in mehr als 900 Kilometer Höhe, die von der Restreibung praktisch nichts mehr spüren. Satelliten im wirtschaftlich wichtigen geostationären Orbit (er wird für Telekommunikation genutzt) in 36000 Kilometer Höhe hingegen sollen in einen »Friedhofsorbit« geschubst werden, da das Absenken in die Erdatmosphäre viel zu energieintensiv wäre.

2026 wird die ESA gemeinsam mit dem Schweizer Start-up ClearSpace SA die erste Mission zur aktiven Entsorgung von Weltraumschrott starten. Ein neu entwickeltes Raumfahrzeug mit mehreren Greifarmen soll dann einen Adapter der europäischen Vega-Rakete einfangen und in die Atmosphäre ziehen, wo das mehr als 100 Kilogramm schwere Objekt verbrennen soll. Gelingt die Mission, könnten bei Folgeeinsätzen auch größere Gegenstände beseitigt werden, beispielsweise der 8,2 Tonnen schwere Satellit Envisat, der seit 2012 funktionsunfähig in rund 800 Kilometer Höhe durch das Universum taumelt. Wissenschaftler befürchten, dass solch riesige Geistersatelliten einen Dominoeffekt auslösen werden – indem sie bei Zusammenstößen mit anderen Objekten eine große Anzahl von Fragmenten produzieren, die sich rasend schnell ausbreiten, weitere Raumfahrzeuge zerstören und eine gigantische Müllwolke bilden. Der Astronom Donald J. Kessler prophezeite solch ein Ereignis bereits im Jahr 1978, und Hollywood hat das Thema schon in dem Thriller *Gravity* aufgegriffen.

Damit die Massenkarambolage im All Fiktion bleibt, braucht es zum einen weltweit geltende Gesetze zum Umgang mit und zur Vermeidung von Weltraumschrott. Die freiwilligen Leitfäden des Inter-Agency Space Debris Coordination Committee (IADC), in dem sich Raumfahrtorganisationen dem Thema Weltraummüll widmen, genügt bei Weitem nicht. Zum anderen bedarf es einer Space-Traffic-Control, einer Weltraumverkehrskontrolle, die Ausweichbestimmungen festlegt. Aktuell gibt es im Orbit keine Verkehrsregeln.

Das hatte zur Folge, dass die ESA im Jahr 2019 mit ihrem Aeolus-Satelliten, der Winde rund um den Globus misst, einem tief fliegenden Starlink-Satelliten von SpaceX ausweichen musste, der keine Anstalten machte, seinen Kurs zu ändern. Die ESA kostete dieses Manöver viel Treibstoff, was letztlich die Lebensdauer des Forschungssatelliten verkürzen wird. Der Beinahe-Crash schlug vor allem auch deswegen Wellen, weil zum fraglichen Zeitpunkt bei SpaceX niemand zu erreichen war. Wie soll das erst in Zukunft werden? Die Satellitenanzahl wird in den nächsten Jahren drastisch steigen. Private Geschäftsleute wie Elon Musk und Amazon-Gründer Jeff Bezos schießen sie in rauen Mengen in den Kosmos, etwa um die Welt flächendeckend mit Internet zu versorgen. Durch spontane Absprachen via E-Mail oder Telefon werden sich Zusammenstöße dann sicherlich nicht mehr vermeiden lassen, daher müssen Technologien zur automatisierten Kollisionsverhinderung zum Einsatz kommen. Als Astronaut fühle ich mich verpflichtet, mich für den Schutz des Weltraums sowie die Einführung einer Space-Traffic-Control einzusetzen und die Menschen für das Thema Weltraumschrott zu sensibilisieren. Dazu müssen wir den heutigen Tag jedoch lebendig überstehen.

»We approach the first sequence of encounter«, informiert uns ein Fluglotse, dass die Trümmerwolke nun ganz in unserer Nähe ist. Eine unheimliche Stille breitet sich im Cockpit aus. Keiner von uns traut sich mehr, einen Mucks von sich zu geben. Mit mulmigem Gefühl lauschen wir angestrengt. Die ISS ist im Grunde eine Blechbüchse, wenn sie getroffen wird, würde der Schall vermutlich zu uns durchdringen. Ich stelle mir vor, wie unzählige Geschosse auf die riesige Angriffsfläche der Raumstation prasseln. Wie lange kann das gut gehen?

Nach fünf Minuten beendet ein Funkspruch mein Kopfkino. »Die Schrottwolke ist vorbeigezogen. Ist bei euch alles in Ordnung?«, erkundigt sich der Fluglotse. »Alles bestens. Wir haben nichts von einer Kollision mitbekommen«, berichtet Raja und will wissen, ob die Sensoren gegensätzliche Daten liefern. Wäre die ISS getroffen worden, hätte die herausströmende Luft denselben Effekt wie ein Raketenantrieb: Sie würde die Station aus dem Gleichgewicht bringen. Dass sich ihre Position nicht verschoben hat, ist daher ein besonders gutes Zeichen. Erleichtert fassen wir einander an den Händen. Fürs Erste sind wir unversehrt davongekommen.

Gleiches gilt für unsere Mitbewohner. Im Gegensatz zur Dragon ist die Sojus unterhalb der ISS angedockt, die sie wie ein Schutzschild abschirmt. Wir hören, wie Anton das russische Kontrollzentrum um Erlaubnis bittet, das enge Raumschiff verlassen zu dürfen. Da die Flugkontrolleure in Russland den Vorfall ohnehin als weniger kritisch einstufen, erklären sie den Notzustand kurzerhand für beendet und heben die Evakuierung unseres kosmischen Zuhauses nach 90 Minuten für das russische Segment auf. Die Experten in Houston schließen sich dieser Entscheidung leider nicht an. Sie möchten, dass wir so lange in der Dragon verweilen, bis genauere Trackingdaten zu den Trümmerstücken vorliegen. Weitere 90 Minuten später dürfen auch wir endlich in die Raumstation zurückkehren. Da die größte Gefahr zwar gebannt, ein Crash theoretisch aber noch nicht ausgeschlossen ist, müssen wir die Luken zu den Nebenmodulen weiterhin geschlossen halten. Eine Ausnahme bildet Knoten 3 wegen der darin befindlichen Sportgeräte und der Toilette. Sie ist meine erste Anlaufstelle, nachdem wir aus der Dragon ausgestiegen sind. Anschließend studiere ich meinen Terminkalender, den die verantwortlichen Planer in den vergangenen Stunden komplett umdisponiert haben. Einige meiner Experimente wurden ins Lab verlegt, andere fallen aus, weil ich nicht an die dafür notwendigen Utensilien herankomme, die im japanischen oder im europäischen Modul lagern. Wie übrigens all meine Klamotten, Hygieneartikel und persönlichen Gegenstände.

Hilfe suchend wende ich mich an die Spezialisten am Boden: »Seht ihr irgendeine Möglichkeit, dass ich ein paar Dinge aus Columbus holen kann?« – »Kein Problem, solange die ISS weit genug von dem Trümmerfeld entfernt ist. Wir geben dir über Funk Bescheid, wann du die Luke für ein paar Minuten öffnen darfst.« Laut der Berechnungen zieht sich die Müllwolke immer weiter auseinander. Die Zeitspanne, in der wir an ihr vorbeifliegen, wird dadurch länger. Wobei sich die Schrottteile langsam von uns wegbewegen und das Risiko dadurch stetig abnimmt. Letztlich gewähren mir die Experten exakt 20 Minuten, um Schlafsack, Zahnbürste, T-Shirt, Sporthose, Unterwäsche und Socken einzupacken. Außerdem nehme ich meinen Laptop mit in Knoten 2, um Zugriff auf meine E-Mails zu haben.

Nun bestens ausgestattet, begebe ich mich auf die Suche nach einem Schlafplatz. Meine erste Idee: Im Swesda gibt es zwei Kojen, und da Pjotr im MLM pennt, ist eine davon frei. Doch der Flugdirektor in Houston ist von meinem Plan ganz und gar nicht begeistert. »Das russische Modul ist zu weit von der Dragon entfernt. Falls ihr euch wieder in die Kapsel retten müsstet, würdest du unnötig Zeit verlieren. Außerdem möchten wir in Anbetracht der politischen Situation, dass du dich heute Nacht in Knoten 1 oder 2 aufhältst.« Nachdenklich schwebe ich in die Küche. Was hat das zu bedeuten, »in Anbetracht der politischen Situation«?

Eine Erklärung liefert einige Stunden später die Nachrichten-App auf meinem Tablet. Die Schlagzeile auf der Startseite macht mich fassungslos: »Russland gefährdet Astronauten mit Raketentest.« Alles deute darauf hin, so der Artikel, dass die russische Regierung eine Rakete ins All geschickt und damit einen ihrer funktionsunfähigen Spionagesatelliten zerstört habe. Sollte dies stimmen, hätten die Entscheidungsträger, die um die Trümmerwolke wussten, die dadurch in der Nähe der ISS entstehen würde, rücksichtslos das Leben ihrer Kosmonauten aufs Spiel gesetzt – und das von uns anderen Bewohnern. Entsetzt rufe ich Anton, der nebenan auf dem ARED trainiert, zu mir rüber. »Guck mal«, sage ich und reiche ihm mein Tablet. Unser Kommandant wischt sich den Schweiß von der Stirn und beginnt zu lesen. Mit jeder Zeile wird er blasser und konstatiert schließlich: »Nein, das kann ich kaum glauben.« Aber an seinem Blick erkenne ich, dass er seinem Heimatland diese unverantwortliche Aktion sehr wohl zutraut.

Ab sofort gibt es kein anderes Gesprächsthema mehr. Wir diskutieren bis spät in die Nacht, was Russland mit dem Abschuss bezwecken wollte. Ging es den Verantwortlichen wirklich nur darum, eine Rakete zu testen? Wohl kaum. Wollte die Nation ihre Macht im Weltraum demonstrieren? Vermutlich. Viele Länder nutzen Satelliten mit ihren Hightechkameras als Spionagemittel. Die künstlichen Trabanten rücken daher zunehmend in den Fokus der Streitkräfte. Heute hat Russland der Welt bewiesen, dass es in der Lage ist, die im All schwebenden Informanten seiner Gegner zu vernichten. Auch andere Staaten wie die USA, China, die Sowjetunion und Indien haben solche Tests in der Vergangenheit durchgeführt.

Während wir über die möglichen politischen Konsequenzen spekulieren, die die Aktion Russlands nach sich ziehen könnte, beschleicht mich ein Gefühl der Wehrlosigkeit. Wenn es gelingt, solch einen kleinen Satelliten von der Erde aus abzuschießen, ist es sicherlich kein Problem, die um ein Vielfaches größere ISS zu treffen. Sollte die Lage da unten eskalieren, sind wir ein leichtes Ziel. Ich verabschiede mich in mein provisorisches Bett, das ich mir an der Decke von Knoten 2 herrichte. Dort kuschele ich mich tief zwischen zwei Raumanzüge und stelle mir vor, ich würde in der Mitte zweier riesiger Teddybären liegen. Insgesamt zwei Nächte werde ich hier verbringen – ehe wir am 17. November durch ein Ausweichmanöver aus der Gefahrenzone fliegen und der Trümmerwolke endgültig entkommen.

Wettlauf gegen die rote Linie

Freitag, 19. November 2021

Der Startschuss für den langersehnten Wissenschaftsmarathon im All ist gefallen: In dieser Woche durfte ich endlich die ersten meiner mehr als 150 internationalen Experimente in Angriff nehmen. So testete ich bei dem Versuch Thermo-Mini 48 Stunden lang ein winziges Messinstrument, das in ein Stirnband integriert ist. Forscher wollen damit der steigenden Körpertemperatur von Astronauten bei Langzeitaufenthalten im Universum, dem Space-Fever, auf den Grund gehen. Auch ich habe in den vergangenen Tagen heftig geschwitzt. Das lag allerdings weniger am Weltraumfieber, sondern viel mehr an dieser Stirnbinde, die meines Erachtens zu breit und nicht genügend atmungsaktiv ist. Ich befürchte, dass dadurch die Messergebnisse verfälscht werden könnten, und habe mir vorgenommen, den Wissenschaftlern von meiner Vermutung zu erzählen. Für ein weiteres Experiment namens Metabolic-Space stülpte ich mir beim Radeln auf dem Ergometer eine Maske über, die mit einem portablen Analysegerät verbunden ist. Es überwachte unter anderem den

Sauerstoff- und Kohlendioxidgehalt sowie meinen Puls. Ziel ist es, die Leistungsfähigkeit des Herz-Kreislauf-Systems in der Schwerelosigkeit zu beurteilen, ohne dabei die Beweglichkeit des Sportlers einzuschränken. Ich war sehr erleichtert, dass dieser erste etwas komplexere Versuch glatt verlief, und bin ganz gespannt, was die Wissenschaftler alles herausfinden werden, wenn sie ihre Erkenntnisse mit dem Team des Wireless-Compose-Experiments abgleichen, das mein Herz mit einem innovativen Smart-Shirt untersucht. Damit ermitteln die Forscher nicht nur den Blutdruck und die Kontraktionsrate, sondern auch die Öffnungs- und Schließzeiten der Herzklappen. Diese Werte lassen sich sonst nur über Sonografie oder Computertomografie bestimmen.

Heute steht ein nächster Versuch an: Dosis 3D Mini. Ich soll 16 Sensoren, die die Strahlenbelastung innerhalb der Raumstation ermitteln, in unterschiedlichen Modulen montieren. In meinem Terminplaner ist dafür eine knappe Stunde veranschlagt. Mir ist sofort klar, dass dies wohl ein Hindernislauf gegen die Zeit wird. Die ersten 20 Minuten gehen schon dafür drauf, die Frachttasche mit den Detektorpaketen aus der Dragon zu kramen. Der Stauraum auf der ISS ist gut zugänglich, aber Gegenstände aus den engen, mit etlichen Gurten gesicherten Hohlräumen der Kapsel herauszuziehen, stellt uns jedes Mal vor eine wahre Geduldsprobe. Es nervt mich ein wenig, dass die Logistiker auf der Erde diesen enormen Aufwand immer noch unterschätzen, obwohl wir doch schon Crew-3 sind. Als ich endlich sämtliche Materialien beisammenhabe, werfe ich erneut einen Blick auf meinen digitalen Terminplaner. Eine rote Linie, die Timeline, zeigt mir an, wie ich in der Zeit liege. Bestenfalls wäre ich rechts von ihr, das würde nämlich bedeuten, ich hätte mir ein wenig Puffer aufgebaut. Aber ich bin wie so oft auf der linken Seite. Im Wettrennen gegen die rote Linie bin ich zurückgefallen. Doch dieses Mal werde ich sie nicht gewinnen lassen.

Meine Aufholjagd startet in Columbus. Hier muss ich zwei

Sensoren an der hinteren sowie je vier an der rechten und der linken Wand platzieren. Um die Kästchen, die etwa halb so groß wie ein Smartphone sind, anbringen zu können, klebe ich zunächst den Flauschpart des Klettbands an die dafür vorgesehenen Stellen. Nun kann ich die Messeinheiten, die bereits mit dem hakigen Haftpart versehen sind, ganz leicht daran festdrücken und meine Arbeit mit Fotos dokumentieren. In einer Rekordzeit von 20 Minuten bin ich damit im Forschungslabor fertig und mache direkt in Knoten 1 weiter. Leider kenne ich mich hier noch nicht so gut aus und brauche gefühlt ewig, um die beiden Punkte zu finden, an denen ich die Sensoren befestigen soll. Zu allem Übel öffne ich die Frachttasche auch noch ein Stückchen zu weit. Schlagartig schweben die Detektorpakete in sämtliche Richtungen davon. Wie ein Tintenfisch auf Beutefang sause ich durch das Modul, um sie einzufangen – von acht Armen kann ich dabei nur träumen.

Das kleine Missgeschick ärgert mich sehr, denn es wirft mich im Wettrennen gegen die Zeit weiter zurück. Obwohl die Installation der restlichen Sensoren in Knoten 3 und der Cupola ohne Zwischenfälle funktioniert, schaffe ich es nicht, die rote Linie zu überholen. Am Ende hat sie sogar schon die erste Viertelstunde meiner Mittagspause verschlungen. Enttäuscht über die Niederlage beschließe ich, das Essen ausfallen zu lassen. Statt die verbleibenden 45 Minuten meiner Siesta zu genießen, widme ich mich meinem nächsten Programmpunkt – der ist aber immerhin ein ganz besonderer. Heute Nachmittag werde ich meinen ersten Inflight Call bestreiten, eine galaktische Videokonferenz zwischen dem erdnahen Orbit und der Stadt Matosinhos in Portugal. Dort tagen gerade die für die Raumfahrt zuständigen Minister der 22 ESA-Mitgliedsstaaten, um die Rolle Europas im All zu stärken. Ich soll mich live dazuschalten, dem ESA-Generaldirektor ein paar Fragen beantworten und nebenbei für die Forschung auf der ISS werben. Eine ganz schön große Nummer, die ich auf keinen Fall verbocken will.

Ein Glück, dass es auf der ISS für alles vorgeschriebene Prozeduren gibt, um das bestmögliche Ergebnis zu erzielen. Auch eine Anleitung für Inflight Calls findet sich in dem Sortiment. Sie umfasst detaillierte Einzelschritte, wobei sich die meisten auf das Set-up des Filmstudios beziehen. Als Erstes soll ich mich um die Kulisse kümmern und eine große ESA-Flagge als Hintergrund aufhängen. Aber wo steckt die bloß? In meiner PR-Tasche, die mir das EAC-Communication-Team zusammengestellt hat, finde ich sie jedenfalls nicht. Und auch in der Event-Tasche, die Thomas hier zurückgelassen hat, ist keine Spur von der blauen Fahne mit dem ESA-Logo.

Irritiert wende ich mich an das Kontrollzentrum in München. »Wisst ihr vielleicht, wo ich sonst noch nachschauen könnte?«, frage ich. »Gib uns ein paar Minuten«, entgegnet Eurocom Andreas Orth, der heute als Verbindungssprecher an der Konsole eingeteilt ist. Und während mein Kollege auf der Erde die ISS-Packliste durchforstet, unterstützt mich Tom hier oben. Gemeinsam wühlen wir uns durch sämtliche Staufächer in Columbus. Vergeblich. Es scheint, als hätte sich das Teil in Luft aufgelöst. Auch Andy hat keine gute Nachrichten: »Laut unserer Liste sollte die Fahne in Thomas' Event-Tasche lagern. Wenn sie dort nicht ist, können wir dir auch nicht weiterhelfen. Tut uns leid.« Angespannt blicke ich auf die Uhr. In nicht einmal 30 Minuten beginnt die Liveschalte mit meinem Chef und all den hochrangigen europäischen Politikern – und ich scheitere schon daran, die Kulisse aufzubauen. Das darf doch nicht wahr sein! Jetzt gibt es nur noch einen Menschen in diesem Universum, der mir aus der Patsche helfen kann: Thomas.

Mein Herz pocht wie wild, als ich seine Nummer wähle. Mit jedem Tuten des IP-Phone schlägt es noch einen Ticken schneller. »Hallo«, meldet sich mein Vorgänger nach längerem Warten. Ich war noch nie so froh, seine Stimme zu hören. »Thomas, wo in aller Welt hast du die ESA-Flagge verstaut?«, falle ich sofort mit der Tür ins Haus.

»Ist sie nicht in meiner Event-Tasche? Dann findest du sie bestimmt in der weißen Cargo-Tasche ›miscellaneous ESA items‹ in Columbus in der Deck-4-Location. Dort habe ich die Plastiktüte mit allen Flaggen meist reingeschoben«, erwidert er ganz selbstverständlich.

Niemals wäre ich auf die Idee gekommen, darin nachzusehen. »Vielen Dank! Ich melde mich in den nächsten Tagen noch mal bei dir«, würge ich meinen Retter ab, ohne ihm die Gelegenheit zu geben, mir Fragen über meine erste Woche im All zu stellen. Tom, der unser Gespräch mitbekommen hat, durchstöbert derweil bereits besagte Tasche und zieht tatsächlich die Flagge hervor. Mit Klettbändern fixieren wir sie an der hinteren Wand des Forschungslabors. Puh, das wäre geschafft! Noch 25 Minuten bis zum Event.

Laut Prozedur ist nun die Kamera an der Reihe. Wir schrauben sie auf einem Schwenkarm fest und richten sie aus. In dem engen Modul ist es gar nicht so einfach, den optimalen Bildausschnitt einzustellen. Weder mein Kopf noch die Füße sollten nachher abgeschnitten sein – und selbstverständlich müssen meine Zuschauer die ESA-Fahne in ihrer vollen Pracht bewundern können. Erst nach mehrmaligem Nachjustieren sind wir mit der Position zufrieden. Obwohl in der Anleitung keine zusätzliche Beleuchtung empfohlen wird, installieren Tom und ich ein Studiolicht. »Ein Profitipp – für das Glitzern in den Augen«, wie einer meiner Ausbilder stets zu sagen pflegte. 20 Minuten bis zum Event.

Für den Ton verwenden wir drahtlose Handmikrofone, die mit einem Sender ausgestattet sind. Den passenden Empfänger muss ich in die Kamera einschieben. Doch es gibt ein Problem: Der Stick ist genauso spurlos verschollen wie anfangs die ESA-Fahne. Wieder und wieder durchwühle ich den Kynar-Beutel, in dem wir unser Audiozubehör aufbewahren. Ich finde Kabel, Adapter, Ladegeräte und Antennen, aber eben keinen Empfänger. »Mensch, Thomas, du kannst doch nicht alles verlegt haben«, schimpfe ich leise vor mich hin. Gerade als ich meinen Kollegen ein zweites Mal anrufen will, fällt mir ein, dass wir das Mikro bei der Liveschalte kurz nach unserer Ankunft auf der ISS benutzt haben. Vielleicht hat Mark, der an jenem Tag für das Set-up verantwortlich war, vergessen, den Empfänger wegzuräumen. Umgehend fliege ich in Knoten 2, um meiner Vermutung nachzugehen. Und tatsächlich: Der Empfängerstick steckt noch in der dortigen Kamera. Noch 15 Minuten bis zum Event.

Ich atme tief durch. Was für eine Aufregung! Aber immerhin ist es mir rechtzeitig gelungen, das Forschungslabor in ein kosmisches Filmstudio zu verwandeln. Zu guter Letzt tausche ich mein Arbeitsshirt gegen ein schickes blaues ESA-Polo und räume ein paar Taschen beiseite, die lose in der Gegend herumschwirren. Außerdem stelle ich sicher, dass mein apfelsinengroßer Globus, den ich zur Demonstration der Schwerelosigkeit nutzen will, in Reichweite ist. Anschließend funke ich das Kontrollzentrum in Houston für den finalen Systemcheck an. Capcom und Astronautenkollege Warren »Woody« Hoburg fordert mich auf, mittig ins Bild zu schweben und langsam bis zehn zu zählen. Da die Video- und Tonspur getrennt voneinander einlaufen, müssen die Techniker sie miteinander synchronisieren. Zehn Minuten bis zum Beginn der Liveschalte.

Während auf der Erde die letzten Vorbereitungen im Gang sind, werfe ich einen Blick in das Skript. Erstaunt stelle ich fest, dass Jules Grandsire, PR-Leiter des EAC, das Event moderieren wird. Nach meiner Nominierung zum Astronauten hatte ich zusammen mit ihm meinen ersten öffentlichen Auftritt auf der Erde durchgestanden. Nun also haben wir auch bei meinem ersten öffentlichen Auftritt im Weltraum das Vergnügen. Ein Zufall, der mir ein Lächeln entlockt. Ich weiß noch zu gut, wie angespannt ich damals bei der Pressekonferenz in Darmstadt war. Die Bühne, die Journalisten, die Kamerateams – mir war dieser ganze Aufruhr um meine Person schrecklich unangenehm. Ich hätte mich am liebsten verkrochen, doch Jules kannte kein Erbarmen. Er scheuchte mich von Interview zu Interview, organisierte Fotoshootings und ließ mich live in eine Nachrichtensendung schalten. Gut viereinhalb Jahre ist das jetzt schon her.

»Die Übertragung beginnt in exakt einer Minute«, informiert mich Woody und lenkt damit meine Konzentration wieder auf das bevorstehende Event. Rasch zuppele ich mein Poloshirt zurecht und überprüfe noch einmal, ob die Frisur sitzt. Das Tückische an Inflight Calls ist, dass die Zuschauer mein Livebild auf einer Leinwand sehen können, während ich nur ihre Stimmen höre. Und dies über alte Lautsprecher, die den Ton gelegentlich stark verzerren.

Ein lang gezogenes Piepsen läutet den Start der Veranstaltung ein. »Station, this is Houston. Are you ready for the event?«, fragt Capcom Woody, ob ich bereit sei. Ich gebe mein Okay. Jetzt wird auch Jules in das Gespräch einbezogen. »ESA, please call station for a voice check«, fordert ihn Woody auf, die Tonübertragung zu prüfen. »Station, this is Jules Grandsire from ESA. How do you read me?«, erkundigt sich mein PR-Kollege mit französischem Akzent. Ich verstehe ihn ganz wunderbar und antworte: »Bonjour Jules. Je t'entends bien. I read you five by five.« Applaus ertönt. Ich lächele, winke in die Kamera und lasse meinen Miniglobus elegant neben mir schweben. Indessen übergibt Jules das Wort bereits an unseren Generaldirektor. Obwohl wir uns kaum kennen, begrüßt mich Josef sehr herzlich. »Es freut mich, dich in so einer guten Verfassung und mit guter Laune zu sehen«, sagt er. »Wie geht es dir dort oben?«

»Es ist wundervoll. Noch gewöhne ich mich daran, im Weltraum zu leben und zu arbeiten. Ich fühle mich wie ein junger Vogel, dem gerade Flügel gewachsen sind und der jetzt lernen muss zu fliegen«, erzähle ich enthusiastisch. Während ich rede, macht sich mein Globus gemächlich aus dem Staub, und ich drifte selbst immer mehr zur rechten Seite ab. Unauffällig versuche ich, mich mit den Füßen festzuklammern, doch die nächste Halteschlaufe befindet sich außerhalb des Bühnenbereichs. Das hatte ich beim Aufbau des Filmstudios nicht bedacht. Glücklicherweise hat mein Chef vorerst keine weiteren Fragen, sondern beginnt über die Beschlüsse der Ministerratskonferenz IMM21 zu referieren. Danach wendet sich auch der portugiesische Minister Manuel Heitor noch an das Publikum. Ich nutze die Zeit, um meinen kleinen Erdball einzufangen und meinen Körper zu stabilisieren, indem ich mich lässig mit der Hand an der Wand abstütze.

Als die beiden Herren ihre Reden beendet haben, bin ich am Zug. Meinen Vortrag habe ich mir bereits im Vorfeld zurechtgelegt. Ich betone darin die Bedeutung der internationalen Zusammenarbeit in der Raumfahrt, erläutere meinen Missionsnamen »Cosmic Kiss« und berichte vom alltäglichen Leben auf der ISS. Dabei achte ich darauf, nicht nur über Experimente, sondern auch über ganz profane Aufgaben wie beispielsweise die Reparatur unserer Bordtoilette zu sprechen. »Heute Morgen musste ich dazu tief in ihr Inneres langen und sie flicken. Das ist genauso wichtig wie die wissenschaftliche Arbeit, denn ohne funktionierende Toilette gibt es hier unglückliche Astronauten, und das hat dann auch direkt Auswirkungen auf die Versuche«, erzähle ich und hoffe, die Zuschauer mit dieser Anekdote zum Lachen zu bringen. Mein Plan geht auf. Ich bin zufrieden – und mein Chef auch. »Du hörst Applaus von Hunderten Menschen aus ganz Europa. Sie sind alle froh, dich dort oben zu sehen«, beschreibt Josef die Stimmung im Saal. Der Zuspruch tut gut. Diesen Punkt auf meinem Terminplaner habe ich erfolgreich umgesetzt.

Aber ich freue mich zu früh: Minister Heitor hat zum Abschluss eine spontane Frage. Ich verstehe im ersten Anlauf nur den Schluss: »… geht das auf der ISS?« Ich bitte den Politiker, die Frage zu wiederholen, doch schnappe wieder nur die letzten Wortfetzen auf. Leichte Panik macht sich in mir breit. Was soll ich tun? Ich will nicht erneut nachhaken, da dies den Minister, der im Englischen einen harten Akzent hat, brüskieren könnte. Also treffe ich eine allgemeine Aussage und winde mich mit einer Floskel heraus: »Auf der ISS ist vieles möglich. Wenn man eine Aktivität wirklich umsetzen möchte, dann findet sich meist ein Weg.« Inständig hoffe ich, dass meine Antwort irgendwie passt und ich mich nicht zum Volldeppen vor der versammelten ESA-Riege gemacht habe. Just in diesem Moment reißt die Verbindung ab, und ich höre Woody das Ende des Inflight Call verkünden.

Schnell hetze ich rüber zu meinen Freunden, um mich zu erkundigen, ob wer die Worte des Ministers verstanden hat. Aber niemand kann mich aus meiner Ungewissheit befreien. Erst Tage später wird mich mein Mentor Reinhold, der bei der Konferenz anwesend war, von meinen qualvollen Gedanken erlösen. Am Telefon verrät er mir, dass der Minister eine Scherzfrage gestellt hatte: »Er liebe Jazz und wollte wissen, ob ein Konzert auf der ISS möglich sei. Es ist also alles gut, Matthias. Deine Antwort war kein Knaller, hat aber schon gepasst, und es ist niemandem weiter aufgefallen.«

Die Wunden der Erde

Dienstag, 30. November 2021

Es war eine merkwürdige Nachricht, die wenige Stunden vor dem Raketenstart auf meinem Smartphone aufgeploppt war. Thomas Reiter, der erfahrene Astronaut, der bereits auf der MIR und der ISS geforscht hat, schrieb: »Hallo Matthias, vergiss nicht, ab und zu mal aus dem Fenster zu schauen. Guten Flug und viele Grüße.« Ich war verwundert. Was wollte er mir damit bloß sagen?

Jetzt, knapp drei Wochen später, weiß ich den Hinweis zu schätzen. Mein Tagesablauf ist so minutiös durchgeplant, dass ich mich wie ein Hamster im Laufrad fühle. Zeit, in die Cupola zu schweben, um den Blick auf die Erde zu genießen, finde ich kaum. Momente wie dieser sind selten und etwas ganz Besonderes: Es ist mitten in der Nacht, und während meine Mitbewohner längst in ihren Kojen schlummern, habe ich mich für eine Weile in das Aussichtsmodul zurückgezogen und erfreue mich an der Schönheit unseres Planeten.

Wir fliegen über den Indischen Ozean. Die recht dichte Wolkendecke reflektiert die Sonnenstrahlen so stark, dass ich die Augen ziemlich zukneifen muss und das tiefblaue Wasser darunter nur erahnen kann. Langsam schiebt sich Australien in mein Blickfeld. Der weiße Vorhang löst sich auf. Stück für Stück breitet sich der rostrote Kontinent unter mir aus. Es ist ein malerischer Anblick. Eine Meisterleistung der Natur. Ein Landstrich erinnert mich in seiner Form an den italienischen Stiefel. Gleich daneben liegt die Großstadt Adelaide an einer trichterförmigen Küste. Ein aufgefächertes Flussdelta hat markante Reliefspuren in die Oberfläche gezeichnet. Seine Arme ähneln Blutgefäßen, die sich immer feiner verästeln, bis sie schließlich ins Meer münden. Die im Süßwasser enthaltenen Mineralien haben sich im Lauf mehrerer Jahrmillionen abgelagert und eine einzigartige Farbenpracht hinterlassen. Dieses Naturphänomen muss ich unbedingt auf einem Foto festhalten.

Behutsam ziehe ich eine der vielen, mehrere Tausend Euro teuren Profikameras von der Wand ab. Manchmal stoße ich unabsichtlich gegen einen der Apparate, dann löst sich das Klettband, mit dem er gesichert ist, und er schwebt so lange frei durch den Raum, bis ich ihn wieder aus der Luft fische. Die Tücken der Schwerelosigkeit lauern eben überall. Doch ich werde immer geschickter darin, sie zu überlisten. Fortschritte mache ich auch beim Fotografieren. Seitdem ich in der vergangenen Woche damit angefangen habe, werden meine Aufnahmen kontinuierlich besser. Aber es ist noch Luft nach oben – vor allem, was meine Orientierung betrifft. Ich fliege über traumhafte Gegenden hinweg und weiß oft gar nicht, was ich da unter mir sehe. Klar erkenne ich die Kontinente und auch viele Länder, da ich sehr gern reise. Doch besonders in Afrika und im Orient habe ich große Lücken. Und je detaillierter es wird, desto unsicherer bin ich mir: Welchen Fluss bestaune ich da? Wie heißt diese Stadt, die so hell beleuchtet in die Nacht scheint und eine mittelalterliche Struktur aufweist? Sind das Baggerseen oder Meerwasserentsalzungsanlagen, die mir farbenfroh entgegenfunkeln?

Während ich verschiedene Einstellungen ausprobiere, bewegen sich sowohl die Erde als auch die Raumstation unermüdlich weiter. Australien ist aus meinem Sichtfeld verschwunden und sogar Papua-Neuguinea haben wir bereits hinter uns gelassen. Durch die Kameralinse starre ich nun erneut auf eine nahezu unendliche blaue Fläche – den Pazifischen Ozean. Ein paar klitzekleine Atolle wecken meine Aufmerksamkeit. Im Inneren sind sie tiefblau gefärbt. Ihre Ränder bestehen aus einem hauchdünnen, türkisfarbenen Saum – dem Korallenriff. Ich drücke den Fotoapparat gegen einen Klettstreifen, öffne auf meinem Tablet das Programm Worldmap und lasse mir den Standort anzeigen. Wir fliegen über die Marshallinseln. Im Hinterkopf speichere ich mir diesen zauberhaften Ort für meine Wunschliste zukünftiger Reiseziele ab.

Aus dem Weltraum betrachtet scheint es, als hätte nie ein Mensch dieses Paradies je betreten. Alles sieht so unberührt und intakt aus. Aber ist es das? Ich muss an meine NEEMO-Expedition denken. Die Meeresforscher haben mir damals erzählt, dass sehr viele Korallenbänke absterben werden, da das Meereswasser immer wärmer wird. Der Gedanke stimmt mich traurig. Ich wünschte, es könnten mehr Menschen die Erde aus der Perspektive eines Astronauten sehen. Dann würden sie vielleicht erkennen, wie zerbrechlich unser Planet ist und dass wir ihn schützen müssen. Von hier oben blicke ich auf Feuer, die in den Regenwäldern lodern und die Lunge unseres Planeten vertilgen. Die pechschwarzen Rauchsäulen reichen bis hoch in den Himmel. Wenig später schaue ich auf sich endlos erstreckende ausgetrocknete

Seen und brachliegende Flächen hinab. Dann wieder folgen riesige Narben an der Oberfläche: Abräummaschinen fräsen sich unaufhaltsam in den Untergrund, um dem Boden seine Ressourcen zu entreißen. Die Spuren, die sie dabei hinterlassen, kann ich selbst mit bloßem Auge aus 400 Kilometer Höhe entdecken. Der Blick durch die Fenster der Cupola offenbart, was längst zu jedem durchgedrungen sein sollte: Wir zerstören unseren Planeten.

Ein herzhaftes Gähnen zwingt mich, meine Überlegungen vorerst zu beenden. Es ist schon nach zwei Uhr, und ich sollte dringend ins Bett schweben. Der Zeitpunkt kommt gelegen: In den nächsten 30 Minuten würde ich ohnehin nur den Pazifik sehen. Viel zu entdecken gibt es dabei – von Ozeanien und ein paar Inselchen abgesehen – nicht. Was ich als Kind in der Schule gelernt habe, wird mir hier oben erst so richtig bewusst: 71 Prozent der Erdoberfläche ist mit Wasser bedeckt. Momentan bewegen wir uns zudem auf einer Flugbahn, die während der nächsten Erdumrundung fast ausschließlich über die Weltmeere führt. Doch das wird sich bald ändern: Die Raumstation umkreist unseren Planeten auf einer Kreisbahn mit 51,6 Grad Neigung zum Äquator, sodass wir unsere Erde kontinuierlich zwischen 51,6 Grad Nord und 51,6 Grad Süd überfliegen. Was nördlich oder südlich davon liegt, werde ich nicht zu Gesicht bekommen, wie zum Beispiel große Teile Skandinaviens, die Arktis oder Antarktis. Die ISS benötigt 90 Minuten, um einmal um die Erde zu düsen. Diese rotiert gleichzeitig um ihre eigene Achse, die 90 Grad zum Äquator geneigt ist, und braucht hierfür 24 Stunden. Durch die Kombination dieser zwei Bewegungen mit jeweils unterschiedlicher Drehachse und Drehgeschwindigkeit überfliegen wir immer wieder andere Gebiete. Europa habe ich bisher noch nicht gesehen. Aber ich hoffe sehr, demnächst auch meine Heimat von hier oben bewundern und fotografieren zu können.

Vertrauen

Donnerstag, 2. Dezember 2021

Ich sehe es noch genau vor mir, dieses kalte, dunkle Loch in der Sa-Grutta-Höhle, das plötzlich vor meinen Füßen klaffte. So tief, dass selbst der starke Lichtstrahl meiner Kopflampe nicht bis zum Boden vordringen konnte. Das Abseilen in die Finsternis war wahres Doping für unser Selbstbewusstsein, aber vor allem lehrte es uns zu vertrauen – in die Technik, in unser eigenes Können und ganz besonders in die Leistungsfähigkeit unserer Gruppe. Denn wir wussten: Wenn mehr als 100 Meter unter der Erdoberfläche etwas schiefgeht, können wir uns nur gegenseitig aus der Patsche helfen.

In 400 Kilometer Höhe ist das ganz genauso. Niemand kann uns auf die Schnelle zur Unterstützung eilen. Wie in der Höhle müssen wir auch im Weltall füreinander da sein. Wir sprechen uns Mut zu, beratschlagen uns bei schwierigen Entscheidungen, spenden uns gegenseitig Trost und legen an manchen Tagen sogar unser Leben in die Hände unserer Mitbewohner. Wie sich das anfühlt? Diese Frage könnte momentan wohl niemand besser beantworten als Tom. Er wird sich gleich mit den Füßen auf dem Roboterarm festschnallen und sich von Raja und mir durch das Vakuum manövrieren lassen. Der kleinste Fehler, ein unkorrekter Befehl unsererseits könnte für ihn katastrophale Folgen haben – etwa, dass er aus der Halterung rutscht und, nur noch durch eine Leine gesichert, unkontrolliert durch das Nichts taumelt. Schlimmstenfalls könnte er gegen die Außenwand der ISS knallen, seinen Raumanzug beschädigen und sich verletzen. Ich versuche, die Gedanken daran zu verdrängen und meinen Verstand ausschließlich auf die bevorstehende Aufgabe zu richten: das Steuern des Roboterarms, des Space Station Remote Manipulator System (SSRMS).

Raja und ich haben dazu im Lab Stellung bezogen. Vor uns

hängen drei Monitore, die den SSRMS aus unterschiedlichen Blickwinkeln zeigen. Rechts und links daneben haben wir weitere Bildschirme positioniert, auf denen wir zusätzliche Aufnahmen erhalten, etwa von den Helmkameras unserer Kollegen oder den Außenkameras der ISS. Außerdem gibt es zwei Joysticks. Der linke ist horizontal angebracht. Wenn ich ihn drücke, fliegt der Roboterarm nach vorn, wenn ich ihn rausziehe, nach hinten. Des Weiteren kann ich mit diesem Joystick den Roboterarm nach oben und unten, nach rechts und links bewegen. Wobei sämtliche Richtungen unterschiedlich definiert sein können. So kann »nach vorn« in »Flugrichtung der ISS« oder in »Blickrichtung von Tom an der Spitze des Arms« bedeuten. Gleiches gilt für die Bewegungen, die ich mit dem rechten Steuerknüppel einleiten kann. Mit ihm lässt sich der SSRMS um drei Achsen rotieren, sprich rollen, nicken und gieren. Ich muss je nach Situation entscheiden, ob ich das Koordinatensystem in »Flugrichtung der ISS« oder in »Blickrichtung von Tom an der Spitze des Arms« benutze. Der Wechsel zwischen diesen beiden Systemen erfordert jedes Mal ein mentales Umdenken und bringt meinen Kopf kräftig zum Rauchen. Die restlichen Steuerungsbefehle erteilen wir mittels eines Bedienpults. Knöpfe, Kipphebel und Wippschalter erlauben es uns unter anderem, die Bremse zu schließen beziehungsweise zu lösen und vorprogrammierte Bewegungsabläufe des Roboterarms zu starten. Mein Job ist es, all diese Steuerungseinheiten zu betätigen. Raja übernimmt die Kommunikation sowohl mit den Kontrollzentren als auch mit Tom.

Für ihn ist dies bereits die fünfte EVA und doch eine voller Neuheiten. Bei den ersten vier Einsätzen war er immer zu Fuß unterwegs, die Arbeit im SSRMS ist also ein Novum für ihn. Außerdem wurde er zum ersten Mal als EV1 – als Chef des Einsatzes – eingeteilt und trägt somit auch erstmals die Verantwortung für einen »Rookie«. Denn Tom ist selbstverständlich nicht allein da draußen, sondern gemeinsam mit Kayla, die heute ihr Debüt als Weltraumspaziergängerin feiert. Die beiden waren deshalb in den Tagen vor »US EVA P1 SASA R&R« ziemlich angespannt. Der umständliche Name des Außenbordeinsatzes beschreibt, worum es dabei geht. Ziel der **US**-amerikanischen **EVA** ist es, am **P1**-Abschnitt der ISS-Gitterstruktur die S-Band Antenna Support Assembly, kurz **SASA,** zu reparieren *(**R**epair)* und zu ersetzen *(**R**eplace).* Klingt kompliziert, lässt sich aber ganz einfach erklären: Wir nutzen unterschiedliche Funkverbindungen, um Daten zu transportieren. Über die S-Band-Funkverbindung sprechen wir mit den Kontrollzentren, und die Techniker senden darüber die Steuerkommandos an die ISS-Computer. Sie ist sehr robust, hat aber nur eine geringe Bandbreite. Um große Datenmengen wie Bilder oder Videos zu versenden, greifen wir daher auf die K_U-Band-Funkverbindung mit einer großen Bandbreite zurück. K_U-Funk hat jedoch den Nachteil, dass die Antennen sehr genau ausgerichtet sein müssen. Sollte die Raumstation einmal das Gleichgewicht verlieren, würde die K_U-Band-Funkverbindung als Erstes ausfallen. Die S-Band-Funkverbindung hingegen würde in der Regel weiterhin funktionieren. Über sie könnten wir mit den Experten auf der Erde einen Plan entwickeln, wie wir unser kosmisches Zuhause wieder auf Kurs bringen. Im Notfall sind wir also auf die SASA angewiesen, weshalb sie zur kritischen Infrastruktur der ISS gehört. Da eine der Antennen – zur Sicherheit gibt es deren zwei – nicht mehr einwandfrei funktioniert, sollen Tom und Kayla sie gegen eine neue austauschen.

Die Antenne ist sperrig und an einer schlecht zugänglichen Stelle auf der Oberseite der ISS verbaut, sodass die NASA-Spezialisten entschieden, sie mithilfe des robotischen Arms aus der Verankerung zu lösen. Tom hat sich daher gleich nach Verlassen der Luftschleuse zur vorderen linken Seite der Raumstation begeben und dort die Fußhalterung am SSRMS montiert. Beim Einsteigen braucht er nun unsere Hilfe. Er fordert Raja und mich auf, den Arm nach unten zu steuern, damit er sich mit den

Füßen an dem Gerät festklemmen kann. Meine Anspannung steigt – dies wird mein erster Flug mit dem Roboterarm. Es handelt sich nur um eine einfache lineare Bewegung Richtung Erde, aber trotzdem ist sie nicht zu unterschätzen.

»Wir bewegen den Arm einen Meter nach unten«, bestätigt Raja, dass wir die Aufforderung verstanden haben. Während ich die Bremsen löse, warnt Raja Tom, dass sich der SSRMS gleich in Bewegung setzen wird. Ich drücke den linken Hebel nach unten und behalte gleichzeitig die Zahlenanzeigen auf den Bildschirmen im Auge. Langsam nähere ich mich dem Zielpunkt und reduziere die Geschwindigkeit. »Arm gestoppt. Bremsen zu. Du kannst einsteigen, Tom«, gibt Raja den nächsten Punkt der Prozedur durch.

Als unser Kollege fest verankert ist und uns dies bestätigt, geht es richtig los. Unser erstes Ziel: die defekte Antenne. Mit leicht schwitzigen Händen an den Joysticks bewege ich den SSRMS ein paar Meter weg von der ISS zu einer vordefinierten Position, die ich bis auf zehn Zentimeter und ein Grad Winkelabweichung erreichen muss. Beim Anfahren lasse ich den Steuerungsknüppel ein wenig zu schnell los. Ich sehe, wie Tom an der Spitze des robotischen Arms vor und zurück schwankt, während ihm ein missfallendes Stöhnen entgleitet. »Mehr Fingerspitzengefühl, Matthias!«, mahnt mich meine innere Stimme. Raja ist derweil schon einen Schritt weiter: »Wir haben den Startpunkt für den nächsten Abschnitt erreicht. Das wird eine computergesteuerte Bewegung: circa vier Meter nach oben, dann drei Meter nach hinten in Richtung des russischen Segments und zudem etwa drei Meter nach links. Gleichzeitig kommen ein paar Rotationen hinzu. Bereit, Tom?« Tom ist bereit. Ich lade die automatisierten Schritte in den Computer und aktiviere die Sequenz. Parallel dazu überwachen Raja und ich die Bildschirme, mein Finger immer am Stoppknopf anliegend. Auch wenn die Bodenspezialisten diese Bewegung am Computer berechnet und simuliert haben, müssen wir jederzeit sicherstellen, dass sowohl Tom als auch der robotische Arm einen ausreichenden Sicherheitsabstand zur Raumstation und all ihren Bauteilen einhalten.

Während unsere Augen sprichwörtlich an den Monitoren kleben, schiebt sich die Sonne ins Bild und blendet uns. »Ich kann Tom nicht mehr deutlich sehen, wir müssen gleich anhalten. Oder kannst du mir eine bessere Kameraeinstellung geben, Raja?« Der reagiert sofort: »Ja, ich gebe dir die JEM-Kameras. Es ist alles gut. Sie zeigen, dass wir genügend Abstand haben.« Sicher erreichen wir schließlich den programmierten Haltepunkt zwei Meter neben der defekten Antenne. »Tom, das restliche Stück fliegt dich Matthias wieder im manuellen Modus«, verkündet Raja. Ein paar Hebel umlegen, ein paar Zahlen eintippen, und schon manövriere ich meinen Kollegen Richtung SASA. »Gib mir noch 20 Zentimeter in die gleiche Richtung und dann kippe mich fünf Grad nach vorn«, bittet mich Tom. Aber bei fünf Grad könnte der Arm mit der Raumstation kollidieren. »Tom, wir können dich 25 Zentimeter nach vorn fliegen und zwei bis drei Grad kippen. Mehr geht nicht«, bietet ihm Raja an. »Okay, ich nehme die 25 Zentimeter nach vorn und auch noch zehn Zentimeter nach rechts«, feilscht Tom. Ich zwinkere Raja zu: »Wie auf einem arabischen Basar!«

Schließlich ist unser Kollege in einer guten Position, um die Haltebolzen der Antenne zu lösen. Wir schließen die Bremsen des robotischen Arms und beobachten ihn bei der Arbeit. Kayla befreit unterdessen die Ersatzantenne aus der Schutzverkleidung. Diese lagert ein paar Meter entfernt am externen Ersatzteillager auf dem Express Logistics Carrier ELC-3, das sich außen auf dem Querträger der Station befindet. Dann kraxelt sie ihrem EVA-Partner zu Hilfe, um die defekte SASA herauszuziehen, und hangelt sich anschließend wieder zum ELC-3 zurück. Kayla wird diese Strecke heute noch mehrfach abwandern müssen. Tom hingegen hat es bequemer, er fordert den nächsten Weltraumritt an: »Fliegt mich bitte rüber zur Ersatzantenne.« Raja und ich haben die neuen Koordinaten bereits in den Computer eingetippt, lösen die Bremse und steuern Tom zunächst wieder manuell, bis der nötige Sicherheitsabstand zur ISS gegeben ist. Danach laden wir eine neue Autosequenz, und schon fliegt Tom automatisch auf das externe Ersatzteillager am ELC-3 zu. Abbremsen, manuelles Weiterfliegen eintippen und sanft den Joystick in die richtige Richtung schieben – das macht nun richtig Spaß.

Am ELC-3 angekommen, verstauen Tom und Kayla die defekte Antenne erst einmal nur provisorisch. Danach ist es für Tom an der Zeit, die neue zu übernehmen. Diese Aktion haben wir vorher genau besprochen, denn Tom hängt nun so schräg zur ISS, dass er keine Stationskoordinaten für seine Anweisung mehr verwenden kann. Wir müssen daher den Arm relativ zu seinem Körper fliegen. »Flieg mich einen Meter in meine Blickrichtung«, weist Tom mich an. Unter Rajas Kontrolle wechsle ich mithilfe des Computers das Koordinatensystem des robotischen Arms und bringe Tom fast in eine missliche Lage, da ich den Hebel leicht in die falsche Richtung schiebe. Ich bemerke meinen Fehler jedoch sofort und korrigiere ihn.

Vom Ersatzteillager befördere ich Tom mit der neuen Antenne zurück zur Baustelle, wo er und Kayla sie einbauen und verkabeln. Es ist draußen bereits stockdunkel, als Tom noch einmal zum ELC-3 gebracht werden möchte, um die defekte Antenne nun sicher zu verstauen. Den Weg und die Schritte kennen Raja und ich inzwischen auswendig, sodass uns das Manöver trotz der eingeschränkten Sicht leicht von der Hand geht. Als Tom seine Arbeit erledigt hat, können wir ihn endlich zum Endpunkt der Prozedur fliegen. Wir warten, bis er aus der Fußhalterung herausgeklettert ist, und bringen den SSRMS in die finale Parkposition. Überglücklich über unseren Erfolg klatschen Raja und ich ab.

Jetzt habe ich endlich Zeit für eine Toilettenpause. In den vergangenen fünf Stunden konnte ich die Computerstation lediglich einmal kurz verlassen, doch noch ehe ich am WC angekommen war, hatte Tom bereits die nächsten Sonderwünsche. Ich hätte nicht gedacht, dass es so anstrengend sein würde, den Roboterarm zu steuern! In den nächsten Tagen werden wir für diese Leistung selbst von Astronauten mit viel Weltraumerfahrung überschwängliches Lob erhalten. Den Arm so sicher und effizient zu bewegen, wie es Raja und mir gelungen war, ist wohl keine Selbstverständlichkeit.

Als Tom und Kayla in die ISS zurückkehren, sind auch sie überglücklich. Ihr Außenbordeinsatz und die Reparatur der Antenne waren erfolgreich. Wir umarmen uns erleichtert und reden noch bis in die Nacht über unsere Erlebnisse. Die erste EVA der Crew-3 war komplex und ein Meilenstein für unsere Mission. Wir konnten sie nur meistern, weil wir einander vertraut und uns gegenseitig unterstützt haben. Im Team sind wir stärker als vier Individuen. Wir sind unschlagbar!

Galaktisch gudd gess

Samstag, 4. Dezember 2021

»Hauptsach gudd gess« – gegen dieses ungeschriebene Gesetz würde ein waschechter Saarländer niemals verstoßen. Weder auf der Erde noch im Weltall. Als ich erfuhr, dass jeder Astronaut neben der Standardnahrung auch Leibgerichte – Crew Choice Meals – mit zur ISS bringen darf, war mir sofort klar, dass ich viele Köstlichkeiten aus meiner Heimat mitnehmen würde. Da »Schwenken« – Grillen mithilfe eines Schwenkgrills, eine Leidenschaft der Saarländer – in der Schwerelosigkeit jedoch unmöglich ist, musste eine andere Lösung her. Und so entstand die Idee für einen Wettbewerb. Insgesamt zehn saarländische Spitzenköche kreierten je ein großartiges Drei-Gänge-Menü und stellten die galaktische Mahlzeit online in kurzen Filmbeiträgen vor. Tausende Internetnutzer schauten sich die Videos an und wählten ihren Favoriten.

Nach der Abstimmung verwandelten Mitarbeiter der LSG Group, ein Tochterunternehmen der Deutschen Lufthansa, das normalerweise Essen für Fluggesellschaften herstellt, das Sieger-Dinner in Space-Food, sprich Nahrung, die für die extremen Bedingungen hier oben geeignet ist. Was beispielsweise krümelt, ist tabu. Bröckchen könnten davonschweben und sich in Armaturen und Filtern festsetzen. Das Wichtigste aber ist, dass die Lebensmittel mindestens zwei bis drei Jahre genießbar sein müssen. Dazu werden die Gerichte bei circa 120 Grad über einen Zeitraum von bis zu 120 Minuten in sogenannten Autoklaven erhitzt und so thermostabilisiert. Der Fokus liegt darauf, Vitamine und Nährstoffe weitestgehend zu erhalten. In der Regel dauert es rund 18 Wochen, ein irdisches in ein kosmisches Rezept umzuwandeln. Das fertige Produkt wird im Labor geprüft und in Konservenbüchsen verpackt.

Etwa 20 Prozent meines persönlichen Essenspakets bestehen aus saarländischer Astronautennahrung. Die insgesamt 48 Dosen lagern nun im PMM – und jedes Mal, wenn sie mir in die Hände fallen, ist die Versuchung riesig, einen Happen davon zu probieren. Aber bislang habe ich keines der Gerichte angerührt, um mir die Überraschung nicht selbst zu verderben. Schließlich war es von Anfang an mein Plan, den besonderen Moment der Kostprobe mit meinen Mitbewohnern zu teilen. Ursprünglich wollte ich das Drei-Gänge-Menü an Weihnachten servieren. Da uns die NASA allerdings ein Christmas-Dinner schicken wird, habe ich den saarländischen Abend kurzerhand auf den heutigen Nikolaustag vorgezogen.

Kayla hilft mir bei den Vorbereitungen. Sie drapiert sämtliche Würzmittel, die in durchsichtige Plastikfläschchen gefüllt sind, auf die Klebestreifen auf der Tischplatte. Im Lauf der Zeit hat sich hier oben so einiges angesammelt: Unser Sortiment reicht von Olivenöl und Balsamico über Senf, Mayonnaise und Ketchup bis hin zu einer ultrascharfen Chilipaste. »Gibt es auch eine typisch saarländische Würzzutat?«, will Kayla wissen. »Na klar«, erwidere ich, »Maggi!« Der fragende Blick meiner Kollegin verrät mir, dass sie noch nie etwas davon gehört hat. »Ein paar Tropfen der magischen Essenz können jedes noch so fade Essen retten«, erkläre ich ihr die wohl wichtigste Kochregel aus meiner Heimat. Wobei ich ihr gestehe, die Flüssigwürze selbst weitestgehend zu vermeiden. Meine Kochphilosophie zielt vielmehr darauf ab, frische Zutaten zu verwenden, die bei entsprechender Zubereitung genügend Eigengeschmack entwickeln. Wenn ich würze, dann eher asiatisch und scharf. Damit liegen Kayla und ich auf einer Kochlinie.

Während wir die ersten Dosen in den Ofen schieben, finden sich langsam auch unsere Mitbewohner in der Küche ein. Als alle ihre Trinkbeutel gefüllt haben, überreiche ich jedem einen ganz speziellen Löffel. Das Besteck wurde nicht nur im Saarland gefertigt, sondern ist auch Teil des saarländischen Experiments Touching Surfaces. Das Forschungsprojekt der Universität in Saarbrücken gemeinsam mit dem DLR-Institut für Astrobiologie liegt mir besonders am Herzen, da es von den Professoren Ralf Möller und Frank Mücklich initiiert wurde. Letzteren lernte ich 1995 gegen Ende meines Studiums kennen. Damals war ich meist in meiner Lederkluft per Motorrad unterwegs, hatte lange Haare wie all meine Kumpels und hörte gern laute Punk-Rock-Musik. Frank legte nur auf solide Arbeit Wert, mein Outfit war ihm egal. Dennoch scherzte er manchmal darüber. »Sie sehen aus, als wollten Sie gleich den Mount Everest erklimmen«, war einer seiner Standardsprüche. Ich mochte seine lockere Art und seinen sehr umgänglichen Führungsstil, der uns Studenten viel Freiraum ließ. Als einer seiner ersten Diplomanden untersuchte ich in meiner Abschlussarbeit in Zusammenarbeit mit einem Automobilunternehmen die sogenannten intermetallischen Verbindungen. Wir analysierten verschiedene neuartige Legierungen als Werkstoff für Zündkerzen – ein höchst erfolgreiches Projekt, an dem Frank heute noch forscht. Der Kontakt zwischen uns ist nie abgerissen. Professor Mücklich war eine der zwei Referenzen, die ich 2008 bei meiner Bewerbung zum Astronauten angab. Dass ich nun ausgerechnet ein Experiment von ihm auf der ISS betreuen darf, ist ein wunderbarer Zufall.

Ehe wir mit dem Abendessen beginnen, erläutere ich meinen Kollegen, was es mit den Löffeln auf sich hat. Diese bestehen entweder aus Edelstahl oder aus Kupfer und weisen eine mit Lasern speziell strukturierte Unterseite auf. Wir sollen das Besteck im Lauf unserer Mission möglichst oft benutzen, damit die Wissenschaftler später auf der Erde untersuchen können, welche Mikroorganismen sich darauf angesammelt haben und ob bestimmte Materialien sie abtöten können. Ziel ist es, eine keimtötende Oberfläche herzustellen. Eine solche Entwicklung könnte unter anderem an Türklinken, Handläufen und Fahrstuhlknöpfen in Krankenhäusern zum Einsatz kommen. Aber auch auf der Raumstation. In der ISS geht von Keimen eine größere Gefahr aus, da sie wegen der erhöhten Strahlenbelastung sowie der Schwerelosigkeit stärker und schneller mutieren und zudem das Immunsystem von uns Astronauten geschwächt ist.

Was mich besonders stolz macht: Ein saarländischer Kinderarzt ist bereits auf das Experiment aufmerksam geworden und will künftig mit Frank und der Saar-Uni sowie der Stiftung Kinderherz, deren Botschafter ich nun bin, zusammenarbeiten. Er hat vorgeschlagen, bei Herzoperationen Implantate zu verwenden, die mit dem Beschichtungsverfahren versehen sind. Der Mediziner hofft, dass aufgrund der Keimreduzierung weniger Komplikationen auftreten werden. »Das ist eine tolle Sache, die wir so gut es geht unterstützen sollten«, sage ich zu meinen Mitbewohnern und bitte sie, die Löffel ab sofort regelmäßig zu verwenden. »Ich werde nur noch damit essen«, verkündet Raja sofort und begutachtet die Spezialanfertigung aus Kupfer eindringlich. Prüfend hält er sie neben das Standardbesteck. »Seht euch das an: Der NASA-Löffel ist mindestens drei Zentimeter kürzer.

Mit der saarländischen Variante kann man viel mehr reinschaufeln«, stellt er triumphierend fest.

Da das nun geklärt ist, eröffne ich den saarländischen Abend mit dem ersten Gang: einer Kartoffel-Riesling-Cremesuppe. Sie ist deutlich zähflüssiger als auf der Erde, damit sich keine Tröpfchen aus der Dose lösen, uns das Gesicht verbrühen oder in der Bordelektronik einen Kurzschluss verursachen können. Trotz der ungewöhnlichen Konsistenz schmeckt sie cremig, pikant und unfassbar lecker. Ich kann mich gar nicht erinnern, wann ich das letzte Mal solch ein intensives Aroma bei einer Kartoffelsuppe wahrgenommen habe. Im Weltraum verändert sich unser Geschmackssinn, weil unsere Nasennebenhöhlen aufgrund der Flüssigkeitsumlagerung zuschwellen. Wir können das Essen folglich kaum riechen und schmecken es ausschließlich über die Geschmacksknospen im Mund. Die Gerichte müssen daher besonders raffiniert gewürzt sein.

In den Anfangszeiten der bemannten Raumfahrt versuchte man, der Geschmackseinbuße mit Salz entgegenzuwirken. Bis Reinhold 1997 während seiner knapp dreiwöchigen MIR-97-Mission exakt dokumentierte, welche Nahrung und Getränke er zu sich nahm. Forscher untersuchten seine Ausscheidungen und verglichen diese mit seinem Speiseplan. Dabei entdeckten sie, dass sich während der Zeit im All erstaunlich viel Salz in Reinholds Körper eingelagert hatte. Offensichtlich ist der Körper in der Schwerelosigkeit nicht in der Lage, überschüssiges Salz auszuscheiden. Da dies neben Bluthochdruck auch einen verstärkten Knochenabbau nach sich zieht, wird seitdem in der Astronautennahrung weitestgehend auf Salz verzichtet. Die LSG-Group-Experten versuchen, es durch andere Geschmacksstoffe und Kräuter zu ersetzen. Beim saarländischen Essen ist ihnen das hervorragend gelungen. Die Würzmittel, die Kayla auf den Tisch geklebt hat, bleiben unberührt.

Im Lauf des Abends fällt uns auf, dass sich die saarländische und die russische Küche stark ähneln. Nicht nur die Suppe, auch das Hauptgericht, Ragout vom Rehwild, ist den Kosmonauten bestens bekannt. Lediglich die Beilage bringt Pjotr zum Grübeln. »Hoorische«, liest er mit solch einem starken Akzent vor, dass selbst ich das Wort kaum verstehe. Die anderen rätseln wild drauflos und kommen letztlich zu dem Ergebnis, dass es sich um irgendeine Art von Nudeln handeln könnte. »Hoorische sind länglich geformte Klöße, halb aus Kartoffel- und halb aus Weizenmehl«, löse ich das Rätsel auf und nutze die Gelegenheit, um ein bisschen mehr über das Saarland zu erzählen.

Astronauten sind in der Regel sehr an fremden Kulturen interessiert. Tag für Tag kreisen wir mehrmals um unseren Planeten. Wir blicken auf die unterschiedlichen Länder und fragen uns: Wie leben die Menschen dort? Wie unterscheidet sich ihr Alltag von unserem? Und welche Besonderheiten zeichnen eine bestimmte Region aus? Es mag paradox klingen: Aber das Verlangen, mehr über die Erde zu erfahren, ist im Weltraum besonders groß. Umso interessierter hören meine Mitbewohner zu, als ich ihnen von der wechselvollen Geschichte meiner Heimat, der fantastischen Natur und selbstverständlich dem guten Essen berichte.

Es ist erstaunlich, wie viele Gemeinsamkeiten sich während des Dinners noch so auftun. Obwohl sieben Astronauten aus drei Nationen an einem Tisch sitzen, entdecken wir immer wieder neue Berührungspunkte – und das nicht nur beim Thema Essen. Als wir die Rostigen Ritter, eine Nachspeise aus gebackenen Brötchen und Vanillesoße, genießen, werden unsere Gespräche zunehmend persönlicher. Tom erzählt von seiner Kindheit als jüngster Sohn einer vielköpfigen Familie und von seiner fünfmonatigen Wanderung 1980 auf dem 4265 Kilometer langen Pacific Crest Trail. Er ging den kompletten Fernwanderweg von der Nordgrenze der USA bis hin zur Südgrenze allein und mied Siedlungen möglichst. Und Mark teilt uns mit: »Ich werde meine Astronautenkarriere nach dieser Mission beenden.« Er träume von einem Leben außerhalb der NASA, das ihm mehr Zeit in der freien Natur erlaube, die er hier oben so sehr vermisse. Kayla schildert, wie der Terrorangriff am 11. September 2001 sie dazu inspirierte, eine der ersten Frauen zu werden, die in U-Booten ihren Militärdienst leisten, um damit ihrem Land zu dienen. Eine harte Zeit, in der sie viel über sich und den Wert einer guten Mannschaft gelernt, aber auch erkannt habe, wie sehr der Teamerfolg insbesondere von den Führungsqualitäten ihrer Vorgesetzten abhing. »Beeindruckend«, kommentiert Raja den Werdegang und scherzt: »Bis zu meiner Auswahl als Astronaut war ich der Einzige in meiner Familie, der es aller Ansicht nach zu nichts gebracht hatte.« Wieder mal ein typisches Understatement meines vorbildlichen Kollegen, der normalerweise nicht sonderlich viel von sich preisgibt. Umso erstaunter bin ich, als er erzählt, dass er als Pilot in Ramstein war und oft über meine Heimat geflogen ist.

Auch Mark hat viele Jahre in Deutschland verbracht, war als US-Gebirgsjäger in Kooperation mit europäischen NATO-Truppen in den Alpen unterwegs. »Wie klein die Welt doch ist«, merkt Tom an. Und wie viel uns doch alle miteinander verbindet, führe ich seinen Satz gedanklich fort. Da ist es kaum verwunderlich, dass wir auf der ISS innerhalb kurzer Zeit zu einer großen Weltraumfamilie zusammengewachsen sind.

Licht und Schatten

Freitag, 17. Dezember 2021

Sie schwirren wie Supermänner durch die Raumstation und wagen sich in das Vakuum des Weltalls hinaus – Astronauten sind wahre Helden. Aufgeweckt. Selbstbewusst. Unaufhaltsam. Das dachte ich als kleiner Junge. Inzwischen weiß ich jedoch, dass ich mich geirrt habe. Zwar ist die Zeit in der Schwerelosigkeit meist umwerfend schön, aber wie auf der Erde gibt es auch hier oben manchmal weniger gute Tage.

Was unser schwebendes Zuhause betrifft, so verkehrt es aktuell im wahrsten Sinne des Wortes auf der Lichtseite. Die Raumstation kreist derzeit in einer speziellen geometrischen Ausrichtung unter einem sehr hohen Beta-Winkel von mehr als 60 Grad, wodurch uns ein paar Tage lang die Sonne beinahe ununterbrochen anleuchtet. Unser Bahnverlauf führt sehr eng entlang des Terminators, der Tag-Nacht-Grenze unseres Planeten. Die sehr flach einfallenden Sonnenstrahlen tauchen diesen durchgehend in das dunstig sanfte Licht, das wir sonst nur kurz vor dem Sonnenauf- oder Sonnenuntergang wahrnehmen. Das bedeutet auch: Eine Hälfte der Erde ist für uns stets dunkel, die andere immer hell. Wobei sich die Atmosphäre wie ein milchig trüber Film über sie legt. Anfangs war ich von dem mystischen Anblick fasziniert. Doch mittlerweile wünschte ich, ich könnte die Gegenden, über die wir hinwegfliegen, wieder erkennen. Und endlich wieder meiner liebsten Beschäftigung nachgehen: die Orte zu fotografieren, die ich während meiner Weltreise besucht habe.

Ein schöner Gedanke, der jäh aus meinem Kopf gefegt wird. »Können wir loslegen?«, fragt Kayla. »Klar«, antworte ich und setze ein gezwungenes Lächeln auf. Im Gegensatz zur ISS verweile ich momentan nämlich eher auf der Schattenseite des Lebens. Seit ein paar Tagen muss ich als Versuchskaninchen für eine Experimentreihe herhalten. 48 Stunden lang trug ich ein mit Sensoren ausgestattetes Polyestershirt, das Daten über meine Vitalfunktionen sammelte und mich heftig zum Schwitzen brachte. In zwei Nächten legte ich zusätzlich ein Stirnband an, um meine Hirnströme zu messen. Das enge Teil drückte dermaßen, dass ich kaum ein Auge zubekam und deshalb stark übermüdet bin. In regelmäßigen Abständen muss ich zur Toilette schweben, um meine 24-Stunden-Urinproben zu sammeln, und seit gestern halte ich mich außerdem an einen strikten Ernährungsplan. Um 17 Uhr nahm ich ein dosiertes Abendessen zu mir, danach startete eine Fastenzeit von 14,5 Stunden. Die habe ich nun zwar fast überstanden, allerdings erwartet mich um 7.30 Uhr kein herzhaftes Frühstück, sondern ein normierter Zuckerstoß. Ich werde ein extrem süßes Getränk runterwürgen müssen. Bevor es so weit ist, steht der unangenehmste Punkt der Versuchsreihe an: Ich muss mir neun Ampullen Blut abzapfen. Sie dienen als Basiswert für dieses und zukünftige Experimente. Kayla wird mir bei der Aktion assistieren.

In der Schwerelosigkeit rollt die Ader gern mal unter der Nadel weg, daher hält meine Kollegin sie mit zwei Fingerspitzen fest. Der Aderlass kostet mich jedes Mal Überwindung, und je schneller ich ihn hinter mich bringe, desto besser. Mit beherztem Schwung schiebe ich die dünne Nadel in die Vene. »Sitzt!« Kayla nickt und greift sich das erste Röhrchen. Auf der Erde gleicht dieses normalerweise einer Spritze. Wenn man den Stempel herauszieht, füllt es sich mit Blut. Unser Weltraumequipment ist unkomplizierter zu handhaben. Das Röhrchen, das Kayla jetzt an die Kanüle hängt, ist luftleer. Wie von Geisterhand saugt das Vakuum das Blut in das Gefäß hinein. Nacheinander tauscht meine Assistentin die vollen Ampullen gegen leere aus. Mir wird zunehmend unwohl, und ich bin froh, schwerelos zu sein, sonst würde ich vermutlich umkippen.

Forscher wollen anhand der Blutproben herausfinden, wie der menschliche Körper auf Zucker in der Nahrung reagiert und welchen Einfluss die Schwerelosigkeit darauf hat. Damit sie die Werte vergleichen können, habe ich die Versuchsreihe auch schon vor meiner Mission durchgeführt und werde sie nach meiner Rückkehr noch einmal wiederholen. Die Ergebnisse könnten eines Tages dazu beitragen, die Behandlung für Menschen mit Diabetes zu verbessern. Für ihre Analysen benötigen die Experten lediglich den flüssigen Bestandteil des Blutes. Um diesen abzutrennen, kommen die Proben daher jetzt in eine Zentrifuge. Das Verfahren dauert rund 15 Minuten und wird vom Kontrollzentrum in Huntsville im US-Bundesstaat Alabama aus gesteuert. Ich nutze die Zeit, um die eklige Zuckerlösung zu trinken, und pikse mir gleich danach in den Finger, um aus den austretenden Blutstropfen meinen in die Höhe geschossenen Blutzuckerwert mit einem elektronischen Messgerät zu bestimmen. Diesen Vorgang werde ich von nun an alle halbe Stunde wiederholen, so lange, bis der Wert wieder im Normalbereich liegt. Zum Abschluss muss ich mir dann zwei weitere Röhrchen Blut aus meinen Venen abzapfen.

Müde, hungrig und blutleer starre ich auf die ratternde Zentrifuge. Der Tag ist gelaufen, bevor er richtig angefangen hat. Ich könnte eine Pause gebrauchen. Aber die sieht mein minutiös getakteter Zeitplan noch lange nicht vor. »Matthias, die Proben sind fertig, du kannst sie einlagern«, meldet ein Mitarbeiter des Kontrollzentrums. Behutsam transportiere ich das kostbare Gut zum MELFI, kurz für Minus Eighty-Degree Laboratory Freezer for ISS. Der Spezialgefrierschrank kühlt auf Temperaturen bis minus 80 Grad. Beim Öffnen des MELFI steigt eisiger Dampf empor und umhüllt mich wie eine Wolke. Der Gefrierschrank darf maximal 30 Sekunden offen stehen, damit die bereits eingelagerten Proben nicht beschädigt werden. Eine Liste verrät mir, wo ich meine heutige Ausbeute verstauen soll – der MELFI ist in vier Kühlröhren unterteilt, die jeweils vier Einschübe mit je zwei Fächern besitzen –, sodass die Wissenschaftler sie später problemlos zuordnen können.

Kaum habe ich diese Aufgabe erledigt, steht schon die nächste an. In den folgenden drei Stunden soll ich mich dem Fluidlabor (FSL) widmen. Es ist an der Decke von Columbus angebracht und zählt zu meinen Lieblingslaboren an Bord der Raumstation. Dank ihm lernen wir viel über das komplizierte Verhalten von Flüssigkeiten und Schäumen in der Schwerelosigkeit. Heute muss ich eine Versuchsanlage des DLR aus dem FSL ausbauen und durch neue Proben ersetzen, damit die Wissenschaftler weiterhin verschiedene Emulsionen, also Lösungen aus nicht mischbaren Flüssigkeiten, studieren können. Ihr Misch- und Entmischungsverhalten ist hochrelevant für viele natürliche und technische Prozesse.

Ehe ich mit der Arbeit beginne, funke ich Alex Karl im Kontrollzentrum in München an, der heute als Eurocom die Stellung hält. »Der Strom auf den Leitungen ist abgestellt. Du darfst die Schläuche und Kabel abklemmen«, bestätigt er mir, dass ich mit meiner Aufgabe loslegen kann. Schritt für Schritt gehe ich die Prozedur zum Ausbau der Anlage durch. Alex' Arbeitsplatz ist umringt von Monitoren, auf die unter anderem Livebilder aus der Raumstation übertragen werden. So sieht er immer, bei welchem Punkt der Anleitung ich gerade bin, und kann eingreifen, falls es Probleme gibt. Gleich zu Beginn warnt mich Alex vor vier fehlerhaften Schrauben im Frontblech. Diese seien nicht gesichert, und ich solle aufpassen, dass sie beim Herausdrehen nicht davonschwirren.

Der Ausbau der Anlage ist komplexer, als ich vermutet hatte. Da ich die Arbeit zudem ständig unterbrechen muss, um Urinproben zu sammeln, komme ich nur schleppend voran. Das bleibt auch Alex nicht verborgen. »Matthias, wir sind etwa 90 Minuten in Verzug. Du musst gleich weiter zum Sport. Wir brechen das Projekt an dieser Stelle ab und vertagen es auf nächste Woche.« – »Ich drehe noch die Schraube am Erdungskabel ab«, antworte ich und seufze. Ich ärgere mich über mich selbst, weil ich die Erwartungen nicht erfüllt habe. Ausgerechnet in dem Moment schert die schief sitzende Schraube in der Mitte durch und fliegt mir entgegen. »Das ist die Krönung des heutigen Tages«, schätze ich. »Halb so schlimm. Dafür finden wir eine Lösung«, versucht Alex, mich aufzumuntern. Ohne Erfolg.

Deutlich weniger energiegeladen als sonst schwebe ich in Knoten 3, um mein Fitnessprogramm zu absolvieren. Unterwegs durchstöbere ich meine Playlist auf dem Tablet. Zufällig stoße ich auf ein Konzert der britischen Rockband Morcheeba. Die Musik hebt nicht nur meine Stimmung, sondern auch meine Motivation. Obwohl ich erschöpft bin, gebe ich beim Gewichtestemmen alles und powere mich so richtig aus. Nach dem Training gönne ich mir einen Abstecher in die Cupola, die sich gleich neben unserer Muckibude befindet.

Der Vollmond scheint hell durch die großen Fenster. Er ist wunderschön. Zwar sehen wir den Trabanten auf der ISS nicht größer als die Menschen auf der Erde, da wir ihm nur um 0,1 Prozent näher sind. Allerdings wird unser Blick nicht durch die Atmosphäre beeinträchtigt. Wir können den natürlichen Satelliten und seine Krater daher viel klarer erkennen. Während ich ihn durch ein Fernglas bestaune, lasse ich mich entspannt treiben. Die Situation ist hypnotisierend, erholsam und beruhigend zugleich. Aus meinen Kopfhörern schallt noch immer Morcheeba. Ich fange an, mich rhythmisch zur Musik zu bewegen – für Außenstehende würde es wahrscheinlich nicht nach Tanzen aussehen.

Bei einer mehr oder weniger eleganten Drehung streift mein Blick die Erde. Ich kann kaum glauben, was ich sehe: Die Raumstation hat die Tag-Nacht-Linie verlassen. Zum ersten Mal seit knapp einer Woche sind wieder erste Konturen der Erdoberfläche erkennbar. Der Anblick ruft mir in Erinnerung, an welch einzigartigem Ort ich hier bin. Die sphärischen Klänge, die körperliche Leichtigkeit, die Schönheit unseres Planeten – auch nach fünf Wochen fühlt es sich total irreal an, so nah und doch so fern um die blaue Perle zu gleiten. Ich sollte jede Sekunde dankbar aufsaugen, auch wenn es mal nicht so rundläuft. Spontan beschließe ich, Alex in München anzufunken. »Laut Plan habe ich jetzt anderthalb Stunden Freizeit. Die könnte ich doch nutzen, um die Versuchsanlage fertig auszubauen«, schlage ich vor. Der Eurocom ist einverstanden. Mit frisch getankter Energie mache ich mich an die Arbeit. Während die ISS langsam in den Schattenraum hineinfliegt, wende ich mich wieder der Sonnenseite des Lebens zu.

Ein Raumschiff zu Weihnachten

Mittwoch, 22. Dezember 2021

So ein riesiges Päckchen ist mir noch nie zugeflogen: Pünktlich zu Weihnachten wird heute um 8.41 Uhr die Versorgungskapsel SpX-24 eintreffen und uns einen außergewöhnlichen Start in den Tag bescheren. Das Andocken funktioniert zwar vollautomatisch, trotzdem müssen wir die Anreise der unbemannten Cargo-Dragon minutiös überwachen, um bei Problemen manuell eingreifen zu können. Tom und Raja haben hierfür mehrere Computersysteme in der Cupola installiert. So können sie die technischen Daten auf den Bildschirmen verfolgen und den Raumtransporter gleichzeitig live durch die Fenster beobachten. In regelmäßigen Abständen kontrollieren sie, ob er sich auf dem vorgegebenen Kurs annähert, und erstatten den Bodenteams Bericht. Ich soll derweil auf dem ARED meine Muskeln stählen, doch der Drang, nach draußen zu spitzen, hindert mich an einem effizienten Training. Immer wieder überziehe ich die Pausen zwischen den Sätzen, husche in das Aussichtsmodul direkt unter mir und erkundige mich nach dem aktuellen Standort unseres XXL-Pakets.

Dieses nähert sich in mehreren Etappen bogenförmig an die ISS an. Die Spezialisten haben die Flugbahn wie immer so gewählt, dass die Kapsel bei einem Kontrollverlust nicht in unser schwebendes Zuhause krachen, sondern an ihm vorbeizischen würde. Zunächst düst der Raumtransporter unter der Station hindurch und überholt sie. Danach zünden seine Triebwerke, um ihn Stück für Stück in die Höhe zu befördern. Als er schließlich auf unserer Umlaufbahn ankommt, höre ich, wie Raja verkündet: »SpX-24 ist noch 200 Meter entfernt und bereit für den Fly Around.« Ein spektakuläres Manöver, bei dem der Versorgungsfrachter eine 90-Grad-Kurve fliegt und so seine Nase auf den Dockingadapter oberhalb von Knoten 2 ausrichtet. Tom muss nun die Fensterklappen zukurbeln, um die Scheiben vor den Abgasen der Kapsel zu schützen. Das war's vorerst mit der fantastischen Aussicht aus der Cupola!

Eilig schwebe ich zu Pjotr ins Docking Compartment 1, das den Russen unter anderem als Luftschleuse bei Außenbordeinsätzen dient und über ein tellergroßes Fenster verfügt. Es ist exakt auf die freie Kopplungsstelle von Knoten 2 ausgerichtet und eignet sich hervorragend, um die Cargo-Dragon bei ihrem finalen Anflug zu fotografieren. Ich bin überglücklich, dass mir ein paar einzigartige Bilder gelingen, auf denen zu sehen ist, wie die Kapsel in 20 Meter Entfernung anhält, auf die Freigabe durch Mission Control wartet und sich dann wieder langsam in Bewegung setzt. Auf den letzten Fotos ist sogar der weiße Sprühnebel zu erkennen, der beim Feuern der Triebwerke herausschießt.

Nachdem der Raumfrachter fest mit der ISS verbunden ist, lauern wir wie neugierige Kinder vor den verschlossenen Luken, die uns von ihm trennen. Das Paket ruht direkt vor unseren Nasen, und wir würden es am liebsten sofort aufreißen. Stattdessen müssen wir uns gedulden. Früher durfte ich meine Geschenke an Heiligabend immer erst nach der Christmette und dem Weihnachtsessen auspacken. Heute sind es Dichtigkeitsprüfungen, die mich gehörig auf die Folter spannen. Es dauert fast zwei Stunden, bis Raja sämtliche Checks erledigt hat und von den Bodenteams die Erlaubnis erhält, die Türen der ISS und des Frachters aufzuziehen. Der erste Blick ins Innere bringt mich zum Staunen. Der Raum ist lückenlos vollgestopft mit Frachttaschen. Manche davon so klein wie ein Schuhkarton, andere fast doppelt so groß wie eine Waschmaschine. Die Packordnung ist ein logistisches Meisterwerk: Die verantwortlichen Spezialisten mussten beim Einräumen zum einen den Schwerpunkt der Kapsel berücksichtigen, der für den Raketenstart und den Flug zur ISS bis auf zehn Zentimeter genau vorbestimmt war, und zum anderen darauf achten, die verderbliche Ware weit oben zu verstauen, damit wir sie zuerst auspacken können.

Neben einigen Ersatzteilen und einem neuen Raumanzug beinhaltet unser Frachter vor allem Equipment für zahlreiche spannende Experimente. Eines davon trägt den Namen Bioprint FirstAid. Ich darf in den nächsten Wochen die Technologie ausprobieren: einen innovativen 3-D-Bioprinter, bestehend aus einem Handgriff, einem Druckkopf, Führungsrädern und einer Doppelkartusche für gewebebildende Tinte. Aus ihr soll eine pflasterartige Wundabdeckung gemischt und direkt gedruckt werden. Die Biotinte ähnelt einem durchsichtigen Zweikomponentenkleber, der zum Testen fluoreszierende Mikropartikel enthält, die leuchten, wenn sie mit Licht in Kontakt kommen. Ich soll das Pflaster auf eine um meinen Oberschenkel gewickelte Folie drucken, aushärten lassen und für weitere Analysen zurück zur Erde schicken. Die große Frage beim Drucken solch dünner, aber breiten Pflasterstreifen besteht darin, wie sich der Flüssigkeitsfilm in Schwerelosigkeit ausformen wird. Ist die Flüssigkeit zu dünn, schnurrt der Film zusammen oder reißt auseinander und wird zu einzelnen Perlen. Eine ordentliche Wundabdeckung wäre damit nicht möglich. Die Wissenschaftler haben daher unterschiedlich viskose Tintenmischungen in verschiedenen Zusammensetzungen geschickt. Ich freue mich sehr auf dieses werkstoffwissenschaftliche Experiment, das schon bald auf der Erde Verwendung finden könnte. Denn wenn alles gut geht, bestücken Forscher die Biotinte des DLR-Experiments in naher Zukunft mit körpereigenen Hautzellen, die den Heilungsprozess beschleunigen sollen.

Ein Gerät, das mich als Materialwissenschaftler ebenfalls sehr fasziniert, ist Mochii – das kleinste Elektronenmikroskop der Welt und nun auch das erste außerirdische! Fachleuten ist es gelungen, die für gewöhnlich circa anderthalb Meter hohen und in etwa genauso breiten Maschinen auf die Größe eines Werkzeugkoffers zu schrumpfen. Eine unglaubliche Ingenieurleistung, dank der wir hier oben künftig nicht mehr nur Metallproben herstellen, sondern ihre Oberflächen detailliert anschauen und sogar deren Bestandteile messen können. Kayla wird Mochii Anfang nächsten Jahres im Lab installieren. Mir gebührt die Ehre, die erste Probe damit zu untersuchen: Gestein, das vor Urzeiten bei einem Meteoriteneinschlag aus dem Mars herausgeschleudert wurde und nach seinem Trip durch das All als Sternschnuppe zur Erde fiel. Wissenschaftler haben den Brocken ausgiebig untersucht und nun ein Stückchen davon mit der SpX-24 zurück in die Schwerelosigkeit geschickt.

Die Aufnahmen, die Mochii erstellt, wollen die Forscher mit Bildern vergleichen, die sie mit einem herkömmlichen, viel leistungsstärkeren Elektronenmikroskop auf der Erde aufgenommen haben. So können sie einschätzen, was die Neuentwicklung an Bord der Raumstation zu leisten imstande ist. Für diesen Vergleich hätte sicherlich auch eine menschengemachte Probe genügt, doch finde ich den Marsstein diesem himmlischen Labor viel angemessener. Allein der Gedanke an die lange Reise, die er hinter sich hat, lässt mich von künftigen Missionen zu Mond und Mars träumen. Dort werden wir Astronauten viele Steine zu untersuchen haben, da wir ja nur eine begrenzte Anzahl Material für weitreichendere Analysen zur Erde bringen können. Der Testlauf mit Mochii hat also auch Explorationscharakter und ist ein Meilenstein für zukünftige Missionen ins All.

Das komplizierteste Experiment, für das die Ausrüstung mit der Cargo-Dragon eingetroffen ist, geht der Frage nach, wie sich die Schwerelosigkeit auf das Cytoskelett einer Zelle auswirkt. Ehrlich gesagt bin ich erleichtert, dass ich die Hintergründe nicht genau verstehen, sondern mich lediglich um den Aufbau der Versuchsreihe kümmern muss. Die Zellen werden zunächst im MELFI-Gefrierschrank zwischengelagert. Mitte Januar taue ich sie nach und nach in einer Handschuhbox auf – einer Art durchsichtiges Mini-Iglu, in das mit den Wänden verbundene Handschuhe hineinragen. An der Seite gibt es eine wiederverschließbare Öffnung zum Einschieben der Probenbehälter. Dann verstaue ich die Zellen in kleinen Containern und montiere diese in das Biolab (BLB), das sich auf der rechten Seite des Columbus-Moduls hinter mehreren auf Schwenkarmen montierten Laptops versteckt.

Biolab ermöglicht uns unter anderem Versuche mit Mikroorganismen, Einzellern und Pflanzen. Dazu ist das Labor mit einem isolierten Arbeitsbereich, Inkubatoren und Zentrifugen ausgerüstet. Die Experimente selbst erfolgen ferngesteuert: Wenn ich die Container in einen der beiden Zentrifugenrotoren eingesetzt habe, werden die Bodenteams diese quasi via Knopfdruck mit einer exakt dosierten Menge CO_2 sowie UV-Licht versorgen und mit hochpräziser Umdrehungszahl rotieren lassen. Sie können hierdurch die Schwerkraft des Mondes (0,3 g), des Mars (0,6 g), der Erde (1 g) oder eines noch größeren Planeten (bis zu 2 g) simulieren, um herauszufinden, wie das Cytoskelett in Abhängigkeit dieser unterschiedlichen Bedingungen wächst. Nach Versuchsende werden die Zellen in den Containern fixiert. Erst wenn alles fertig ist, werde ich die kleinen Boxen wieder ausbauen und entsprechend der Versuchsprozedur gekühlt, gefroren oder bei Raumtemperatur lagern. Mit der SpX-24 werden die Proben zunächst nach Florida und von dort auf dem Postweg oder per Kurier nach Europa reisen, wo Wissenschaftler sie sorgsam untersuchen werden.

Kayla, Tom, Mark, Raja und ich können es kaum erwarten, all diese interessanten Experimente in Angriff zu nehmen. Wir fangen gleich damit an, unser XXL-Weihnachtspaket auszuräumen. Vorab haben uns die SpaceX-Logistiker eine PowerPoint-Präsentation zur Auspacksequenz zur Verfügung gestellt und uns diese in Videokonferenzen genau erklärt. Zusätzlich benutzen wir das Programm Stowtrack. Sobald ein Gegenstand seinen Platz gefunden hat, markieren wir ihn in der Software als »erledigt«. So können wir unabhängig voneinander arbeiten und haben zugleich eine gepflegte Übersicht, wo sich welcher Artikel an Bord befindet.

Nach der Mittagspause soll ich das Material für einen Versuch ausräumen, der zeitkritisch ist und daher höchste Priorität besitzt. Mit MicroAge wollen Wissenschaftler herausfinden, warum die Muskulatur bei Senioren schwächer wird. Wenn es ihnen gelingt, dieses Geheimnis zu lüften, könnte man gezielt Präventionsmaßnahmen entwickeln – für mehr Kraft, Stabilität und Beweglichkeit im Alter. Für sein Experiment macht sich das Forscherteam der Universität Liverpool den Effekt zunutze, dass sich Muskeln in der Schwerelosigkeit schnell zurückbilden, ähnlich wie bei älteren Menschen. Es hat die Wissenschaftler mehrere Jahre gekostet, MicroAge zu entwickeln. In einem Labor haben sie zunächst künstliche Muskelzellen gezüchtet und diese für den Raumflug in etwa streichholzschachtelgroße Schutzbehälter gepackt. Damit die empfindliche Fracht nicht stirbt, muss ich sie noch vor den Feiertagen in einen bereits vorgeheizten Inkubator einsetzen und den Versuch starten.

Laut Inventarliste lagern die Minicontainer in Gefrierbox 7, die oben links in der Raumkapsel an einer Metallplatte befestigt und an die Stromversorgung angeschlossen ist. Sobald diese unterbrochen ist, bleiben mir 60 Minuten, um die 18 Kartuschen zu transferieren. Sorgfältig kontrolliere ich zunächst, ob sie die weite Reise unversehrt überstanden haben. Ob die Kühlkette normgerecht eingehalten wurde, kann ich leider nicht feststellen. Das wird sich erst nach der Landung auf der Erde zeigen, wenn die Forscher die beigefügten Sensoren auswerten. Aber auf den ersten Blick sehen die Behältnisse intakt aus. Jetzt muss das Versuchsmaterial nur noch den Umzug in den 38 Grad warmen KUBIK-Inkubator überstehen.

Nachdem ich die Experimentierboxen in den 40-Zentimeter-Würfel eingeschoben habe, werden die Zellen automatisch elektrisch stimuliert, wodurch sie sich aktiv zusammenziehen oder anspannen. Die Forscher überwachen diesen mechanischen Prozess, um herauszufinden, wie das Gewebe bei nicht vorhandener Anziehungskraft reagiert. Damit sie einen Vergleich haben, ist ein Drittel der Muskelzellen in einer kleinen

Zentrifuge im Zentrum des KUBIK untergebracht, die durch Rotationskräfte eine künstliche Gravitation erzeugt.

In ein paar Tagen soll ich die Muskelzellen entnehmen und im MELFI einfrieren, um sie für die Forscher zu konservieren. Am 23. Januar 2022 werden sie zusammen mit weiterem Versuchsmaterial in der SpX-24 den Heimflug antreten. Bis dahin müssen wir den Raumtransporter nicht nur ent-, sondern bereits wieder neu beladen haben. Die elektronische Stowtrack-Packliste schreibt vor, wie alles einzuräumen ist, damit auch beim Rückflug der Schwerpunkt stimmt und die Kapsel in einem exakt vorausberechneten Winkel sicher in die Erdatmosphäre eintreten kann. Bei der kleinsten Abweichung würde sie verglühen – und mit ihr all die wertvollen Versuchsmaterialien. Damit ja nichts schiefgeht, werden die SpaceX-Experten den Ladeprozess anhand von Fotos aus unterschiedlichen Perspektiven überwachen, die wir ihnen regelmäßig schicken – und uns gegebenenfalls umpacken lassen.

Das Weihnachtsraumschiff hat aber nicht nur Arbeit, sondern auch Lebensmittel geliefert, darunter frische Mangos, Bananen, Apfelsinen, Blaubeeren, Cocktailtomaten, Karotten, eine Gurke und ein Fake-Pizza-Set. Statt eines knusprigen Bodens beinhaltet es dicke Tortillas, die wir zum Aufwärmen in den Ofen schieben und danach mit Tomatenmark, Käse, Oliven, Salami und Schinken belegen können. Noch mehr als auf die Pizza bin ich auf unser Festessen gespannt, das wir aus verschiedenen Optionen auswählen durften. Wir haben uns für Gerichte entschieden, die es normalerweise auf der Raumstation nicht gibt. Bei der Vorspeise fiel unsere Wahl auf Hummus, eine orientalische Spezialität aus pürierten Kichererbsen, Sesammus und diversen Gewürzen. Als Hauptspeise wünschten sich Tom, Raja, Kayla und Mark ganz traditionell Truthahn. Zusätzlich orderten wir eine Auswahl an Meeresfrüchten. Obwohl ich das Standardessen lecker finde, kann ich es kaum erwarten, mal wieder etwas Außergewöhnlicheres zwischen die Zähne zu bekommen. Besonders freue ich mich auf den Hummer und die Nachspeise: Pumpkin Spice Latte, ein herbstlich gewürztes Kaffeegetränk mit Milchschaum. Kayla hat außerdem cremiges Wassereis bestellt. Ich bin überzeugt, dass wir aus all dem leckeren Essen ein tolles Weihnachtsmenü zaubern werden – wenngleich es garantiert nicht mit den Hühnerfrikassee-Pasteten mithalten kann, die meine Mama immer an Heiligabend zubereitet.

In der Weihnachtsbäckerei

Samstag, 25. Dezember 2021

Die Raumstation ist in fragilem Zustand: Die Sonnensegel hängen wackelig an der Seite, und der Übergang vom Truss zu den Modulen ist angeknackst. Nur eine braun-weiße klebrige Masse hält die Konstruktion noch zusammen. Mark betrachtet die Situation mit ungläubigen Augen. Anfangs noch gelassen, wird er plötzlich hektisch. »Oh, mein Gott, sieh nur, ein Riss! Du musst dringend etwas unternehmen!«, ruft er und zupft aufgeregt an Rajas Ärmel. Doch der lässt sich nicht aus der Fassung bringen. »Alles unter Kontrolle«, stellt er gleichmütig klar, und mit einem beherzten Schuss aus der Tube mit Zuckerguss gelingt es ihm in letzter Sekunde, die Bruchstelle zu stabilisieren. »Raumstation gerettet!«, verkündet er, und ein zufriedenes Lächeln breitet sich auf seinem Gesicht aus. Mark atmet tief durch: »Mannomann, das war knapp!« Kayla, Tom und ich hingegen bewerten die Lage weniger kritisch. Wir wissen mittlerweile, dass Raja ruhige Hände und schnelle Reaktionen hat. Die kommen ihm nun auch beim Keksedekorieren zugute.

Schon seit mehr als einer Stunde sind wir in unserer Weihnachtsbäckerei in Knoten 1 beschäftigt. Wie es in den USA am ersten Weihnachtsfeiertag üblich ist, haben wir uns zusammengefunden, um Cookies zu verzieren. Im Gegensatz zu unserer sonstigen Gepflogenheit arbeiten wir dieses Mal allerdings nicht im Team. Das hier ist ein knallharter Wettbewerb, und jeder kämpft für sich. Ab und an kommen Anton und Pjotr vorbei, begutachten den aktuellen Stand unserer Arbeit und schreiten, wenn nötig, zu Hilfe. Kayla, die mit ihren Keksen bereits fertig ist, hat die Rolle der Kommentatorin übernommen. »Die letzten Minuten des Wettkampfs sind angebrochen. Wer wird das Rennen machen? Wer kann die Jury überzeugen? Die Spannung steigt ins Unermessliche«, stellt sie in einer dramatischen Tonlage fest. Mit ihren grün-rot gestreiften Socken und dem roten Pullover harmoniert sie farblich hervorragend mit Raja. Er trägt ein grünes Shirt, kurze Hosen, dazu grün-weiß-rote Strümpfe sowie eine Weihnachtsmannzipfelmütze.

Tom und Mark sind mit ihren Rentiergeweihen ebenfalls festlich gekleidet, und ich habe extra die farbenfrohen Weihnachtssocken angezogen, die Kayla mir an Heiligabend geschenkt hat. Hinter uns hängen noch die sieben Strümpfe, die Marks Frau uns schicken ließ und die wir gestern mit kleinen Überraschungen gefüllt haben. Ich hatte für jeden einen Stempel mit dem Motiv unseres Crew-3-Patches dabei – und für mich selbst einen mit meinem Cosmic-Kiss-Logo. In Zukunft möchte ich damit Kindern bei Autogrammstunden ein echtes Weltraumsiegel mit auf den Weg geben. Wir haben sogar einen kleinen Tannenbaum aus Plastik. Er hängt, von Kayla hübsch dekoriert, kopfüber von der Decke, und seine Spitze kommt der Unordnung auf dem Tisch gerade bedenklich nahe.

»Die Zeit ist abgelaufen. Hände weg von den Keksen«, erklärt unsere Kommentatorin den Wettbewerb für beendet. »Was? Ich dachte, wir hätten noch ein paar Minuten?«, bin ich mir nicht sicher, ob hier alles mit rechten Dingen vonstattengeht. »Die Regeln sind eindeutig«, beteuert Kayla und fordert uns auf, unsere Kunstwerke so vor der Kamera zu drapieren, dass die Jurys in den Kontrollzentren sie gut sehen können. Ich erkenne sofort, dass ich mit den Kunstwerken von Mark und Kayla nicht mithalten kann, und gebe mich geschlagen – dafür bin ich besser im Verschlingen des Gebäcks. »Ihr habt ganze Arbeit geleistet«, wertet die Fachjury nach eingehender Beratung. »Nach intensiven Diskussionen haben wir beschlossen, dass jeder von euch einen der fünf Teilbereiche dieses Wettbewerbs gewinnt. Herzlichen Glückwunsch.« Jubelrufe dröhnen aus dem Funkgerät, gleichzeitig erklingt die Melodie von Jingle Bells. Wir stimmen in das Lied ein, singen so laut wir können mit.

Und so neigt sich auch dieser wundervolle Tag viel zu schnell dem Ende zu. Fast schon wehmutsvoll helfe ich meinen Mitbewohnern, das Chaos zu bändigen und unser fliegendes Zuhause wieder in den technisch sterilen Sollzustand zu bringen. Ob ich jemals wieder ein solch besonderes Weihnachtsfest an einem so einzigartigen Ort erleben darf? Zum Glück ist bald Neujahr und somit ein erneuter Anlass zum Feiern. »Tom, kann man eigentlich das Feuerwerk von hier oben erkennen?«, leite ich den sich mir aufdrängenden Gedanken direkt an meinen Mitbewohner weiter, der vor zehn Jahren schon einmal über Silvester auf der ISS war. »Ich konnte damals keines entdecken.« Kayla mutmaßt: »Wenn überhaupt, können wir sicherlich nur ein größeres sehen, wie zum Beispiel das weltberühmte in Sydney. Dazu müssten wir allerdings Punkt null Uhr dortiger Zeit darüber hinwegschweben.« – »Wir müssen uns auf jeden Fall in der Cupola auf die Lauer legen, wenngleich in diesem Jahr einige Feuerwerke wegen der Pandemie ausfallen werden«, wendet Tom ein.

Letztendlich werden wir aus ganz anderem Grund kein Neujahrsfeuerwerk entdecken: Wir haben viel zu viel Spaß beim Tanzen und vergessen darüber die Zeit. Kurz vor Ende meines schwerelosen Abenteuers werde ich aber beim Überflug Indiens eines Abends in weiten Teilen des Nordens ein zartes, buntes Lichterflirren erspähen, das sich durch die Kameralinse eindeutig als Feuerwerk identifizieren lässt.

Die beste Nachricht der Welt

Mittwoch, 19. Januar 2022

Heute war Antons und Pjotrs großer Tag: Um 12.17 Uhr brachen die beiden zu einer für die russische Raumfahrt sehr bedeutsamen EVA auf. In einer siebenstündigen Expedition bereiteten sie Pritschal auf seinen Einsatz fernab der Erde vor.

Das Verbindungsmodul erreichte die ISS im November und wird künftig als Kopplungsstelle für Raumschiffe dienen. Damit diese sicher andocken können, installierten meine Mitbewohner unter anderem mehrere Kabel, Antennen und ein Zielkreuz. Während sie ihren Außenbordeinsatz bestritten, ging für alle anderen die Arbeit im Inneren der Station wie gewohnt weiter. Allerdings verbrachten wir jede freie Minute in der Cupola, um durch die Panoramafenster die Aktion mitzuverfolgen. Anton und Pjotr schleppten Unmengen an Material aus der Luftschleuse. Die Bündel waren teils so riesig, dass sie kaum durch die Luke passten. Voll beladen wie Sherpas im Himalaja kraxelten die beiden Russen an der Außenseite der ISS entlang. Kayla hatte die Idee, eine Videokamera aufzuhängen und die spektakulären Szenen in einer Zeitrafferaufnahme festzuhalten. Ein tolles Andenken an die Stunden im freien Universum, über das sich Anton und Pjotr ganz bestimmt freuen werden. Sie haben da draußen alles gegeben und waren entsprechend erschöpft, als sie wieder in die ISS schwebten. Wir empfingen die beiden im russischen Segment mit Umarmungen, Getränken und Snacks.

Inzwischen haben wir es uns im Wohnmodul Swesda gemütlich gemacht, und Anton erzählt von einem Zwischenfall, den wir auf unserem Beobachtungsposten nicht mitbekommen haben. Der Trinkbehälter in seinem Raumanzug war ausgelaufen. »Ich war klatschnass und habe in den Nachtphasen ziemlich gefroren. Die Kühlung des Orlans musste ich während des gesamten Einsatzes nicht in Betrieb nehmen.« Die Kälte habe ihn aber nicht daran gehindert, sich zum Abschluss des Weltraumspaziergangs einen kleinen Spaß zu erlauben. »Ich habe ein Foto meiner Familie am Nauka-Modul festgeklemmt. Man kann es von der Cupola aus sehen. Das muss ich euch in den nächsten Tagen unbedingt zeigen«, schwärmt mein Kollege.

Im Lauf des Abends vermischt sich seine Freude über die erfolgreiche Expedition zunehmend mit Wehmut. Anton und Pjotr haben heute nämlich den letzten Außenbordeinsatz vor ihrem Rückflug absolviert. Das ist insofern bitter, als ursprünglich vorgesehen war, dass sie bei zwei weiteren EVA dazu beitragen, den europäischen Roboterarm ERA in Betrieb zu nehmen. Bei der ersten hätten die Kosmonauten den Schutzmantel entfernen sollen, der die Maschine derzeit noch verhüllt, bei der zweiten hätten sie ERA vom Nauka-Modul lösen und an seinen Einsatzort verfrachten sollen. Doch leider bereitet das Gespann immer wieder Probleme.

Bereits während seines Anflugs zur Raumstation im Juli 2021 fielen viele Systeme aus. Das Modul galt fast schon als verloren – es glich einem Wunder, dass die russischen Experten es retten und mit der ISS verbinden konnten. Etwa drei Stunden nach dem Andocken verursachte Nauka dann einen »Loss of Attitude«-Notfall: Aufgrund eines Programmierfehlers starteten seine Triebwerke ungeplant und brachten die Raumstation aus dem Gleichgewicht. Die Triebwerke des russischen ISS-Segments sowie einer angedockten Frachtkapsel wurden aktiviert, um dagegenzuhalten und die Station zu stabilisieren. Da diese jedoch bereits von ihrer Flugbahn abgewichen war und sich um 45 Grad geneigt hatte, riss die Verbindung zu den Kommunikationssatelliten ab und der Kontakt zwischen Besatzung und Kontrollzentrum war für einige Minuten unterbrochen. Der Zwischenfall wurde als »kritischste Situation einer Raumstation seit der Kollision eines Frachttransporters mit der MIR im Jahr 1997« eingestuft. Die Flugkontrolleure brauchten knapp 60 Minuten, um die ISS wieder auf Kurs zu bringen.

Wenig später folgte die nächste Hiobsbotschaft: Der elf Meter lange Roboterarm konnte keine Verbindung zum Inneren der Station aufbauen. Die Ingenieure arbeiten noch immer mit Hochdruck daran, den Fehler zu beheben. Bis eine Lösung gefunden ist, werden alle Außeneinsätze, die mit ERA zu tun haben, verschoben, also meiner höchstwahrscheinlich ausfallen. Die E-Mail meines Chefs Frank mit der mehr oder weniger offiziellen Absage von EVA 54 erreichte mich Mitte Dezember, einige Tage nachdem wir die Versuche aufgeben mussten, mit ERA zu kommunizieren.

Als ich die Nachricht las, war ich zutiefst betrübt. Zwar stand nicht drin, dass der Außeneinsatz für mich definitiv gestrichen würde, aber Frank hatte sehr deutlich formuliert, wie gering die Chancen dafür stünden. Ich musste an meinen Ausbilder Dmitrij denken. Er hatte das Unglück ja gewissermaßen prophezeit, und doch wollte ich es nicht wahrhaben. Mein Partner Oleg und ich hatten im Sternenstädtchen verdammt hart für diese Expedition trainiert und stundenlang die Theorie gepaukt. Ich redete mir fieberhaft ein, dass es zu früh sei, die EVA endgültig abzuhaken. Eventuell würden es die Ingenieure schaffen, den Fehler rechtzeitig zu beheben. Ich klammerte mich an das winzige Fünkchen Hoffnung. »*Wsjo nje budjet tak.* Es kommt eh immer anders« – vielleicht würde Dmitrijs Standardspruch ja noch einmal zutreffen. Und das tat er.

Vorgestern trudelte eine E-Mail mit dem Betreff »FRANKEN-EVA« in meinem Postfach ein. Die Nachricht stammte jedoch nicht von den Flugdirektoren aus Russland, sondern von denen aus den USA. Sie erklärten mir, dass sie mich gemeinsam mit Raja für die amerikanische EVA 80 am 23. März 2022 eingeplant hätten. Mit zittrigen Händen studierte ich die E-Mail wieder und wieder, um zu verstehen, ob dieser Außenbordeinsatz nur eine Option oder beschlossene Sache ist. Ich wollte keine Information überlesen und mich nicht zu früh freuen – zu groß wäre eine erneute Enttäuschung gewesen. Doch die Wahrscheinlichkeit, dass EVA 80 stattfinden wird, liegt bei nahezu 100 Prozent.

Ich kann es kaum glauben, dass ich wirklich die Gelegenheit bekommen werde, ins Vakuum zu gleiten und all das Erlernte anzuwenden. Noch dazu handelt es sich bei unserer EVA um eine ziemlich seltene. Normalerweise arbeiten die Astronauten während eines Außeneinsatzes die ganze Zeit über gemeinsam an dem Projekt, wir hingegen werden meist getrennt unterwegs sein und unterschiedlichen Arbeiten nachgehen. Auf meiner To-do-Liste findet sich ein wahres Sammelsurium von Aufgaben. Deshalb bezeichnen die Planer diese EVA intern scherzhaft als »FRANKEN(stein)-EVA«. Ich werde dabei eine Wanderung rund um die Station unternehmen dürfen. Für mich klingt das geradezu fantastisch. Es hätte gar nicht besser kommen können. Seitdem ich die E-Mail erhalten habe, kreisen meine Gedanken andauernd um den bevorstehenden Weltraumspaziergang. Bis zu dem großen Tag werde ich all die dafür notwendigen Schritte mental immer wieder durchgehen und selbst die kleinsten Details vor dem inneren Auge beleuchten. So lange, bis ich sicher bin, dass ich mir alles eingeprägt habe.

Los geht die EVA an der ITS. Die Gitterstruktur kenne ich bereits vom Training im NBL-Pool in Houston. In ihrem luftleeren Inneren beherbergt sie Akkumulatoren, Aggregate und sonstige Maschinen. An ihren äußeren Enden sind die Solarzellen befestigt. Insgesamt ist die ITS etwa 100 Meter lang und in elf Einzelelemente unterteilt. Diese sind durch Buchstaben und Zahlen gekennzeichnet. Unser erster Einsatzort ist das Element S0 (S steht für Starboard, Steuerbord). Es befindet sich im Zentrum der Raumstation, direkt über Knoten 1. Raja soll hier Schläuche an einer Kühlanlage anschließen. Ich werde ganz in seiner Nähe ein 20 Meter langes Ethernetkabel verlegen und es mit Kupferdraht an dem Metallgerüst befestigen. Danach krabbele ich zum Columbus-Modul.

Das wird ein richtig cooles Unterfangen. Meine Füße werden

völlig frei im Weltraum schweben, während ich mich nur noch mit den Händen an den Haltestangen festkralle. In dieser Position soll ich die europäische Plattform Bartolomeo, benannt nach dem jüngeren Bruder des Entdeckers Christoph Kolumbus, in Gang setzen. Meine NASA-Kollegen Victor Glover und Michael Hopkins sollten das bei einem früheren Außeneinsatz bereits erledigen, aber zwei nicht kompatible Steckverbindungen machten ihnen einen Strich durch die Rechnung. Ich soll den Fehler mit einem Adapterstück ausmerzen – und somit einen wichtigen Beitrag für die Kommerzialisierung der ISS leisten. Denn Bartolomeo wird Unternehmen, Instituten und Organisationen einen schnellen und bezahlbaren Zugang zum Weltraum ermöglichen. Auf der zwei Mal zweieinhalb Meter großen Plattform, die eine Hochgeschwindigkeitsdatenverbindung bietet, können Astrophysiker, Erdbeobachter, Strahlenbiologen und Klimaforscher zwölf Slots mieten, um ihre Technologien zu platzieren und zu testen. Die ESA will sogar Mikroorganismen darauf aussetzen, die den lebensfeindlichen Bedingungen im freien Kosmos trotzen.

Sobald ich die elektrische Installation der Plattform abgeschlossen habe, setze ich meine ISS-Umrundung fort. Von Columbus hangele ich mich zur gegenüberliegenden Seite der ISS, auf die Unterseite des Kibo-Moduls, um dort eine Multilayer Insulation (MLI), ein mehrlagiges Wärmedämmtuch, anzubringen. Es schützt die darunterliegenden empfindlichen Geräte vor der Sonneneinstrahlung. Die MLI zu befestigen, dürfte nicht sonderlich komplex sein, wohl aber der Weg dorthin. Denn ich muss einige Passagen überwinden, bei denen die Haltegriffe weit auseinanderliegen und zum Teil durch Kabel und hydraulische Leitungen verbaut sind. Diesen Streckenabschnitt habe ich im Pool nie geübt. Das wird ein richtiger Nervenkitzel. Damit ich mich nicht verlaufe, habe ich mir vorgenommen, den Weg in den nächsten Wochen sowohl per Fernglas aus der Cupola als auch in der Computersimulation DOUG hinreichend zu studieren.

Etwa zwei Stunden nach dem Ausstieg werde ich zur Luftschleuse zurückkehren, einen Teil meiner Werkzeuge ablegen und eine HD-Kamera einpacken. Danach treffe ich mich mit Raja auf dem Gitterelement S0, um ihm das Gerät zu überreichen. Während er es anbringt, geht es für mich zum Integrated Equipment Adapter (IEA) am Gitterelement P4 (P steht für Port, Backbord). An diesem sind zwei Solarzellenflügel befestigt. Im Inneren des Metallgerüsts befinden sich waschmaschinengroße Kisten, die beispielsweise Akkus zur Speicherung der Energie enthalten. Wenn die kaputtgehen, müssen wir sie austauschen. Diese Aufgabe erledigen wir normalerweise mit dem kanadischen Roboterarm. Damit er die Kisten abmontieren kann, dürfen die Schrauben jedoch nicht zu fest zugedreht sein – was derzeit der Fall ist. Mein Job wird darin bestehen, alle Schrauben zu lösen und anschließend mit meinem Weltraumakkuschrauber auf ein definiertes Maß anzuziehen. Ähnlich wie beim Reifenwechseln am Auto.

Die restliche Zeit im freien Universum soll ich mit kleineren Hausmeistertätigkeiten verbringen: mehrere Kabel verlegen und elektrische Versorgungsleitungen umstecken. Voraussichtlich wird die komplette Expedition etwa sieben Stunden dauern. Noch bin ich beim Gedanken daran entspannt, noch überwiegt eine grenzenlose Vorfreude. Sollte sich das in den nächsten Wochen ändern und die Nervosität über mich herfallen, werde ich an den heutigen Tag zurückdenken: an die spektakulären Sherpa-Szenen, an den herzlichen Empfang nach der gelungenen EVA und die glücklichen Gesichter von Anton und Pjotr.

Neujahrsgrüße aus der chinesischen Raumstation

Samstag, 22. Januar 2022

Unter mir kreist die Erde ruhig und still dahin, begleitet nur vom stetigen Summen der ISS-Ventilatoren. Dieser Orbit gehört zu den monotoneren Überflügen über das tags sattblaue und nachts stockdüstere Wasser der Weltmeere. In den vergangenen 90 Minuten ging es diagonal über den Pazifik, nahe Kap Hoorn schwenkten wir über den äußersten Zipfel der Südspitze Argentiniens in den Südatlantik und kurz darauf weiter zum Kap der Guten Hoffnung. Afrika, mit dem Dunkel des Indischen Ozeans verschwimmend, ließen wir links liegen, genauso wie Indien. Erst im Golf von Bengalen beginnt endlich der Landfall: Myanmar, Thailand, Laos und Vietnam ziehen unter mir hinweg, bevor ich China erkennen kann. Stetig schieben sich die Metropole Peking und die aus meiner Perspektive nahebei gelegene Millionenstadt Tianjin auf mich zu. Etwas weiter unterhalb, auf der Halbinsel Shandong, direkt am Gelben Meer, liegt die Stadt Yantai, wo ich vor fünf Jahren zusammen mit Samantha und den Taikonauten das Überleben auf See trainiert hatte. Während ich die Erinnerungen daran wachrufe, wandert mein Blick unversehens zum Mond – wie in dem alten Gedicht des Lyrikers Li Bai, das wir im Chinesischunterricht gelesen haben:

Vor dem Bett liegt hell des Mondes Glanz,
So, als ob Reif auf dem Boden läge.
Ich hebe den Blick zum hellen Mond empor.
Ich senke ihn und denke an mein altes Dorf.

»Als es in China noch keine Post gab, war für viele Menschen der Mond das verbindende Element«, erklärte uns damals unser Lehrer Dr. Manfred Frühauf, »man schaute hoch zu ihm und dachte schwermütig an seine Familie und Freunde fernab. In diesem Moment spürte man, dass auch sie gerade dorthin sehen und an einen denken.« Eine magische Verbindung, die auch heute noch funktioniert, wie ich nostalgisch feststelle. Denn schon oft musste ich beim Anblick des Erdtrabanten an meine chinesischen Freunde Guangfu, Yaping und Zhai Zhigang denken, die kurz vor uns ins All gestartet sind und seitdem im Himmelspalast wohnen.

In der CSS kreisen sie in ähnlicher Höhe um die Erde wie wir, allerdings auf einem Orbit mit einer knapp zehn Grad flacheren Bahnneigung (42 statt 51,6 Grad). Durch den leichten Höhenversatz bedingt, fliegen die beiden Stationen mit leicht unterschiedlicher Geschwindigkeit, was zur Folge hat, dass sich die Umlaufbahnen kontinuierlich gegeneinander verschieben. Hin und wieder kreuzen sich unsere Wege sogar, wobei die Kontrollzentren darauf achten, dass dies mit einem sicheren Abstand geschieht. Erkennen kann ich die CSS daher von hier oben aus nicht, dank der magischen Mondverbindung ist sie jedoch ständig präsent. So auch kurz nach Silvester.

Damals schwebte ich ebenfalls in der Cupola, genau auf diesem über China führenden Orbit, als mich der Trabant mal wieder bei Gedanken an die Taikonauten erwischte. Wie es ihnen dort drüben wohl geht? Ob sich ihr Tagesablauf von unserem unterscheidet? Und wie werden sie den wichtigsten chinesischen Feiertag, das traditionelle Frühlingsfest, begehen? Bei der Überlegung, dass ich zurzeit der einzige Mensch im All bin, der alle anderen außerirdischen Erdenmenschen persönlich kennt, überkam mich eine derartige Demut, dass ich beschloss, meine asiatischen Freunde zu kontaktieren. Nur wie?

Eine direkte Funkverbindung zwischen den Raumstationen ist nicht vorgesehen, sondern könnte nur über die Kontrollzentren geschaltet werden. In Zeiten politischer Spannungen zwischen den USA und China würde mir mein Chef Frank für eine solche Idee bestimmt die Ohren lang ziehen. Also verwarf ich diese sogleich wieder. Eine direkte E-Mail zwischen der ISS und der CSS war ebenso undenkbar. Sie würde vermutlich gleich mehrere Alarmfilter auslösen. Daher entschied ich, eine nette Grußbotschaft für die Taikonauten an Frank zu senden mit der Bitte, sie zum chinesischen Neujahr am 1. Februar via seine offiziellen Kontakte an das chinesische Astronautenzentrum weiterzuleiten, und hoffte, dass sie von dort zu den Taikonauten gelangen würde. Zum Ende des Jahres des Büffels wünschte ich ihnen alles Gute sowie eine weiterhin erfolgreiche und sichere Mission im anbrechenden Jahr des Tigers.

Als ich heute mein Postfach öffnete und eine weitergeleitete E-Mail meines Chefs entdeckte, habe ich vor Freude laut gejauchzt: Ich hatte Antwort aus dem Himmelspalast erhalten! »Lieber Matthias, wir haben uns sehr über deinen Brief gefreut!«, schreiben meine Freunde Guangfu, Yaping und Zhigang. »Genau wie du haben wir in den vergangenen Jahren hart für unseren Traum gearbeitet und sind im gleichen Jahr wie du ins All gestartet.« Sie erzählen von ihrem geschäftigen Tagesablauf und ihren beiden Weltraumspaziergängen. Ihre Schilderungen vom Leben und Arbeiten in der Schwerelosigkeit klingen identisch zu unseren. Auch sie haben Liveschalten mit Schülern, in denen sie ihre Begeisterung für den Kosmos und die Raumfahrt mit der jungen Generation teilen.

»In unserer Freizeit genießen wir den wundervollen Blick auf die Erde und das Universum.« Wie ich werden auch sie von diesem einzigartigen Anblick tief in der Seele berührt: »Obwohl wir alle 90 Minuten um den Planeten fliegen, überrascht uns diese Aussicht immer wieder aufs Neue. Die Liebe zu unserem Planeten wächst Tag um Tag. Wir sollten ihn und die Umwelt schützen, die Ressourcen nachhaltig einsetzen, um die Erde zu einem besseren Ort zu machen.« Als ich diese Zeilen las, wurde mir wieder einmal klar, dass wir Raumfahrer hier draußen zuallererst Menschen sind. Menschen mit Herz und Seele. Botschafter dieses vor Leben und Vielfalt strotzenden, wundervollen blauen Planeten. Wir teilen den gleichen Traum, die gleiche Leidenschaft und die gleichen Ideale. Wir möchten unseren Beitrag dazu leisten, das Unbekannte im Weltraum zu entdecken, und streben danach, zum technischen und wissenschaftlichen Fortschritt auf der Erde beizutragen. Wir sehen die Schönheit und auch die Veränderungen unseres Heimatplaneten, spüren die drohende Gefahr und den Drang, zu warnen und zu mahnen.

»Wir wünschen dir viel Erfolg bei deiner Mission, Matthias, alles Gute im neuen Jahr«, verabschieden sie sich, »wir freuen uns, dich wiederzusehen und unsere Erfahrungen auszutauschen.« Und während ich so über ihre Nachricht nachdenke, wandert der Mond langsam zum Horizont. »Xie xie nimen. Zai jian!«, hauche ich ihm hinterher. In der Hoffnung, dass er meine Botschaft übermittelt: »Vielen Dank und bis bald.«

Maurer in der Schwerelosigkeit

Dienstag, 1. Februar 2022

In der Raumstation beginnt der Tag mitten in der Nacht. Zumindest für Mark. Er krabbelt immer schon um 4.45 Uhr aus seiner Kajüte, gleitet rüber in Knoten 3 und joggt auf dem Laufband, während alle anderen noch schlafen. Zwischendurch zieht er sich zum Meditieren in die Cupola zurück. Die Stille, die Einsamkeit und der Anblick unseres Heimatplaneten geben ihm Kraft für die bevorstehenden Arbeitsstunden im All. Um sechs Uhr klingelt Toms Wecker. Er ist zwar kein Morgenmensch, aber was er noch weniger mag als frühes Aufstehen, sind Stress und Hektik. Daher quält er sich aus den Federn, um in aller Ruhe die Werkzeuge zusammensuchen zu können, die er für die ersten Tagesaktivitäten braucht. Kayla treibt der Hunger meist gegen 6.30 Uhr aus der Koje. Ohne ein ausgiebiges Frühstück geht bei ihr nichts. Raja startet um sieben Uhr in den Tag. Waschen, anziehen, essen – in militärischer Manier arbeitet er diese Punkte der Reihe nach ab und widmet sich anschließend der *Daily Summary.* In der digitalen, zwei- bis dreiseitigen Tageszeitung für Astronauten informieren die Raumfahrtagenturen über sämtliche Vorgänge an Bord, die nicht in unserem Stundenplan vermerkt sind. So weisen NASA und ESA beispielsweise darauf hin, wenn sie neue Anlagen in Betrieb nehmen, die in den ersten Stunden mitunter merkwürdige Geräusche von sich geben, oder wenn sie zum Trocknen der Wärmetauscher die Temperatur in einem Modul vorübergehend von 21 auf 18 Grad absenken.

Wenn meine Kollegen ihre morgendliche Routine so weit abgeschlossen haben, wird es auch für mich höchste Zeit. Ich schäle mich immer erst um 7.15 Uhr aus dem Schlafsack, träufele mir im Badezimmer ein paar Tropfen Wasser ins Gesicht, putze die Zähne und fliege weiter in Knoten 1. Dort bereite ich mir in der Regel gleich zwei Beutel Kaffee auf einmal zu. Wie so oft grüßen mich meine Mitbewohner auch heute mit mehr als nur einem einfachen »Guten Morgen«. »Hallo, Science-Boy! Später dürft du und Tom wieder halb nackt in Columbus schweben und euch gegenseitig befummeln«, scherzt Raja und spielt damit auf das ESA-Experiment Myotones an, das Ultraschall- und Muskeltonusmessungen am freien Oberkörper vorsieht. Ich reagiere nicht darauf. Erst wenn ich meinen Kaffee getankt habe, bin ich in der Lage, solchen Sprüchen Paroli zu bieten. Raja, Tom, Kayla und Mark wissen um meine morgendlichen Anlaufschwierigkeiten und nutzen sie schamlos aus. Mir scheint es, als sei es für sie ein Hobby geworden, sich gegenseitig mit ihren Frotzeleien zu toppen. Ich mache mir nichts daraus, freue mich vielmehr, dass ich so leicht zu einer guten Stimmung beitragen kann.

Gegen 7.25 Uhr versammeln wir uns um das Funkgerät im Lab zur Daily Planning Conference, DPC. Zu dieser Konferenz über die anstehenden Aktivitäten sind Verbindungssprecher aus allen fünf Kontrollzentren zugeschaltet. Zudem wählen sich unsere russischen Mitbewohner aus dem Servicemodul ein. Pünktlich um 7.30 Uhr hören wir Antons Stimme. »Houston, Huntsville, München, Tsukuba und Moskau – Expedition 66 ist bereit für die morgendliche DPC«, verkündet unser Kommandant über Funk.

NASA-Mitarbeiterin Leslie, die heute als Capcom im Johnson Space Center in Houston eingeteilt ist, reagiert prompt: »Guten Morgen, Expedition 66, wir haben zwei Themen für euch.« Eine Aktivität in Rajas Arbeitsplan für heute habe sich verschoben, und einige Computer hätten sich aufgehängt und erforderten einen Reboot. Danach übergibt sie an ihren Kollegen Mat im Huntsville Operations Support Center, das für die Planung und Durchführung der Experimente verantwortlich ist.

Er bittet Kayla, das Kontrollzentrum anzufunken, ehe sie mit der Versuchsreihe VEGGIE startet und neue Pflanzen ins Gewächshaus setzt. Außerdem weist er Raja darauf hin, dass die Werkzeugliste für seinen ersten Versuchsaufbau nicht vollständig ist. Den erforderlichen Nachtrag erhalte er nach der DPC. »Dann reiche ich jetzt weiter an Andy in München«, sagt Mat.

Im Gegensatz zu den Amerikanern haben die Europäer und Japaner nur jeweils ein Kontrollzentrum mit je einem zuständigen Verbindungssprecher. Heute sind uns J-Com Tami vom Kibo Control Center in Tsukuba und Eurocom Andy vom Columbus Control Center in München zugeschaltet. »Guten Morgen, Matthias, wenn es für dich in Ordnung ist, können wir MASON gern vorziehen und gleich nach der DPC damit starten«, informiert mich Andy über den Ablauf des Versuchs MASON/Concrete Hardening, bei dem Wissenschaftler herausfinden wollen, wie Beton in der Schwerelosigkeit aushärtet. »Das hört sich gut an. Ich freue mich auf die Zusammenarbeit«, entgegne ich.

Zum Abschluss wendet sich Anton an Alexei, der im Kontrollzentrum TsUP nahe Moskau bereitsteht. Wie jeden Morgen tauschen unsere russischen Kollegen die Parameter der Raumstation persönlich aus, gewissermaßen als Ergänzung zur digitalen Datenübermittlung. Das kann dauern. Anton rattert sämtliche

Festgegurtet wie Piloten in einem Düsenjet sitzen wir in der Dragon-Kapsel. Kayla Barron (rechts) und ich (links) haben als Missionsspezialisten der Crew-3 außen Platz genommen. Pilot Tom Marshburn (Mitte links) und Kommandant Raja Chari (Mitte rechts) liegen derweil unter den Touchscreen-Monitoren, auf denen sie sämtliche Fluginformationen ablesen können. © NASA/SpaceX

Nach einer fast 24-stündigen Reise dockt unsere Raumkapsel, die Crew Dragon Endeavour, an die Internationale Raumstation ISS an. Das Raumschiff verfügt über ein Volumen von neun Kubikmeter und bietet deutlich mehr Platz als die russische Sojus-Kapsel. © NASA/ESA

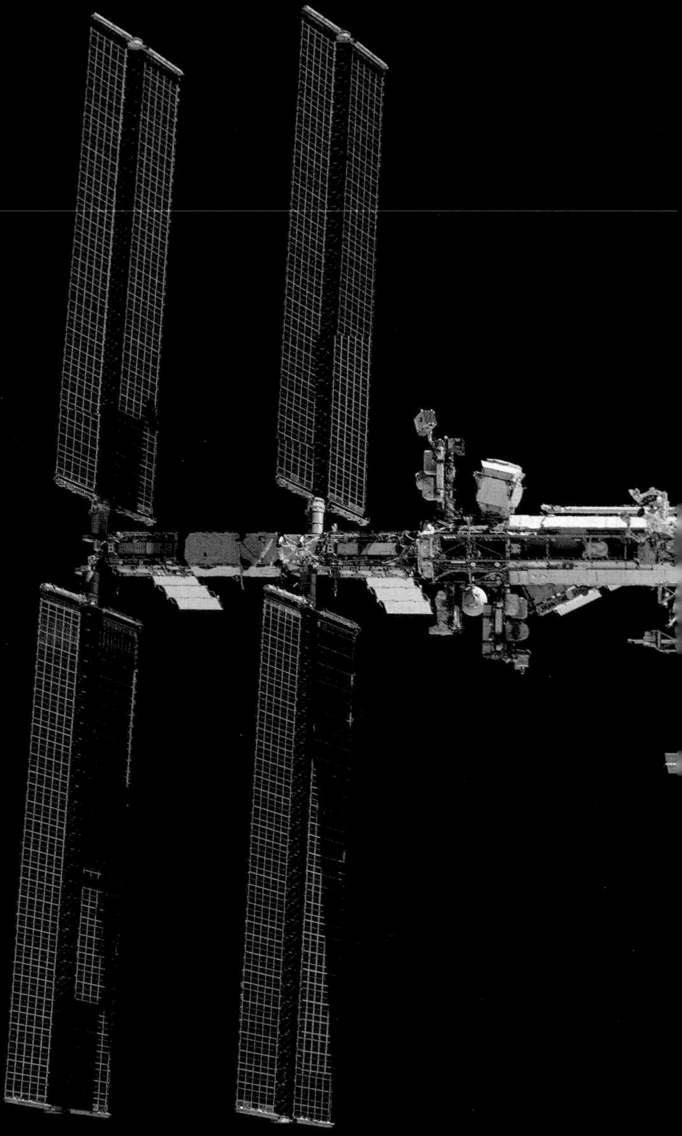

Wie eine Libelle schwebt die Internationale Raumstation ISS im Weltraum. In einer Höhe von rund 400 Kilometern kreist sie um die Erde – alle 90 Minuten ein Mal. © NASA

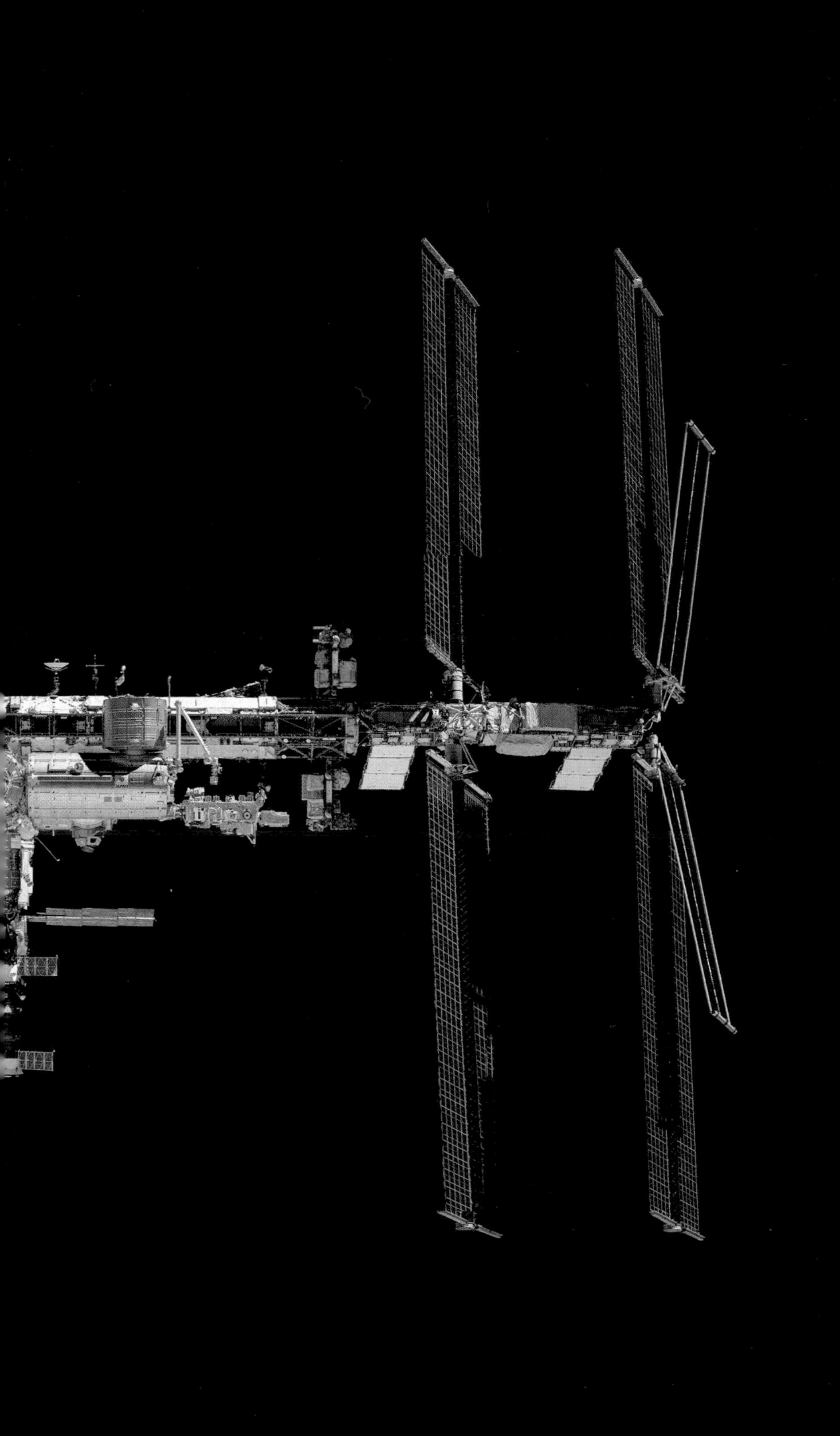

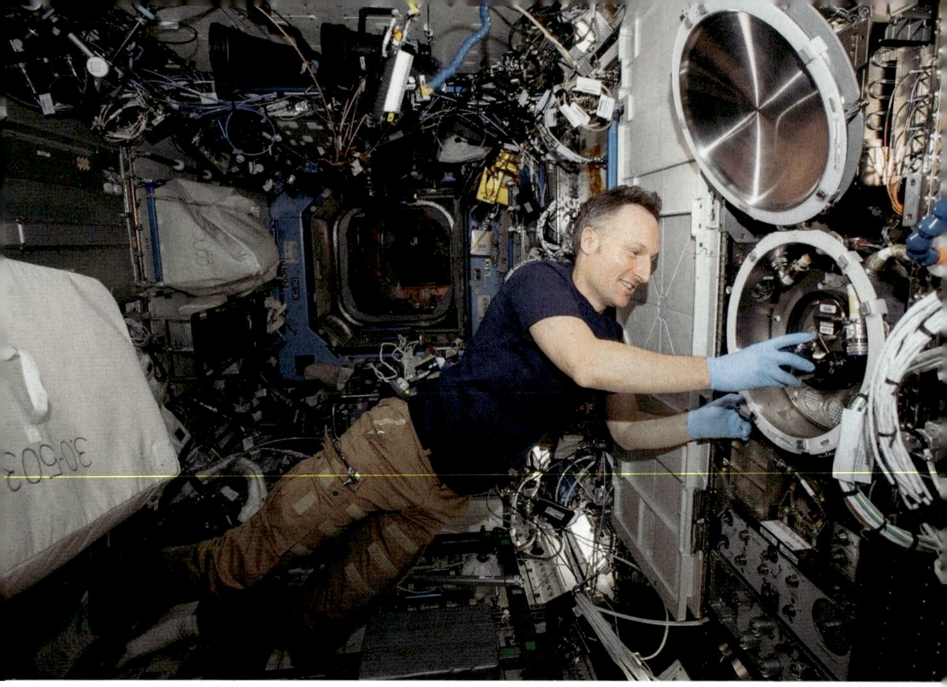

Für ein Experiment tausche ich die Metallproben im Materials Science Lab (MSL) aus. In diesem Ofen können wir Legierungen unter definierten Bedingungen in der Schwerelosigkeit schmelzen. Die Daten, die wir dabei gewinnen, tragen dazu bei, etwa leichtere Gussbauteile für Flugzeuge und Autos zu entwickeln. © NASA/ESA

Radtour auf dem Ergometer: Für das Experiment Metabolic Space trage ich bei dieser Trainingseinheit eine Atemmaske und ein mit Sensoren ausgestattetes Gerät auf der Brust. Sie überwachen unter anderem meine Herzfrequenz und meinen Sauerstoffgehalt. Die Wissenschaftler wollen so mehr über die Leistungsfähigkeit des Herz-Kreislauf-Systems in der Schwerelosigkeit herausfinden. © NASA/ESA

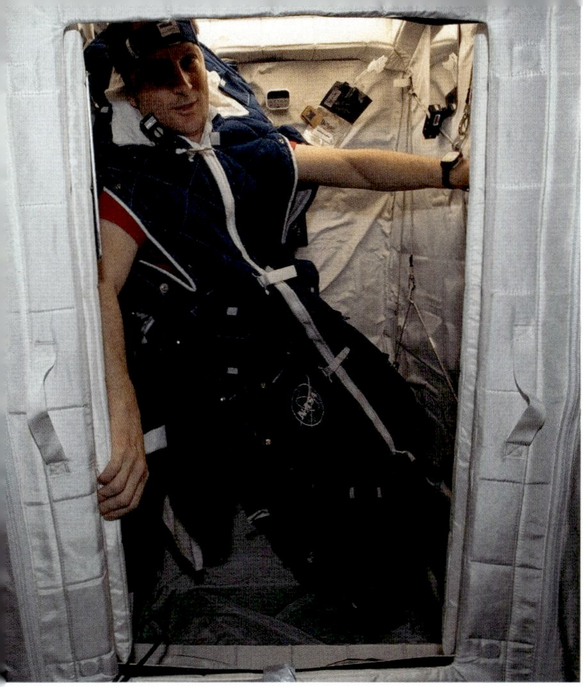

Zum Schlummern ziehe ich mich in die Casa zurück. Ohne die Last der Schwerkraft schläft es sich ganz wunderbar. An einigen Tagen penne ich so tief und fest, dass ich den Wecker nicht höre und mich meine Mitbewohner wecken müssen. © NASA/ESA

m meine Muskeln zu stählen, trainiere ich täglich in unserem galaktischen Fitnessstudio. Auf
em ARED absolviere ich unter anderem klassische Kraftübungen wie Kniebeugen und Bank-
rücken. Das Besondere: Das Gerät befindet sich direkt unterhalb der Cupola, sodass ich zwi-
chen den Sätzen ans Fenster schweben kann. © NASA/ESA

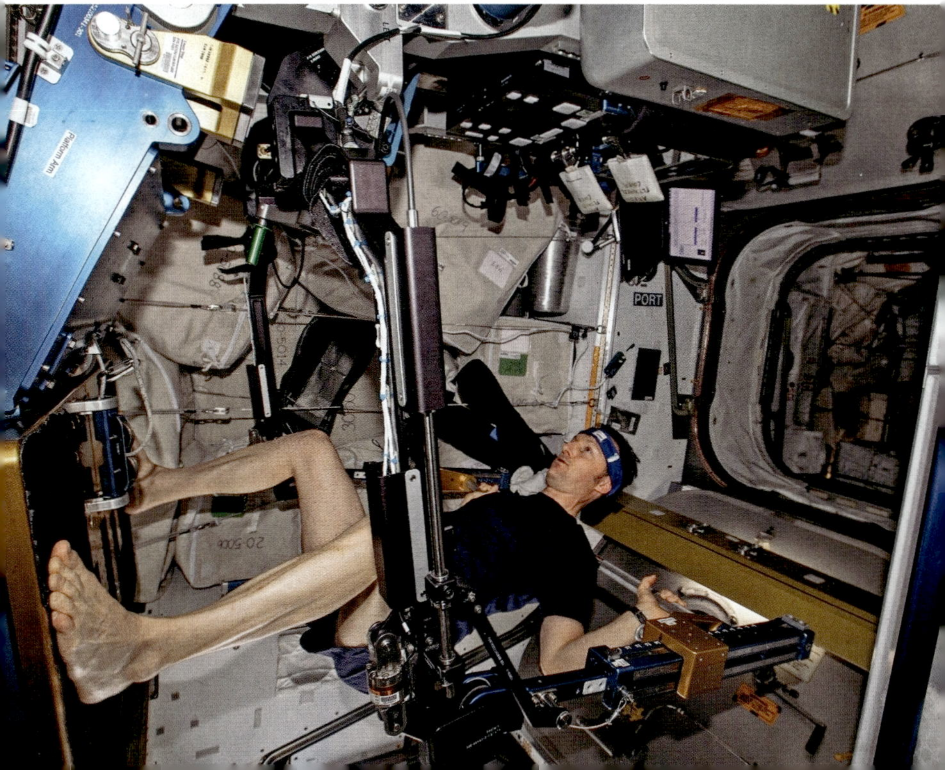

Magische Ausblicke vom Lieblingsplatz aller Astronauten: Jede freie Minute verbringe ich in der Cupola (oben), um die Erde zu bestaunen. Dabei gelingt es mir, die Mondsichel über der zartblauen Atmosphäre (unten links) zu fotografieren und Sekunden später den Sonnenuntergang (unten rechts) mit Hochwolken aufzunehmen. © NASA/ESA

oben: Mit viel leckerem Essen und einem Tannenbaum aus Plastik feiern Mark Vande Hei (vo links), Pjotr Dubrow, Tom Marshburn, Kayla Barron, Raja Chari, ich und Anton Schkaplerov ein außergewöhnliches Weihnachtsfest auf der ISS. Im Hintergrund sind die Strümpfe zu sehen die wir an Heiligabend mit Geschenken gefüllt haben. © NASA/ESA

unten: Die Expedition 66 schwebt für ein Gruppenfoto mit dem Touristen Yusaku Maezaw (vorne links) und seinem Assistenten Yozo Hirano (vorne rechts) zusammen. Begleitet werde die beiden von meinem Höhlenfreund, dem erfahrenen Kosmonauten Alexander Misurki (vorne Mitte). © NASA/ESA

oben: Im Fluganzug verabschiede ich mich vor dem Rückflug zur Erde von Bob Hines (von links), Samantha Cristoforetti und Jessica Watkins. Sie gehören allesamt zur Crew-4, die vom 27. April bis 14. Oktober 2022 die Stellung auf der ISS hält. © NASA/ESA

unten: Urlaub im Weltraum: Die Touristen der Axiom-1-Crew besuchen uns im April 2022. Unter der Leitung von Kommandant Michael López-Alegría erleben die Philanthropen Larry Connor, Eytan Stibbe und Mark Pathy den Alltag in der Schwerelosigkeit. In der Proficrew sind seit 18. März 2022 Oleg Artemyev, Denis Matwejew und Sergej Korsakow (alle Roskosmos) an Bord. Auf dem Gruppenfoto ebenfalls mit dabei: Crew-3. © NASA/ESA

Mein spannendster Tag im All: Nachdem wir unsere Ausrüstung mehrfach gecheckt haben, dürfen Raja Chari und ich am 23. März 2022 endlich hinaus ins freie Universum gleiten. 414 Minuten lang dauert die Expedition, bei der jeder Handgriff sitzen muss. Die kurze Pause nutze ich zum Durchschnaufen. © NASA/ESA

oben: Langsam bricht die Nacht über Patagonien herein. Die Region in Südamerika erstreckt sich sowohl über Argentinien als auch Chile. Sie ist bekannt für ihre menschenleeren und vielfältigen Landschaften: Dichte Wälder, glasklare Seen und riesige Gletscher finden sich hier ebenso wie eindrucksvolle Vulkane und schroffe Küsten. © NASA/ESA

unten: Stets gesichert hangele ich mich an der ISS entlang zu den unterschiedlichen Einsatzorten. Während des Außenbordeinsatzes erledigen mein Partner und ich Hunderte Arbeitsschritte. Wir installieren etwa Schläuche, tauschen eine Videokamera aus und schließen die Kabel der Wissenschaftsplattform Bartolomeo an. © NASA/ESA

oben: Mein nächstes Traumziel fest im Blick: der rund 384 000 Kilometer entfernte Mond! Von der ISS aus sehe ich den Trabanten nicht größer als die Menschen von der Erde aus. Da jedoch keine Atmosphäre zwischen uns liegt, kann ich seine Krater klarer erkennen – mithilfe eines Fernglases, versteht sich. © NASA/ESA

unten: Die Cupola – fotografiert aus dem MLM. Fast jeden Abend ziehe ich mich in die Aussichtskuppel zurück, um meinem liebsten außerirdischen Hobby nachzugehen: die Orte auf der Erde zu fotografieren, die ich während meiner Weltreise besucht habe. © NASA/ESA

ben: MLM, UM und Sojus ragen über das »Auge Afrikas« in Mauretanien im Westen der Sahara Bildmitte unten). Bis heute können Wissenschaftler nicht genau erklären, wie das ringförmige ;ebilde aus Gestein entstanden ist. Weiter oberhalb ist die spanische Insel Lanzarote zu sehen, ıuf der wir beim PANGAEA-Training eine Mondmission simuliert haben. © NASA/ESA

ınten: Nächtliches Schauspiel am Firmament: Grüne Polarlichter schimmern zwischen den russischen Modulen MRM1 und MLM hindurch. Sie entstehen, wenn geladene Teilchen des Sonnenwindes auf die Erdatmosphäre treffen. © NASA/ESA

oben: Der Mensch verändert die Natur. Seine Eingriffe sind selbst aus einer Höhe von 400 Kilometern hervorragend erkennbar, wie dieses Foto von Agrarwirtschaft in der Wüste Ägyptens zeigt. © NASA/ESA

unten: Brennende Erde: Rauchsäulen lenken die Blicke der Astronauten auf qualmende Vulkane, Brandrodungen in Regenwäldern und bombardierte Kriegslandschaften. Hier zu sehen: ein Feuer in der Ukraine nach Raketenangriffen. © NASA/ESA

oben: Licht bedeutet Leben: Je heller eine Stadt erleuchtet ist, desto mehr Menschen leben dort. Das wird mir beim Anblick der spanischen Großstadt Madrid bewusst, die nachts in die Dunkelheit hinein strahlt. © NASA/ESA.

unten: Ein wolkenloser Himmel gewährt mir freie Sicht auf New York, USA. Im Herzen von Manhattan ist der Central Park zu erkennen. Ich würde mir die Metropole gerne mal aus der Nähe anschauen – wie so viele magische Plätze, die ich von hier oben entdeckt habe. © NASA/ESA

Nach der Landung um 4.44 Uhr UTC im Golf von Mexiko hängen wir mit unserer Kapsel am Haken des Bergungsschiffes. Der wilde Ritt durch die Atmosphäre hat Spuren hinterlassen: Beim Wiedereintritt war unser Raumschiff Temperaturen von bis zu 1900 Grad Celsius ausgesetzt. Seine zuvor noch strahlend weiße Hülle weist nun einige angeschmorte Stellen auf. © ESA

Ende gut – alles gut! Als sich die Luke des Raumschiffs öffnet, signalisiere ich mit einem Winken, dass ich die Rückreise zur Erde ohne Blessuren überstanden habe. In diesem Moment rieche ich zum ersten Mal nach sechs Monaten die frische Meeresluft – fantastisch! © ESA

Kennwerte vom Druck im Inneren der Kabine über die Temperatur bis hin zum Sauerstoffanteil in der Luft herunter. Spätestens jetzt klinken wir uns aus der Konferenz aus, und ein jeder von uns verbindet sich über einen anderen Funkkanal mit seinem Kontrollzentrum.

Bevor ich mich jedoch in München melde, muss ich das für mein Experiment nötige Equipment besorgen. MASON ist als Versuch mit Sicherheitsrisiko eingestuft. Das trockene Betonpulver könnte in der Schwerelosigkeit davonschwirren, sich in die empfindliche Bordelektronik setzen oder von uns eingeatmet werden. Aus diesem Grund werde ich den Beton in einer Handschuhbox anrühren. Diese lagert im PMM – unserer Gerümpelkammer, in der wir so ziemlich alles bunkern, was wir zum Leben in der Raumstation brauchen: unter anderem Lebensmittel, Kleidung, Werkzeuge, Reinigungsmittel, Staubsauger und jede Menge Verbrauchsmaterialien. Gleichzeitig dient das Logistikmodul als Müllhalde. Auch die Metalleimer mit unseren festen Toilettenabfällen, die zusätzlich in großen Säcken verpackt sind, bewahren wir im PMM auf. Aktuell gibt es davon deutlich mehr als von den Planern auf der Erde berechnet. Wir wurden daher schon vor einigen Wochen aufgefordert, die Behältnisse mit unseren Fäkalien voller zu stopfen, bevor wir sie auswechseln. Wir waren von dieser Ansage sehr überrascht – nach einigen Diskussionen fand sich jedoch die Ursache unseres erhöhten Konsums: Raja, Tom und Mark nehmen an einer neuen Ernährungsstudie der NASA teil und essen daher vermehrt Obst, Gemüse und ballaststoffreiche Nahrung. Dass sich dadurch die Kloeimer schneller füllen würden, hatten die Ernährungsforscher nicht bedacht.

Um mich gezielt ins Chaos des Logistikmoduls stürzen zu können, rufe ich auf meinem Tablet die MASON-Packliste auf, die mir verrät, welche Ausrüstung ich brauche und wo genau ich sie finde. Das PMM ist mit einer Länge von 6,5 und einem Durchmesser von 4,5 Metern etwa so groß wie Columbus. Laut Liste lagert die Handschuhbox im dritten Abschnitt. Ich werde also in die Tiefen der Gerümpelkammer vordringen müssen. Wie eine Made fresse ich mich in sie hinein, schiebe Taschen und Boxen zur Seite. Schon bald treffe ich auf die Müllsäcke mit unseren biologischen Hinterlassenschaften im hinteren Teil des Moduls, wo sie wild durcheinanderschweben und den Weg blockieren. Mir bleibt keine andere Wahl: Ich muss in diesen übel riechenden Dschungel eintauchen. In den vergangenen Wochen habe ich dabei schon häufiger die Orientierung verloren. Manchmal drehe ich mich beim Herausziehen einer Tasche um die eigene Achse und weiß dann nicht mehr, wo oben, unten, rechts oder links ist, und lande irgendwann auf der völlig falschen Seite des PMM.

Dieses Mal stelle ich mich geschickter an. Nach etwa 15 Minuten habe ich die Handschuhbox gefunden und tauche abgekämpft aus dem Modul hervor. Mein nächstes Ziel ist das europäische Labor, in dem die Proben lagern. Zu guter Letzt verschlägt es mich in Knoten 2, wo ich auf der Mobile Assembly Platform, einer Art Werkbank, meinen Arbeitsplatz einrichte. Zuerst baue ich die Handschuhbox auf. Links neben mir bringe ich eine Videokamera an, damit Eurocom Andy und die anderen Mitarbeiter in München mich beobachten und gegebenenfalls unterstützen können. Als die Verbindung über den Funkkanal steht, beginnen wir sofort mit der Arbeit.

MASON ist das englische Wort für Maurer, das Experiment somit wie für mich gemacht. Der Versuch ist ein gemeinschaftliches Projekt des DLR sowie der Universitäten Köln und Duisburg-Essen. Vor meiner Mission haben mir die zuständigen Experten des DLR-Instituts für Materialphysik im Weltraum die Hintergründe erklärt: Von 38 Gigatonnen weltweitem CO_2-Ausstoß entfallen drei auf die Herstellung von Zement. Aus unserer heutigen Bauindustrie ist Zement jedoch nicht wegzudenken, da er ein wesentlicher Bestandteil von Beton ist. Wenn es gelingt, den CO_2-Ausstoß in der Betonproduktion zu reduzieren, wäre das ein enormer Beitrag zur Verbesserung der Klimabilanz. Laut meinem Freund Professor Matthias Sperl, der den Versuch leitet, interessieren sich die Forscher besonders für den Aushärtungsprozess. Auf der Erde presst die Schwerkraft den künstlich hergestellten Stein zusammen. Dadurch ordnen sich der Zement und die Sandkörner in einer bestimmten Reihenfolge an, das Wasser wird herausgedrückt. Fachleute sagen dazu: Der Beton blutet. Das macht die wissenschaftliche Analyse der Aushärtung auf mikroskopischer Ebene sehr komplex. Im All bleibt das Bluten aus. Folglich erhalten wir eine veränderte Festigkeit und Struktur des Werkstoffs, die wesentlich besser zu studieren sind. Die daraus gewonnenen Daten helfen den Wissenschaftlern hoffentlich, eine umweltfreundlichere Herstellungsmethode zu entwickeln.

Insgesamt werde ich 64 Proben mit unterschiedlichen Zusätzen mischen. Die Wissenschaftler haben dafür bereits 64 transparente Gefäße mit Betonpulver gefüllt. Ich soll mit Spritzen Flüssigkeit zugeben und danach kräftig rühren. So weit die Theorie. In der Praxis gestaltet sich der Versuch etwas komplizierter. Es ist vorgesehen, dass ich immer drei Proben gleichzeitig betreue. Die Gefäße und Spritzen sind aus Sicherheitsgründen alle einzeln in Luftpolsterfolie und zusätzlich in Tüten verpackt. Öffnen darf ich diese erst in der Handschuhbox. Mein anfangs noch ordentlicher Arbeitsplatz ist ruckzuck mit Verpackungsmaterial zugemüllt, das einfach nicht an den dafür vorgesehenen Klebestreifen haften will. Da ich mit beiden Händen in der Box stecke, kann ich die Experimentieranleitung auf dem Tablet nicht weiterklicken. Andy übernimmt diese Aufgabe für mich. Dankenswerterweise liest er mir auch die einzelnen Arbeitsschritte vor und behält die Uhr im Auge. Ich muss die Proben immer exakt zwei Minuten lang mithilfe einer Art Kurbel durchmischen. Die Bewegung gleicht dem Eindrehen eines Korkenziehers. Nach einer Weile schmerzen meine Muskeln und Sehnen. Wer hätte gedacht, dass Beton anrühren auch in der Schwerelosigkeit so anstrengend ist?

Neben den Standardproben haben es ein paar ganz besondere Mischungen an Bord geschafft. Nämlich solche, die Vulkanasche aus der Eifel enthalten. Diese ist chemisch und physikalisch fast identisch mit Mondstaub. Wenn wir künftig zu unserem Erdtrabanten fliegen, wollen wir dort eine Landeplattform für Raketen errichten. MASON soll zeigen, ob Beton ein geeignetes Baumaterial sein könnte. Da auf dem Mond wesentliche Bestandteile des Werkstoffs nicht oder nur in geringem Maß zur Verfügung stehen, ist dieser Teil des Experiments sehr abstrakt. Nichtsdestotrotz trägt die Forschung auf der ISS dazu bei, gewisse Kennwerte zu berechnen und die Leistungsfähigkeit von Beton zu ermitteln.

Während ich mische, gleiten meine Gedanken zu den Alternativen zum Mondbeton, wie etwa dem 3-D-Druck mit Mondsand, den wir am Kölner Astronautenzentrum erforschen und in Zukunft in der Mondtrainingsanlage LUNA ausgiebig testen wollen. Dieses Verfahren kommt ohne Wasser und Zement aus und gilt damit als Hoffnungsträger für Konstruktionen auf Mond und Mars. Ich freue mich schon darauf, nach meinem Raumflug wieder Projektleiter von LUNA zu werden und Europa dem Mond ein Stück näher zu bringen. Und wer weiß, vielleicht darf ich ja wirklich noch zu unserem kosmischen Nachbarn fliegen und das Entwickelte selbst ausprobieren. Diese Vorstellung zaubert mir ein Lächeln auf die Lippen. »Ob meine Kollegen in München das wohl gesehen haben?«, frage ich mich und wende mich wieder mit aller Konzentration meinem Experiment zu.

Gegen 12 Uhr, pünktlich zur Mittagspause, habe ich die Hälfte aller Proben vermischt, die anderen folgen morgen. Ich packe die Gefäße wieder in die gepolsterten Frachttaschen und verstaue sie in Columbus. Bis der Beton vollständig ausgehärtet ist, werden mehrere Wochen vergehen. Daher fliegen die Proben erst nach mir zurück zur Erde. Mein Kumpel Matthias und weitere Wissenschaftler werden gleich nach ihrer Ankunft mit der Auswertung beginnen. Auf die Ergebnisse bin ich schon jetzt unglaublich gespannt.

Weltneuheit im All

Mittwoch, 2. Februar 2022

Sicherheit hat auf der Raumstation oberste Priorität. Experimente müssen zahlreiche Tests bestehen, bevor sie die Freigabe zum Start ins Weltall erhalten. An Bord schaffen es ausschließlich Versuche, die keine Risiken für die Besatzung bergen. Dennoch dürfen wir sie nur in enger Absprache mit den Kontrollzentren in Angriff nehmen und müssen unsere Kollegen am Boden stets auf dem Laufenden halten. Zu unserem eigenen Schutz befolgen wir diese Regel haargenau. Meistens jedenfalls. Heute will ich ein innovatives Projekt umsetzen, das ich nicht mit den Verantwortlichen auf der Erde abgesprochen habe. Deshalb bin ich in geheimer Mission unterwegs.

Um ungestört die Vorbereitungen treffen zu können, habe ich mich in Knoten 1 zurückgezogen. An den Gerüchten, dass wir in der ISS rund um die Uhr überwacht werden und keine Privatsphäre haben, ist nichts Wahres dran. Zwar hängen in jedem Modul Kameras, die sind jedoch nicht immer angeschaltet. Jetzt zum Beispiel ist der kleine Monitor zugeklappt, und ich kann mir sicher sein, dass gerade nichts aufgezeichnet oder ins Kontrollzentrum übertragen wird. Meinem halb legalen Vorhaben steht also nichts im Weg. Ich kann unbeobachtet Weltraumjoghurt herstellen, eine außerplanetarische Neuheit. Echter Joghurt statt der gnadenlos süßen Nachspeise aus dem US-Sortiment – allein bei dem Gedanken daran läuft mir das Wasser im Mund zusammen.

Ich schwebe zum Vorratsschrank, nehme einen Trinkbeutel mit Milchpulver – davon gibt es in unserer Bordküche reichlich –, fülle ihn zur Hälfte mit kaltem Wasser und schüttele alles kräftig durch. Nun kommen Kapseln zum Einsatz, die mir meine Flugärztin Brigitte zur guten Verdauung und Vorbeugung gegen Darmprobleme mitgegeben hat. Ich werde sie jetzt zweckentfremden, denn sie enthalten Lactobacillus-Bakterien. Diese erzeugen durch Gärung Milchsäure und sind daher bestens zur Herstellung von Joghurt geeignet. Ich stopfe die Kapseln durch einen kleinen seitlichen Einschnitt in einen leeren Alubeutel, verschließe diesen mit Klebeband und fülle eine genau bemessene Menge Wasser ein, um die Kapseln aufzulösen. Als Nächstes pumpe ich diese bakterienhaltige Flüssigkeit mithilfe eines kleinen Adapterschlauchs in den Milchtrinkbeutel und schüttle das Ganze einmal durch. Behutsam wickele ich den Beutel in zwei Plastiktüten und verstaue ihn in einer schützenden Schaumstoffverpackung. Jetzt fehlen nur noch Wärme und Ruhe. Beides brauchen die Milchsäurebakterien, um sich zu vermehren. Ideal wäre es, wenn ich den Inkubator nutzen könnte, den Tom heute für einen Versuch in Betrieb genommen hat. Er wäre eine perfekte Brutstätte, ist für mein inoffizielles Projekt allerdings tabu. Ein Computer unweit meiner Schlafkoje strahlt aber sicherlich ausreichend Wärme ab, um meinen Bakterienkulturen ein kuscheliges Plätzchen zu bieten.

Unterwegs treffe ich Tom, der mit einem Experiment beschäftigt ist, bei dem er über Hefeprozesse künstlich Vitamine schaffen soll. Als er mich mit der Schaumstoffverpackung sieht, breitet sich ein Grinsen auf seinem Gesicht aus. An den Weihnachtstagen habe ich nämlich schon mal Naturjoghurt hergestellt. »Es dauert noch, bis es Nachschub gibt«, rufe ich ihm zu. Mein Joghurt muss etwa eineinhalb Tage in der Wärme reifen und danach ein paar Stunden im Kühlschrank abkühlen. »Kein Problem. Ich freue mich jetzt schon«, antwortet Tom mit einem Augenzwinkern.

Verglichen zum Joghurt auf der Erde ist die Weltraumvariante cremiger und schaumiger. Das hängt damit zusammen, dass die Gasbläschen, die bei der Gärung entstehen, aus dem fest verschlossenen Alubeutel nicht entweichen können und sich daher im Joghurt verteilen. So entsteht eine Art luftig leichte Mousse. Um diese noch schmackhafter zu machen, habe ich sie bei meinem ersten Versuch mit Dosenobst serviert. Meine Crew war total angetan. Innerhalb kurzer Zeit hatten wir alles aufgegessen, und ich musste meinen Kollegen versprechen, bald die nächsten Chargen zu produzieren. Doch dann kam eine unerwartete Überraschung unserer russischen Mitbewohner dazwischen.

Um etwas Schwung in den Speiseplan zu bringen, haben wir regelmäßige Tauschgeschäfte etabliert. Lebensmittel, die bei uns zu Ladenhütern geworden sind, wandern rüber zu den Kosmonauten. Im Gegenzug versorgen sie uns mit traditionellem Essen aus ihrem Vorratsdepot.

Dabei hat sich herausgestellt, dass Anton kein allzu großer Freund von Milchprodukten ist – vor allem nicht, wenn sie Nüsse enthalten. Er hat uns daher gleich mehrere Beutel mit Tworog überlassen, russischem Hüttenkäse in Pulverform, gemischt mit Nüssen. Tom, Raja, Kayla, Mark und ich haben uns gefreut wie Piraten nach einem gelungenen Raubzug, und mein selbst gemachter Joghurt geriet vorübergehend in Vergessenheit. Essen hat im Weltraum eine weitaus größere Bedeutung als auf der Erde. Es fördert nicht nur unsere körperliche Gesundheit, sondern auch unser geistiges Wohlbefinden. Gemeinsam mit den Kollegen am Tisch zu sitzen beziehungsweise zu schweben, ist ganz wichtig für die Motivation und den Teamgeist. Der Essenstausch bietet zudem Abwechslung vom Alltag und bringt gute Laune. Genau wie mein Weltraumjoghurt.

Small Talk im Schlafanzug

Freitag, 4. Februar 2022

Ein dumpfes Klopfen schallt aus der Ferne zu mir rüber. Gleichzeitig vernehme ich ein eindringliches Flüstern: »Matthias! Matthias! Hast du den Funkspruch aus Huntsville gehört?« – »Nein«, murmele ich instinktiv und werde in dem Moment von meiner eigenen Stimme wach. Was war das? Habe ich geträumt? Oder hat mich tatsächlich jemand gerufen? Verwirrt ziehe ich meine Schlafmaske ein Stückchen nach oben. Schemenhaft erkenne ich die Umrisse meiner Casa und die Unordnung, die darin herrscht. An den Wänden hängt allerlei Krimskrams: Kopfhörer, Trinkbeutel, Fotos und Kosmetikartikel. Hinter Gummigurten klemmen meine Arbeitshose, ein ESA-Poloshirt und eine Socke. Ich frage mich, wo ich die andere wohl schon wieder verloren habe. »Matthias? Hallo?« Dieses Mal kann ich die Stimme zuordnen. Ich strecke den Kopf aus der Schlafkoje und erblicke Tom, der mitten in Columbus schwebt.

Das Licht ist ausgeschaltet. Doch die grelle Lampe des Gewächshauses strahlt in den Raum hinein und lässt meinen Kollegen in einem rosa Farbton schimmern. Ich entferne die Ohrenstöpsel und sehe ihn mit zusammengekniffenen Augen an. »Hast du den Funkspruch etwa nicht gehört?«, will Tom wissen. »Nein. Heute ist doch unser freier Tag. Ich habe hier die Funkgeräte abgestellt, um in Ruhe ausschlafen zu können.« Mein Plan ist aufgegangen. Verwundert stelle ich beim Blick auf die Uhr fest, dass es schon fast Mittag ist. 11.25 Uhr, um genau zu sein. »Und jetzt?«, frage ich, während ich mich genüsslich recke. Tom starrt mich ungläubig und erheitert zugleich an. »Vielleicht solltest du aufstehen und einfach mal nachhören, warum Huntsville versucht hat, dich zu erreichen?«

Im Schlafanzug schwebe ich zum Funkgerät, das gleich neben meiner Casa hängt, und drücke den Knopf, um die Verbindung herzustellen. Paycom Mat meldet sich sofort: »Hallo, Matthias, wir wollten dich an deine bevorstehende Ham-Radio-Schalte erinnern. Um 11.30 Uhr geht's los.«

Ach du grüne Neune! Diesen Termin hatte ich total vergessen – was ich mir aber auf keinen Fall anmerken lassen will. »Alles klar, danke, Huntsville«, entgegne ich möglichst gelassen, beende die Verbindung und reibe mir meine immer noch müden Augen. Tom lacht mich erst einmal aus, bietet mir aber gleich seine Hilfe an. Ich bin erleichtert. Gemeinsam sollten wir es in den noch verbleibenden drei Minuten schaffen, das Ham-Radio in Gang zu setzen.

Das Gerät, das es uns ermöglicht, Kontakt mit Amateurfunkern auf der Erde aufzunehmen, ist neben der Eingangsluke von Columbus untergebracht. Während ich es aktiviere, schnappt sich Tom mein Tablet, auf dem alle Infos gespeichert sind, die ich für das Event benötige. »Johannes-Kepler-Gymnasium, Lebach, Germany«, liest er mit amerikanischem Akzent vor. Seine Aussprache bringt mich zum Schmunzeln. Aber nur kurz. Dann wird mir bewusst, dass es sich um eine Schule aus meiner saarländischen Heimat handelt. »Das darf ich unmöglich vermasseln«, denke ich. Wie in der Anleitung vorgegeben, wähle ich flugs Primär-Kanal 12 aus. Doch das Ham-Radio funktioniert nicht. Tom deutet auf ein blinkendes Lämpchen. »Diesen Fehler hatte ich vor Kurzem auch. Wir müssen das Teil herunterfahren und wieder neu starten«, sagt er und leitet mich durch die Prozedur. In letzter Sekunde, um Punkt 11.30 Uhr, gelingt es uns, Primär-Kanal 12 einzustellen.

Ich beginne sofort damit, die Schule in Lebach anzufunken. »Delta Lima Zero Juliett Kilo Golf, hier ist Delta Papa Zero India Sierra Sierra, könnt ihr mich verstehen?« Statt einer Antwort höre ich ein lautes Knacken und Rauschen. Nächster Versuch: »Delta Lima Zero Juliett Kilo Golf, hier ist Delta Papa Zero India Sierra Sierra, könnt ihr mich verstehen?« Wieder keine Reaktion. Nach fünf Minuten vergeblichen Rufens beschließe ich, auf

Back-up-Kanal 13 zu wechseln. Aber auch das bringt nicht den gewünschten Erfolg. Ratlos gehen Tom und ich die Anleitung noch einmal durch. Mein Blick bleibt an der vierten Zeile hängen. Da steht: »Die Schalte ist für 11.37 Uhr geplant.« Mir fällt ein Stein vom Herzen. Mat hatte den Beginn des Events wohl absichtlich auf 11.30 Uhr gesetzt, damit mir genügend Zeit zum Aktivieren des Ham-Radios bleibt. Das hatte ich eben im Halbschlaf nicht richtig verstanden.

Ich freue mich über meine Dusseligkeit. Nun habe ich sogar noch knapp zwei Minuten, um die Fragen durchzulesen, die mir die Schüler gleich stellen wollen. Diese bekommen wir immer vorab geschickt, damit wir auch bei einer schlechten Verbindung in der Lage sind zu antworten. Die erste Frage ist typisch für uns Saarländer: »Unn?« Die zweite Frage ebenfalls: »Gibt es Lyoner auf der ISS?« Und auch die dritte Frage bezieht sich auf unser kleines Bundesland: »Sieht man die Saarschleife oder den Bostalsee aus dem Weltall?« Ich entspanne mich. Diese Fragen schaffe ich zu beantworten, obwohl ich noch keinen Kaffee hatte.

Exakt um 11.37 Uhr funke ich das Johannes-Kepler-Gymnasium erneut an. Aber auch dieses Mal bleibt eine Reaktion aus. Es dauert etwa eine Minute, bis endlich ein paar undeutliche Worte zu mir durchdringen – und gleich darauf wieder verstummen. Heute ist echt der Wurm drin! Doch meine Gesprächspartner auf der Erde geben nicht auf. »Delta Papa Zero India Sierra Sierra, hier ist Delta Lima Zero Juliett Kilo Golf, kannst du uns verstehen?«, schallt plötzlich die Stimme von Lehrer Sascha aus dem Ham-Radio. »Jetzt verstehe ich dich laut und deutlich«, erkläre ich. Ohne Zeit zu verlieren, stellt er mir die erste Frage: »Unn?« – »Gudd«, antworte ich, wie es sich für einen Saarländer gehört. Weiter geht's. In einem rekordverdächtigen Tempo quetschen mich die Schüler über mein Leben und meine Arbeit an Bord aus. Innerhalb der zehnminütigen Überflugzeit gelingt es uns, 18 Fragen durchzugehen, 20 standen auf dem Programm. Kein schlechter Schnitt.

Die Schüler sind begeistert und ich auch. Diese Schalte werde ich garantiert nicht so schnell vergessen. Es freut mich, dass sich die Kinder aus meiner Heimat für meine Mission interessieren. Mit ihnen über die Raumfahrt quatschen zu dürfen, war einfach spitze. Glücklich bedanke ich mich bei Tom für seine Hilfe. »Wenn ich das vermasselt hätte, hätte ich vermutlich meinen Status als Saarlandbotschafter verloren«, scherze ich. »Gern geschehen! Und jetzt werde erst mal in Ruhe wach«, entgegnet er und gleitet in Richtung Knoten 2 davon. Ich schaue ihm kurz hinterher und genieße den Augenblick. Als ich das Ham-Radio ausschalte, fällt mir auf, dass ich immer noch meine Schlafmaske auf der Stirn trage. Was für ein verrückter Start in den Tag.

Sprechstunde bei Dr. Brigitte

Dienstag, 8. Februar 2022

Es gibt aktuell keinen Menschen, der besser über mein Wohlbefinden informiert ist als Brigitte. Einmal pro Woche treffe ich mich mit meiner Flugärztin zur virtuellen Sprechstunde, um mit ihr über mögliche physische und psychische Probleme zu reden. Der Termin ist fest in meinen Tagesplan integriert und mit einem dicken blauen Rahmen versehen. Dies signalisiert mir, dass es sich um eine »Blue Box Activity« handelt – also um eine besonders wichtige und zeitkritische Aktivität, die ich unter keinen Umständen verschieben oder ausfallen lassen darf. In der Regel verabreden wir uns für acht Uhr, gleich nach der morgendlichen DPC. Um diese Zeit ist die Wahrscheinlichkeit, dass bei mir etwas dazwischenkommt, am geringsten.

Die Videoschalte ist auf eine Viertelstunde angesetzt. Die ersten Minuten nutzt die Medizinerin meist für eine gründliche Anamnese, bei der sie sich nicht scheut, mich auf teils sehr intime Dinge anzusprechen. Sie will nicht nur wissen, ob ich irgendwelche Beschwerden habe, mich durch die viele Arbeit unter Druck gesetzt fühle, Schmerzen oder Hautausschläge aufgetreten sind, sondern sogar, ob ich regelmäßig esse und gut zur Toilette gehen kann. »Es ist alles in Ordnung. Ich genieße die Schwerelosigkeit in vollen Zügen«, versichere ich ihr und lache. »Sehr gut. Das freut mich«, entgegnet Brigitte und gesteht: »Nachdem gestern die Ergebnisse deines jüngsten Medical Checks bei mir eingetroffen sind, habe ich auch nichts anderes erwartet.«

Mit dem Medical Check meint meine Ärztin die regelmäßige Pflichtuntersuchung. Alle vier bis acht Wochen müssen wir gewissermaßen zur körperlichen Inspektion. Dafür stehen allein in Columbus drei Labore für Humanmedizin bereit. Im hinteren Bereich des Moduls befinden sich das European Physiology Module (EPM), mit dem wir Puls, Temperatur, Blutdruck, Herzfunktion und Hirnströme messen können, sowie zwei Human Research Facilities (HRF). In HRF 1 ist ein Ultraschallgerät eingebaut, mit dem wir unsere Organe und Gefäße kontrollieren. In HRF 2 ist ein Gerät zur Lungenfunktionsdiagnostik untergebracht. Meist untersuchen wir uns gegenseitig und übermitteln die Ergebnisse an die Mediziner auf der Erde. Für manche Tests sind uns Fachärzte zugeschaltet. Sie unterstützen uns beispielsweise beim Bedienen des Ultraschallgeräts.

Einmal im Monat geht es außerdem für alle zum Wiegen. Hierfür stehen auf der ISS zwei Geräte zur Verfügung. Das Space Linear Acceleration Mass Measurement Device (SLAMMD) in Columbus nutzt Newtons Formel »Kraft ist gleich Masse mal Beschleunigung«. Zum Bestimmen der Masse misst dieses Gerät, wie stark oder schnell der Astronaut beschleunigt wird, wenn zwei starke Federn mit bekannter Federkraft den Körper aus der Ruhelage stoßen. Wir verwenden jedoch immer die Weltraumwaage im russischen Segment, die präziser ist, obwohl sie mich an einen klobigen Presslufthammer erinnert. Zum Wiegen mache ich mich ganz klein, klemme Füße und Knie hinter Bügel, rolle den Kopf nach vorn auf die Brust und gegen die Vorrichtung. Zusätzlich halte ich mich mit beiden Händen daran fest. Es ist sehr wichtig, stabil mit dem Gerät verbunden zu sein und während der Messung nicht zu wackeln. Sobald ich die richtige Position eingenommen habe, versetze ich die Waage via Knopfdruck in Schwingung. Je schwerer ich bin, desto langsamer schaukelt das System. Aus dieser Schwingungsfrequenz berechnet ein Computer meine Körpermasse. Derzeit wiege ich 79 Kilo – 500 Gramm mehr als auf der Erde. Als ich die Zahl in die App EveryWear eingetragen habe, fasste ich den Entschluss, von nun an weniger der omnipräsenten Macadamianüsse zu essen, um mein Gewicht wieder in die richtige Richtung zu bewegen. Vielleicht sollte ich aber auch keine Energieriegel mehr verzehren? Die Box mit verschiedenen Leckereien in Knoten 1 ist eine ständige Versuchung für mich, wie ich mir immer wieder eingestehen muss.

In der EveryWear-Software, die von der französischen Raumfahrtagentur CNES entwickelt wurde, sammle ich all meine physiologischen und medizinischen Daten. Sie lässt sich auch mit tragbaren Sensoren verbinden, die Bewegung, Herzfrequenz und Schlafqualität aufzeichnen. Darüber hinaus fungiert das Programm als Ernährungstagebuch, in dem ich detailliert auflistе, welche Mahlzeiten ich zu mir nehme. All diese Angaben werden als verschlüsselte Dateien zur Erde übermittelt. Nur ausgewählte Spezialisten und Flugmediziner können sie einsehen. Bislang war meine Ärztin mit meinen Werten immer mehr als zufrieden. Und auch dieses Mal gibt es nicht den geringsten Grund zur Sorge. Meine Gewichtszunahme stört Brigitte überhaupt nicht, im Gegenteil: »Wir Mediziner möchten lieber, dass ihr dort oben etwas zulegt, statt Gewicht zu verlieren, da wir beim Abnehmen immer auch befürchten, dass ihr Muskel- und Knochenmasse abbaut.«

Trotz der guten Gesamtwerte bohrt Brigitte weiter. »Deine jüngste Untersuchung lässt auf eine leichte Verschlechterung im rechten Ohr schließen. Nichts Dramatisches und aus Erfahrung auch reversibel«, sagt sie und sieht mich gleichzeitig fragend an. Ich kann sie beruhigen: Soweit ich das beurteilen kann, hat sich mein Gehörsinn nicht merklich verschlechtert – bei der Messung des rechten Ohres hatte ich übermäßigen Hintergrundlärm, sodass die Ergebnisse hiervon betroffen sein könnten. Außerdem halte ich mich an die Empfehlung und verwende öfter Ohrstöpsel, insbesondere beim Joggen auf dem knatternden T2-Laufband.

Die ISS ist ein ziemlich lauter Ort. Ununterbrochen brummen Aggregate, Versuchs- und Lüftungsanlagen. In einigen russischen Modulen liegen die Betriebsgeräusche gelegentlich bei mehr als 70 Dezibel, vergleichbar mit der Lautstärke eines Rasenmähers. Die kontinuierliche Lärmbelastung kann auf Dauer ernsthafte gesundheitliche Probleme verursachen, die sich durch akustische Isolierungen zwar reduzieren, aber nicht verhindern lassen. Um die Einflüsse der Geräuschkulisse und der Schwerelosigkeit auf den Gehörsinn besser zu verstehen, haben Experten der italienischen Raumfahrtagentur ASI das Experiment Acoustic Diagnostics entwickelt: Dabei überwachen sie die sogenannten otoakustischen Emissionen. Diese Schallsignale werden durch feine Härchen im Innenohr verursacht, die sich infolge akustischer Stimulationen bewegen. Die Messung erfolgt passiv: Ich muss mir nur einen Kopfhörer mit einem speziellen Innenohreinsatz aufsetzen. Das Gerät spielt Töne ab und ermittelt, wie mein Trommelfell darauf reagiert.

Neben den Ohren stehen die Augen im Fokus der Weltraummediziner. Denn vor einigen Jahren haben sie festgestellt, dass sich der Sehnerv in der Schwerelosigkeit verändert – vermutlich aufgrund der Flüssigkeitsumlagerung vom Unterkörper hin zum Kopf. Dieses weltraumassoziierte neurookulare Syndrom SANS wurde erstmals bei NASA-Astronaut John Lynch Phillips diagnostiziert, als er 2005 von seiner ISS-Mission zurückkehrte. Heute ist es bei etwa zwei Drittel aller Raumfahrer nachgewiesen, die mehr als 30 Tage im Orbit verbracht haben. Renommierte Wissenschaftler aus aller Welt streben danach, mehr über SANS zu erfahren und vorbeugende Behandlungsmethoden zu entwickeln. Studenten der Initiative Spaceship EAC haben ein ganz tolles Experiment namens Retinal Diagnostics erarbeitet, das von Eóin Tuohy, einem sehr talentierten jungen Forscher aus Irland, federführend betreut wird. Gemeinsam mit seinem Team hat er eine Okularlinse in ein selbst konstruiertes und von einem 3-D-Drucker gefertigtes Gehäuse eingesetzt, das sich auf der Kameralinse eines handelsüblichen Tablets festklemmen lässt. Mit diesem Instrument kann ich die Retina, die Netzhaut meines Auges, untersuchen und Videos davon aufnehmen. Über die App EveryWear schicke ich diese an Dr. Claudia Stern, die Leiterin der Abteilung Klinische Luft- und Raumfahrtmedizin des DLR, und ihren englischen Kollegen Scott Ritter. Sie pflegen die Aufnahmen in eine Datenbank ein, welche die Studenten wiederum nutzen, um ein Bildauswertungsprogramm mit künstlicher Intelligenz so zu trainieren, dass es Veränderungen des Sehnervs automatisch erkennt.

Leider erhält Brigitte die Ergebnisse meiner Retinal Diagnostics nicht sofort. Zunächst werten die Forscher die Daten aus und stellen sie erst nach Abschluss der gesamten Messreihe meiner Flugmedizinerin zur Verfügung. Ich bekomme die Infos also frühestens einige Monate nach der Mission. Allerdings überwachen wir unsere Augen noch mit einem anderen Verfahren: der optischen Kohärenztomografie (OCT), die hochauflösende Schnittbilder des Augenhintergrunds erstellt. Dieses Profigerät, das in vielen augenärztlichen Praxen zu finden ist, setzen wir unter Anleitung der NASA-Technikerin Julia regelmäßig ein. Die Messung ist recht unbeliebt, da wir hierfür zunächst mithilfe von Augentropfen die Pupillen weiten und danach für eine gefühlte Ewigkeit in das gleißende Blitz- und Blinklicht der Messapparatur starren müssen.

Die Ergebnisse der OCT-Messung, die wir vor wenigen Tagen

vorgenommen haben, hat Brigitte bereits begutachtet und dabei eine geringe Veränderung meiner Netzhaut festgestellt. Auch mir ist in letzter Zeit aufgefallen, dass ich beim Lesen manchmal die Augen zusammenkneifen muss, um kleinere Symbole erkennen zu können. »Das scheint nur ein kleines Augenödem zu sein und ist nicht weiter schlimm«, ist sich Brigitte sicher. Sie geht davon aus, dass sich meine Sehkraft normalisiert, wenn ich zur Erde zurückgekehrt bin. Obwohl ich Augenveränderungen erwartet hatte, dämpft diese Diagnose meine bisherige Euphorie über den Weltraumaufenthalt etwas. »Nichts kommt ohne Preis«, denke ich mir und hoffe, dass Brigitte mit ihrer Vermutung recht behält.

Über die Auswirkungen der Strahlung will ich nun gar nicht mehr sprechen und verdränge diese Information auf die Zeit nach dem Raumflug, wenn Dr. Ulrich Straube, unser Strahlungsexperte am EAC, die Dosimeter ausgelesen hat und mich über die von mir über die Gesamtdauer der Mission akkumulierte Dosis informiert. Liegt diese so hoch, dass mein Risiko, an Krebs zu erkranken, um mehr als drei Prozent angestiegen ist, bedeutet dies das Ende meiner aktiven Astronautenkarriere. Doch ich bin zuversichtlich, dass ich weit darunter bleiben werde, da die Kontrollteams am Boden dank Satellitensensoren ein »gemäßigtes Weltraumwetter« und demzufolge ein »moderates Strahlungsrisiko« für die kommenden Wochen prognostizieren.

Nachdem wir meinen Gesundheitszustand ausführlich erörtert haben, bleiben uns ein paar Minuten bis zum Ende der Sprechstunde. Ich nutze die Gelegenheit, um Brigitte ein wenig über die Geschehnisse in Köln auszuquetschen. Wie ist die Lage am EAC? Was gibt es Neues bei den Kollegen? Und wie läuft es aktuell in Sachen Pandemie? Die Ärztin seufzt. Die meisten Mitarbeiter seien noch immer im Homeoffice, das Astronautenzentrum wie ausgestorben. Da die Omikron-Variante auf dem Vormarsch ist, wurden die in Aussicht gestellten Lockerungen der Corona-Maßnahmen verschoben. »Du kannst wirklich froh sein, dass du die Erde mal für ein paar Monate verlassen durftest«, sagt Brigitte nachdenklich. Ich stimme ihr von ganzem Herzen zu. Dies ist wohl das beste halbe Jahr, um sich zu verdünnisieren. Hier oben gibt es keine Masken, keine Abstandsregeln, keine Kontaktbeschränkungen, keine Corona-Warn-App und vor allem kein gefährliches Virus. Die ISS ist eine wunderbare kleine Oase zwischen den Sternen – weit weg von den Sorgen der Welt. Und gerade der sicherste Ort im Universum.

100 Tage im All

Samstag, 19. Februar 2022

Das Einzige, was schneller fliegt als die ISS, ist die Zeit. Seit 100 Tagen kreise ich jetzt schon um die Erde, und das Leben im freien Fall ist fast schon zur Routine geworden. Selbst aufwendige Experimente bereiten mir keine Schwierigkeiten mehr. Anfangs fühlte ich mich mit komplexen Versuchsaufbauten teilweise überfordert, da einfach viel zu viel Neues auf mich einprasselte und insbesondere der Kampf gegen die stets tickende Uhr mir viel Druck aufbürdete. Ich habe ewig gebraucht, um die Werkzeuge zusammenzusuchen, meinen Arbeitsplatz einzurichten und die Prozeduren durchzulesen. Trotz Anfängerzeitzuschlag konnte ich den eng getakteten Plan oft nicht einhalten. Ich musste meine Pausen und Schnipsel meiner Sportzeit opfern, um nicht den Eindruck entstehen zu lassen, dass ich dem Arbeitssoll nicht gewachsen sei.

Diese ersten Tage im All saugten meine innere Batterie so leer, dass ich abends im Bruchteil einer Sekunde einschlief. Ich schlummerte tief und fest über die ganze Nacht hinweg, überhörte oft sogar den morgendlichen Wecker und wachte erst auf, wenn meine Kollegen an meiner Casa rüttelten und mich zur

DPC riefen. Somit fand ich in den ersten Wochen meist nur an den Wochenenden Zeit und Muße zum Fotografieren und konnte das hungrige Social-Media-Monster, das von der blauen Perle erwartungsvoll zu mir aufblickte, lediglich unzureichend füttern. Ich war unzufrieden mit mir, weil ich meinen selbst gesteckten Zielen nicht gerecht wurde.

Den Übergang zur schwerelosen Normalität kann ich im Nachhinein gar nicht fest datieren. Orbit für Orbit gingen mir die Tätigkeiten leichter von der Hand. Inzwischen fühle ich mich hier oben pudelwohl, weiß genau, wo ich mein Material finde und wie die optimalen Abläufe aussehen. Viele Aktivitäten schaffe ich deutlich schneller als im Terminkalender vorgesehen. Die gewonnene Zeit nutze ich für freiwillige Zusatzaufgaben – auch hierfür haben wir eine Liste – oder erstelle die irdisch ersehnten Videos und Fotos aus der Sternenperspektive.

Auch die Vorzüge der Schwerelosigkeit hat mein Gehirn mittlerweile mehr als verinnerlicht: Gehen ist out! Wo der Kopf ist, ist oben, und die Füße weisen immer zum Boden. Selbst wenn alle anderen auf dem Kopf stehen und das Gleiche behaupten. Der Körper ist das einzig feste Referenzsystem. Das klappt sogar, wenn ich mich in eine neue Richtung gedreht habe. Interessanterweise kommen mir die Räume vertrauter vor, wenn ich sie aus dem Blickwinkel betrachte, aus dem ich sie auch beim Training im ISS-Modell in Houston gesehen habe. Wenn ich mich in dieser Lage durch die Module bewege, erfordert dies die geringste Prozessorleistung von meinem Gehirn. Drehe ich mich in den rechtwinklig konstruierten Segmenten allerdings um mindestens 90 Grad, muss mein Gehirn den Innenraum neu analysieren und die Positionen der vielen Instrumente neu abspeichern. Selbst Anton geht es so, obwohl er schon mehrere Langzeitmissionen auf dem Buckel hat. Eine besondere Herausforderung stellt diesbezüglich das Knotenmodul UM Pritschal dar, das einen kugelförmigen Innenraum aufweist. Hier verlieren meine Kollegen und ich die Orientierung besonders schnell. Das nutzen wir bei unseren Partys mit improvisierter Stroboskoplicht-Discobeleuchtung aus. Ohne zu wissen, wo oben, unten, rechts oder links ist, machen die wundervoll befreienden Weltraumtänze doppelt so viel Spaß.

Mit der neuen Wahrnehmung des Raums geht eine harmonischere Fortbewegung einher. Kollisionen mit Kollegen sind zur Seltenheit geworden. Schiebt sich mir plötzlich ein unbekanntes Flugobjekt in den Weg, genügt ein intuitiver zarter Druck mit meinen Fingerkuppen oder Zehenspitzen gegen die Wand, und schon gleite ich mühelos um jedes Hindernis in diesem dreidimensionalen Ozean. Ich habe eine so gute Körperkontrolle entwickelt, dass ich akrobatische Elemente ausführen kann, auf die jeder irdische Spitzenturner neidisch wäre. Fünffacher Rückwärtssalto mit integrierten Schrauben und anschließendem Handstandüberschlag? Eine meiner leichtesten Übungen.

Doch dies sind nicht die einzigen Talente, die mein Körper in der neuen Umgebung offenbart. Mein Organismus passt sich von Tag zu Tag wie durch Geisterhand besser an das Leben ohne Schwerkraft an. Da sind zum einen die äußerlichen Veränderungen: Durch die Flüssigkeitsumlagerung habe ich einen dicken Kopf und dürre Beinchen bekommen. Meine Wirbelsäule ist nicht mehr s-förmig gekrümmt, sondern fast kerzengerade. Aufgrund der geringen Belastung haben sich meine Bandscheiben ausgedehnt, wodurch ich zwischen drei und vier Zentimeter gewachsen bin. Die Hornhaut an meinen Fußsohlen hat sich zurückgebildet. Stattdessen ist neue auf den großen Zehen und den Fußrücken gewachsen – jenen Stellen, die beim Einhaken in eine Haltestange trotz der Spezialsocken mit Gumminoppenpolsterung kontinuierlich strapaziert werden. Aber auch im Inneren meines Körpers tut sich einiges. So bauen sich etwa unbemerkt Muskeln ab, die ich für mein Leben im schwerelosen Raum nicht benötige. Um dem bestmöglich entgegenzuwirken, trainiere ich täglich in unserer hauseigenen Muckibude. Heute habe ich mich dafür extra schick gemacht.

»Hoho! Da kommt Fancy-Boy! Für ihn ist wohl wieder Elektroschocking angesagt«, stichelt Raja, als er mich in meinem hautengen blauen EasyMotionSkin-Overall sieht. Für den EMS ernte ich regelmäßig Spott, seit übereifrige Mitarbeiter im Kontrollzentrum in Houston glauben, während einem meiner Trainings etwas Unwürdiges erspäht zu haben. »On a pu voir ton derrière«, erklärte mir mein Astronautenkollege David Saint-Jacques höflich am Telefon, nachdem er zuvor per Funk nur rumgedruckst hatte. Mit anderen Worten: Die Kollegen waren überzeugt, meine Poritze durch den Stoff durchschimmern gesehen zu haben. Seitdem soll ich bitte eine Extrasporthose drüberziehen. Für meine lieben Mitbewohner ist dies eine Steilvorlage. Jedes Mal, wenn sie mich in dem Anzug erblicken, können sie sich einen Kommentar diesbezüglich nicht verkneifen.

Dabei ist der EMS ein technisches Meisterstück. In ihn sind Elektroden eingenäht, die schwache Stromimpulse abgeben und dadurch die Muskeln zusätzlich anspannen und stimulieren. Experten des DLR gehen davon aus, dass das Fitnessprogramm aufgrund dessen deutlich effizienter wird. Es würden sogar Muskelgruppen angesteuert, die sonst nicht trainiert werden könnten und dem Verkümmern preisgegeben wären. Sollte sich ihre Vermutung bestätigen, wäre der Anzug Gold wert – für die Astronauten im Weltraum und die Menschen auf der Erde. Auf der ISS steht relativ viel Fläche für Sportgeräte zur Verfügung. Wenn wir eines Tages jedoch tiefer ins All fliegen, werden wir kleine Raumkapseln benutzen, die kaum Platz für Fitnessequipment bieten. Der EMS-Anzug wäre für solche Missionen ideal geeignet. Und auf der Erde könnte er Kranke und Verletzte beispielsweise beim Muskelaufbau in der Rehabilitation oder bei der Therapie gegen Muskel- und Knochenschwund unterstützen.

Ich verwende den EMS am liebsten auf dem T2-Laufband, das vertikal an eine Wand in Knoten 3 geschraubt ist. Ehe ich losrennen kann, muss ich in meine Turnschuhe schlüpfen, den batteriebetriebenen Ventilator in Position bringen, mir einen Hüft-

Schulter-Gurt anlegen, der eigentlich für Wanderrucksäcke entwickelt wurde, und mich auf dem Gerät festschnallen. Das war's mit der Leichtigkeit: Die mit Metallkarabinerhaken verbundenen Gummibänder ziehen mich nun mit 55 Kilo auf die Lauffläche. Indem ich die Vorspannung des Gummibands durch Längenänderung justiere, kann ich meinen Andruck und damit mein Laufgewicht einstellen. Via Laptop aktiviere ich T2 und wähle mein liebstes Trainingsprogramm: »Eight Peaks« – ein Intervalltraining mit kurzzeitigen Sprints, eingebettet in ein flottes Joggen. Nach der Aufwärmphase erwarten mich acht einminütige Geschwindigkeitsgipfel, die ich mit 16 Kilometern pro Stunde erklimme. Hierauf darf ich mich im jeweilig folgenden zweiminütigen Geschwindigkeitstal bei elf Kilometern pro Stunde etwas erholen. Im Anschluss steht ein kleiner Rückwärtslauf an. Nach 45 Minuten überquere ich nassgeschwitzt die imaginäre Ziellinie. Der Schweiß verdampft in der Schwerelosigkeit aufgrund nicht stattfindender Konvektion langsamer als auf der Erde, die überschüssige Wärme meines Körpers akkumuliert zudem infolge der Flüssigkeitsumlagerung stärker im Kopfbereich und verflüchtigt sich kaum. Ich muss aufpassen, dass ich nicht überhitze. Es ist also höchste Zeit für eine Pause.

Vom EMS-Anzug wechsle ich in meine gewöhnlichen Sportklamotten – kurze Hose und Shirt. Außerdem ziehe ich die Schuhe aus, denn das Krafttraining absolviere ich am liebsten barfuß. Insgesamt anderthalb Stunden sind in meinem Tagesplan für den zweiten Teil des Fitnessprogramms vorgesehen. Ausreichend Zeit, um acht Übungen am ARED zu bestreiten, wäre da nicht ständig diese Ablenkung. Das Trainingsgerät steht direkt unter der Cupola. Die Verlockung, ab und an einen Abstecher ans Fenster zu unternehmen, ist groß. Damit ich ja keinen spannenden Überflug verpasse, starte ich eine worldmapähnliche App auf meinem Tablet. Jetzt fehlt nur noch Musik. Ich schwöre auf die Hits der britischen Rockband Muse: Ihre reichen, harmonisch-sphärischen Klänge untermalen die galaktische Atmosphäre und stimmen mich euphorisch. Energiegeladen bin ich nun bereit, zu den rhythmischen Beats die vorbestimmten Gewichte zu stemmen und meine dahinschwindenden Muskeln zu stählen.

Um den Trainingsplan kümmern sich mein deutsch-irischer Coach Patrick Jäkel und meine Physiotherapeutin Isabella Wiedmann. Sie passen ihn in regelmäßigen Abständen an, ändern mal die Übungen, mal die Anzahl der Wiederholungen. Alle vier Wochen lassen mich die beiden zum Fitnesstest antreten. Dann schauen sie gemeinsam mit meiner Flugärztin Brigitte über eine Videokamera zu, wie ich mich hier oben abrackere. Sie begutachten und korrigieren meine Haltung und kontrollieren penibel, ob ich die Bewegungen sauber ausführe. In unserer jüngsten Sitzung ist ihnen aufgefallen, dass ich bei den Kniebeugen nicht tief genug zum Boden gehe. »Es heißt nicht ohne Grund ›ass to the grass‹«, hat Patrick gesagt, der eindeutig der böse Bulle in diesem Gespann ist, »und vergiss bitte nie, die Coremuskulatur anzuspannen – Bauchnabel einziehen, Hüfte etwas mehr nach vorn und beim Anheben ausatmen.« Ich habe mir fest vorgenommen, seine Tipps heute umzusetzen. Mit einer Kurbel stelle ich die Höhe der Last ein. Statt Gewichten ist im ARED ein Vakuumzylinder verbaut, gegen den ich drücke oder ziehe. Neben den Kniebeugen beinhaltet mein aktueller Plan noch Kreuzheben, Bankdrücken und diverse Übungen am Kabelzug.

Zwischen den Sätzen werfe ich immer wieder einen Blick auf mein Tablet. Als die ISS die nördliche Spitze Südamerikas bei Venezuela überquert, schwebe ich in die Cupola. Links unter mir in der Ferne erkenne ich Kuba, Hispaniola sowie die Bahamas, wo vor mehr als 500 Jahren Christoph Kolumbus mit der Insel San Salvador Amerika entdeckte. In weniger als zehn Minuten werden wir rechts neben uns die Insel Gomera erreichen, von wo aus er diese historische Atlantiküberquerung in umgekehrter Richtung antrat, schnell gefolgt vom afrikanischen Festland und dann der Südspitze Spaniens als Startort seiner Entdeckerreise im Namen der spanischen Krone. Für ihn muss das Überwinden dieses 29-tägigen Abschnitts über den Atlantik ohne jegliche Landsicht der Höhepunkt seines Lebens gewesen sein. Ein Wagnis mit unvorstellbaren Herausforderungen für Körper und Geist, das er nur zusammen mit seiner großartigen Mannschaft und strenger Disziplin bestehen konnte. Ich hingegen gleite sorgen- und anstrengungsfrei mit 25-facher Schallgeschwindigkeit dahin, erlebe alle 90 Minuten das weltumspannende Abenteuer, das dem portugiesischen Seefahrer Ferdinand Magellan als Erstem vergönnt war.

Wenn ich von hier oben auf die Erde blicke, fühle ich mich befreit von allen irdischen Lasten, wovon die Schwerkraft nur die geringste ist, und bestaune meinen Heimatplaneten aus der Perspektive des kosmischen Besuchers. Welche Fragen ich mir wohl stellen würde, hätte ich diesen Himmelskörper noch nicht betreten und aus der Nähe kennengelernt? Bestimmt wäre ich nicht in der Lage, mir auch nur ansatzweise die Varietät der irdischen Flora und Fauna auszumalen. Ebenso wenig das Spektrum der menschlichen Fähigkeiten in all ihrer bunten Vielfalt bis hin zu den extremen Exzessen. In Momenten wie diesen stelle ich mir gern vor, dass unser Planet ein riesiges Raumschiff ist. Ich wünschte, die Menschen, die darauf leben, würden sich zusammenraufen. Denn nur, wenn alle an einem Strang ziehen, können wir die Herausforderungen unserer Zeit meistern.

Die Gegend, über die wir hinwegfliegen, wird immer grüner, der afrikanische Urwald breitet sich unter mir aus. Ausgerechnet jetzt ziehen Wolken auf und versperren die Sicht. Mit ihnen kommt das schlechte Gewissen: Die Pause war viel zu lange, meine Muskeln sind schon ganz kalt. Ich stoße mich leicht mit den Händen ab, gleite mittig durch die Luke und lande mit den Füßen punktgenau auf der Übungsplattform des ARED. Überrascht stelle ich fest, dass ich die Muckibude nicht mehr für mich allein habe. Raja sprintet auf dem Laufband und legt ein unfassbares Tempo vor.

Tief in Gedanken fahre auch ich mit meinem Training fort. Zeit und Umgebung verschwimmen für mich, und ich bemerke nur anhand meiner App, dass wir eine weitere Runde um die Erde hinter uns gebracht haben. Kurz bevor wir erneut das südamerikanische Festland erreichen, schwebe ich wieder in die Cupola. Das tiefe und so beruhigende Blau des Ozeans wird von einem frischen grüngrauen Farbton abgelöst. Ich schnappe mir einen Fotoapparat und zoome auf den Perito-Moreno-Gletscher am Lago Argentino in Patagonien. Ein bezaubernder Ort, der ein imposantes Schauspiel zu bieten hat: Manchmal lösen sich Eisbrocken und krachen donnernd in den See. Es ist schon 17 Jahre her, dass ich das Spektakel während meiner ersten Weltumrundung von einer Aussichtsplattform live beobachtet habe. Im Gegensatz zu heute war ich damals von Ost nach West und erdverbunden unterwegs. An das Knacken und Krachen nahe der Gletscherkante erinnere ich mich jedoch, als wäre ich erst gestern dort gewesen. Die Kraft der Natur so hautnah zu spüren, war beeindruckend. All das jetzt aus der himmlischen Perspektive sehen zu dürfen, berührt mich sehr.

Von hier oben wird die prächtige Farbenvielfalt des Kontinents besonders deutlich. Die konturreiche, schneebedeckte Gletscherlandschaft im Süden Chiles ist gespickt mit smaragdgrünen und zartblauen Seen. Weiter nördlich dominiert der gelb-rötliche Ton des bolivischen Altiplano, in dem der blendend weiße Salar de Uyuni markant zum Vorschein tritt. Als ich bei meiner Reise durch diese größte Salzpfanne der Erde stapfte, war sie ein wahres Naturparadies. Nur wenige Menschen verschlug es zu dem ausgetrockneten See, der sich über eine Fläche von 10 000 Quadratmetern erstreckt. Vor einigen Jahren ist dort jedoch ein riesiges Vorkommen von Lithium entdeckt worden, und große Unternehmen haben damit begonnen, diese für den weltweiten Energiewandel unabdingbare Ressource auszubeuten. Um an den verborgenen Schatz zu gelangen, graben sie mit Maschinen die Landschaft um, vertreiben die Tiere und zerstören die nahe gelegenen Lagunen. Die Löcher, die dabei in der Salzkruste entstehen, kann ich von hier oben erkennen. Sie führen mir vor Augen, wie rücksichtslos wir Menschen unser Raumschiff Erde behandeln.

Während ich so vor mich hin träume, stelle ich plötzlich erschrocken fest, dass ich den mir zugeteilten Slot schon wieder überzogen habe. Ich muss schnellstens die restlichen Übungen hinter mich bringen, denn schon in wenigen Minuten wird Anton ARED übernehmen wollen.

Nach insgesamt zweieinhalb Stunden Sport fliege ich schließlich abgekämpft einmal quer durch die halbe Raumstation zum Pressurized Mating Adapter 1. In dem Kopplungsadapter, der Knoten 1 und das russische Sarja-Modul verbindet, lagern Gegenstände des alltäglichen Gebrauchs, beispielsweise Handtücher. Diese wurden auf der Erde in Seifenlauge getränkt, getrocknet und in Tüten eingeschweißt. Ich klemme eine davon an den Warmwasserspender und lasse 200 Milliliter heißes Wasser einlaufen. Danach befülle ich einen leeren Trinkbeutel, den ich gleich zur Weltraumdusche umfunktionieren werde. Während sich Raja, Tom und Mark im PMM waschen, nutzen Kayla und ich das japanische Logistikmodul JLP als Badezimmer. Damit die darin lagernden Frachttaschen nicht nass werden, haben wir spezielle Vorhänge installiert, die sich zu einer Kabine zusammenschieben lassen. Und schon ist sie fertig, meine Wellnessoase im erdnahen Orbit.

Vorsichtig, um ja kein Wasser zu verschwenden, presse ich ein paar Tropfen aus dem Trinkbeutel und verteile sie in meinen Haaren. Zum Einschäumen verwende ich ein gewöhnliches Stück Seife, denn das NASA-Shampoo, das nicht ausgespült werden muss, überzeugt mich keineswegs. Meinen Körper rubbele ich mit dem feuchten Handtuch ab. Durch die angenehme Wärme lockert sich meine Muskulatur. Ich fühle mich tiefenentspannt – und sauber. In den ersten Tagen auf der Raumstation habe ich mich nach fließendem Wasser und einer anständigen

Dusche gesehnt. Aber inzwischen habe ich mich mit der Katzenwäsche arrangiert. Sie ist durchaus eine ausreichende Lösung.

Was ich hingegen vermisse, ist frisches Gemüse, saftiges Obst und knackiger Salat. Zu gern würde ich auch mal wieder einen überbackenen Fisch nach asiatischer Art oder eine knusprige Pizza essen. Mir fehlen die Vielfalt und die Erregung all meiner Geschmacks- und Geruchssinne. Das Leben auf der ISS ist außergewöhnlich, aber auch mit vielen Entbehrungen verbunden. Sich mit Freunden zu treffen, tanzen zu gehen, durch den Wald zu laufen, die frische Meeresluft tief in die Lungen einzusaugen, Regen und Wind im Gesicht zu spüren oder den Knall des Gewitterdonners zu hören – all das ist hier oben nicht möglich. Für mich ist die Raumstation ein wundervolles und exotisches Paradies. Ein wesentlicher Teil ihrer Attraktivität liegt aber darin, dass der Aufenthalt zeitlich begrenzt ist. Die Schönheit und den Reichtum meines Heimatplaneten wird die ISS niemals ersetzen können. Nach 100 Tagen im All weiß ich mit jeder Faser meines Körpers und jedem meiner Sinne, dass die Erde doch das mit Abstand schönste und einzige Zuhause ist.

Achtung, Feuer!

Sonntag, 20. Februar 2022

Einen ungünstigeren Zeitpunkt könnte es kaum geben: Ich habe gerade das sonntägliche Videotelefonat mit meinen Eltern gestartet, da tönt schriller Alarm durch die ISS. Instinktiv blicke ich auf die Warnanzeige im Columbus-Modul. Das rote Lämpchen »Fire« blinkt. Irgendwo in der Raumstation haben Rauchmelder ausgelöst. »Ich muss auflegen. Feueralarm«, erkläre ich – und bereue die Wortwahl im selben Moment. Meiner Mama steht der Schreck ins Gesicht geschrieben. Sie sagt keinen Mucks, sitzt wie versteinert in ihrem Wohnzimmer und starrt mit weit aufgerissenen Augen in die Kamera des Computers. »Macht euch keine Sorgen. Wir sind für solche Situationen ausgebildet, und vermutlich ist es ein Fehlalarm. Kann vorkommen. Aber ich muss jetzt wirklich los«, füge ich schnell an und beende das Gespräch notgedrungen brüsk.

Dies ist unser erster Alarm, seitdem wir im All sind, und obwohl das Training in Houston schon eine Weile zurückliegt, ist der immer wieder eingeübte Drill frisch und klar in meinem Kopf. »WGW« heißt die Faustformel für die jetzt bevorstehenden drei Schritte: »Warn – Gather – Work!« Also sicherstellen, dass alle in der Station das Signal gehört haben, dann am vorgesehenen Treffpunkt versammeln und schließlich gemeinsam die Notsituation bekämpfen. Mit leicht erhöhtem Puls schwebe ich in Knoten 2, unseren sicheren Hafen. Dort haben sich meine Mitbewohner bereits vor dem Rechner eingefunden, der sämtliche ISS-Systeme überwacht. »Wie sieht's aus? Wisst ihr schon, in welchem Modul der Rauchmelder ausgelöst hat?«, frage ich. »In Columbus«, antwortet Kayla wie aus der Pistole geschossen. »Was? Das kann nicht sein. Da komme ich gerade her«, entgegne ich skeptisch. Doch Tom, der mit leicht gerunzelter Stirn auf den Bildschirm blickt, bestätigt die Beobachtung: »Die Meldung ist eindeutig!«

Da Columbus ein europäisches Modul ist und ich der einzige Europäer an Bord bin, ist es an mir, den Gefahrenherd ausfindig zu machen. Ich packe die beiden Messgeräte aus der Wandhalterung und fliege gemeinsam mit Kayla zurück zum Unglücksort. »Es ist kein Rauch sichtbar. Ich nehme keinen Brandgeruch wahr. Die Messwerte in der Kabinenluft sind alle bei null«, berichte ich meinen Kollegen protokollgemäß. Aber vielleicht kann uns ja der Computer im Forschungslabor genauere Infos zum betreffenden Melder liefern. In Columbus gibt es zwei Warnlagen, die die Kabine überwachen, und zudem mindestens eine an jedem strombetriebenen Rack.

Die Rauchmelder funktionieren im Weltraum genauso wie auf der Erde. Da Rauch in der Schwerelosigkeit aber nicht aufsteigt, hängen sie in der ISS nicht unter der Decke, sondern sind in die Lüftungsschächte eingebaut. Rauchmelder wurden ursprünglich für die Raumfahrt entwickelt und erst nachträglich in unseren Erdenalltag integriert. Inzwischen sind sie in vielen Räumen Pflicht, da bei einem Feuer die allermeisten Menschen nicht durch die Flammen, sondern die giftigen Gase im Rauch sterben. Rauchmelder warnen vor dieser tödlichen Gefahr und sind damit ein weiteres Vorzeigebeispiel für den Nutzen, den die Raumfahrttechnologie für unser aller Leben mit sich bringt.

Ich frage mich, welche der zahlreichen Warnanlagen in Columbus wohl ausgelöst hat? Eine konkrete Vermutung habe ich nicht. Allerdings zweifle ich daran, dass unweit von mir tatsächlich ein Feuer lodert oder auch »nur« ein Brand schwelt. Es kann doch nicht sein, dass es nicht einmal das geringste Anzeichen gibt. Oder? Während ich den Computer bediene, inspiziere ich beiläufig die Umgebung. Wie Sherlock Holmes versuche ich, auf jedes Detail zu achten. Die Lüftung im Modul summt wie gewöhnlich. Nur die Zuluft vom Nachbarmodul ist gestoppt. Die Notfallautomatik hat sie abgeschaltet, damit etwaiger Rauch nicht in weitere Räume geblasen wird. Ansonsten kann ich nichts Auffälliges feststellen.

»Matthias, sieh dir mal Express Rack 3 an«, funkt mir Serena Bertone aus dem Kontrollzentrum in München zu und unterbricht meine Detektivarbeit. Sie hat die betreffenden Computerdaten bereits eingesehen und das vermeintliche Feuer lokalisiert. »Danke! Ich begebe mich zu Express Rack 3«, erwidere ich laut und deutlich, damit auch meine Crewmitglieder Bescheid wissen. Das rosafarbene Licht des Gewächshauses, das dort für gewöhnlich den ganzen Tag über brennt, ist erloschen. Vermutlich hat das Notfallsystem den Strom in der Vorrichtung deaktiviert. Ein augenscheinlicher Hinweis, dass wir auf der richtigen Fährte sind. Ich wundere mich, dass mir die Dunkelheit in Rack 3 nicht früher aufgefallen ist. Meine Fähigkeiten als Detektiv sind definitiv verbesserungswürdig.

Wie ich es beim Training in den USA etliche Male geprobt habe, starte ich das zweite Messgerät, den Compound Specific Analyzer for Combustion Products, kurz CSA-CP, und schiebe die stabförmige Sonde durch einen Fireport ins Innere des Racks. Brennt hinter dieser Wand wirklich ein Feuer oder glimmt etwas zart vor sich hin? Die ersten Messwerte sprechen glücklicherweise dagegen. Doch wir müssen auf Nummer sicher gehen, also starte ich den CSA-CP in den nächsten fünf Minuten immer wieder neu. Alle Ergebnisse sind eindeutig. Ich kann Entwarnung geben. »Es sind keine Schadstoffe vorhanden, die auf einen Verbrennungsvorgang hindeuten«, verkünde ich meinen Kollegen im Modul nebenan und auf der Erde.

Wir stufen den Vorfall als Fehlalarm ein, der wahrscheinlich durch Staub im Rauchmelder verursacht wurde. Die Aufregung war umsonst, doch wir konnten beweisen, dass wir die Notfallprozedur draufhaben.

Mit dieser befriedigenden Erkenntnis setzen wir nach knapp einer Stunde Notfalldrill unseren freien Nachmittag entspannt fort. Raja, Tom und Mark widmen sich einem Baseballspiel, das gerade live in der Mediathek übertragen wird. Kayla vertieft sich in die letzten Seiten eines Fantasyromans. Und ich werde gleich noch mal bei meinen Eltern anrufen – von meinem Feuerwehreinsatz muss ich ihnen unbedingt berichten und sie von ihrer Sorge um mich befreien.

Millionen leuchtender Punkte

Dienstag, 22. Februar 2022

Die Raumstation liegt im Dunkeln. Nur die LED-Lichter der Aggregate und Messinstrumente verströmen ein märchenartiges, friedliches Licht. Wie so oft sind die anderen schon lange im Bett, während ich noch E-Mails beantworte und Fotos am Rechner nachbearbeite. Plötzlich erinnere ich mich wieder an den Tipp meines Kollegen Thomas Reiter: »Vergiss nicht, aus dem Fenster zu schauen!« Stimmt! Das habe ich heute noch gar nicht getan. Also gleite ich flott rüber zur Cupola, um den himmlischen Blick auf unseren Planeten zu genießen. Auch nach mehr als drei Monaten im All fasziniert mich die Aussicht von hier oben noch genauso wie am ersten Tag.

Als ich an meinem Lieblingsplatz ankomme, fliegen wir über das nördliche Brasilien in den Sonnenuntergang – die Schatten auf der Erde werden immer länger, das Sonnenlicht fällt hinter den Horizont und färbt die Atmosphäre in einen zauberhaften Rausch der Spektralfarben. Jetzt geht alles sehr schnell. Der Erdfresser betritt die Bühne: Wie ein kalter, schwarzer Krake kriecht der Schatten der Nacht über die Erde, verschlingt jede Farbe und jedes Licht, bis sie komplett verschwunden ist. Ein imposantes Naturschauspiel, das mir immer wieder ein Gefühl der Einsamkeit und Verlorenheit gibt. Ich spüre den Erdball, weiß ihn dicht unter mir, doch sehen kann ich ihn vor dem schwarzen Hintergrund des Weltalls nicht. Genauso allein werden sich Astronauten wohl fühlen, wenn sie irgendwann die Reise zum Mars antreten und unseren Heimatplaneten aus den Augen verlieren. Bei dem Gedanken bin ich fast ein wenig erleichtert, dass die Erde für mich schon bald wieder in reicher Farbe altvertraut strahlen wird.

Doch vorerst ziehen wir über den dunklen Atlantik hinweg, wo kein einziger glänzender Punkt zu sehen ist. Als wir 15 Minuten später die Südwestspitze Irlands erreichen, erkenne ich die typischen Lichter Europas: Paris, London, Brüssel und Amsterdam sind hell erleuchtete, magische Blickfänge, die in rasendem Tempo unter uns hinwegzischen. Europa sieht wunderschön aus bei Nacht, die Großstädte rund, dicht gepackt und strukturiert in einem eher weißlichen Licht. Ganz anders als die weiten und geradlinig geplanten Metropolen in Nordamerika, aber lange nicht so poetisch, eng verwinkelt und chaotisch wie die dunkelgelbes Licht verströmenden arabischen, afrikanischen und indischen Städte. Über Deutschland werden die Orte weniger intensiv hell, dafür sind mehr leuchtende Punkte erkennbar. Der Weg führt uns unaufhaltsam weiter Richtung Osten. Die mittel- und osteuropäischen Länder kann ich nicht auseinanderhalten, sie sehen sehr ähnlich aus: viele hellere Pünktchen und nur vereinzelt eine strahlende Metropole.

Wenige Minuten sind erst seit Paris, London, Brüssel und Berlin vergangen, als im Norden ein gleißend heller Stern auftaucht, den wir südlich unterfliegen: Moskau! Die russische Hauptstadt mit rund zwölf Millionen Einwohnern liegt auf 55,5 Grad Nord, während die ISS einen Orbit mit 51,6 Grad Inklination fliegt. Moskau befindet sich also knapp vier Grad nördlicher als der nördlichste Punkt unserer Umlaufbahn. Wir können die riesige, strahlend hell erleuchtete Metropole nachts sofort wunderbar erkennen, obwohl wir nie direkt über sie hinweggleiten. Sie ist wahrhaft einzigartig und geradezu verschwenderisch illuminiert. Nach Moskau wird es wieder finster wie über dem Meer. Minutenlang rasen wir über den äußerst dünn besiedelten Osten des russischen Imperiums. Erst als ganz im Süden wieder einzelne Pünktchen zu sehen sind, die den tiefschwarzen Norden unserer Route scharf abtrennen, weiß ich, dass wir gerade wohl über den Himalaja mit den höchsten Bergen unserer Erde schweben. Doch selbst der imposante Mount Everest ist tagsüber für uns nur ein kleines Häufchen und nicht von seinen Nachbarbergen zu unterscheiden.

Danach kommt wieder Licht ins Spiel: Licht bedeutet Leben. Je heller, desto mehr Menschen wohnen dort. Dies ist besonders augenscheinlich in den asiatischen Millionenstädten. Vor allem das mir noch aus meiner Nachstudienzeit vertraute Seoul und Tokio, das ich ebenfalls mehrfach besucht habe, sind erleuchtete Perlen in der Nacht. Dazwischen gibt es ein aus meiner Perspektive ganz seltsames Land. Beim ersten Überflug dachte ich, dass knapp 25 Kilometer nördlich von Seoul der Ozean beginnen würde, da dort abrupte Schwärze einsetzte. Bei ganz scharfem Hinsehen erkannte ich jedoch ein sehr schwaches Glimmen weiter im Norden und wusste plötzlich, dass dort die nordkoreanische Hauptstadt Pjöngjang liegt. Der einzige Lichtpunkt im 26-Millionen-Einwohner-Staat, der sich uns Raumfahrern nachts so völlig anders zeigt als der diamantartig leuchtende Süden. Ein wahres Yin und Yang. Während ich mich frage, wie wohl das Leben für die Menschen in diesem merkwürdigen Staat sein mag, rasen wir weiter in und über die Schwärze des Pazifiks, bis sich am Horizont schon wieder erste Sonnenstrahlen um den Planeten biegen und das feurige Farbenspiel den nächsten Sonnenaufgang ankündigt.

Blick auf eine boshaft veränderte Welt

Sonntag, 27. Februar 2022

Unablässig gleiten wir in der Raumstation um die Erde. In den vergangenen 72 Stunden genau 48 Mal. Unsere Reise geht unaufhaltsam weiter, einfach so, als wäre nichts geschehen. Dabei ist die Welt seit drei Tagen eine völlig andere – denn seit Donnerstag herrscht Krieg in Europa. Russland hat die Ukraine überfallen. Es ist ein unfassbar skrupelloser Angriff, der mir nicht aus dem Kopf gehen will. Nicht einmal der spätabendliche

Blick durch die Fenster der Cupola kann mich ablenken. Während ich nach unten schaue, drehen sich meine Gedanken unentwegt um die Gräueltaten, die dort gerade vor sich gehen.

Schon vor Beginn der Invasion redeten wir hier oben ziemlich oft über die Geschehnisse in Osteuropa. Wir haben durchaus mitbekommen, dass sich die Krise täglich zuspitzte. Aber niemand von uns hätte sich auch nur im Traum ausmalen können, dass das russische Säbelrasseln und die Drohgebärden tatsächlich in einen bewaffneten Konflikt ausarten würden. Für mich ist die Vorstellung einer erneuten Schlacht in Europa, 77 Jahre nach Ende des Zweiten Weltkriegs, abscheulich und abstoßend. Ich bin traurig und wütend zugleich. Haben wir Menschen denn gar keine Lehren aus den vergangenen Kämpfen gezogen? Wie kann jemand heutzutage noch glauben, dass durch Waffen etwas zu gewinnen wäre? Krieg ist für mich ein Synonym für Leid, Elend, Verachtung, Brutalität und sinnlose Zerstörung. Der Verlust jeglicher Menschlichkeit und des Glaubens an das Gute im Menschen.

Der Einmarsch der russischen Truppen fühlt sich für uns an Bord der ISS wie ein Schlag ins Gesicht an. In den vergangenen 22 Jahren haben Astronauten und Kosmonauten bewiesen, dass Ost und West im Weltraum kooperieren können, daraus Freundschaften entstehen und Vertrauen aufgebaut wird. Sie haben gezeigt, dass Grenzen und unterschiedliche Nationalitäten fernab der Erde keine Rolle spielen. Hier oben sind wir alle nur Menschen, die ein gemeinsames Ziel verfolgen: für das Wohl aller zu forschen und die großen Herausforderungen unseres Planeten friedlich mit wissenschaftlichen Prinzipien zu lösen. Warum funktioniert das, was im All selbstverständlich ist, nicht auch auf der Erde?

Direkt am Abend des Kriegsbeginns habe ich dieses belastende Thema sowohl bei meinen amerikanischen als auch meinen russischen Mitbewohnern angesprochen. Da wir uns im Alltag und besonders in Notfällen blind aufeinander verlassen müssen, ist es für uns wichtig, keine zwischenmenschlichen Differenzen aufzustauen. Das Gespräch verlief hervorragend. Vollkommen ruhig und sachlich. Ich war erleichtert, zu hören, dass wir alle eine identische Meinung vertreten und den Krieg absolut verurteilen. Dennoch realisierte ich an kleinen voneinander abweichenden Details, dass meine russischen Kollegen ihre Informationen aus Nachrichtendiensten ihres Mutterlandes erhalten, während meine englischsprachigen Kollegen genauso wie ich westliche Medien als Quelle wählen. Es gab und gibt Differenzen in der Wahrnehmung. Das darf unsere Freundschaft auf dieser außerirdischen Insel der Kooperation und Harmonie aber nicht belasten. Vorsorglich haben Raja, Kayla, Tom, Mark und ich daher abgemacht, das Thema in Anwesenheit der Kosmonauten weitestgehend zu vermeiden oder zumindest nicht tiefgreifender darauf einzugehen. Hier ist der falsche Ort dafür, hier müssen wir als Team funktionieren.

Wir gaben uns daher ein Versprechen: Am Zusammenhalt unserer Weltraumfamilie wird dieser Krieg nichts ändern. Mit Pjotr und Anton haben wir vereinbart, dass wir unsere außerirdischen Gruppenrituale in den kommenden Wochen und Monaten unbekümmert fortsetzen, als könnte uns die boshaft veränderte Welt da unten nichts anhaben. Freitagabends werden wir nach wie vor zusammen Filme in unserem Heimkino in Knoten 1 schauen, samstagabends miteinander essen und die besonderen Leckerbissen teilen – immer schön abwechselnd im amerikanischen Küchen- und im russischen Servicemodul. Außerdem werden wir weiterhin viel über unsere täglichen Missgeschicke in der Schwerelosigkeit sowie über lustige Geschichten aus unserer Vergangenheit lachen. Wir lassen den Krieg nicht in unsere Mitte eindringen.

Während meine Gedanken so dahinziehen, genieße ich die entspannende Wirkung der funkelnden, strukturierten und dicht gepackten weißen Lichter, die Westeuropa unter mir ankündigen. Genau dreieinhalb Minuten Flugzeit liegen zwischen meiner friedlich schlummernden saarländischen Heimat und Kiew, der Hauptstadt der Ukraine, die gerade ein Zentrum der Kampfhandlungen ist. Gleich werde ich zum ersten Mal seit Ausbruch der Gefechte beim abendlichen Ausblick über das geschundene Land fliegen – und schon von Weitem erkenne ich, dass etwas anders ist: Dort, wo noch vor wenigen Tagen das nächtliche Lichtermeer Europas unter mir dahinglitt, prangt nun ein dunkler Fleck inmitten der Landschaft. Wie ein schwarzes Melanom auf einer gesunden Haut. Ich bin mir sicher, dass dieses dunkle Gebiet die Ukraine sein muss. Die unwirkliche Nachtschwärze erinnert mich unweigerlich an Nordkorea. In all den kleinen Ortschaften, Dörfern und Siedlungen der Ukraine herrscht nun Finsternis. Nur Kiew selbst mit dem charakteristischen Flusslauf ist erleuchtet.

Magisch angezogen von dieser optischen Veränderung schaue ich genauer hin und entdecke Lichtblitze nordwestlich der Metropole. Am nächsten Tag werden die Medien von Raketenangriffen und einer Schlacht um den Flughafen Kiew-Hostomel berichten. Doch auch ohne das Wissen um diese unsäglichen Nachrichten ist mir nach dem Bruchteil einer Sekunde klar: Was ich da unten beobachte, ist kein Feuerwerk, sondern unleugbar der schreckliche Krieg, den ich bislang nur unspezifisch und anonym aus der Presse kannte. Schlagartig ist er hier, direkt vor meinen Augen. Zerstört meine kosmische Idylle und meine feste Überzeugung, dass der Mensch fähig und willens ist, aus seinen Fehlern zu lernen. Alles dafür tut, gewaltsame Konflikte zu vermeiden. Ich bin entsetzt über die Grausamkeit, die sich dort unten abspielt. Fühle mich leer, enttäuscht und vor allem betrogen von dieser dummen Menschheit auf diesem viel zu guten Planeten.

Die Welt steht vor so vielen Herausforderungen, die wir bewältigen müssen: die Folgen des Eingriffs des Menschen in das Gleichgewicht des Planeten und der daraus resultierende Klimawandel mit all seinen Konsequenzen; fairer und nachhaltiger

Zugang zu Wasser, Nahrung, Bildung, Energie und medizinischer Betreuung für alle; die Einhaltung der Menschenrechte und das Lösen lokaler Konflikte; nachhaltige Entwicklung der Industrie, basierend auf Innovationen und bewusster Ressourcennutzung; und so weiter. Die 17 Entwicklungsziele der Vereinten Nationen zur Nachhaltigkeit sind wahrlich genug Aufgaben für uns. Dieser Krieg macht alles nur noch schwieriger.

Warum können die sich dort unten nicht so verhalten wie wir hier oben? Offen sein, zu Fehlern stehen, unangenehme Themen ansprechen, Probleme gemeinsam angehen und vor allem im Team zusammenarbeiten, um dadurch mehr zu leisten, als jeder Einzelne von uns in der Lage ist.

Die Folgen des Krieges

Montag, 7. März 2022

Bislang habe ich beim Sporteln in unserem Fitnessstudio meist Musik gehört. Doch mit Beginn des Krieges bin ich auf Podcasts umgestiegen, die von der Situation in der Ukraine berichten. Auch meine Mitbewohner sehe ich in letzter Zeit immer öfter in englischsprachige Nachrichten vertieft. So wie jetzt. Mark und Raja starren dermaßen konzentriert auf ihre Tablets, dass sie gar nicht mitbekommen, wie ich nach meiner Laufeinheit zu ihnen in Knoten 1 schwebe. »Informiert ihr euch wieder über die Entwicklungen in Osteuropa?«, frage ich, wenngleich ich mir die Antwort schon denken kann. »Ja«, sagt Raja und sieht mich mit besorgtem Blick an. »Was ist passiert?« – »Es wird eine NATO-Überwachung des Luftraums über dem Kriegsgebiet gefordert. Das hätte weitreichende Konsequenzen«, mutmaßt er. Da ich von Militärstrategien und -taktiken nicht viel verstehe, bitte ich ihn, die aktuellen Geschehnisse für mich einzuordnen. Mein

Kollege, der während seiner Ausbildung als Jetpilot jede Menge darüber gelernt hat, erklärt: »Damit würde sich das Bündnis aktiv einmischen. Es bestünde das Risiko, dass sich der Konflikt auf Westeuropa ausweitet.«

»Und was meinst du dazu?«, versuche ich, Mark in unser Gespräch einzubeziehen. Er reagiert nicht, starrt noch immer geistesabwesend auf sein Tablet. Erst als ich mich zu ihm beuge, um erkennen zu können, was er liest, schenkt er mir seine Aufmerksamkeit. »Sorry, ich war gerade in ein Interview mit einem Soldaten vertieft, der über die Zustände in Mariupol gesprochen hat«, erklärt er. Vor seiner Astronautenkarriere diente Mark in der US-Armee und kennt sich daher ziemlich gut mit den Besonderheiten des Bodenkampfes aus. Interessiert lausche ich seinen Ausführungen. Sie ermöglichen mir ein besseres Verständnis der Kriegshandlungen in der ukrainischen Hafenstadt, die in den vergangenen Tagen schon häufiger meine Blicke auf sich gezogen hat. Wenn ich aus den Fenstern schaue, sehe ich mittlerweile sogar tagsüber die gigantischen Spuren des Gefechts: Riesige Rauchsäulen ragen von dieser geschundenen Stadt gen Himmel. Als seien sie ein Symbol dafür, dass sich der irdische Konflikt mehr und mehr in den Weltraum ausweitet. Denn auch hier oben bekommen wir die Folgen zunehmend zu spüren.

Durch die Sanktionen wurden beispielsweise russische Kreditkarten für westliche Dienste gesperrt. Unter anderem auch für einen Streamingdienst, den wir nutzen. Die Kosmonauten standen plötzlich ohne Musik da, was sich auf ihr Wohlbefinden auswirkte. Ich habe ihnen daher angeboten, meinen Zugang zu verwenden. Das ist zwar nicht ganz legal, aber es ist wichtig, dass sich Anton und Pjotr in ihrer Freizeit entspannen können.

Noch unangenehmer sind die Auswirkungen des Krieges allerdings für Mark. Sein einjähriger Aufenthalt auf der Raumstation neigt sich dem Ende zu. Am 18. März, meinem Geburtstag, wird eine neue Sojus-Kapsel mit drei Kosmonauten eintreffen und Mark, Pjotr und Anton ein paar Tage später zurückfliegen.

Ihre Landung soll planmäßig in Kasachstan stattfinden. Nur wie soll Mark nun von dort nach Amerika gelangen? In den sozialen Medien kocht das Thema gerade richtig hoch. Zuerst hat Dmitri Rogosin, der Chef der russischen Raumfahrtbehörde Roskosmos, damit gedroht, aufgrund der verhängten US-Sanktionen gegen sein Land die Zusammenarbeit auf der ISS zu beenden. Und jetzt hat die staatliche Nachrichtenagentur RIA Novosti ein Video veröffentlicht, in dem zu sehen ist, wie Anton und Pjotr die Luke zur Sojus vor Marks Nase zuschlagen und ihn allein hier oben zurücklassen.

Auf der Raumstation mussten wir über diesen Unsinn herzhaft lachen, da unsere russischen Mitbewohner nicht einmal im Traum auf solch eine Idee kommen würden. Doch auf der verrückt gewordenen Erde scheint solcher Irrsinn plötzlich ebenso real zu sein wie der Krieg selbst.

Mark hat erzählt, dass sich seine Familie große Gedanken um ihn und seine Rückkehr macht. Er telefoniert beinahe täglich mit seiner Frau und den beiden Kindern, versucht sie zu beruhigen. Aber wirklich erfolgreich ist er damit offenbar nicht, denn nach jedem Gespräch mit seinen Lieben hat mein Kollege neue Sorgenfalten auf der Stirn. Es brodelt in ihm. Es juckt ihm in den Fingern, seine Meinung über soziale Netzwerke laut in die Welt hinauszuposaunen: dass die meisten Russen gute Menschen sind, dieser Krieg von einer kleinen, verblendeten Elite ausgelöst wurde und nicht den Wunsch der Mehrheit widerspiegelt. Doch Mark muss sich wie wir alle an den Medienmaulkorb unseres Managements halten.

Nachdem die ersten Bomben gefallen waren, haben NASA und ESA unsere Öffentlichkeitsarbeit komplett eingestellt. Wir sollen auf einmal mucksmäuschenstill sein, statt wie noch vor ein paar Tagen täglich Bilder und Videos aus dem Universum zu posten und über unsere wissenschaftliche Arbeit in der Schwerelosigkeit zu berichten. Zu groß ist die Angst der Raumfahrtbosse, dass die zahlreichen Forderungen nach weiteren Sanktionen gegen Russland, die derzeit wohl auf allen Ebenen immer lauter werden, tatsächlich die Einstellung des russischen ISS-Programms nach sich ziehen könnten. Die Folgen wären katastrophal für die astronautische Raumfahrt. Alle ISS-Partner würden hierbei verlieren, niemand etwas gewinnen. Mit einem Ende der Kooperation im All würden wir die einzig verbliebene und stärkste Brücke zwischen Russland und dem Westen einreißen. Eine Brücke des Vertrauens und der Kommunikation, die signifikant den Abbau der Spannungen des Kalten Krieges nach dem Zusammenbruch der ehemaligen Sowjetunion sowie die friedliche Entwicklung und Zusammenarbeit ermöglichte. Ich bin mir sicher, dass wir diese Himmelsbrücke bald wieder benötigen werden, denn der Krieg mag vielleicht lange, aber er wird nicht ewig dauern.

»Auf der Erde arbeiten alle hart an vernünftigen Lösungen«, versicherte mir Frank, als ich ihn auf das Thema ansprach. Mein Chef meldet sich in diesen schwierigen Tagen regelmäßig und informiert mich über die politischen Entscheidungen. Er ist der Ansicht, dass selbst die bestgemeinte Stellungnahme von uns hier oben im Feuersturm der sozialen Medien weiter Unruhe stiften und uns dem Ende des ISS-Programms nur näher bringen würde. »Da werden Sequenzen rausgeschnitten, eure Worte in einen anderen Zusammenhang gebracht«, erklärte er die von ESA und NASA geforderte Social-Media-Abstinenz.

Ich verlasse mich auch in dieser Hinsicht auf ihn. Frank war mir in all den Jahren stets mehr als ein fairer und verantwortungsbewusster Vorgesetzter. Er ist vielmehr zu einem Freund und Unterstützer geworden, soweit ihm dies seine Funktion ermöglicht.

Was ich besonders an unserer Zusammenarbeit schätze: Wir reden stets offen und ehrlich miteinander – auch wenn dabei manchmal unschöne Dinge auf den Tisch kommen. So machte Frank bei unserem jüngsten Gespräch keinen Hehl daraus, dass der Außenbordeinsatz mit meinem Kosmonautenkollegen Oleg zur Installation des europäischen Roboterarms nun definitiv passé sei. Eigentlich hatte ich damit schon abgeschlossen gehabt – bis uns die Ingenieure kürzlich mitteilten, dass sie die technischen Probleme in den Griff bekommen hätten und die Installation demnächst beginnen könne. Seitdem keimte in mir ein Fünkchen Hoffnung, »demnächst« könnte bedeuten, dass ich doch noch im russischen Orlan-Anzug ins All hinausgleiten würde. Es wurde nun ein für alle Mal erstickt.

»Diese EVA wäre viel zu öffentlichkeitswirksam und würde zu diesem Zeitpunkt ein falsches Signal setzen. Falls sich die Lage in den kommenden Monaten beruhigt, wird Samantha diesen Außeneinsatz erledigen«, gab mir mein Chef klar und deutlich zu verstehen. Ich kann die Entscheidung nachvollziehen. Im Vergleich zum Leiden in der Ukraine ist der Verlust dieser EVA geradezu lächerlich. Enttäuscht bin ich trotzdem.

Während ich das Telefonat mit Frank Revue passieren lasse, fällt mir ein, dass ich noch ein weiteres dringendes Gespräch führen muss: mit meinem Freund Bernd, der in den vergangenen Monaten all sein Herzblut in die Organisation der Space Club Kitchen gesteckt hat, die nun ebenfalls nicht stattfinden darf. Ich verabschiede mich von Mark und Raja, die mittlerweile so tief in die Strategien der Kriegsführung eingetaucht sind, dass ich ohnehin nicht mehr mitreden kann, und schwebe ins Columbus-Modul. Zögerlich starte ich das Voice-IP-Programm auf meinem Laptop. Ich drücke mich schon eine ganze Weile vor dem Anruf, weil ich gar nicht genau weiß, was ich zu meinem Kumpel sagen soll. Er hat sich so unfassbar viel Mühe mit diesem größten geplanten PR-Event meiner Mission gegeben, das am 19. März über die Bühne gehen sollte.

Nach meinem DJ-Auftritt in Düsseldorf hatten wir uns schon ein grobes Konzept überlegt: Wir wollten Menschen aus aller Herren Länder einbeziehen, mit ihnen gemeinsam kochen, gute Musik hören und die entspannte Stimmung nutzen, um sowohl über angenehme und leichte Dinge des Lebens als auch über

Wissenschaft, Raumfahrt und Völkerverständigung zu sprechen. Im Lauf der Zeit nahm die anfängliche Idee immer größere Ausmaße an. Der Fernsehstarkoch Tim Mälzer hatte in Zusammenarbeit mit Bernd und der LSG Group mein Lieblingsessen Rendang weltraumgerecht gekocht, sodass ich es als eines meiner Crew Choice Meals auch im All genießen kann. Dieses äußerst schmackhafte indonesische Curry, das ich auf meiner Weltreise kennen- und lieben gelernt hatte, war schon mehrfach zum weltweit besten Gericht des Jahres gekürt worden und hätte sich damit hervorragend für die internationale Aktion geeignet. Mehr als 50 verschiedene Restaurants rund um den Globus wollten daran teilnehmen. Für die Menschen zu Hause hatte Bernd eine App programmieren lassen. Mit ihrer Anleitung hätten Hobbyköche in den eigenen vier Wänden das Rendang nachkochen und ihre Eindrücke über die sozialen Medien teilen können. Vor Beginn meiner Mission hatten wir einen aufwendigen Trailer erstellt, um die Space Club Kitchen zu promoten – der Videoclip *Space Table Symphony* mit dem Stargeiger David Garrett ist bereits auf der Plattform YouTube verfügbar.

Auch auf der ISS haben wir bereits einiges an Vorarbeit für die Veranstaltung geleistet. Diese sollte zwar live sein, aber für den Fall, dass technische Schwierigkeiten auftreten, zeichneten wir ein Back-up-Video auf. An einem Freitagabend im Januar, lange vor Ausbruch des Ukrainekrieges, habe ich gemeinsam mit meinen sechs Mitbewohnern ein herrliches Weltraumküchenevent genossen. Jeder von uns kochte für alle anderen mit Tim Mälzers Rendang als Basis ein Gericht und richtete es schwerelosigkeitsgerecht an. Wir hatten einen vergnügten Abend mit der wohl besten Mahlzeit der Mission. Die exotischen Gewürze dieses Currys beglückten unsere Geschmacksknospen wie kein anderes Weltraumessen. Wir alle schleckten uns die Finger danach und freuten uns, dass noch ein paar Rendang-Dosen für die kommenden Wochen übrig waren. Die Begeisterung über dieses fabelhafte Gericht war so riesig, dass meine Crewkollegen Bernd fortan nur noch »Mr Rendang« nannten. Unser höchster kulinarischer Weltraumtitel.

Die Kriegsangst in der Welt lässt nun leider keinen Platz mehr für die Veranstaltung und auch nicht für einen Einsatz von DJ Explornaut. Bernd beschloss daher schweren Herzens, die Space Club Kitchen auf einen günstigeren Zeitpunkt nach meiner Rückkehr zur Erde zu verschieben. »Dies erlaubt es uns zwar nicht mehr, ein weltweites Live-Event mit der ISS im Zentrum des Geschehens zu starten. Aber eure Aufnahmen aus dem All im Zusammenspiel mit der Anwesenheit prominenter Künstler und dir vor Ort ermöglichen uns ganz neue Optionen«, hat Bernd mir in einer E-Mail geschrieben.

Ich habe nie daran gezweifelt, dass meinem hochkreativen Freund eine klasse Alternative zur ursprünglichen Space Club Kitchen einfallen würde. Vielleicht wird uns diese neue Veranstaltung sogar helfen, der kriegsmüden Erde wieder etwas Lebensfreude und Vertrauen zu schenken, sodass wir die Probleme gemeinsam und friedlich angehen können. Genau das werde ich Bernd jetzt auch am Telefon sagen. Denn wie er bin ich felsenfest davon überzeugt, dass Essen und Musik universelle Sprachen sind, die jeder versteht, und Raumfahrt ein Thema ist, das die Menschen verbindet. Möge sich die Welt an einen Tisch setzen, dabei Frieden auf der Erde schaffen und die dunklen Flecken, die ich seit Kriegsbeginn bei Nachtflügen in der Ukraine beobachte, wieder zum Leuchten bringen.

Operation am offenen Herzen

Dienstag, 8. März 2022

Länge: 6,87 Meter
Durchmesser: 4,47 Meter
Volumen: 75 Kubikmeter

Dies sind die Maße des einzigen außerirdischen Arbeitsplatzes Europas. Das Mehrzwecklabor Columbus ist damit genauso groß wie der Nachbau im Kölner Astronautenzentrum. Aber seit meiner Ankunft auf der ISS werde ich den Eindruck nicht los, dass das Original mehr Platz bietet – wahrscheinlich, weil wir das zylinderförmige Modul in der Schwerelosigkeit in drei Dimensionen nutzen können. Das veränderte Raumempfinden bringt einen entscheidenden Vorteil mit sich: Ich fühle mich in meinem kosmischen Zuhause nie eingeengt. Und bislang ist auch kaum ein Tag vergangen, an dem ich nicht irgendetwas Neues in Columbus entdeckt hätte.

Zu Beginn waren es die vielen Hightechgeräte, die meine Aufmerksamkeit auf sich zogen. Aber je länger ich an Bord bin, desto häufiger fallen mir persönliche Hinterlassenschaften ins Auge, die diese Oase im Weltraum noch besonderer machen. Vorn im Boden des Columbus würdigen beispielsweise zwei Messingplatten mit mehr als 50 eingravierten Namen alle Ingenieure, die in irgendeiner Form an der Entwicklung des Moduls mitwirkten. Auf die Eingangsluke haben sämtliche ESA-Astronauten, die je hier oben zu Gast waren, ihre Missionsabzeichen geklebt und gleich daneben unterschrieben. Ich werde mich dort ebenfalls mit meinem Cosmic-Kiss-Patch verewigen. Mir gefällt es, solche Traditionen fortzuführen. Sie sind ein wunderschöner Beweis dafür, dass seit mehr als 13 Jahren Menschen im europäischen Weltraumlabor leben und forschen. In dieser Zeit hat jeder einzelne Bewohner seinen Beitrag dazu geleistet, Columbus noch besser zu machen. Jedes Mal, wenn ich mich hier umschaue, realisiere ich, wie perfekt alles durchdacht ist. Außenstehende sagen oft, in der Raumstation sehe es unordentlich aus, und was die Ästhetik betrifft, akzeptiere ich diese Kritik auch voll und ganz. Aber im Arbeitsalltag bietet uns das vermeintliche Chaos die Möglichkeit, schnell und effizient vorzugehen. Obwohl es auf den ersten Blick vielleicht nicht so scheint: Alles ist sehr praktisch und funktional ausgelegt.

In der europäischen Forschungszentrale gibt es 16 Racks, die jeweils über eigene Kühlsysteme, Stromanschlüsse und Datenleitungen verfügen. Drei dieser Nutzlastschränke dienen als Stauraum, drei weitere werden für die Infrastruktur benötigt – etwa für die Wasserversorgung, die Klimaanlage mit Filtersystemen und die Stromverteilung. Die übrigen zehn Racks stehen der Wissenschaft zur Verfügung und sind jeweils für eine andere Forschungsrichtung ausgelegt. All diese Maschinen müssen wir regelmäßig warten und gegebenenfalls reparieren. Für mich steht heute eine besonders aufwendige Aktion an: In den nächsten Stunden soll ich eine defekte Gaszirkulationspumpe im Schwebeschmelzofen, dem Elektromagnetischen Levitator (EML), aus- und eine neue einbauen. Die Herausforderung hierbei: Das etwa 25 Zentimeter große Teil ist nie für den Austausch in der Schwerelosigkeit ausgelegt worden, und es gibt mehrere Hürden, an denen ich potenziell scheitern könnte.

Um das Unvorstellbare in die Realität umzusetzen, haben die Mitarbeiter des Microgravity User Support Center, MUSC, viel Zeit in die Vorbereitung der komplexen Reparatur investiert. Das MUSC ist eines von fünf in Europa angesiedelten Nutzerunterstützungszentren, von denen wiederum jedes eine bestimmte Forschungsdisziplin betreut. Die Fachleute bedienen die Experimentieranlagen auf der Raumstation vom Boden aus und stehen in engem Kontakt zu den Wissenschaftlern, die gerade einen Versuch in der Schwerelosigkeit am Laufen haben. Der Fokus des MUSC, das auf dem Campus des DLR in direkter Nachbarschaft zum Astronautenzentrum in Köln ansässig ist, liegt auf der bio- und materialwissenschaftlichen Forschung. Die Mitarbeiter steuern unter anderem auch den Schwebeofen und kennen sich bestens mit dem Gerät aus. Sie haben extra für mich eine interaktive Prozedur entworfen, die sehr anschaulich alle Schritte erläutert, die für den Austausch der Pumpe notwendig sind. Passend dazu drehten sie ein Schulungsvideo – mit Luca in der Hauptrolle und meinem Kollegen Mathew Day von der Trainingsabteilung als Kommentator. Beraten wurden sie von den EML-Spezialisten. Luca ist heute sogar persönlich im MUSC-Kontrollraum anwesend, um mich zu unterstützen. Dass er als erfahrener Astronaut mit dabei ist, empfinde ich als enorm hilfreich. Er kennt die Raumstation und weiß, wie wir in der Schwerelosigkeit arbeiten. Der Operation am Herzen des EML steht also nichts mehr im Weg.

Die Anlage ist gleich links neben der Luke im ersten European Drawer Rack (EDR) untergebracht. In dem Ofen, den Alex im Jahr 2014 installiert hat, können wir Metalllegierungen bei Temperaturen von bis zu 2000 Grad aufschmelzen und dabei in der flüssigen Phase optisch untersuchen. Das Ganze funktioniert in mehreren Schritten: Zuerst werden die Proben mittels Induktionsheizung verflüssigt und anschließend durch Abschalten des Heizstroms wieder erstarrt. Das Prinzip ist dasselbe wie zu Hause in der Küche bei Kochfeldern mit Induktion. Neben den Spulen zum Aufheizen gibt es welche zum Erzeugen von Magnetfeldern. Diese halten die Schmelztropfen während des gesamten Versuchs in der Mitte der Heizspiralen in der Schwebe, damit sie nicht mit den Wänden in Berührung kommen. Denn bei Wandkontakt würde die Wärme abfließen und eine sogenannte gerichtete Erstarrung in dem Metalltropfen initiieren. Genau dies müssen wir aber verhindern, um die gewünschten Messwerte zu erhalten.

Hochgeschwindigkeitskameras zeichnen die Vorgänge im Inneren des Ofens auf und liefern optische Messwerte, aus welchen dann Viskosität, Kristallwachstum und Oberflächenspannung der Werkstoffe in Abhängigkeit der Temperatur ermittelt beziehungsweise errechnet werden. Da keine Schwerkraft auf die Legierungen wirkt, sind die im All gewonnenen Daten viel präziser als auf der Erde und unverfälscht von Wandeinflüssen. Forscher können damit genauere Computermodelle generieren. Diese helfen etwa dabei, leichtere, somit treibstoffsparende Gussbauteile für Turbinenschaufeln von Flugzeugen und Motorblöcke von Autos herzustellen. Unsere Weltraumforschung trägt also zur Entwicklung neuer Materialien und Prozesse bei und ist ein wichtiger Bestandteil für das Wirtschaftswachstum in Europa. Ich bin fest überzeugt, dass wir den Klimawandel nur mit Innovation und technischem Fortschritt aufhalten können.

Die Gaszirkulationspumpe des Schwebeofens bereitet uns schon seit einigen Monaten Schwierigkeiten. Anfangs hofften die Spezialisten, das Problem ließe sich ohne Eingriff lösen. Doch nach intensiven Untersuchungen kamen sie zu dem Ergebnis, dass die Pumpe ausgewechselt werden muss. Das defekte Gerät sitzt zusammen mit weiteren Komponenten in einer 30 × 50 × 100 Zentimeter großen Box mitten im EML. Zahlreiche Gasschläuche und Signalleitungen versperren mir den Zugriff, weshalb ich diese zuerst einmal nacheinander abmontiere. Die Prozedur verhindert, dass ich in dem Kabel- und Schlauchsalat den Überblick verliere. Sie beinhaltet sowohl eine detaillierte Beschreibung aller Bauteile und Werkzeuge in Textform als auch eine interaktive Grafik, die mir auf meinem Tablet vorgibt, welchen Anschluss ich als Nächstes lösen soll. Dabei verrät sie mir nicht nur die Nummer des Schlauchs, sondern hebt diesen auch mit einer blauen Linie farblich hervor. Eine klasse Idee, die mir jede Menge Sucherei erspart. Innerhalb von nur 30 Minuten gelingt es mir, die Box aus dem EML auszubauen, mit ihr in Knoten 2 zu schweben und sie auf die Werkbank zu schnallen. Die Kollegen auf dem Boden schauen mir beständig per Videokamera über die Schulter. Um kein Detail zu verpassen, habe ich hierfür sogar ausnahmsweise die neue HD-Videokamera der NASA aktiviert, statt wie sonst bei Aktivitäten in Columbus üblich eine der zwei älteren europäischen SD-Kameras zu benutzen. Ich zeichne meinen heutigen Einsatz zusätzlich in 4K-Qualität aus verschiedenen Blickwinkeln auf, damit meine PR-Kollegen daraus später einen professionellen Videoclip für den ESA-Kanal erstellen können.

Um an das Innere der ausgebauten Box zu gelangen, muss ich einen mit 70 (!) Schrauben befestigten Deckel öffnen. Das Gemeine: Normalerweise sind die Schrauben, die wir an Bord verwenden, *captive:* Sie lassen sich lockern, aber nicht vollständig herausdrehen. Dieser Selbstsicherungsmechanismus soll verhindern, dass uns die kleinen Teile davonfliegen und verloren gehen. Im schlimmsten Fall könnten sie uns sogar verletzen oder andere Geräte beschädigen. Da es jedoch nie geplant war, diese Box im All aufzumachen, sind die hierfür verwendeten Schrauben alle *non-captive* – dafür mit einem Gewindekleber fixiert. Jeder Handwerker auf der Erde weiß: Sobald solch eine zusätzliche Schraubensicherung im Spiel ist, kann es hart auf hart kommen. Im Weltraum ist das nicht anders. Selbst mit einem Akkuschrauber lassen sich die renitenten Biester nicht herausdrehen. Sie bewegen sich keinen Millimeter. Stattdessen wackelt die Werkbank ganz bedrohlich, und mein Akkuschrauber rutscht im Schraubenkopf durch. Das bleibt auch Luca nicht verborgen. »Hey, Matthias, die Arbeitsfläche ist nicht stabil genug«, funkt er mir zu und schlägt vor, die Box auf dem Boden festzugurten. »Dann kannst du den Akkuschrauber mit aller Kraft in den Schraubenkopf hineinpressen.«

Ein guter Einfall. Nachdem ich die Kiste ordentlich fixiert habe, klemme ich meine Füße unter einen Spanngurt, halte mich mit der linken Hand an einem Griff fest und bediene mit der rechten Hand den Akkuschrauber. Leider reicht der Druck, den ich in dieser Position ausübe, immer noch nicht aus. Der Bit dreht weiter durch, und die Köpfe der Kreuzschrauben verwandeln sich langsam in kleine runde Krater. Was nun? Mathews Video rät mir, zuerst die »low hanging fruits« einzusammeln, also zuerst die nicht ganz so festsitzenden Schrauben herauszudrehen, um ein besseres Gefühl für diese Tätigkeit zu entwickeln. Das hilft tatsächlich. Letztlich bleiben nur noch drei Schrauben übrig, die ich mit einer Spezialtechnik zu bezwingen versuche. Ich mache einen Handstand auf der Kiste und stemme beide Füße gegen die Decke. Diese Methode, die wir so ähnlich auch bei unseren Wiederbelebungsübungen im All anwenden, gibt mir einen guten Halt. So kann ich den Akkuschrauber mit beiden Händen umschließen, um das notwendige Drehmoment aufzubringen. Aber trotz all meiner Anstrengungen lockern sich die Schrauben nicht. Es ist zum Haareraufen! Die ganze Aktion droht nach 67 erfolgreich gelösten Schrauben an drei widerspenstigen und mittlerweile recht rund gescheuerten Gegnern zu scheitern.

Leicht verzweifelt bitte ich Mark und Kayla um Unterstützung. »Wenn ihr mich nach unten presst, schaffen wir es vielleicht, ausreichend Druck zu erzeugen, um die Schrauben zu lösen«, so mein Plan. Aus ihm resultiert die vermutlich akrobatischste Turnvorstellung, die es je auf der Raumstation zu sehen gab: Ich knie vor der Kiste, meine Füße unter einen Spanngurt gehakt, und setze den Akkuschrauber an. Meine Kollegen bringen sich kopfüber in Position, drücken so fest es geht auf meine Schultern. »Bereit!«, rufe ich und werfe den Akkuschrauber an. Drrrr, drrrrrr, drrrrr, dschhhhh! Verdammt! Wieder dreht der Schrauber durch, aber ich gebe nicht auf. Drrrr, drrrrrr, drrrrr, dschhhhh! Keine Chance. »Lasst mal«, ruft Raja, der uns, seinem amüsierten Gesichtsausdruck nach zu urteilen, schon eine ganze Weile beobachtet. »Hast du etwa eine bessere Idee?«, frage ich und klette den Akkuschrauber erschöpft auf der Arbeitsbank fest. »Allerdings«, entgegnet Raja und grinst. Aus der Werkzeugtasche zieht er einen größeren Kreuzschlitzaufsatz hervor. »Probier den mal.«

Skeptisch starten wir einen erneuten Versuch. Ich knie mich wieder vor die Kiste, Kayla und Mark stemmen sich erneut kopfüber gegen die Decke und drücken auf meine Schultern. Als ich den Akkuschrauber auf den Schraubenkopf presse, spüre ich gleich, dass er mehr Grip hat. Er verhakt sich an den letzten noch vorhandenen Metallfurchen. Rajas Trick funktioniert! Die erste von drei Schrauben ist raus! »Hurra! Hurra!«, freue ich mich und falle meinen Helfern um den Hals. Gemeinsam bändigen wir auch die restlichen beiden Schrauben. »Top gemacht!«, lobt uns Luca, begleitet von Jubelrufen im Hintergrund – ein Freudentaumel vom MUSC bis zur ISS. Ich genieße den Moment der Erleichterung und widme mich danach wieder der Prozedur. Die erste große Hürde mag zwar überwunden sein, doch wegen des Videobriefings weiß ich, dass noch einige knackige Aufgaben vor mir liegen. Allerdings habe ich jetzt ein gutes Gefühl: Heute scheint es zu flutschen. In meinem Kopf summe ich entspannt die Melodie des Songs *Euphoria*. Ein Ohrwurm, den ich meiner neuen Lieblingsband Muse zu verdanken habe, die mir jeden kosmischen Moment hier oben noch traumhafter macht.

Um besser arbeiten zu können, schnalle ich die Box erneut auf der Werkbank fest. Im Inneren gleicht sie dem Motorraum eines Autos: Halterungen, Leitungen, Filter und technische Aggregate verbergen die Pumpe unter sich. Um an das Zielobjekt heranzukommen, muss ich all diese Komponenten aus dem Weg räumen. Seit ich in meiner Jugend erst mein Mofa und später meine Motorräder selbst repariert habe, liebe ich diese Art von mechanischer Arbeit. Gewissenhaft verstaue ich jedes ausgebaute Teil in einem verschließbaren Plastiktütchen, das ich entsprechend beschrifte und mit Klebeband an die Wand hefte. Nur wenn alles seine Ordnung hat, werde ich die Box später wieder planmäßig zusammenbauen können. Doch auch an einem perfekten Tag gibt es hin und wieder ein Härchen in der Suppe: Als ich einen Augenblick nicht richtig aufpasse, flutscht mir das Verbindungsstück zweier Gasröhrchen aus den Fingern. Wie von einem Raketenantrieb befeuert, schießt es davon und verschwindet in den Weiten von Knoten 2. Ehe ich realisiere, was da gerade passiert ist, tönt auch schon Lucas Stimme aus dem Funkgerät: »Oje! Wir haben auf der Raumstation keinen Ersatz dafür. Du musst den Konus wiederfinden.«

Ich sehe überall nach: hinter dem Kabelwirrwarr an der Decke, zwischen den aufeinandergestapelten Transporttaschen, unter dem Laptop und sogar in Toms Schlafkoje, die einen Spaltbreit offen steht. Doch das metallfarbene, nicht einmal kichererbsengroße Teil bleibt verschollen. Es ist zum Mäusemelken! Verzweifelt wende ich mich an Mark, der zufällig vorbeischwebt und ohne Murren mit in die Suche einsteigt. Es dauert keine zehn Sekunden, da bückt er sich und fischt das Verbindungsstück aus der Ritze zwischen zwei Racks. »Da hast du dich also versteckt!«, ruft er triumphierend. Ich bedanke mich für diese heldenhafte Tat und stopfe den Konus mit zittrigen Händen in ein Tütchen. »Katastrophe abgewendet«, kommentiert Luca in erlöstem Tonfall. Ich weiß, dass ich in den vergangenen zehn Minuten nicht der Einzige war, der schwitzige Hände bekommen hat – den Kollegen im MUSC ging es sicherlich genauso. Helfen zu wollen, ohne es zu können, ist manchmal noch anstrengender, als selbst vor Ort zu sein.

Eine knappe Stunde später bin ich endlich zur defekten Pumpe vorgedrungen. Wie in der Prozedur angekündigt, ist sie am Boden der Box befestigt. Mit einem gewöhnlichen Inbusschlüssel habe ich keine Chance, an die vier Schrauben heranzukommen. Ich muss dazu ein Spezialinstrument verwenden, das die MUSC-Experten speziell für die heutige Reparatur entwickelt und mit dem Weihnachtsraumschiff zur ISS geschickt haben. Ich nenne das Teil »Spaghetti-Schlüssel«, weil mich sein länglicher, mehrfach gebogener Stiel an eine gekochte Nudel erinnert. So abgefahren das Werkzeug auch aussieht, es hat einen entscheidenden Nachteil: Ich kann die Schraube damit immer nur ein winziges Stück aufdrehen, vielleicht fünf Grad, dann muss ich wieder neu ansetzen. Im Schulungsvideo haben mich meine Kollegen humorvoll auf diese Qualen vorbereitet. In der entsprechenden Szene ist zu sehen, wie Luca leise fluchend mit dem Spaghetti-Schlüssel hantiert. Gleichzeitig kommentiert Mathew das Trauerspiel: »Wenn du diesen Punkt erreichst, wirst du sehr enttäuscht und frustriert sein. Du wirst denken: ›Nein, das funktioniert so nicht. Ich mache bestimmt etwas falsch.‹ Aber ich versichere dir hiermit: Dies ist die einzige Möglichkeit, die Pumpe loszuschrauben. Wir entschuldigen uns schon jetzt für die Unannehmlichkeiten.«

Während ich die Schrauben Millimeter für Millimeter lockere, spiele ich auf den Filmausschnitt an und verkünde via Funk, »im Tal der Tränen« angelangt zu sein. Luca drückt mir mit leidvoller Stimme sein Beileid aus. Wir müssen lachen. Solch kleine Späße fördern nicht nur den Zusammenhalt, sie machen die peinvolle Fummelarbeit auch gleich viel erträglicher. Obwohl ich manchmal kurz davor bin, die Geduld zu verlieren, habe ich ein gutes Gefühl. Das steigert sich nahezu ins Unermessliche, als ich die defekte Pumpe endlich in Händen halte. Wie einen Pokal recke ich das silberne, rundliche Gerät jauchzend und in Siegerpose vor die Kamera. »Hervorragende Teamarbeit von allen!«, funke ich meinen Mitstreitern am Boden zu. Sie antworten mit Applaus.

Die neue Pumpe einzuschrauben, ist mindestens genauso mühsam, wie die alte loszudrehen. Auch hierfür muss ich mich wieder mit dem Spaghetti-Schlüssel in winzigen Schritten vorarbeiten. Pro Schraube benötige ich etwa fünf Minuten – also 20 insgesamt. Als das Gerät fest ist, beginne ich damit, die Box einzuräumen. Wie beim Tetrisspielen setze ich die Halterungen, Leitungen, Filter und technischen Aggregate ein, möglichst ohne zwischen den Komponenten Lücken entstehen zu lassen. Besonders viel Gefühl ist beim Festziehen der Gasleitungen gefragt, deren Quetschverbindungen keinen sonderlich stabilen Eindruck auf mich machen. »Matthias, ist das alles, was du draufhast? Zieh doch mal wie ein Mann«, stichelt Luca. Doch als erfahrener Hobbyschrauber lasse ich mich davon nicht aus der Ruhe bringen. In meiner Jugend kam es häufiger vor, dass ich mein Mofa kaputtrepariert habe und meinen Nachbarn Erwin um Hilfe bitten musste. Der gelernte Automechaniker war stets mein Retter in der Not und immer zur Stelle, wenn meine Maschine wieder einmal Schwierigkeiten bereitete. An einem Nachmittag hat er mich dabei unterstützt, eine neue Zylinderkopfdichtung einzubauen. Als ich den Kopf festdrehen wollte, knackte es. Erschrocken sah ich meinen Nachbarn an. Der zuckte nur mit den Schultern und sagte: »Tja, Matthias, nach ›zu‹ kommt ›ab‹.« Höchste Zeit, diese Lebensweisheit mit Luca zu teilen. »It is always like that: Tight is followed by kaputt«, erkläre ich ihm gelassen. Gelächter im Kontrollraum.

Der Spaß vergeht uns schnell wieder, als ich die Box zuschrauben will. Eine Halterung für die Rohrleitung ist im Vergleich zu vorher um drei Millimeter versetzt, weshalb der Deckel nicht mehr draufpasst. »So ein Mist«, schimpfe ich leise, wohl wissend, dass es nur zwei Möglichkeiten gibt, dieses Problem zu lösen: Entweder ich baue die Box, die ich in den vergangenen 45 Minuten mühsam zusammengebastelt habe, wieder komplett auseinander und versuche, die Halterung zu verbiegen, oder ich verzichte auf diese letzte Halterung. Das Teil war ohnehin nur notwendig, um die Leitung während des Raketenstarts zu stabilisieren. Da in der Schwerelosigkeit keine Belastungen mehr auf sie wirken, ist es hier oben im Grunde genommen überflüssig. Pragmatisch schlage ich den Experten im MUSC einen altbewährten Ansatz aus meiner Jugend vor: »Was haltet ihr davon, wenn wir die Halterung weglassen? Um auf Nummer sicher zu gehen, kann ich das Rohr ja mit zwei Kabelbindern fixieren.« Niemand reagiert auf meinen Vorschlag. Es herrscht absolute Funkstille. »Hallo? Könnt ihr mich noch hören?«, frage ich irritiert nach. »Ähm, wir diskutieren das mal kurz«, entgegnet Luca. Nach etwa zehn Minuten meldet er sich wieder: »Matthias, deine

Idee ist richtig gut! Genauso machen wir das.« Ich grinse. Anscheinend hatten die Spezialisten meinen Lösungsansatz nicht auf dem Schirm. Aber einfach ist manchmal eben doch am besten.

Die restliche Aktion verläuft ohne weitere Zwischenfälle. Ich schraube den Deckel auf der Box fest, schwebe damit ins Columbus-Modul und schiebe sie zurück in den Schwebeofen. Während ich zum Abschluss wieder die Gasschläuche und Signalleitungen anschließe, rattert im Express Rack (ER) nebenan ein 3-D-Drucker der in Florida angesiedelten Firma Made in Space. Mit dem Gerät können wir kleine Bauteile aus Kunststoff drucken. Ziel ist es, in Zukunft auch welche aus Metall herzustellen. Das hätte den Vorteil, dass wir Ersatzteile wie etwa die heute verloren gegangene – aber zum Glück wiedergefundene – Quetschdichtung oder vielleicht sogar die komplette Gaszirkulationspumpe auf der Raumstation anfertigen könnten. Es müssten lediglich noch die Rohstoffe zur ISS befördert werden, wodurch sich jede Menge Transportkosten sparen ließen. Für die Raumfahrt wäre das ein großartiger Gewinn.

Nach sieben Stunden habe ich die Mission erfüllt. Die Operation am offenen Herzen war erfolgreich. Der Schwebeofen ist gerettet. Zufrieden bedanke ich mich bei den Bodenteams für diese unglaublich perfekt vorbereitete Reparatur und ihre großartige Unterstützung heute, verabschiede mich von ihnen und mache Feierabend. Zur Belohnung gönne ich mir eine der wenigen verbliebenen Dosen Rendang. Doch noch ehe ich aufgegessen habe, funkt mich einer der MUSC-Mitarbeiter an: »Matthias, wir würden gern mit den ersten Tests starten, aber wir können keine Verbindung zum EML aufbauen.« Für einen Moment zieht sich mein Magen zusammen. Aber dann fällt es mir wie Schuppen von den Augen: Vor lauter Freude über die gelungene Reparatur habe ich den allerletzten und sicherlich einfachsten Schritt der Prozedur vergessen – den Hauptschalter wieder auf »ON« umzulegen.

Freunde im Anflug

Freitag, 18. März 2022

Besser könnte das Timing nicht sein: Ausgerechnet an meinem Geburtstag stoßen drei Freunde zu uns. Denis Matwejew, Sergej Korsakow und mein EVA-Trainingspartner Oleg werden in wenigen Minuten an der ISS andocken. Ihre Flugzeit war denkbar kurz. Sie haben nur drei Stunden gebraucht, um von Kasachstan zur Raumstation zu gelangen. Als die Triebwerke um 15.55 Uhr zündeten, haben wir in der Cupola gelauert und versucht, ihren Start mitzuverfolgen. Wie immer gelang es Raja mit seinen Adleraugen, das indizierte Ziel – in diesem Fall die dünne Rauchsäule der Sojus-Rakete – zuerst auszumachen. Ich hingegen starrte mit aller Anstrengung auf die unter uns wegzischende Atmosphäre und erkannte nichts. »Das ist wieder mal typisch«, stichelte mein Kollege. Und ich muss zugeben, dass er damit nicht ganz unrecht hat. In den vergangenen Wochen plante ich minutiös, Bilder von der Osterinsel aufzunehmen, da sie mich bei meiner Weltreise so fasziniert hatte. Doch immer, wenn wir in der Nähe waren, überlagerten Wolken das Paradies. Raja bemerkte meinen Frust über die fruchtlose Jagd und versprach mir zu helfen. Tatsächlich landete er schon beim ersten Versuch einen Treffer, während ich die Insel glatt wieder verpasste. »Mach dir nichts draus, ich habe viele Jahre darauf trainiert, Details aus der Vogelperspektive zu erkennen. Da steckt jede Menge Erfahrung dahinter«, versicherte er mir – was meine Enttäuschung allerdings nur geringfügig lindern konnte.

Jetzt, da das Raumschiff im Endanflug ist, müssen wir die Fensterläden der Cupola wie immer in solchen Fällen geschlossen halten. Doch aus einem kleinen Bullauge im russischen Segment erspähe ich, wie sich die Sojus langsam an die Station heranpirscht. Wenige Sekunden vor dem Rendezvous schwebe ich zur Andockluke und drücke meine Hand dagegen. So kann ich spüren, wie der ausgefahrene Kopplungsdorn der Kapsel nur wenige Zentimeter von mir entfernt mit einem kaum hörbaren metallischen Kratzen in die Verankerung hineingleitet, die Zapfen auslösen und klackend zuschnappen. Einen kurzen Augenblick später schließen sich die Haken und verbinden das Raumschiff fest mit der Station.

Während die drei Neuankömmlinge noch einige Checks erledigen und die Sojus Schritt für Schritt abschalten, warten Anton, Pjotr und ich auf die Erlaubnis, die Luke zu öffnen. Die Teams am Boden sind darauf besonders gespannt, denn es ist das erste Mal, dass wir die Tür am neuen UM-Knotenmodul aufziehen. Wenn alles funktioniert, wird sie ab sofort gemeinsam mit der Einstiegsluke am Mini-Research Module (MRM) 1 die bevorzugte Andockluke für russische Raumschiffe sein. Doch UM lag vor dem Start zur ISS mehrere Jahre im Lager und niemand weiß, ob sich der Zugang problemlos öffnen lässt. Falls nicht, müssten die drei Kosmonauten ihr Vehikel aufwendig umparken.

»Pssst. Ich glaube, Oleg klopft! Das ist unser Zeichen!«, ruft Anton. Der erfahrene Kommandant ist freudig aufgeregt, denn mit Oleg ist soeben sein bester Kollege angekommen, und er kann es kaum erwarten, ihn und die restliche Crew in die Arme zu schließen. Flink kurbelt Anton den Verschluss auf und rüttelt kräftig am Griff. Doch nichts bewegt sich – die Luke bleibt zu. »Komm her, Pjotr, und hilf mir!«, stöhnt er. Nun versuchen die beiden ihr Glück gemeinsam. »Verdammt!«, flucht Anton, während er so fest er kann am Hebel zieht. Er weiß um die Bedeutung für den zukünftigen Betrieb der Station, der unbedingt voraussetzt, dass sich dieser Zugang öffnen lässt. Nervös checken wir noch einmal alle Bedingungen: »Druckausgleich: vollständig – 0,0 Bar restliche Druckdifferenz, Schloss: entriegelt.«

»Vielleicht haben wir zu dritt ja eine Chance«, schlage ich vor. Unter dem wachsamen Auge der Videokamera, die unsere Anstrengungen live in das russische Kontrollzentrum überträgt, stemmen wir uns in kniebeugenähnlicher Haltung gegen die Luke. Plötzlich gibt es einen Knall, und die widerspenstige Metalltür springt auf. »Geschafft!«, seufzt Anton. Jetzt müssen unsere drei neuen Mitbewohner nur noch die Luke ihrer Kapsel öffnen, und schon können sie ihr kosmisches Zuhause betreten. Das wird nicht mehr lange dauern.

Schnell schwebe ich daher zurück in die vorderen Module der Station, wo meine amerikanischen Freunde am Werkeln sind. »Kommt rüber – die Liveübertragung der Begrüßung von Denis, Sergej und Oleg beginnt gleich«, informiere ich sie. Wir streifen uns zur Ehre dieses Events noch flott unsere grauen Expedition-66-Poloshirts über, danach fliegen wir gemeinsam ins russische Segment und versammeln uns im kugelrunden Knotenmodul – jeder von uns leicht in einem anderen Winkel versetzt. »Das wird unsere neuen Kollegen sicherlich erst einmal verwirren«, kommentiere ich die Formation unseres Begrüßungskomitees. Aber die erste Verwirrung ist auf unserer Seite: Als sich die Luke der Sojus öffnet, schweben uns die drei Kosmonauten in knallig blau-gelben Overalls entgegen, die ihre aufgrund der Flüssigkeitsumlagerung roten Köpfe noch stärker leuchten lassen. »Blaugelb wie die Nationalflagge der Ukraine?«, schießt es mir sofort durch den Kopf. Und auch Tom traut seinen Augen kaum. »Matthias, denkst du, was ich denke?«, flüstert er mir ungläubig ins Ohr. Ich nicke ihm stumm zu und frage mich, ob das Outfit wohl auch bei den Zuschauern auf der Erde Aufsehen erregen wird.

Das tut es. Bei der anschließenden Pressekonferenz, zu der wir uns zu zehnt ins Servicemodul zwängen, will ein kleines Mädchen von Oleg wissen, warum sie ausgerechnet diese Farbkombination gewählt hätten. Als ewiger Scherzbold antwortet er lachend: »Wir hatten gerade etwas von diesem gelb-blauen Stoff übrig und dachten, na, dann nehmen wir den halt!« In der westlichen Presse werden die drei ob ihres vermeintlich wagemutigen Protestes gegen den Krieg und ihrer Unterstützung der Ukraine in den nächsten Tagen gefeiert. »Die Raumfahrer der ISS verurteilen den russischen Angriffskrieg«, titeln gleich mehrere Zeitungen. Umso erstaunlicher ist es im Nachhinein betrachtet, dass die Overalls während der restlichen Liveschalte kein Thema mehr sind und die Medienvertreter nicht intensiver nachhaken. Stattdessen stellen sie die üblichen Fragen nach dem Raketenstart, und die Kosmonauten berichten souverän von ihren noch ganz frischen Eindrücken.

Ich kenne alle drei von meinen Aufenthalten im Sternenstädtchen. Zu Oleg hatte ich aufgrund unserer Übungseinheiten im Becken des Hydrolaboratoriums den meisten Kontakt. Aber auch den anderen beiden bin ich häufiger über den Weg gelaufen – etwa beim Sport. Danach haben wir uns öfter mal in der Sauna verabredet, um gemeinsam zu schwitzen und zu quatschen. Denis' Vater war früher Kosmonautenarzt und hat seinem Sohn einiges zum Thema Weltraummedizin beigebracht, obwohl der wie auch seine Crewmitglieder Ingenieur ist. Er und Sergej haben Luft- und Raumfahrt studiert, Oleg hingegen hat seine Diplomarbeit im Bereich Prozesstechnik zum Thema Kühlschränke geschrieben. Sie waren allesamt an der berühmten Moskauer Bauman-Universität immatrikuliert, deren Flagge das gleiche Gelb und Blau zeigt, in das die drei jetzt gekleidet sind. »Dies ist der Grund für die Farbkombination unserer Anzüge. Die sind ja schon vor einem Jahr gefertigt worden«, verrät Oleg mir im Lauf des Abends.

Der lässt leider nur wenig Raum für tiefgreifendere Gespräche. Bis spät in die Nacht hinein haben die Neuankömmlinge ein volles Programm: Sie telefonieren mit ihren Familien und Ärzten, sehen sich die dringlichsten Notfallprozeduren an, erhalten eine kleine Führung durch die Station und laden ihre Kapsel aus. Im Anschluss müssen sie diese sofort wieder abflugbereit machen, um für eventuelle Notevakuierungen gewappnet zu sein. Für meine Geburtstagsparty bleibt heute also keine Zeit mehr. Aber die werden wir definitiv nachholen.

Die wildeste Party ALLer Zeiten

Samstag, 19. März 2022

Endlich Samstag! Endlich Wochenende! Endlich Zeit, meinen Geburtstag gebührend nachzuholen! Für diesen besonderen Anlass habe ich alle zum Abendessen in Knoten 1 eingeladen. Passenderweise offeriert mein Menü die letzten noch übrigen Rendang-Reserven der Space Club Kitchen, die ursprünglich für heute geplant war. Dass das weltumspannende Event ausfallen muss, stimmt mich immer noch traurig, aber umso schöner finde ich, dass wir zumindest hier oben den damit einhergehenden Gedanken weitertragen – Menschen unterschiedlicher Nationen gemeinsam an einen Tisch bringen und friedlich miteinander feiern.

Die Vorbereitungen für die kosmische Party sind abgeschlossen. Pünktlich um 19 Uhr gesellen sich Pjotr und Anton zu uns, wenig später stoßen die Neuankömmlinge dazu. »Sorry, früher haben wir es nicht geschafft. Wir waren bis jetzt damit beschäftigt, unsere Kapsel auszuladen«, verkündet Sergej, der etwas zu schwungvoll in unser Küchenmodul abbiegt und im letzten Moment einen Zusammenstoß mit dem Wasserspender abwenden kann. Zu meiner Verwunderung sieht er sehr fit aus und genießt die neu gewonnene schwerelose Freiheit bereits in vollen Zügen. »Da hat sich der Drehstuhl ja gelohnt«, spiele ich auf ein bei den Kosmonauten nicht sonderlich beliebtes Training an, das sie auf die fehlende Schwerkraft vorbereiten soll. Sergej grinst und windet sich demonstrativ dreifach um die eigene Achse.

Die beiden anderen fühlen sich offensichtlich nicht ganz so gut. Wenngleich Oleg sich aufgrund seiner zwei vorherigen ISS-Missionen routiniert wie ein Fisch im Wasser bewegt, so hadert sein Körper doch stark mit der Raumkrankheit. Sowohl er als auch Denis sind ziemlich blass um die Nasenspitze und redlich bemüht, unkoordinierte Bewegungen auf ein Minimum zu reduzieren. Das hindert sie nicht daran, in die von Tom und Anton initiierten Ständchen einzustimmen. »Happy birthday to you, happy birthday to you, happy birthday, dear Matthias, happy birthday to you«, singen meine Mitbewohner lauthals im Chor und hängen gleich das wunderschöne russische Kindergeburtstagslied des Krokodils Gena aus der Zeichentrickserie *Tscheburaschka* an. Begeistert klatsche ich in die Hände. »Vielen Dank. Ich weiß gar nicht, was ich sagen soll«, bin ich ein wenig verlegen. »Nicht doch, die eigentliche Überraschung kommt ja erst«, entgegnet Raja und zieht eine Tasche aus einem der Staufächer hervor. Sie ist voll mit Geschenken, die von selbst gebastelten Erinnerungsstücken über Essen und frischen Obstsaft der Neuankömmlinge bis hin zu einigen Pins und Patches reichen. Gerührt ob dieser herzlichen Geste umarme ich meine Freunde innig.

Während ich mein Dinner serviere, entwickelt sich eine lebendige Unterhaltung. Teils auf Russisch, teils auf Englisch sprechen wir den Start, den Flug und das von Oleg manuell durchgeführte Andockmanöver noch einmal genau durch. Anton ist besonders aufgedreht – endlich hat er Kollegen, die genauso viel erzählen wie er. Der stille Pjotr war ihm in den vergangenen Monaten wohl doch etwas zu wortkarg, stelle ich amüsiert fest. Zehn Astronauten dreidimensional um den Tisch drapiert, lassen wir uns das Essen schmecken: Raja schwebt unter der Decke, Denis hat sich im Durchgang zum russischen Segment verhakt, rechts und links neben ihm Anton und Oleg. In der Ecke vor dem Ofen gleiten Pjotr und Tom direkt rechts neben mir, Sergej zu meiner Linken, während Mark an seinem Stammplatz neben dem Durchgang zum Airlock und in Nachbarschaft zu Kayla wieder einmal den Vorteil seines selbst mitgebrachten Spezialöffels mit extralangem Stiel ausspielt. »Seht ihn euch genau an, damit ihr für euren nächsten Flug wisst, wie wichtig es ist, einen eigenen Löffel mitzubringen«, sagt er und schiebt sich demonstrativ eine besonders große Ladung Rendang in den Mund.

Nach dem Essen hält es uns keine Sekunde mehr am Tisch. »Zeit zum Tanzen!«, fordert uns Kayla auf, mit ihr in die rot-blau illuminierte Columbus-Disco einzutauchen. Vor ein paar Tagen hatten wir die Idee, die Beleuchtung des Gewächshauses, das momentan nicht in Betrieb ist, auf Discolicht umzuprogrammieren, um den Geburtstag in »meinem« Modul zu feiern. Die Flugkontrolleure in Huntsville hatten nichts dagegen einzuwenden und wünschten uns viel Spaß. Zu zehnt strömen wir nun in das europäische Labor, und mit Kayla als DJ dröhnt sogleich Latin Music aus den kleinen Bluetooth-Boxen. Ausgelassen tanzen wir Freestyle: Einige rotieren längs, andere quer und wieder andere von links nach rechts oder von oben nach unten. Wir probieren neue Tricks in Schwerelosigkeit aus, die zunehmend wilder werden. Aber das ist heute Abend kein Problem, denn es laufen hier gerade keine Experimente, um die wir uns sorgen müssen.

Plötzlich unterbricht ein Funkspruch die Party: »Station – Houston. Für eine dringende Angelegenheit!« Wie ertappte Teenager drehen wir schnell die laute Musik ab.

»Houston – Station, was ist passiert?«, fragt Mark, sich räuspernd, beim Kontrollzentrum nach. »Wir messen unerklärliche Schwingungen der Raumstation. Habt ihr etwas Auffälliges bemerkt? Falls nicht, möchten wir, dass ihr einige Systeme für uns überprüft.« – »Nein, wir haben nichts Auffälliges bemerkt! Aber wir schauen mal …«, stammelt mein Kollege mit rotem Kopf ins Funkgerät. Als er den Funkknopf loslässt, prusten wir ungehalten los. Nur Mark schaut etwas bedröppelt drein. »Ich konnte unmöglich über den offenen Funk mitteilen, dass wir hier am Rocken sind. Ich melde mich sofort über das verschlüsselte Telefon beim Flugdirektor und erkläre alles«, entschuldigt er sich und verschwindet in seine Kabine.

Nach ein paar Minuten kommt er zurück. »Und?«, hake ich sofort nach. »Der zuständige Flugdirektor hat den wahren Grund der Schwingungen mit lautem Lachen aufgenommen und uns weiterhin eine tolle Feier gewünscht. Aber bitte, ohne derartig starke Erschütterungen zu verursachen«, berichtet Mark erleichtert. Wir beschließen, die Tanzveranstaltung in ein Modul zu verlegen, das näher am Schwerpunkt der Station liegt und daher toleranter gegenüber unseren Darbietungen ist.

»Was haltet ihr vom UM?«, schlägt Kayla vor. Alle sind einverstanden. Das fast komplett leere Knotenmodul bietet viel Platz und die Goldfolie im Inneren ein einladendes Ambiente für Feste aller Art. Bestens gelaunt schweben wir in einer Zehnerkette zur neuen Location, und schon geht die Party weiter. Allerdings passen wir auf, weniger Wandkontakte und somit weniger Schwingungen zu erzeugen.

Vermehrt mischen sich nun akrobatische Einlagen in unsere Tänze. Mark will wissen, wie gut er nach knapp einem Jahr in der Schwerelosigkeit die purzelbaumartige Rotation um die eigene Achse verträgt. »Na, das lässt sich doch herausfinden«, bietet Kayla sich an, ihn »aufzurotieren«. Dieses von uns geschaffene Wort bezeichnet eine ganz besondere Übung: Mark zieht den Kopf ein und verschränkt die Arme fest um die Knie. Wie eine Kugel schwebt er nun mitten im Raum. Kayla stabilisiert ihn mit einem Finger am Fußgelenk und beginnt, unseren Kollegen erst langsam, dann immer schneller um seine eigene Achse zu wirbeln. Mark kreischt vor Aufregung und Begeisterung über seine geschätzten 100 Umdrehungen pro Minute, während mir allein vom Zuschauen fast übel wird. »Halt, es reicht. Anhalten«, fleht Mark irgendwann kichernd, und wir bremsen ihn ab.

Schon geht es weiter mit dem Nächsten. Meine Mitbewohner wirbeln einen nach dem anderen durch die Gegend. Selbst der frisch eingetroffene Sergej lässt es sich nicht nehmen, diesen Kick zu spüren. Nur Oleg und Denis lehnen kopfschüttelnd ab. »Los, Matthias, jetzt bist du dran«, sagt Kayla und schaut mich erwartungsvoll an.

Ich zögere kurz, schiebe meine anfänglichen Bedenken jedoch mutig zur Seite. Meine Kollegin hat im wahrsten Sinn des Wortes den Dreh raus, und ich kann ihr voll vertrauen. So klein und eng wie möglich zusammengekauert, warte ich auf den Anstoß. Ich spüre eine zarte Berührung am Fuß, und schon beginnt sich die Raumstation immer schneller um mich zu drehen, bis ich vor lauter Geschwindigkeit nur noch Lichtblitze an mir vorbeizischen sehe. Sie stammen von dem Stroboskoplicht, das Pjotr in unserer Ersatzdisco zaubert. Ich schließe die Augen, genieße den Schleudergang und lande wenig später sicher in den Armen meiner Freunde. Beim abrupten Anhalten entsteht ein leichter Schwindel, der aber sofort wieder abklingt. Ich bin erstaunt, dass mir überhaupt nicht schlecht wurde – mein Gleichgewichtsorgan scheint nach all den Monaten im Weltraum komplett außer Funktion. »Das wird sicher nicht lustig nach der Landung auf der Erde«, schwant mir Böses.

Wir tanzen noch bis spät nach Mitternacht. Um mich herum nur glückliche Gesichter. Am Ende dieses wundervollen Festes im All weiß ich, dass wir auch mit unseren drei neuen Mitbewohnern ein perfektes Team bilden werden. Für sie hätte es keinen besseren Start hier oben geben können, und ich bin einfach nur unendlich dankbar für meine galaktische Geburtstagsparty im Kreise meiner großartigen Kollegen.

Ich wünschte, es würden noch viele weitere solcher Abende folgen. Doch in nicht einmal elf Tagen werden Anton, Pjotr und Mark abreisen. Es fällt mir schwer, die drei gehen zu lassen. Aber immerhin konnten wir unserer gemeinsamen Zeit einen würdigen Abschluss verleihen – mit der vermutlich wildesten Feier, die es je im Weltraum gegeben hat.

Die Stunden vor dem Ausstieg ins Nichts

Dienstag, 22. März 2022

Seit Wochen fiebere ich diesem Tag entgegen, dem Höhepunkt meiner Astronautenkarriere. Und nun steht er unmittelbar bevor: Morgen werden Raja und ich in unsere Raumanzüge schlüpfen, die Luke der ISS öffnen und ins freie Weltall hinausgleiten. Ich weiß gar nicht, wie oft wir die Expedition durchgegangen sind. Immer wieder habe ich den Simulator auf meinem Laptop gestartet, um die Station außen virtuell abzuschreiten und Aufgabe für Aufgabe durchzuspielen. In mehreren Konferenzen haben wir uns mit den Bodenteams abgestimmt und letzte Unklarheiten ausgeräumt. Unser Fokus lag insbesondere auf der Wartung unserer EMU-Anzüge. Wir mussten die Miniraumschiffe gründlich durchchecken und ihre Funktionen prüfen. Unter anderem haben wir die Versorgungsleitungen mit frischem, deionisiertem Wasser gespült, um chemische und biologische Verunreinigungen im Transportkreislauf zu entfernen. Wir füllten die Kühl- und Trinkwasserreserven auf, installierten die Helmkameras, setzten vollgeladene Batterien ins Lebenserhaltungssystem ein und wechselten die METOX-Luftreinigungskanister aus. Bei der In-Orbit Fitcheck Verification (OFV) schlüpften wir probeweise in den EMU und konfigurierten die austauschbaren Komponenten für unsere individuellen Vorlieben und Körpergrößen. Mark, Kayla und Tom unterstützten uns dabei.

Solch ein Außenbordeinsatz ist immer auch ein Gruppenabenteuer, in das die gesamte Crew involviert ist. Gemeinsam haben wir in den vergangenen Tagen die Ausrüstung zusammengesucht, getestet und in der Ausstiegsschleuse Quest deponiert. Da es bei der jüngsten EVA Probleme mit den Helmlichtern gegeben hatte, inspizierte Kayla diese noch einmal sorgfältig und nahm Reparaturen vor. Tom half mir, die Werkzeug- und Ersatzteiltaschen zu packen und meine Mini-Workstation zu beladen. Raja und ich absolvierten ein zusätzliches Virtual Reality Training (VRT) für den SAFER-Raketenrucksack sowie ein On-Board-Training (OBT) für das Warnsystem des Raumanzugs. Währenddessen studierten Kayla und Tom, die den Roboterarm vom Inneren der Station aus steuern werden, die entsprechenden Anleitungen. Gestern druckte ich ein kleines Buch aus und klebte es in meine Cuff-Checklist, meine Handgelenks-Checkliste, die ich während des Außenbordeinsatzes an meinem Unterarm tragen werde. Mitarbeiter des Kontrollzentrums in Houston haben darin die 33-seitige Einsatzprozedur sowie die Notfallschritte in Stichpunkten zusammengefasst. Jetzt sind endlich alle Vorbereitungen abgeschlossen. Jetzt steht unserem Abenteuer nichts mehr im Weg. Denke ich zumindest – bis ich Kayla über Funk mitteilen höre, dass sie bei der letzten Kontrolle meines Anzugs ein blankes Kabel am Ärmel entdeckt hat.

Nervös schwebe ich zu ihr in das Airlock, die Ausstiegsschleuse. »Es handelt sich um das Kabel, das für die Handschuhheizung verantwortlich ist«, klärt mich meine Kollegin auf. Instinktiv will ich die offene Stelle mit Isolierband abdecken. Doch wir können nicht ausschließen, dass das Kabel auch im Inneren des EMU beschädigt ist. In dem Fall würde während des Einsatzes ein Funken genügen und der mit hundertprozentigem Sauerstoff gefüllte Anzug explodieren. Dass dies nicht reine Theorie ist, haben uns die Ausbilder in Houston demonstriert. Sie zeigten uns Fotos eines entsprechenden Tests – glücklicherweise steckte in dem alten Anzug damals kein Astronaut. Der Gedanke an diese Trainingseinheit lässt mich auf einmal hibbelig werden: Wird die NASA unseren morgigen Einsatz aufgrund des defekten Kabels absagen? Plötzlich rückt der Ausstieg so kurz vor dem Ziel wieder in endlose Ferne. Während Verzweiflung in mir aufsteigt, kontaktiert mich der Capcom: »Matthias, wärst du bereit, die EVA ohne elektrische Handschuhheizung durchzuführen?« Klar bin ich das! Ohne zu zögern, bestätige ich mit einem kräftigen »Ja«. Die Reaktion des NASA-Mitarbeiters lässt Hoffnung in mir aufkeimen: »Okay. Wir werden die Situation analysieren und euch noch heute Abend Bescheid geben.«

Kurz vor der Nachtruhe steht der Plan: Wir dürfen aussteigen – ich ohne Handschuhheizung. Aus Sicherheitsgründen müssen wir auch den rechten Handschuh abklemmen, obwohl dort das Kabel in Ordnung scheint. Ich werde mich wohl auf kalte Finger einstellen müssen. Doch das ist mir gerade vollkommen egal. Hauptsache, unsere Expedition kann stattfinden! Erleichtert schwebe ich in meine Casa. Ich habe mir vorgenommen, heute früh ins Bett zu gehen, damit ich mindestens acht Stunden Schlaf bekomme. Der morgige Tag wird zu einer für meinen Geschmack sehr frühen Uhrzeit beginnen. Raja und ich müssen bereits um 6.30 Uhr aufstehen. Danach wird alles in etwa so ablaufen wie beim Training auf der Erde: Wir erledigen zunächst die Morgentoilette, allerdings nur mit Wasser. Seit der Fehlfunktion von Lucas Anzug wissen die NASA-Experten nämlich, dass Bakterien Seife und Shampoo lieben. Um zu vermeiden, dass ein Bakterienfilm im Inneren des Raumanzugs wächst, haben sie uns verboten, vor Außeneinsätzen Pflegeprodukte zu verwenden. Nach dem Waschen kleben wir die druckempfindlichen Körperstellen mit Polstern ab und befestigen die Elektroden für die EKG-Signale an unseren teils enthaarten Brüsten. Anschließend frühstücken wir, suchen die Toilette auf, legen Windeln an, ziehen Funktionsunterwäsche über und zwängen uns in die Kühloveralls.

Um 7.40 Uhr werden wir gemeinsam mit Tom und Kayla in die Gerätesektion der Ausstiegsschleuse schweben. Dort atmen Raja und ich über Masken hundertprozentigen Sauerstoff ein, um unseren Körper von Stickstoff zu befreien und so der Taucher-Dekompressionskrankheit während der nun anstehenden Druckabsenkung vorzubeugen, denn draußen im Weltraum wird unser Anzug nur einen Innendruck von 0,3 Bar aufweisen. Auf Meereshöhe und in der ISS beträgt der Luftdruck hingegen etwa 1 Bar. Mit 1 Bar wäre der EMU im luftleeren Universum allerdings ähnlich prall wie ein voll aufgepumpter Fußball, sodass wir uns darin kaum bewegen könnten.

Gleichzeitig ziehe ich die Raumanzughose an. Tom und Kayla werden mir dabei assistieren. Die Atemmaske darf ich erst nach exakt 60 Minuten wieder ablegen. Dann quetsche ich mich in das Oberteil des Raumanzugs. Auch hierbei unterstützen mich meine Mitbewohner. Sie schieben und rütteln an den Kühlschläuchen, damit diese ordnungsgemäß anliegen und keine Druckstellen verursachen. Im Anschluss wird der Overall mit den Kühlsystemen des EMU gekoppelt, und Kayla wird sorgsam die Dichtringe auf Fusselfreiheit überprüfen, bevor sie und Tom das Ober- und Unterteil meines Raumanzugs mit einem hörbaren Klick einrasten lassen.

Danach muss ich noch den Notfallschnorchel rechts neben der Brust in den Anzug quetschen. Er ermöglicht mir, Luft aus dem unteren Bereich des Anzugs zu atmen, falls eine Fehlfunktion auftreten und Wasser in den Helm strömen sollte. Tom wird mir die Funkkappe über den Kopf schieben sowie Baumwollhandschuhe, Handgelenkstulpen und die klobigen EVA-Handschuhe überstülpen. Zu guter Letzt setzt Kayla mir den Helm auf. Sobald dieser eingerastet ist und ich vollständig von der Außenwelt abgeschottet bin, wird der EMU mit reinem Sauerstoff geflutet. Ab diesem Moment dauert es noch weitere 160 Minuten, ehe wir die Raumstation verlassen dürfen. Raja und ich werden uns die ersten 50 Minuten die Zeit mit einem leichten Sportprogramm vertreiben: Wir wackeln mit den Armen und Beinen. Die Bewegung beschleunigt den Stickstoffabbau zusätzlich. Um 11.55 Uhr ist die Vorbereitung abgeschlossen, und unsere Kollegen werden uns in die Luftschleuse schieben. In den letzten 30 Minuten wird dort der Druck auf Vakuum heruntergefahren, während der Innendruck im Anzug parallel auf 0,3 Bar absolut absinkt. Danach werden wir startklar zum Öffnen der Außenluke sein, und der 441. Weltraumausstieg in der Geschichte der Menschheit kann beginnen.

414 Minuten im freien Universum

Mittwoch, 23. März 2022, 12.32 Uhr

Wie fühlt es sich an, hinaus ins Nichts zu schweben? Vom schier unendlichen Universum umgeben zu sein? Die Erde unter den Füßen rotieren zu sehen? Nur wenige Menschen können diese Fragen beantworten – und ich werde schon bald einer von ihnen sein.

Die Luke ist geöffnet. Raja hat die ISS bereits verlassen. Jetzt bin ich an der Reihe. Kopfüber schwebend winde ich mich zwischen den zahlreichen Taschen hindurch, die wir für unseren Einsatz in der Luftschleuse verstaut haben. Zentimeter für Zentimeter kämpfe ich mich voran, strecke zunächst die Füße ins All und schiebe schließlich auch meinen restlichen Körper hinaus in dieses unwirkliche Wunderland.

Kaum habe ich die Schwelle überschritten, erfüllt mich ein unbändiger Drang: Ich möchte mich umschauen, das Fremde auf mich wirken lassen, einen Blick auf meinen Heimatplaneten werfen. Allerdings habe ich mir vorgenommen, genau das nicht zu tun. Gestern erst hat Tom mir erzählt, dass er bei seinem ersten Ausstieg das Gefühl hatte, Richtung Erde zu stürzen, und sich daher instinktiv festkrallte. Auf keinen Fall will ich riskieren, dass mein Gehirn mir diesen Streich ebenfalls spielt. Für den anstrengenden Marathon im Weltraum werde ich all meine Kraft benötigen. Ich kann es mir nicht leisten, schon gleich nach der Startlinie wertvolle Energie zu verschwenden.

Ganz bewusst richte ich daher meinen Blick auf die beiden Sicherheitsleinen. Die lange hat Raja eben außen an der Luftschleuse befestigt, die kurze hänge ich selbst an einem Haltegriff ein. Meine Augen fokussieren ausschließlich den Haken und den Verlauf der Seile – meine Lebensversicherung in dieser menschenfeindlichen Umgebung.

Fest mit der Station verbunden, widme ich mich nun meinem Partner. Er hat sich einen Meter von mir entfernt für den Buddy-Check in Position gebracht, bei dem wir gegenseitig unsere Ausrüstung kontrollieren. Sofort fällt mir mit Schrecken auf, dass der Mechanismus seines Raketenrucksacks ungewollt ausgelöst hat. Die Klappe ist aufgesprungen und die Steuerungskonsole mit dem Joystick ausgefahren. Bevor wir mit unseren Aufgaben beginnen können, muss ich das Teil unbedingt wieder ordnungsgemäß verstauen. Das ist schon mit bloßen Händen auf der Erde eine nervenaufreibende Angelegenheit. Die Umstände hier oben machen die Sache aber noch 1000-mal komplizierter. Gefühlvoll, als würde ich Garn in ein winziges Nadelöhr einfädeln, versuche ich, das Gerät an seine Ausgangsposition zurückzuschieben und gleichzeitig den Verschlusspin einrasten zu lassen. Doch mit den dicken Handschuhen kann ich die Konsole kaum greifen, mehrfach flutscht sie mir aus den Fingern. Erst beim vierten Anlauf schaffe ich es, den Mechanismus zu bezwingen. Puh, unsere Mission ist gerettet! Vorerst.

Wie es das Protokoll vorsieht, begebe ich mich zurück in die Luftschleuse, um Raja eine Tasche mit Werkzeugen zu reichen. Im Superman-Style gleite ich hinein, die Arme vorgestreckt. Ich schnappe mir das Objekt der Begierde und drücke mich sanft wieder in Richtung des freien Universums. Doch ein Widerstand hindert mich daran hinauszugleiten. Ich vermute, dass sich mein Swingarm, der ausklappbare Griff in Höhe meiner rechten Hüfte samt dem daran befestigten Akkuschrauber, in der Luke verkeilt hat. Um mich zu befreien, schaukele ich etwas hin und her und verspüre plötzlich einen kräftigen Ruck, der mich zwar ins Nichts befördert, gleichzeitig jedoch so gar nichts Gutes verheißen mag. Ich habe mich geirrt: Nicht der Swingarm war das Problem, sondern meine Helmkamera. Sie hatte sich im Inneren der Schleuse in einem der Seile verfangen und durch mein Hin-und-her-Ruckeln von der Halterung gelöst. Jetzt schweben sie sowie die dazugehörige Lampe links neben mir. »Halleluja, hätte ich nur besser aufgepasst!« Die Helmkamera ist bekanntermaßen eine Schwachstelle des EMU und schon bei vielen vergangenen Einsätzen abgerutscht.

Ich funke Stephanie im Bodenkontrollzentrum in Houston an und berichte ihr von dem Missgeschick. Die erfahrene NASA-Astronautin, die uns vor dem Raketenstart auf dem Startturm betreut hatte, wird uns heute durch die EVA leiten. Sie bespricht sich kurz mit ihren Kollegen und liefert prompt einen Lösungsvorschlag. »Ihr könnt die Kamera mit den Ersatzdrähten sichern.« Diese gehören zur Grundausstattung eines jeden Weltraumspaziergängers und dienen normalerweise zum Befestigen von Kabeln an der Station. Mein Kollege Thomas hat bereits einmal bei einem Außeneinsatz die Kamera seines Partners mit einem Ersatzdraht repariert, bevor er wenig später seine eigene verlor und ebenfalls einen benötigte – die Vorgehensweise ist also bewährt. Während ich stillhalte, befolgt Raja Stephanies Anweisungen. Durch die beiden kleinen Pannen haben wir beinahe 60 Minuten wertvolle Zeit verloren. »Um unser Aufgabenpensum vollständig abzuarbeiten, müssen wir jetzt ganz schön Gas geben«, sage ich zu Raja. Aber ehe dieser antworten kann, bremst Stephanie meinen Tatendrang aus. »Wir werden den Ablaufplan der EVA wegen der Verzögerung anpassen müssen. Ihr atmet währenddessen tief durch und gönnt euch eine Pause.«

Für einen Moment befürchte ich, dass sie den Einsatz abbrechen, uns gar als ungeeignete Weltraumspaziergänger einstufen und in die sichere ISS zurückschicken könnte. Skeptisch schaue ich zu meinem Partner. Als sich unsere Blicke treffen, müssen wir lachen – über den missglückten Start, diese skurrile Situation und vor allem über uns selbst. Es ist fast genau wie im Training, nur dass die von unseren Ausbildern erfundenen Probleme heute Wirklichkeit geworden sind. »Nach diesem wilden Auftakt kann uns nichts mehr aufhalten!«, konstatiert Raja selbstbewusst. Seine Worte wirken wie Magie. Sie lassen meine Sorgen verfliegen. Mein Partner hat recht: Bislang haben wir alle Herausforderungen souverän gemeistert und können zuversichtlich auf die bevorstehende Expedition schauen!

Beflügelt von dieser Erkenntnis, wage ich erstmals den Blick auf die Erde tief unter mir. Das Gefühl des Fallens bleibt bei mir aus, vielmehr komme ich mir vor wie ein Vogel, der ohne Anstrengung um unseren Planeten kreist. Wir fliegen gerade über Südamerika mit seinen typisch braunen Flüssen. Ein paar Sonnenstrahlen scheinen durch die dünne Wolkendecke, treffen auf den Amazonas und verwandeln sein braunes Wasser in ein funkelndes, goldenes Band, das sich durch sattgrüne Regenwälder schlängelt. Die Aussicht ist um Weiten besser als in der Cupola, da keine Fensterrahmen im Weg sind. Wie auf der Panoramaleinwand eines IMAX-Kinos, mit einem Unterschied: Das hier ist kein Film. Es ist die Realität! Und sie ist unbeschreiblich schön. Am liebsten würde ich unseren Planeten mit seinen farbenfrohen Strukturen ewig bestaunen, doch Stephanie beendet unsere Auszeit mit einem entschiedenen »Go«. Jetzt wird es ernst. In den verbleibenden knapp sechs Stunden erwarten uns Hunderte Arbeitsschritte, herausfordernde Aufgaben und sicherlich auch weitere unvorhersehbare Komplikationen. Ich verdränge diese Überlegungen. Sich das komplexe Ganze auszumalen, ruft Unsicherheit hervor. Cleverer ist es, sich auf die einzelnen Abschnitte zu besinnen und eins nach dem anderen zu erledigen.

Für Raja steht nun eine Fahrt auf dem Roboterarm an. Er hakt sich mit den Füßen daran fest und gibt Kayla ein Zeichen. Diese manövriert das Gespann zu seinem ersten Einsatzort, ein Luxus, der mir verwehrt bleibt: Ich muss mich eigenhändig an der Station entlanghangeln. In der Schwerelosigkeit des Weltalls erfordert das weniger Kraft als im NBL-Pool, dafür bin ich durch den fehlenden Wasserwiderstand instabiler und schaukle permanent hin und her. Das hat zur Folge, dass ich schneller die Orientierung verliere. Während ich mich von einem Haltegriff zum nächsten bugsiere, muss ich mich immer wieder vergewissern, ob ich mich noch auf der vorgesehenen Route befinde. Am Lab mache ich einen kurzen Zwischenstopp, um Ballast loszuwerden. Aktuell schleppe ich zwei Werkzeugtaschen mit mir herum, benötige vorerst aber nur eine davon. Also lege ich eine ab und mache mich auf den Weg zum zentralen Gitterelement S0.

Mein Partner installiert auf dessen Rückseite Schläuche an einem Heizstrahlventilmodul. Dieses reguliert die Systemtemperaturen, indem es Ammoniak durch die wärmeabgebenden Heizelemente der Station leitet. Ein paar Meter von ihm entfernt beginne ich damit, auf der Unterseite des Truss das für die neue Außenbordkamera benötigte Kabel zu verlegen. Da wir nicht gemeinsam an einer Aufgabe arbeiten, ist es besonders wichtig, dass wir stets wissen, wo sich der andere gerade aufhält und wie es ihm geht. Im Notfall könnten diese Informationen Leben retten. Auch mit den Experten am Boden stehen wir in stetigem Austausch. Regelmäßig gebe ich Stephanie den Status meiner Arbeit und der Sicherheitsleinen durch.

Damit sich die Seile nicht verheddern, bewege ich mich langsam und bedacht. Zwischen den Sprossen des Stahlgerippes leuchtet das reine Blau der Erde hindurch. Die Szene erinnert mich an das berühmte Foto, das in den 1930er-Jahren in New York beim Bau eines Wolkenkratzers entstand. Mehrere Arbeiter sitzen hoch oben auf einem Stahlträger, beobachten das hektische Gewusel unter ihnen und verzehren dabei in aller Ruhe ihre Pausenbrote. Nach dem holprigen Start läuft die Expedition nun wie im Lehrbuch. Ich fühle mich fit und voller Power. In knapp einer Stunde gelingt es mir, das Kabel schrittweise auszurollen, alle zwei Meter mit Drahtstücken am Gitterelement zu befestigen und so die rund 20 Meter lange Strecke vom Truss unten rechts bis zur Antenne oben links zurückzulegen. »Aufgabe erledigt«, funke ich meinen Kollegen im Kontrollzentrum zu. »Du hast das Go für die nächste Etappe deiner ISS-Umrundung«, reagiert Stephanie gut gelaunt.

Wie angeordnet, hangele ich mich zurück, zunächst zum Truss, wo ich meine erste Arbeitstasche verstaue, und dann weiter zum Lab, wo ich die zwei Adapterkabel aus der zweiten Werkzeugtasche hole, dann von dort weiter zu Knoten 2 und nach rechts zu Columbus mit Bartolomeo. Während ich lautlos im Vakuum dahinschwebe, stoße ich immer wieder gegen die Module. Dies nehmen Kayla und Tom im Inneren der Station als ein lautes und dröhnendes Bollern wahr. Sie werden mich heute Abend mehrfach mit meiner Rumpelei aufziehen und sich über meine ungestüme Fortbewegung lustig machen. Kurz bevor ich mein Ziel, die europäische Forschungsplattform Bartolomeo, erreiche, bricht die Orbitnacht herein. Sie lässt die blaue Perle unter mir verschwinden. Innerhalb weniger Minuten ist alles um mich herum schwarz. Lediglich die Scheinwerfer der Raumstation strahlen in die Dunkelheit hinein. Sie verschlingen das schwache Licht der Sterne, die ich dadurch nicht sehen kann. Es mag seltsam klingen, aber ich bin gerade sehr dankbar für die Schwärze. Sie schaltet jegliche Ablenkung aus und vermittelt mir dadurch eine gewisse Geborgenheit.

Um Bartolomeo vollständig in Betrieb zu nehmen, muss ich zwei Stromversorgungsleitungen anschließen, die bei der Erstinstallation nicht in die Steckverbinder passten. Um den Fehler zu beheben, soll ich ein Adapterkabel dazwischenklemmen. Wie bei der vorherigen Aufgabe brauche ich dafür beide Hände. Dieses Mal werde ich jedoch keine schützende Gitterstruktur griffbereit vor mir oder im Rücken haben, sondern neben der ISS frei im Weltraum schweben und bis auf meine Sicherheitsleinen losgelöst von unserem fliegenden Zuhause sein. Es kostet mich einiges an Überwindung, den Haltegriff loszulassen. Erst nachdem ich die Seile mehrmals gecheckt habe, spreize ich behutsam meine Finger. Ein zauberhaftes Gefühl vollkommener Freiheit breitet sich in mir aus. Plötzlich bin ich eins mit dem Weltraum, ein kleines Raumschiff zwischen den Sternen. Die Lichter der ISS und die Finsternis des Kosmos verschmelzen zu einem harmonischen Ganzen. Mein Herz füllt sich mit Dankbarkeit. Dies ist zweifellos der intensivste Moment meines Lebens.

Ich sammele mich kurz, dann nehme ich die Installation in Angriff. Ein klemmender Hebel hindert mich hartnäckig daran, die widerspenstigen Kabelenden in das Adapterkabel einzusetzen. Aber ich lasse mich nicht entmutigen und schaffe es schließlich, die ersten beiden der vier Enden miteinander zu verbinden. »Sehr gut«, lobt mich Stephanie. Und weiter geht's. Nummer zwei und Nummer drei flutschen. Doch ausgerechnet der letzte Anschluss hat es wieder in sich. Vielleicht sind die Abweichungen in der Dicke der Kontaktpins stärker, als die Teams auf dem Boden dachten, und diese Adapter immer noch nicht ausreichend. Das war beim ursprünglichen Installationstermin schon das Problem. Es könnte aber auch sein, dass sich die Oberfläche der Kupferkontakte verändert hat, weil sie lange Zeit den zwar wenigen, dafür sehr reaktiven Sauerstoffradikalen des erdnahen Weltalls ausgesetzt war. Meine Kollegen hatten mich bei der Vorbereitung darauf eingestimmt. »Wenn das auftritt, Matthias, kannst du alles wieder einpacken. Das war es dann mit Bartolomeo«, klingen mir die Worte des EVA-Planers noch in den Ohren.

Schon kurz vor dem Aufgeben, beschließe ich, noch einmal all meine Erfahrung als Hobbyschrauber in das Projekt zu stecken. »Was nicht passt, wird passend gemacht«, murmele ich aus voller Überzeugung und versuche es mit einer Kombination aus bestmöglicher Ausrichtung der beiden streitsüchtigen Adapter-Enden, gefolgt von Drücken mit maximaler Kraft. Plötzlich ruckelt es, und der Stecker gleitet willig in die ersehnte Position, als ob er sich nie querstellen wollte. Ich jauchze und teile meine Freude über Funk mit den Kollegen am Boden. Zufrieden begutachte ich mein Werk. Zum Glück habe ich diesen Job nicht vermasselt! Bartolomeo liegt meinen ESA-Kollegen besonders am Herzen. Sie werden die EVA sicherlich im Livestream verfolgen und meinen Erfolg bejubeln.

Voller Euphorie trete ich den Weg zurück zum Lab an, und weiter geht es auf die gegenüberliegende Seite der Station zum

Kibo-Modul. Die Strecke ist voller Hindernisse. Ich muss spitzen Elementen und scharfen Kanten ausweichen, die zur Gefahr für meinen Raumanzug werden könnten. Besondere Vorsicht ist bei empfindlichen Leitungen geboten, an denen ich mich keinesfalls festhalten darf. Während ich mich an der ISS entlangziehe, bin ich nur durch die lange Leine mit ihr verbunden. Meine Hände ersetzen das kurze Seil, weshalb ich jeweils nur eine loslassen darf. »Astronauten müssen IMMER zweifach mit der Raumstation verbunden sein«, diese wichtigste EVA-Regel haben uns unsere Ausbilder in Köln, Houston und dem Sternenstädtchen unermüdlich eingetrichtert.

An einem schwierigen Übergang stoppe ich und denke über mein weiteres Vorgehen nach. Ich werde mich dynamisch um eine Ecke schwingen müssen, um den nächsten Griff zu erhaschen. Unsicher, ob die Spannweite meiner Arme ausreicht, strecke ich meine linke Hand so weit wie möglich aus und rutsche dabei mit der rechten ab. Für den Bruchteil einer Sekunde verliere ich den Halt und muss den angestrebten Griff im Nachgreifen packen. Was für ein Manöver! Ungewollt habe ich gegen das höchste EVA-Gebot verstoßen. Im Kontrollzentrum hat davon niemand etwas bemerkt. Wahrscheinlich war die Situation für Außenstehende weitaus weniger spektakulär, als ich sie gerade wahrgenommen habe. Dennoch steigt ein mulmiges Gefühl in mir auf, das zu noch mehr Vorsicht mahnt. Voll fokussiert widme ich mich dem umgeklappten Textiltuch an der Spitze des japanischen Moduls. Es lässt sich problemlos an die gewünschte Position ziehen und mit zwei Drahtschlaufen fixieren. »Im Umgang damit bin ich nach dem Kabelverlegen zu Beginn des Einsatzes ein echter Profi«, denke ich und grinse in meinen Helm hinein.

Früher als im Protokoll vorgesehen, wandere ich Richtung Luftschleuse. Ich soll auf dem Weg dorthin meine beiden Werkzeugtaschen einsammeln und dann gegen den Beutel mit der HD-Kamera austauschen, die Raja im nächsten Schritt benötigt. Doch der Rückweg verläuft alles andere als geplant. Ein Moment der Unaufmerksamkeit, eine falsche Drehung, und schon habe ich mich in meinen Leinen verfangen. In Höhe des Labs hänge ich wie ein Fisch im Netz. Dies ist der absolute Albtraum eines jeden Astronauten. Ich halte inne, atme tief durch und muss auf einmal an unser Lager in der schwedischen Wildnis denken. Als die Nacht hereinbrach, war es dort fast so dunkel wie hier im Weltall. Die Eiseskälte fraß sich regelrecht in unsere Körper hinein. Das kleine Feuer loderte nur zaghaft vor sich hin. Hunger und Durst nagten an unseren Gemütern. Doch gemeinsam haben wir dieses Abenteuer durchgestanden: Wir blieben ruhig, optimierten unsere Shelter und bewältigten alle Herausforderungen Schritt für Schritt. Genau so werde ich auch mein jetziges Problem in Angriff nehmen!

Ich versuche zunächst, mich selbstständig aus der verzwickten Lage zu befreien. Allerdings kann ich nicht erkennen, wie die Seile genau verlaufen, und mir scheint, als würde jede Bewegung das Wirrwarr nur noch schlimmer machen. Also bleibt mir nur eines: Houston um Hilfe anzufunken. Vielleicht haben die Bodenteams mittels Kamera einen besseren Blick und können mich aus der Gefangenschaft herauslotsen. Wenn das nicht gelingt, werde ich Raja um Unterstützung bitten müssen. Das wäre eine Katastrophe: Wir würden viel Zeit verlieren und unsere restlichen Aufgaben garantiert nicht mehr erledigen können. Doch Stephanie meldet sich mit vielversprechenden Nachrichten. »Matthias, wir können dich dank der Kamera des Labs hervorragend sehen. Dein langes Rettungsseil hat sich gleich mehrmals um deine Beine geschlungen und aufgrund der falschen Drehung auch noch um deinen Oberkörper gewickelt. Wir arbeiten an einer Lösung.« In der Zwischenzeit solle ich mich möglichst nicht rühren.

Mein Hilferuf hat die Teams in Houston wahrscheinlich in höchsten Aufruhr versetzt. Ich stelle mir vor, wie sie aufgeregt auf ihre Bildschirme starren, auf denen ich in Großformat zu sehen bin, und sich eine Freiwickelchoreografie überlegen, mit der sie mir aus der Patsche helfen können. Garantiert ist auch meine Flugärztin Brigitte nun in Alarmbereitschaft. Sie ist extra mit meinem zweiten Mediziner, Roland Nüsse, in die USA gereist, um meinen Außenbordeinsatz live im Kontrollzentrum mitzuverfolgen. Sollte ich gesundheitliche Probleme bekommen, würden mir die beiden sofort über Funk beistehen. Am liebsten würde ich ihnen jetzt sagen, dass sie sich keine Sorgen machen müssen und es mir gut geht. Aber ohne einen triftigen Grund sollte ich nicht mit ihnen reden. Um Missverständnissen bei der Kommunikation vorzubeugen, ist Stephanie unsere einzige Ansprechpartnerin.

Während ich auf ihre Instruktionen warte, steigt in mir die Erinnerung an ein Training im NBL-Pool auf. Damals war ein Fernsehteam dabei, um eine ZDF-Doku über den Astronautenalltag zu drehen. Die Übungsmission lief hervorragend – bis sich meine Seile verknoteten. Ich musste wie auch jetzt auf die Unterstützung der Flugkontrolleure zurückgreifen, um mich aus der misslichen Lage zu befreien. Für die Reporter mag es der perfekte Spannungsbogen gewesen sein, mir hingegen war meine Ungeschicklichkeit einfach nur peinlich. Im Nachhinein bin ich allerdings froh um jeden Fehler, den ich im Training begangen habe. Dank der perfekten Vorbereitung kann mich bei dieser Expedition nichts aus der Bahn werfen. Selbst meine festgezurrten Beine beunruhigen mich nicht übermäßig. Ich weiß, dass ich mich auf meine Kollegen am Boden verlassen kann. Zusammen werden wir auch dieses Problem in den Griff bekommen. Und tatsächlich: Wenige Minuten nach meinem Hilferuf meldet sich Stephanie mit einem handfesten Plan zurück.

Mit präzisen Kommandos lotst sie mich nach und nach aus der Gefangenschaft. Eine Vierteldrehung nach rechts, dann eine halbe nach links. Ein kleines Stückchen nach vorn lehnen. Und wieder eine Vierteldrehung nach links. »Halt, nein! In die andere Richtung«, ruft die NASA-Astronautin. Es tut gut, sie und das gesamte Kontrollteam an meiner Seite zu wissen. Hier draußen sind Raja und ich allein, aber keineswegs alleingelassen. Auf der Erde sind bereits seit Monaten schätzungsweise mehrere Dutzend Menschen in diese EVA involviert. Es gibt eine Gruppe Spezialisten, die zunächst alles geplant und gemeinsam mit Ingenieuren aus der Industrie die entsprechenden Ersatzteile entwickelt hat. Danach kamen Astronauten, Techniker und Taucherteams im NBL zusammen, um den kompletten Außenbordeinsatz zu choreografieren und mehrfach im Pool zu proben. Als die Prozedur stand, wurde die finale Technik gebaut, zertifiziert und ins All transportiert – wofür wiederum jede Menge Fachleute nötig waren.

Heute sitzen nun alle Mannschaften an der Konsole und unterstützen uns. Insbesondere auch die Spezialisten aller Standardsysteme für die ISS, die an der Reparatur mitwirken: Flugdirektor, Capcom, Robotikteams, Ingenieure für die elektrischen Einheiten, Wartungsspezialisten, Orbitalmechaniker sowie die Kenner des Lebenserhaltungssystems. Aber vor allem unsere EVA-Spezialisten, die ihren eigenen Raum im Kontrollzentrum haben. Mit ihrer fachmännischen Unterstützung schaffe ich es, mich zu befreien. Ich kann gar nicht in Worte fassen, wie dankbar ich allen Beteiligten bin! Dank ihnen war Rajas Hilfe nicht notwendig, ebenso wenig der Einsatz meiner Rettungsschere. Jeder Raumfahrer nimmt eine solche zu einer EVA mit, um sich notfalls aus einem Seilwirrwarr herauszuschneiden. Doch benötigt hat sie bislang noch niemand. Ich bin heilfroh, dass mir diese zweifelhafte Ehre nicht zuteilgeworden ist!

Mit etwas Verspätung setze ich den Weg zur Luftschleuse fort, deponiere dort meine zwei Taschen und schultere den Beutel mit der HD-Kamera. Als ich am Gitterelement S0 eintreffe, hat Raja die Installation der Kühlpumpe abgeschlossen. Es ist an der Zeit, den Endspurt unserer EVA einzuleiten. Dazu übergebe ich meinem Partner den Beutel mit der Kamera. Eigentlich sollte ich nun nach links zu P4 direkt neben den Sonnensegeln wandern und an der Außenseite des Gerüsts die Schrauben von Ersatzaggregaten lockern. Wegen der Verzögerung gleich zu Beginn unseres Außenbordeinsatzes hat der Flugdirektor diese nicht ganz so dringliche Aufgabe jedoch gestrichen. Der Weg bis zu den Sonnensegeln sei zu weit und würde die Sauerstoffreserven meines Raumanzugs aufbrauchen, erläutert Stephanie. Stattdessen hat sie einen entspannten Job für mich: »Matthias, nach dem ganzen Umherwandern darfst du eine Pause einlegen.«

Dieses Angebot nehme ich sehr gern an. Wir sind inzwischen seit mehr als fünf Stunden im luftleeren Raum unterwegs – aber Gelegenheit zum Staunen und Genießen war bisher kaum. Jetzt habe ich endlich die Chance, die Welt außerhalb der Station bewusst zu bewundern. Ich kralle mich mit beiden Händen an der Gitterstruktur fest, lehne mich leicht nach hinten und lasse meinen Blick von den russischen hinüber zu den amerikanischen Modulen schweifen. Von dieser Perspektive aus betrachtet gleicht die ISS einer alten Fabrik, die einsam und verlassen auf einem düsteren Industriegelände steht. Die einzelnen Elemente werden von hellen Leuchten angestrahlt. Dick eingepackte Leitungsstränge und Kabelbündel schlängeln sich entlang gelber Handläufe über die metallischen Oberflächen der Module. Der Anblick der Raumstation ist fast so unheimlich und geheimnisvoll wie das Schauspiel unter meinen Füßen.

Wir überqueren wieder die Tag-Nacht-Grenze, wechseln von der hellen auf die dunkle Hälfte unseres Planeten. Die Erde verschwindet im Rachen des Terminatorschattens. Ausgerechnet in dem Augenblick verkündet Stephanie, dass wir gleich über das Saarland hinwegfliegen werden. Wie schade! Ich hätte meine Heimat so gern gesehen. Aber hinter dem finsteren Schleier kann ich sie nur erahnen. Schleichend bricht die Dunkelheit nun auch über die Raumstation herein – und zum ersten Mal wird mir ein bisschen kalt. Auf der sonnenzugewandten Seite der ISS steigen die Temperaturen auf bis zu 120 Grad Celsius, auf der Schattenseite hingegen fallen sie auf bis zu minus 160 Grad Celsius. Wir können die Klimaanlage des Raumanzugs so einstellen, dass wir die extremen Schwankungen kaum wahrnehmen. Im Inneren meines Miniraumschiffs herrscht die ganze Zeit über eine konstant angenehme Wärme von etwa 22 Grad Celsius. Da meine Handschuhwärmer jedoch defekt sind, lässt das eisige Stahlgeripppe, an dem ich mich festhalte, meine Finger zunehmend auskühlen. »Halte deine Hände nach dem Sonnenaufgang in den Sonnenschein, um sie zu wärmen«, schlägt Stephanie vor, als ich ihr von dem Problem berichte. Doch mir bleibt nur wenig Zeit, um den Tipp in die Tat umzusetzen.

Kaum ist es wieder hell und die alte Kamera gegen die neue ausgetauscht, neigt sich meine Pause auch schon dem Ende zu. Rajas und meine Wege trennen sich erneut, denn Houston hat noch einen Spezialauftrag für mich: Ich soll unsere Ausrüstung einsammeln, unterwegs einen Stecker umstecken und an der Luftschleuse ein paar Fotos eines defekten Pins der Luke schießen. Die Ingenieure haben wohl Fragen zu ihrem Öffnungsmechanismus. Meine Bilder sollen dazu beitragen, die Unklarheiten aus der Welt zu schaffen. Ich bin dankbar für diese Anweisung. Sie lässt mich die Kälte vergessen und bietet mir die Möglichkeit, die Speicherkarte meiner Kamera weiter zu füllen. Ich habe schon mehr als 1000 Fotos aufgenommen. Wie ein Tourist, der wahllos auf den Auslöser drückt, um jeden Eindruck für die Ewigkeit festzuhalten. Selbst Raja ist vor meinem Paparazzogetue nicht sicher. Nachdem ich ausreichend Bilder von der Luke aufgenommen habe, richte ich die Kamera noch einmal auf meinen Kollegen und dokumentiere seinen Rückweg zur Luftschleuse. Auch das eine oder andere Selfie kriege ich noch in den Kasten, ehe wir langsam zurück ins Innere der Station krabbeln und die Luke hinter uns zuziehen. Nach 414 Minuten im freien Weltraum.

Wie fühlt es sich an, hinaus ins Nichts zu schweben? Vom schier unendlichen Universum umgeben zu sein? Die Erde unter den Füßen rotieren zu sehen? All diese Fragen kann ich mit nur einem Wort beantworten: ***überWELTigend.***

Schreckmoment zum Ende

Mittwoch, 23. März 2022, 19.26 Uhr

Es dauert eine halbe Stunde, den Druck in der Luftschleuse hochzufahren. 30 Minuten, in denen Raja und ich still in unseren Anzügen liegen und unseren Körpern eine Pause von der anstrengenden US-EVA 80 gönnen. Mein Partner ist kopfüber zur Außenschleuse gerichtet, seine Füße sind irgendwo in dem Chaos aus Taschen und Seilen neben, über oder unter mir. Ich weiß es nicht, aber das ist nun auch nicht mehr wichtig, denn unsere Kollegen werden uns gleich hier herausziehen und dieses Knäuel entwirren. Während sich meine strapazierten Muskeln allmählich entspannen, steigt eine tiefe Erleichterung in mir auf, begleitet von einem Hauch Zufriedenheit und Freude. Raja und ich haben die Erwartungen nicht nur erfüllt, sondern sogar übertroffen und trotz des ruppigen Starts alle Hauptaufgaben fehlerfrei gemeistert. Ein Außenbordeinsatz ist die Königsdisziplin für jeden Astronauten. Ich war mir unsicher, ob ich dem gewachsen sein würde. Aber nach diesen unvergesslichen sechs Stunden und 54 Minuten gibt es daran keine Zweifel mehr! Ich fühle mich, als wäre ich Han Solo und Luke Skywalker in einer Person. Ein Held des Universums, den nichts und niemand aufhalten kann. Oder etwa doch?

Gerade als ich Tom und Kayla durch das Bullauge der Schleusentür entdecke und ihnen enthusiastisch zuwinke, taucht wie aus dem Nichts ein Wassertropfen in meinem Helm auf. Der kichererbsengroße Kreis setzt sich auf dem Visier fest und hinterlässt einen dünnen Film. Ist der Tropfen durch die hektische Bewegung aus meinem Trinkbeutel entwischt? Ich kann es nicht genau beurteilen und bleibe die restlichen fünf Minuten bis zum Öffnen der Luke vorsorglich ganz ruhig liegen. Trotzdem wird der Tropfen rasant größer, erreicht in null Komma nichts den Durchmesser eines Tischtennisballs. Wäre dies im freien Weltall passiert, hätte mich das vermutlich nervös gestimmt, aber nun, da ich bereits wieder in der Raumstation bin, warte ich den Druckausgleich entspannt ab.

Gleich nachdem Kayla die Schleusentür geöffnet hat, mache ich sie dezent auf das Wasser aufmerksam. Wir sind noch immer im Livestream zu sehen, und ich will niemanden beunruhigen. Kritisch begutachtet sie das Plexiglas. Als uns weitere Tropfen auffallen, entscheidet sie, Stephanie über den Vorfall zu informieren. Diese ordnet augenblicklich ein beschleunigtes Ausziehen des Helmes an. Seitdem Luca bei seinem Außeneinsatz in Not geriet, schrillen bei den Flugkontrolleuren alle Alarmglocken, sobald nur die geringste Menge Flüssigkeit austritt. Mich aus dem EMU zu pellen, hat nun absoluten Vorrang.

Meine Mitbewohner reagieren souverän. Tom schiebt Raja beiseite, damit Kayla ausreichend Platz hat, mich aus der Luftschleuse in den Airlock zu ziehen. Sie rotiert mich in die richtige Lage und klemmt mich geschickt in die spezielle Haltevorrichtung namens EDDA, kurz für EMU Donning and Doffing Assembly, damit ich nicht wegdrifte. Anschließend befreit sie den Helm von Rajas zu Beginn des Einsatzes mühsam improvisierter Drahthalterung und schiebt die Kontrollhebel und Knöpfe des Anzugs in die Position zum Absenken des Drucks. Bevor sie gemäß Prozedur meinen rechten Handschuh und damit den Anzug öffnet, ermahnt sie mich, kontinuierlich auszuatmen, um meinen Körper nicht durch den spontanen Druckabfall zu schädigen. Ich nicke, atme aus und lausche, wie die überschüssige Luft mit einem kurzen »Pfff« aus dem EMU entweicht. Kayla widmet sich daraufhin direkt dem Helm. Sie entriegelt den Sicherheitsmechanismus und rotiert den Schließring in die gewünschte Position. Ohne jeglichen Widerstand ploppt der Helm aus der Dichtlippe, und Kayla kann ihn behutsam über meine Nase und den Kopf ziehen.

Genüsslich sauge ich die frische ISS-Luft ein, lasse mir die beiden Handschuhe ausziehen und wische die lästigen Schweißtropfen aus meinem Gesicht. Kayla sammelt derweil bereits Wasserproben aus dem Helm ein und dokumentiert den Zustand meines Anzugs. Diese Daten sollen bei der Ursachenforschung helfen. Denn die Experten in Houston haben den Zwischenfall bereits als sicherheitsrelevant eingestuft und eine Untersuchung veranlasst. Bis diese abgeschlossen ist, werden alle EMU-Anzüge gesperrt. Insbesondere der meine, der mit der nächsten Kapsel nach unten geflogen wird, um ihn im NASA-Labor auf Herz und Nieren zu untersuchen. In den nächsten drei bis vier Monaten finden somit voraussichtlich keine amerikanischen Außenbordeinsätze mehr statt. Alles andere als ein idealer, aber irgendwie passender Abschluss für unseren Weltraumspaziergang, der von Anfang an allerlei unerwartete Überraschungen bereithielt und dem Spitznamen »FRANKEN(stein)-EVA« alle Ehre erwies.

Chaos im außerirdischen Paradies

Montag, 11. April 2022

Die ruhigen Stunden auf der Raumstation sind gezählt. Seit Samstag wirbeln die Weltraumtouristen der Axiom-1-Mission den Alltag in unserem kosmischen Paradies gehörig durcheinander. Gerüchten zufolge haben die Unternehmer Mark Pathy, Eytan Stibbe und Larry Connor je 50 Millionen Euro bezahlt, um begleitet von ihrem Kommandanten, dem erfahrenen NASA-Astronauten Michael López-Alegría, zur ISS zu fliegen. Es ist nicht das erste Mal, dass Nichtprofis hier oben zu Besuch sind, aber noch nie haben Gäste so viel Chaos angerichtet. Gestern beispielsweise haben die Milliardäre an den verschiedensten Stellen der Station Videoclips gedreht und dafür unsere Kameras und Ausrüstung verwendet. Tom, Raja, Kayla und ich durften auf Anweisung der NASA-Manager nicht im Bild sein. Uns blieb daher nichts anderes übrig, als uns ins russische Segment zu verkriechen. Dieser Bereich ist für die Urlauber tabu und bietet uns die Möglichkeit, wenigstens kurzzeitig auf Abstand zu ihnen zu gehen. Als wir zurückkamen, war unser Foto- und Videoequipment nicht an den gewohnten Stellen, sondern im gesamten Segment verteilt. Ich fühle mich, als sei eine Horde Wilder in mein Haus eingezogen. Immer wieder frage ich mich, was in aller Welt sich die NASA nur dabei gedacht hat, das Geschäftsmodell der Firma Axiom Space zu unterstützen.

Bislang hat das Thema Weltraumtourismus für uns Berufsastronauten keine große Rolle gespielt. Nur wenige raumfahrtbegeisterte Normalbürger fanden den Weg zur Raumstation. Der erste von ihnen, der Unternehmer Dennis Tito, besuchte die ISS bereits 2001, in ihrem ersten Jahr. Bis kurz vor meiner Ankunft im November 2021 verschlug es insgesamt gerade einmal neun Urlauber hierher. Zwei davon habe ich nur knapp verpasst: Im Oktober 2021 reisten die Schauspielerin Julija Peressild und Klim Schipenko, der Regisseur des Kinohits *Salyut-7,* für Filmaufnahmen zur ISS. Das Projekt wurde von Roskosmos gesponsert.

Unser früherer Kommandant Anton hatte die zweiköpfige Filmcrew hochgebracht und hier betreut. Er erzählte uns oft und gern von dieser für ihn neuen Erfahrung und fügte selbstironisch hinzu, dass er nun ebenfalls als Schauspieler berühmt werden würde. »Nach meiner Rückkehr zur Erde sind weitere Aufnahmen mit mir geplant, um den Filmdreh abzuschließen«, berichtete er stolz, als wir eines Nachmittags gemeinsam in Knoten 3 trainierten. Seitdem bin ich noch gespannter auf den Thriller, dessen Originaltitel übrigens *Вызов* (Herausforderung) lautet.

Während ich mich auf meine Mission vorbereitete, kochte immer wieder das Gerücht hoch, Tom Cruise würde etwa zur selben Zeit wie wir zur ISS reisen und hier oben einen Blockbuster aufnehmen. Dem sind die russischen Kollegen zuvorgekommen und entschieden somit auch dieses Weltraumwettrennen für sich. Bleibt abzuwarten, welcher Kinoheld den ersten Weltraumspaziergang absolvieren darf. Auch hierfür wird angeblich Tom Cruise gehandelt.

Wenngleich aus unserem Intermezzo mit dem amerikanischen Megastar nichts geworden ist, so durften wir am 8. Dezember immerhin zwei japanische Berühmtheiten begrüßen: Der Milliardär und Kunstsammler Yusaku Maezawa kam zu Besuch und brachte den Filmproduzenten Yozo Hirano als persönlichen Assistenten mit, um das Abenteuer für die Ewigkeit festzuhalten. Für MZ, wie sich Maezawa rufen lässt, war die knapp zwölftägige Mission die erste Disziplin einer dreiteiligen Challenge für Superreiche. Diese umfasst neben dem Trip in den erdnahen Orbit einen Tauchgang zum Grund des mehr als zehn Kilometer tiefen Marianengrabens sowie einen Flug um den Mond. Für Letzteren habe MZ, so verriet er mir bei einem Abendessen im russischen Servicemodul, die Tickets bereits im Jahr 2018 gebucht. »Acht Künstler dürfen mich begleiten. Ihre Namen gebe ich in Kürze bekannt.«

MZ und Yozo waren mit einer Sojus-Kapsel zur ISS geflogen. Begleitet wurden sie von meinem Höhlenfreund Alexander Misurkin. Ich war überglücklich, ein paar gemeinsame Tage mit ihm im All verbringen zu dürfen, und wusste, dass er sich hervorragend um seine japanischen Gäste kümmern würde. Er sorgte dafür, dass sie uns bei der Arbeit nicht in die Quere kamen. Außer beim gemeinsamen Essen sahen wir die beiden nur gelegentlich in der Cupola und bei ihren wenigen Besuchen bei uns im amerikanischen Segment. Letztere kündigten sie höflich an und schwebten dann mit größtem Respekt hindurch, um uns ja nicht bei Experimenten zu stören. Ansonsten blieben sie meist in den russischen Modulen und genossen entspannt die Zeit in der Schwerelosigkeit.

Bei der Axiom-1-Crew, der ersten amerikanischen Touristenmission zur ISS, ist das alles ganz anders. Mit ihrer Ankunft am

9. April 2022 brach eine neue Ära im Weltraum an. Nachdem der Milliardär Richard Branson mit seiner Firma Virgin Galactic und Amazon-Gründer Jeff Bezos mit Blue Origin bereits den suborbitalen Einsteigermarkt erfolgreich lancierten, hat die Firma Axiom Space unter Leitung des ehemaligen NASA-Direktors für bemannte Raumfahrt, Mike Suffredini, nun den Startschuss für kosmische Pauschalreisen gegeben. Inklusive knapp zweiwöchigem Aufenthalt im Weltraumhotel ISS. Denn das ist unsere Station jetzt irgendwie, ein Hotel für Superreiche.

Von der unbefleckten Raumfahrtnostalgie, in der Profiastronauten die essenziellen Versuche erledigen, während sich gelegentliche Einzelbesucher höflich zurückhalten, um unsere Forschung bloß nicht zu gefährden, bleibt kaum mehr etwas übrig. Von jetzt an werden immer vier Besucher gleichzeitig auf der ISS eintreffen, die zudem den Anspruch haben, während ihres Urlaubs hochwertige, selbst finanzierte wissenschaftliche Experimente durchführen zu können. Ihr Fokus liegt aber mehr noch auf PR-Aktivitäten. Larry, Eytan und Mark wollen im Lauf ihrer Kurzzeitmission um die 60 Liveschalten abhalten – mehr als wir in sechs Monaten.

Wenngleich die NASA die Mission gemäß einer komplexen Vereinbarung unterstützt, möchte sie nicht, dass wir Berufsastronauten und die Privatastronauten medial in einen Topf geworfen werden. Vor der Ankunft der Touristen gaben uns die nervösen NASA-Manager immer wieder Anweisungen, was wir im Umgang mit den Besuchern beachten müssen. Umgekehrt, betonten sie, seien auch die Pflichten der Urlauber bürokratisch exakt niedergeschrieben. So dürften sie beispielsweise in gewisse Module nur mit Begleitung schweben und die meisten Geräte sowie Anlagen nicht benutzen.

Wir waren von Anfang an skeptisch, ob das, was auf dem Papier sorgsam festgehalten ist, so auch im ISS-Alltag funktionieren würde. Trotzdem freuten Tom, Kayla, Raja und ich uns auf unsere Gäste. Wir hatten sie bereits mehrfach beim Training in den USA getroffen und einen positiven Eindruck von ihnen gewonnen.

Gleich nachdem die vier am Samstagmittag angedockt waren, halfen wir ihnen, ihr Hauptquartier in Columbus herzurichten. Ich bin übergangsweise von meiner Casa in eine freie Kabine in Knoten 2 gezogen. Mark war dankbar, mein gemütliches Domizil übernehmen zu dürfen, während Eytan sich mit einem improvisierten Schlafplatz an der Rackfront F3 begnügen muss. Larry darf in der Dragon-Kapsel übernachten und Axiom-Kommandant Michael, der bereits mehrere Raumflüge und Außenbordeinsätze auf dem Buckel hat, nächtigt in der Luftschleuse direkt neben Knoten 1. Viel Zeit, um sich an die Schwerelosigkeit zu gewöhnen, blieb den Touristen nicht. Sie legten sofort mit der ersten Liveschalte los und schossen jede Menge Bilder, um ihre Social-Media-Kanäle zu bestücken. Zwischendurch benötigten sie andauernd unsere Unterstützung, weshalb das vergangene Wochenende auch für uns Profiastronauten wenig erholsam war.

Heute ist Montag, der dritte Tag der Axiom-Mission und der erste, an dem wir zu acht parallel in den US-Modulen arbeiten sollen. Mark hat sich präsentabel herausgeputzt und mit Toms Hilfe die Videokamera im Lab aufgebaut. Das drahtlose Mikrofon hält er bereits startbereit in der Hand, sämtliche Übertragungschecks mit dem Kontrollzentrum in Houston sind erledigt. In fünf Minuten beginnt seine Liveschalte mit hochrangigen Politikern in Kanada. Doch während Mark leicht nervös und unsicher wie ein Baby bei ersten Gehversuchen vor der Kamera schwebt, bahnt sich ein kleines Problem an: Larry soll für sein Experiment tiefgefrorene Substanzen aus unserem MELFI-Gefrierschrank entnehmen und zum kontrollierten Auftauen in den weniger kalten POLAR-Kühlschrank packen. Da sich die beiden Geräte zwischen Mark und der Videokamera befinden, schwebt Larry mitten im Bild. Unfähig, irgendwo eine Haltestange für seine Füße zu finden, gleitet der 72-Jährige in Embryonalhaltung durch die Luft. Konzentriert starrt er dabei auf sein Tablet mit den Arbeitsanweisungen, von denen er offensichtlich nicht das Geringste versteht. »Larry, kannst du bitte aus dem Bild raus? Ich bin gleich live«, weist ihn Mark auf das bevorstehende Event hin. »Ja, klar. Ich bin sofort weg«, antwortet Larry höflich und gelassen. Aber nur Sekunden später klingt seine Stimme bereits leicht verzweifelt: »Ich weiß nicht, was ich hier tun soll. Kann mir bitte jemand helfen?«

Tom, Kayla und ich haben gerade Mittagspause und beobachten das Ganze vom Tisch in Knoten 1 aus. »Laut NASA sollen sie bei den heutigen Versuchen allein klarkommen. Also lasst ihn mal machen«, sagt Tom und grinst. Amüsiert schauen wir uns die Show weiter an, ohne in das Geschehen einzugreifen. Larry hat seine Hilferufe inzwischen eingestellt. Hoch konzentriert starrt er wieder auf die Arbeitsanweisung, rührt sich aber keinen Millimeter. »Larry, bitte! In drei Minuten bin ich live!«, fleht Mark seinen Crewkollegen an. Doch der ignoriert ihn und stammelt nur laut vor sich hin: »Wo ist denn bloß dieser Gefrierschrank?« – »Hallo?! Du musst jetzt wirklich hier verschwinden«, wird Marks Tonfall nun etwas energischer. Larry zuckt vor Schreck zusammen. »Ich beeile mich ja schon«, entgegnet er und versucht, mit schwimmartigen Bewegungen vorwärtszurudern.

»Das kann ich mir nicht mitansehen«, flüstere ich meinen Freunden zu, »ich helfe ihm schnell, bevor er MELFI aufreißt und nachher 30 kleine Röhrchen mit unseren mühsam gesammelten Blutproben durch die Station fliegen und auftauen.« Ein solches Desaster infolge eines Missgeschicks erscheint mir mittlerweile nur noch eine Frage der Zeit. Denn unsere Gäste leiden viel stärker unter der Umstellung auf die Schwerelosigkeit, als ich das für uns in Erinnerung habe. Ich frage mich, ob dies mit dem Alter, der körperlichen Verfassung oder der Trainingsintensität unserer Gäste zusammenhängt. Vermutlich ist es eine Kombination von allem. Zumindest wirken alle drei Touristen auf mich desorientiert und mit ihrem Arbeitspensum komplett überfordert. Das Gefährliche daran: Sie sind sich dessen nicht voll bewusst, ähnlich wie Feiernde, die im Lauf der Party immer betrunkener und unkoordinierter werden, dies aber selbst nicht wahrnehmen und sich überschätzen. In diesem Vergleich wäre ich der als Chauffeur eingeteilte und nüchtern gebliebene Kumpel, der seine Freunde vor größerem Unheil zu bewahren versucht.

»Ich komme, Larry!«, rufe ich und schwebe zu ihm ins Lab. Dort verhake ich mich mit meinen Füßen in den Halterungen, packe den Urlauber von hinten am Gürtel und schiebe ihn direkt vor den Gefrierschrank. Damit er mit beiden Händen frei arbeiten kann, halte ich ihn weiterhin fest. Doch Larry hat noch immer keinen Plan. In nach wie vor gekrümmter Haltung stottert er vor sich hin: »Ich verstehe einfach nicht, was ich hier machen soll.«

Nun gesellt sich auch Tom zu uns und wirft einen Blick auf Larrys Tablet. »Ach, das ist ganz einfach. Du musst zwei Gegenstände hier aus dieser Schublade nehmen und seitlich oben in dieses Fach legen«, erklärt mein Kollege geduldig und zeigt auf die betreffenden Stellen. »Larry, schnell jetzt!«, wird Mark trotz unserer Unterstützung langsam ungehalten. »Am besten wir übernehmen«, behält Tom wie immer die Ruhe. Er zieht die MELFI-Schublade auf, schnappt sich die beiden gesuchten Beutel und drückt sie Larry in die Hand. Während Tom MELFI schließt, schiebe ich unseren Gast punktgenau vor den POLAR-Kühlschrank und assistiere beim Öffnen, sodass Larry nun leichtes Spiel beim Einlegen der Substrate hat. Er bedankt sich für unseren Einsatz und schwebt endlich aus Marks Kamerabild.

Die Kollegen in Houston haben die skurrile Szene über die Kamera mitverfolgt, ersparen sich jedoch, ganz Profis, jeden Kommentar. Mit knapp drei Minuten Verspätung schalten sie Mark nun live in sein Heimatland Kanada. Tom und ich ziehen uns derweil wieder in Knoten 1 zurück, denn wir dürfen ja bei den touristischen Liveübertragungen nicht im Bild sein. »Das habt ihr gut gemacht, ihr Retter in der Not«, empfängt uns Kayla. Und auf einmal können wir uns nicht mehr zurückhalten und prusten laut los. Dank meiner Kollegen gelingt es mir, das Chaos mit Humor zu nehmen. Meistens jedenfalls.

Heute Morgen haben mich die Touristen allerdings so auf die Palme gebracht, dass mir das Lachen kurzzeitig vergangen ist. Ich sollte einen Videoclip mit CIMON drehen, unserem fliegenden Assistenzroboter mit künstlicher Intelligenz. Aber als ich loslegen wollte, war die dafür eingeplante und normalerweise fest montierte Columbus-Kamera verschwunden. Etwas irritiert machte ich mich auf die Suche. Nach einer Weile wurde ich fündig: Mark erstellte in der Cupola private Videos damit. Auf meine Nachfrage, was um aller Welt er da tue, entschuldigte er sich höflich für seinen aus Unwissenheit begangenen Fehler. Ich brachte nur ein genervtes »Schon gut« über die Lippen und machte mich mit etwa zehnminütiger Verspätung an die Arbeit. Zumindest wollte ich das, doch die Kamera funktionierte nicht wie erwartet, irgendwelche Einstellungen in den Untermenüs waren verstellt. Die Kollegen in Houston wussten aufgrund der Komplexität des Fehlers auch keinen Rat. Die Settings würden wir nur mithilfe eines Spezialisten korrigieren können, daher empfahlen sie mir, eine der drei freien Kameras aus dem Lab zu verwenden. Ich suchte mir also eine neue Kamera und konnte endlich mit meinem Vorhaben starten. Nach zwei Stunden war ich fertig und sendete alles nach München, um wenig später zu erfahren, dass auch diese Kamera verstellt war. Das hochwertige externe Mikrofon, das ich während der Dreharbeiten trug, war deaktiviert und stattdessen das interne Mikro aktiv. »Die Tonqualität ist leider zu lausig. Damit können wir nichts anfangen. Du musst das noch mal machen, Matthias«, erklärte mir der zuständige Eurocom. Ich ärgerte mich total.

»All meine Arbeit war umsonst, nur weil die Touristen nicht mit dem Material umgehen können«, lud ich meinen Frust bei meinen Kollegen ab. »Solange hier keine Notlage eintritt, schaffen wir es, die Situation gut zu managen. Wir müssen uns nur damit abfinden, dass wir in den beiden Wochen, in denen die Axiom-Crew hier ist, unsere eigenen Forschungsarbeiten abhaken können«, besänftigte mich Tom, der nach Antons Abreise das Amt des Kommandanten übernommen hatte und nun täglich mehrere Stunden als Babysitter für die Touristen eingeteilt ist. Ich bewundere ihn für seine professionelle Herangehensweise, doch die ganze Situation zerreißt mir das Herz. Bislang war die ISS ein Ort, der nur für Menschen erreichbar war, die sich den Flug durch erbrachte Leistungen erarbeitet haben. Plötzlich sind keine Qualifikationen mehr nötig, sondern nur noch jede Menge Geld. Meine Raumfahrtidylle ist gerade ein wenig zerstört.

»Go, Eytan!«

Samstag, 23. April 2022

Eigentlich hätte unser Besuch vor vier Tagen abreisen sollen. Aber wegen schlechten Wetters im Landegebiet wurde der Heimflug vom 20. April auf den 25. verschoben. Als uns der NASA-Flugdirektor diese Neuigkeiten mitteilte, waren wir zunächst alles andere als begeistert. »Typisch, dass die Urlauber schon wieder den kompletten Ablauf durcheinanderbringen«, dachte ich genervt, denn durch die außerplanmäßige Verlängerung der Axiom-1-Mission verschiebt sich auch der Start von Crew-4 und somit meiner lieben ESA-Kollegin Samantha.

Inzwischen muss ich jedoch zugeben, dass mir Larry, Eytan, Mark und ihr Kommandant Michael irgendwie ans Herz gewachsen sind. Mit Bewunderung habe ich in den vergangenen Tagen festgestellt, dass unsere Gäste einige hochwertige Experimente im Gepäck haben, etwa zur Herstellung neuer Linsen in der Schwerelosigkeit oder zur Genmanipulation mit der sogenannten CRISPR/Cas-Technologie. Ich erfuhr, dass die Milliardäre teils mit signifikanten Spenden die medizinische Forschung unterstützen. Bis die privat finanzierten Versuche, die sie mit zur ISS brachten, über die bürokratischen Strukturen von ESA oder NASA hier hochgekommen wären, wären aufgrund der komplexen und langwierigen Auswahlverfahren vermutlich noch einige Jahre verstrichen. Als mir das klar wurde, konnte ich der Axiom-Mission erstmals etwas Gutes abgewinnen.

Außerdem hat die anfängliche Chaostruppe enorme Fortschritte gemacht. Seit einer knappen Woche sind die Hobbyastronauten entspannter unterwegs. Weil ihr Aufenthalt verlängert wurde, haben sie für ihre Aufgaben mehr Zeit und dadurch deutlich weniger Stress. Auch was die alltäglichen Dinge betrifft, sind die drei mittlerweile recht selbstständig. Sie kommen nahezu ohne unsere Hilfe aus. Besonders Eytan hat sich mit dem Leben in der Schwerelosigkeit angefreundet und zu einem Experten im Schweben gemausert. Sein mühsam errungenes Können will er uns zum Abschluss der Mission unbedingt demonstrieren.

Betont lässig bittet er Kayla, Tom und mich, ihm zu folgen. Während wir in Knoten 1 Stellung beziehen sollen, fliegt er weiter in Knoten 2. Dort angekommen, setzt er mit hoch konzentriertem Blick in einer bedächtigen Bewegung zum Abstoßen an und gleitet in supermanähnlicher Pose los, kontrolliert wie ein Profi. Ohne die Wand zu berühren, schwebt er durch die Luke ins Lab, durchquert ebenso gefühlvoll dieses Modul und kommt langsam, aber sicher auf uns zu. »Das sieht spitze aus!«, feuere ich ihn an. »Weiter so. Du schaffst das!« Tom nickt bewundernd. »Das passt, Eytan! Halte deine Körperspannung«, kommentiert er mit ruhiger Stimme. Kayla brüllt indes immer wieder: »Go, Eytan! Go, Eytan!«

Unter unserem Jubel nimmt der Milliardär auch die zweite Luke ohne Wandberührung und nähert sich im Zeitlupentempo dem Tisch in Knoten 1. Er verzieht keine Miene, äußert keinen

Mucks. So konzentriert saß er in seiner Zeit als Kampfpilot bestimmt auch hinter dem Steuerknüppel seines Düsenjägers. Nur dass er damals deutlich schneller unterwegs war. »Komm schon, Eytan!«, feuern wir ihn zum Endspurt an und schwingen zur Seite, um seine Prüfung zum großen Freischwebeschein nicht zu torpedieren. Und in der Tat gelingt es ihm, ohne Korrektur bis in den Dockingadapter zum russischen Segment zu schweben. Wir sind beeindruckt! »Das war richtig gut«, lobt Tom. Eytan grinst über beide Ohren, so stolz und zufrieden ist er mit seiner Leistung. »Das war easy«, ist sein einziger Kommentar, den wir laut lachend quittieren. Wir alle waren vielmals an genau diesem Punkt der persönlichen Lernkurve: Wenn man etwas erst einmal kann, fühlt es sich plötzlich ganz einfach an. Der dornige Weg dorthin ist schnell verdrängt und vergessen. Wie bei so vielem im Leben.

Nachdem ich diese Entwicklung gesehen habe, bin ich überzeugt, dass Weltraumtourismus auch eine Chance für die Raumfahrt sein kann. Es mag vielleicht länger dauern, bis sich Amateure an das Leben und Arbeiten in Schwerelosigkeit gewöhnen, aber mit professioneller Unterstützung und besser auf ihre Bedürfnisse zugeschnittenen Bedingungen erscheint mir dies mittlerweile durchaus möglich.

Mit Interesse lausche ich wenig später den Ausführungen von Michael, der in seiner neuen Rolle als Axiom-Vizepräsident die Zukunft der privaten Raumfahrt aktiv mitgestaltet. »Wir bauen schon neue Module, die in wenigen Jahren vorn an die ISS angedockt werden sollen. Sie werden mit schöneren und komfortableren Kabinen für die Touristen ausgestattet sein, jede einzelne mit einem großen Fenster. Außerdem ist das Interieur nicht so technisch kalt gestaltet wie in den aktuellen Modulen. Wir werden zudem eigene Kameras und Systeme für Liveübertragungen haben, sodass wir die Arbeit der Profiastronauten hier oben nicht mehr stören«, erzählt Michael und zwinkert mir zu. Darüber hinaus sei bereits eine Art Super-Cupola in Planung, in der ein Mensch von den Füßen bis zum Kopf von Glas umgeben sein werde. »Das wird der Hammerausblick zur Erde!«, ist Michael überzeugt. Spätestens jetzt fange ich an zu träumen, und fast unbewusst entgleiten mir die Worte: »Das wird wundervoll!«

Kosmisches Couchsurfing

Dienstag, 26. April 2022

Kürzlich kam Oleg mit einem ungewöhnlichen Anliegen auf mich zu. Der korpulente Kosmonaut mit der Glatze wollte unsere Schlafkabinen für zwei Nächte tauschen. »Du lobst dein außerirdisches Bett immer so sehr, dass ich es gern mal ausprobieren würde«, erklärte er mit einem verschmitzten Grinsen im Gesicht. »Klar, da bin ich dabei! Du kannst sofort in meine Casa einziehen«, war ich von der Idee des kosmischen Couchsurfings direkt begeistert. Ich fand sie besonders deshalb spannend, weil Olegs Kajüte ein Fenster hat, durch das ich bis zum Einschlafen die Sterne würde betrachten können. Allein der Gedanke trieb mich am ersten Abend unseres Kabinenwechsels bereits um 22 Uhr – eine für meine Verhältnisse ungewöhnlich frühe Stunde – ins Bett.

Leider verflog meine romantische Vorstellung von einer Nacht im Angesicht funkelnder Pünktchen am schwarzen Horizont schnell. Die in die Jahre gekommene Kabine entpuppte sich als warm und laut, die Luft fühlte sich staubig an. Um besser atmen zu können, öffnete ich die Tür. Grelles Neonlicht drang zu mir. Der Innenraum des Servicemoduls war trotz der späten Stunde taghell erleuchtet, und Oleg werkelte mit hundemüdem Gesicht vor sich hin, anstatt sich in meiner Casa zu erholen. »Oleg, was machst du da? Geh ins Bett und schlaf endlich«, forderte ich ihn freundlich auf. »Gleich, Matthias! Ich muss zuerst noch den

Kuchen für Denis fertig machen, morgen ist doch sein Geburtstag … das heißt heute«, korrigierte er sich und lachte. »Du hattest den Kuchen doch schon fast fertig, als ich ins Bett geschwebt bin?«, hakte ich erstaunt nach. »Ja. Aber dann ist er mir auseinandergeflogen, und ich musste ihn essen. Du weißt schon, keine Schwerkraft hier oben.« Unbeirrt fuhr er damit fort, Kekse und Nüsse aus unserer Bordverpflegung mit zuckersüßer Creme auf eine Tortilla zu kleben und alles in eine Tortenform zu pressen. Er war sehr geschickt darin, der Kuchen sah preisverdächtig aus. Von der Aussicht auf ein Stück davon etwas beschwichtigt, verzog ich mich wieder in die ungemütliche Kabine.

Nachdem ich allenfalls mittelprächtig geschlafen hatte, war ich am nächsten Tag ziemlich erschöpft und hätte den Zimmertausch am liebsten abgebrochen. Aber ich wollte nicht kneifen und gab dem Experiment noch eine Chance. In der zweiten Nacht bekam ich deutlich mehr Schlaf, und so schwebe ich heute Morgen ausgeruht ins Lab, um an der DPC teilzunehmen. Zu meiner Überraschung fliegt mir Oleg nicht über den Weg, obwohl er als Leiter des russischen Segments ebenfalls bei der Konferenz dabei sein muss. »Hat irgendjemand Oleg gesehen?«, fragt Tom, dem die Abwesenheit des Kosmonauten ebenfalls merkwürdig vorkommt, in die Runde. Raja und Kayla zucken nur mit den Schultern, aber ich habe eine Vermutung: »Ist er heute überhaupt schon aus der Casa herausgekommen?« – »Klar, er schläft bestimmt noch! Ich hole ihn schnell«, ruft Tom und eilt davon. Keine 30 Sekunden später schwebt Oleg in rekordverdächtigem Tempo an uns vorbei Richtung Servicemodul und stößt sich dabei fast den Kopf an der Luke. Das passiert ihm andauernd, weil er stets wie ein Wirbelwind durch die Station rauscht. Doch dieses Mal zahlt sich die Hetzerei aus: Pünktlich auf die Sekunde trifft er zum Start der Besprechung am Funkgerät ein.

Nach Feierabend statte ich meinem Tauschpartner im russischen Segment einen Besuch ab, um mich nach seiner Schlaferfahrung in Columbus zu erkundigen. Aber Oleg ist wieder einmal am Telefonieren. Er kennt gefühlt die ganze Welt und meldet sich andauernd bei Freunden, Bekannten und Parteigenossen. Als Mitglied des Moskauer Stadtrats lässt er sein politisches Engagement selbst fernab der Erde nicht ruhen. Neulich hat er sogar von der ISS aus an einer Sitzung des Gremiums teilgenommen. Um ihn nicht zu stören, schwebe ich weiter zu Sergej. Er sieht sich gerade Fotos an, die er kürzlich in der Cupola aufgenommen hat. »Guck mal, das ist Bischkek, die Hauptstadt von Kirgisistan, dem Land, in dem ich geboren wurde«, erklärt er und reckt mir sein Tablet entgegen. Doch ehe ich dazu auch nur ein Wort sagen kann, spricht er mich auf den Kabinentausch an und will wissen, welche Kajüte die bessere sei. »Casa ist mit Abstand die beste! Dort pennst du so gut, dass du kaum wach wirst!«, versichere ich ihm.

»Das möchte ich bezweifeln. Meine Kajüte im MLM ist viel moderner und größer. Wenn du willst, tauschen wir für zwei Nächte! Dann hast du den vollen Überblick.« Gesagt, getan.

Während sich Sergej nach dem Abendessen in meine Casa zurückzieht, verkrieche ich mich in seine Koje. Und ich muss zugeben: Mein Kollege hat nicht zu viel versprochen. Das Domizil bietet in der Tat reichlich Platz, ist aus solidem Metall gebaut und wirkt mit seinem großen Spiegel fast schon elegant. Außerdem gibt es eine Wand mit zahlreichen Staufächern, in denen Sergej fein säuberlich seine Utensilien hinter Gummibänder geklemmt hat. Rechts in Kopfhöhe befindet sich der Ventilator. »Leider ist dessen Lautstärke für einen guten Schlaf nicht gerade förderlich. Am besten setzt du die Noise-Cancelling-Kopfhörer auf«, hatte mich mein Mitbewohner vorgewarnt. Aus gutem Grund. Die Anlage fabriziert einen höllischen Lärm. Um ihn zu unterdrücken, reichen die Kopfhörer allein nicht aus, und ich muss zusätzlich Ohrstöpsel benutzen.

Davon abgesehen fühle ich mich in der Kabine äußerst wohl. Sie ist angenehmer als Olegs abgenutzte Bleibe – und hat ebenfalls ein Fenster. Dieses ist allerdings nicht zum Weltraum ausgerichtet, sondern zum innen liegenden Gang. Als ich die Konstruktion zum ersten Mal gesehen habe, fragte ich Anton, was sich die Erfinder dabei nur gedacht hatten. Seine Erklärung: »Wir Russen haben eben smarte und praktisch denkende Ingenieure. Diese Lösung hier war sicherlich die einfachste Art, den unpräzisen Kosmonautenwunsch nach einer ›Kabine mit Fenster‹ zu erfüllen.« Die Erinnerung entlockt mir ein Schmunzeln. Damals hätte ich es nicht für möglich gehalten, dass ich die Gelegenheit bekommen würde, in einer russischen Kabine zu übernachten. Kosmisches Couchsurfing hat es vor uns im All noch nie gegeben. Zumindest kann sich Tom, der seit fast 30 Jahren bei der NASA arbeitet, dessen nicht entsinnen. Er, Raja und Kayla scherzen zwar ganz gern über unsere Aktion, aber vermutlich würden auch sie die ISS gern mal aus anderer Zimmersicht kennenlernen. Zeit bleibt dafür allerdings keine mehr. Denn am 27. April müssen sie ihre Kojen für Samantha sowie die NASA-Astronauten Kjell Lindgren, Bob Hines und Jessica Watkins räumen. Bis zu unserer Abreise werden meine Crewmitglieder sich ruhige Schlafplätzchen in der Station verteilt suchen und somit keine festen Quartiere mehr zum Tauschen anbieten können. Der Titel »Erfahrenster Kajütentester jenseits der Erde« geht somit ganz klar an mich.

Abschiedstour

Dienstag, 3. Mai 2022

Von Knoten 1 schwebe ich durch den engen Adaptertunnel hinüber ins russische Segment der Raumstation, durchquere hier zunächst den vollgestopften Functional Cargo Block (FGB), bevor ich wie so oft in den vergangenen Monaten an dessen Ende nach unten ins MLM abtauche. Heute beschleicht mich dabei ein melancholisches Gefühl. Denn dies ist vermutlich das letzte Mal, dass ich die Strecke zurücklege und den Kosmonauten einen Besuch abstatte. Das Ende der Mission naht. Morgen schon wird unser finaler Tag an Bord der ISS sein – ein hektischer und komplett durchgeplanter Tag, der keine Zeit für eine nostalgische Abschiedstour lässt. Daher habe ich beschlossen, diese vorzuziehen und mein galaktisches Zuhause noch einmal in Ruhe auf mich wirken zu lassen.

Ich strenge mich an, mir jedes noch so winzige Detail einzuprägen, so, wie es mir mein ESA-Psychologe Professor Dietrich Manzey bei unserer jüngsten Sitzung empfohlen hat. »Flieg durch alle Module und sieh dir jeden Winkel ganz genau an. Du weißt nicht, ob du je wieder an diesen magischen Ort zurückkehren wirst, und es ist wichtig, dich innerlich gut zu verabschieden«, sagte er. »Diesen Tipp habe ich auch all deinen Kollegen vor ihrer Heimreise gegeben, und sie alle waren mir später dankbar dafür.« Vermutlich hätte ich ohnehin eine Abschiedsrunde gedreht, doch bestärkt durch des Professors Worte tue ich dies nun umso intensiver.

Während ich durch das MLM schwebe, gleiten meine Finger an den Haltegriffen entlang, die ich anfangs regelmäßig zum Korrigieren meiner Flugbahn benötigte und inzwischen fast gar nicht mehr benutze. Ein kurzer Blick in die MLM-Toilette erfüllt mich mit Dankbarkeit: Dieses WC stand den Astronauten der Expeditionen 1 bis 65 nicht zur Verfügung. Sie mussten sich phasenweise mit bis zu zehn Personen zwei Klos teilen. Was für ein Luxus, dass wir nun drei funktionsfähige Toiletten an Bord haben! Ohne sie wären die Touristenbesuche sicherlich noch ein gutes Stückchen anstrengender gewesen. Ich schwebe weiter, vorbei an Sergejs Schlafkabine Richtung Knotenmodul UM. Und wieder kommen Erinnerungen hoch: dieses Mal an unser kosmisches Couchsurfing. Unglaublich, dass diese Aktion nun schon knapp eine Woche zurückliegt. »Zeit ist relativ« – diese Erkenntnis von Albert Einstein bekommt hier oben noch einmal eine ganz andere Bedeutung. Auf der ISS scheinen die Uhren viel schneller zu ticken als irgendwo sonst auf der Welt!

Langsam fliege ich weiter, um aus den beiden einzigartigen MLM-Fenstern zu schauen. Das kleine, nach vorn weisende ermöglicht mir einen wunderschönen Blick auf die Raumstation. »Nur wenige Astronauten dürfen diese Perspektive jemals genießen«, dämmert es mir. Das MLM kam erst am Ende von Expedition 65 im All an, und schon bald werden die Kosmonauten hier vor diesem Fenster eine wissenschaftliche Luftschleuse installieren. Momentan lagert diese von einem der letzten Space Shuttles zur ISS gebrachte Tonne noch außen auf dem MRM 1. Doch sobald sie am MLM montiert ist, wird durch das 25 Zentimeter große Rundfenster nur noch der Innenraum der Luftschleuse zu sehen sein.

Ich drehe mich zu dem gegenüberliegenden, circa 50 Zentimeter großen Bullauge um, das durch einen äußeren Klappdeckel geschützt ist. Wie immer muss ich den elektrischen Schalter suchen, mit dem sich der Deckel öffnen lässt. Seltsam, dass ich mir seine genaue Position während all der Zeit hier oben nicht einprägen konnte. Irgendwie ist dieser kugelförmige Raum mit seinen vielen Kabeln und Knöpfen nicht sehr ergonomisch und nutzerfreundlich gestaltet. Als ich den Schalter entdecke, aktiviere ich sogleich den Motor. Er setzt sich laut schnurrend in Gang und schiebt den Rollladen gemächlich aus dem Weg. Auf der Innenseite ist die Scheibe durch eine Art metallische Irisblende geschützt, die ich über einen Drehring öffne. Erste harte Sonnenstrahlen schneiden durch den Innenraum. Ich husche zur Seite, um mir nicht noch am vorletzten Tag einen Sonnenbrand zu holen. Dieses Fenster hat keinen UV-Schutz, wie sowohl Pjotr als auch Denis bei einem kleinen Sonnenbad schmerzvoll erfahren mussten. Weniger als eine Minute genügte, um ihre sonnenentwöhnte Haut krebsrot zu färben. In weiser Voraussicht sauge ich den wundervollen Ausblick daher lieber mit etwas Abstand ein.

Die Erde rollt sanft unter mir hinweg. Es dauert nicht mehr lange, dann wird die Expedition 66 Geschichte sein, und wir werden wieder unseren Platz auf dieser wundervollen blauen Kugel einnehmen. Ich genieße die Aussicht noch ein paar Minuten lang, ehe ich mich losreiße und weiter ins Knotenmodul UM gleite. Hier haben wir mehrere sagenhafte Partys gefeiert: Denis' und meinen Geburtstag beispielsweise sowie einige Space-Disco-Abende an den Wochenenden. Und während wir in drei Dimensionen rockten, ließ Kayla einen nach dem anderen in bester Waschmaschinen-Schleudergang-Manier durch die Luft rotieren. »Auf der Erde bin ich dafür definitiv nicht tauglich«, wird mir bewusst, dass ich schon bald auf derart rasante Zirkusnummern verzichten muss.

Meine Tour führt vorbei an der angedockten Sojus-Kapsel und hinein ins benachbarte Servicemodul, wo es lecker nach Essen duftet und zugleich nach Schweiß riecht. Sergej dreht gerade eine Runde auf dem Laufband, während Denis ein Kartoffelgericht aus der Dose löffelt. »Willst du eine?«, fragt er und winkt mich zu sich an den kleinen Tisch. Gastfreundschaft ist meinen russischen Freunden auch im Orbit sehr wichtig. Doch ich lehne dankend ab, da ich meine kosmische Abschiedstour gern zu Ende bringen möchte: »Vielleicht komme ich später noch auf einen Happen vorbei.«

Auf dem Rückweg ins amerikanische Segment präge ich mir die Struktur der Seitenmodule MRM 1 und MRM 2 ein und berühre noch einmal die russischen Raumanzüge, die schon ein paar Tage nach unserer Abreise wieder im Einsatz sein werden. Für Oleg und Denis wartet da draußen noch einiges an Arbeit. Beim Anblick der Orlans frage ich mich, wie Oleg seinen Anzug wohl bei der nächsten EVA schmücken wird. Bei den jüngsten Außeneinsätzen wurden seine Methoden immer ausgereifter: An jedem Handgelenk trug er mehrere Armbanduhren, auf den Rücken hatte er Fotos von seinen Liebsten sowie einen Slogan für die Bodenteams geklebt, und sogar unter den Fußsohlen hatte er mit Spezialklebeband eine Grußbotschaft befestigt. Diese improvisierte Dekoration auf dem Raumanzug wäre bei der NASA undenkbar, aber bei den Russen scheint das kein Problem zu sein. Ein schönes Beispiel für kulturelle Vielfalt im All.

Als ich durch das FGB in Richtung des vorderen Teils der ISS fliege, kommt mir Oleg in dem schmalen Durchgang mit nassen Haaren entgegen. Ich presse mich gegen die Wand, um ihn vorbeizulassen. Kurz darauf passiere ich die Waschecke meiner Kosmonautenkollegen. Duschzeug, Schwämme und Einwegrasierer sind wie immer hinter Gummibänder geklemmt. Die Luft ist feucht, es riecht angenehm nach frischer Seife.

Durch den engen Dockingadapter gleite ich hinunter in Knoten 1, wo Samantha einen Snack knabbert. Für sie ist es schon die zweite Mission, Hilfe bei der Eingewöhnung brauchte sie daher nicht. Dafür unterstützte ich sie etwa beim Bedienen der neuen Videoausrüstung, auch eine gemeinsame PR-Liveschalte haben wir hinter uns gebracht. »Hast du Lust auf einen Tee?«, fragt sie. »Gern«, freue ich mich auf einen kleinen Plausch. Wir reden Deutsch miteinander, was für mich nach beinahe sechs Monaten in dieser englisch und russisch geprägten Umgebung sehr ungewohnt ist.

Ich bereite uns zwei Beutel mit grünem Tee aus meiner persönlichen Vorratskiste zu. Auf der Erde genieße ich das Getränk am liebsten pur, aber hier oben schmeckt es mir ungesüßt überhaupt nicht. Da es jedoch unmöglich ist, Zucker in einen hermetisch dichten Beutel zu geben, habe ich einen ganz speziellen Trick entwickelt: Ich fülle meinen Trinkhalm mit Guavensaft und blase ihn in die Tüte hinein. »Zwei Trinkhalme voll sind perfekt«, erkläre ich Samantha, die mir mit gerunzelter Stirn und zweifelndem Blick beim Mischen zusieht. »Nach meiner Abreise kannst du gern meine restlichen Bonusgetränke haben«, biete ich ihr an. Die meisten davon sind inzwischen zwar aufgebraucht, weswegen ich bereits seit drei Wochen auf den dünnen amerikanischen Kaffee aus unserer Bordküche zurückgreifen muss, den ich nur runterbekomme, wenn ich statt der empfohlenen 200 Milliliter Wasser lediglich 50 einfülle. Aber von meinem indischen Chai ist noch jede Menge übrig. »Ich finde, der ist ein echter Fehlschlag: koffeinfrei und komplett übersüßt. Außerdem sind die Teeblätter nicht wie üblich in einem Netz fixiert, sondern lose. Sie verstopfen sofort den Trinkhalm. Den werde ich auf der Erde bestimmt nicht vermissen, aber vielleicht schmeckt er dir ja.«

»Freust du dich denn auf den Heimflug?«, hakt Samantha sofort nach.

»Sicher freue ich mich auf die Reise in der Dragon und auf meine Freunde und die Familie. Aber ich wäre sehr gern noch länger hier oben geblieben. Der Gedanke, dass ich diesen einzigartigen Ort vielleicht nie mehr wiedersehe, stimmt mich schon melancholisch.«

Sam versteht das und weiß mich aufzumuntern: »Die Erfahrungen, die du hier gesammelt hast, werden dir erhalten bleiben und dich prägen. Allerdings musst du jetzt nach vorn schauen: Du wirst sicher eine zweite Mission erhalten. Wer weiß, ob diese dich wieder hierher bringt oder sogar noch weiter weg.« Nach einer kurzen Pause fügt sie mit verschmitztem Blick hinzu: »Verpass nicht den Mond, der ist heute besonders schön anzuschauen!«

Ich nehme den Hinweis gern auf und setze meine Abschiedstournee fort. In Knoten 3 schwebe ich zunächst an unseren Trainingsgeräten vorbei. Die intensiven Gerüche rufen Erinnerungen an anstrengende Sporteinheiten und insbesondere an die komplizierte Reparatur des Laufbands hervor. Dieses mussten wir aus seiner Wandhalterung klappen, um von hinten die durchgescheuerten Leitungen zu warten. Anschließend justierten wir das Band neu in seiner Schwingungsdämpfung und kalibrierten es. Besonders Raja und Tom waren mehrere Abende damit beschäftigt. Sie stöhnten nicht wenig bei dieser höchst kniffeligen Aufgabe, die sie, bewaffnet mit Messschieber und Kamera, letztlich erfolgreich bewältigten.

Weniger vielversprechend verläuft die Installation der zweiten amerikanischen Toilette, die in der Nachbarkabine unseres funktionsfähigen Klos lagert. Ihr Anblick lässt mich den Kopf schütteln. Die neu entwickelte Anlage wurde ein Jahr vor uns ins All gebracht und ist trotz aller Bemühungen immer noch nicht einsatzbereit. Dass sie der Prototyp für das WC in der Mondkapsel Orion ist, bereitet uns Sorgen bezüglich dieser doch sehr essenziellen Seite zukünftiger bemannter Missionen zum Erdtrabanten. Einmal durfte ich das neue Weltraumklo benutzen – mit exklusiver Erlaubnis der Ingenieure am Boden: »Matthias und Kayla, wir brauchen zwei Freiwillige, männlich und weiblich, die eine Notprozedur testen: Wir wollen ausprobieren, wie man seine Notdurft verrichtet, wenn die Toilette auf dem Weg zum Mond ausfällt. Könnt ihr bitte jeweils ein großes und ein kleines Geschäft erledigen, ohne die Anlage einzuschalten?« Zugegeben, diese Aufforderung verblüffte uns zutiefst. Aber im All müssen wir eben jegliche Art von Aufgaben übernehmen.

Direkt neben der Kabine geht es rechts ins Lagermodul PMM. Wie oft hatten wir hier Müllsäcke rein- und wieder rausgeräumt, um sie in eine ehemalige Versorgungskapsel zu stopfen. Momentan sieht das Modul halbwegs nutzbar aus, aber vor ein paar Monaten war das ganz anders. Die Müllsäcke türmten sich bis weit nach vorn, und es roch gammelig, da die Hälfte der Besatzung hier ihre Sportklamotten zum Lüften aufhängte. Regelmäßig musste ich tief in dieses Stinkemüllmodul eintauchen, um Material von ganz hinten hervorzukramen. »Auf diesen Teil der Mission kann ich gut verzichten«, finde ich einen weiteren Grund, mich auf die Heimreise zu freuen.

Zum Abschluss fliege ich von Knoten 3 nach unten in meine geliebte Cupola. Sie liegt im Dunkeln, und ich bin ganz allein. Den Kopf inmitten der gläsernen Halbkugel, lasse ich meine Augen über die majestätisch vor mir liegende Raumstation gleiten. »Dort bin ich beim Weltraumspaziergang entlanggekrabbelt«, denke ich an meinen aufregendsten Tag hier oben zurück. Und wieder läuft mir ein kaltes Kribbeln den Nacken hinunter. Solch ein Außenbordeinsatz bietet unglaublich viel Stoff fürs Kopfkino. Aber im Nachhinein weiß ich: Das Sinnieren über »Was wäre, wenn …« ist angsteinflößender, als es einfach zu tun.

Ich drehe mich und genieße eine Weile die ruhig unter mir dahingleitende Weltkugel mit ihren beleuchteten Großstädten, bis plötzlich mein Freund der Mond, forsch und majestätisch gefüllt, aus dem Schatten der Erde tritt. Mit Sehnsucht bewundere ich ihn und gerate ins Träumen. Ob mich meine nächste Reise näher zu ihm führen wird?

Zusammen mit fünf weiteren europäischen Astronauten gehöre ich zum ARTEMIS-Team der ESA. Drei von uns dürfen noch in diesem Jahrzehnt zu unserem kosmischen Nachbarn aufbrechen. Hoffentlich werde ich einer von ihnen und somit vielleicht der erste Deutsche auf dem Mond sein! Wie fühlt sich das wohl an, die Erde immer kleiner und den Trabanten immer größer werden zu sehen? Ich male mir aus, wie ich auf ihm lande – vollautomatisch und nicht manuell wie einst Neil Armstrong. Was wären meine ersten Worte? Kurz hadere ich mit verschiedenen Ideen, die mir letztlich aber alle nicht der Situation würdig genug erscheinen. Außerdem frage ich mich, wie gut wir für die Mondexploration gerüstet sein werden. Nach der Cosmic-Kiss-Mission werde ich mich damit als astronautischer Experte für die neue Mondtrainingsanlage in Köln ausführlich auseinandersetzen. LUNA wird ein einzigartiger Platz in Europa sein. Allerdings ist noch viel Arbeit erforderlich, bis wir dort für unsere Expeditionen üben können.

Während meine Gedanken so um den grauen Mond kreisen, wandert dieser schon wieder zum Horizont, um wenig später dahinter zu verschwinden. »Bis bald, mein Freund!«, flüstere ich und mache mich auf den Weg in Columbus – wobei ich seufzend feststelle, dass es bereits wieder Zeit wird, ins Bett zu gehen.

Auf Wiedersehen!

Mittwoch, 4. Mai 2022

»Kommst du? Wir sind in fünf Minuten live«, erinnert mich Raja an das bevorstehende Event. Doch das wäre gar nicht nötig gewesen. Ich bin schon unterwegs zu Knoten 2, wo links und rechts an den Arbeitsbänken unsere vier SpaceX-Anzüge klemmen, zusammen mit der schwarzen Baumwollunterwäsche und, nicht zu vergessen, den Windeln.

»Ob der Rückflug zur Erde wohl das letzte Mal sein wird, dass ich eine davon trage?«, frage ich mich mit Ausblick auf die rund 24 Stunden in der Kapsel, für die genau sechs Toilettennutzungen pro Besatzungsmitglied vorgesehen sind. Bevor ich meine Gedanken weiterführen kann, lenkt mich das hektische Gewusel in unserem improvisierten Fernsehstudio ab. Crew-4 hat sich bereits dezent im Hintergrund platziert. Unsere Nachfolger baumeln wie Fledermäuse kopfüber ins Kamerabild. Genau so hingen Raja, Tom, Kayla und ich vor Kurzem auch noch hier, um unsere Axiom-1-Besucher zu verabschieden. Nun sind wir selbst an der Reihe: Für Crew-3 ist es an der Zeit, Auf Wiedersehen zu sagen.

»Darf ich mal durch«, bitte ich Sergej und Denis, die sich auf der linken Seite des Moduls eingefunden haben, ein wenig Platz zu machen. Mir scheint, dass die beiden etwas traurig aussehen – ich bin es jedenfalls, denn ich werde die Kosmonauten ganz besonders vermissen. Wir hatten hier oben gemeinsam jede Menge Spaß, und jetzt liegt die Ungewissheit vor uns, wann wir uns wiedersehen. Eine Ungewissheit, die insbesondere durch den Krieg in der Ukraine und die damit einhergehende zunehmende Polarisierung zwischen Russland und den westlichen Staaten kontinuierlich wächst. Außerhalb der heilen kosmischen Oase wird es schwierig sein, unsere Freundschaft zu pflegen, das ist uns bewusst. Doch wir wollen es versuchen.

An meinen Mitbewohnern vorbei schiebe ich mich in die hintere rechte Ecke. Mit elf Leuten ist es hier drin ganz schön eng, und alle in Position zu bringen, eine Herausforderung. Doch nach fast sechs Monaten in der Raumstation sind wir zu einem geübten Filmstab geworden.

Raja schwebt direkt neben mich. Er ist als einziges Crew-3-Mitglied in einem grünen Shirt erschienen, wir anderen tragen Dunkelblau. Nicht dass dies von Bedeutung wäre – für die Veranstaltung gibt es keine Kleiderordnung. Dennoch ist es irgendwie auffallend, vor allem, weil sich unsere Kollegen von Crew-4 abgesprochen und schwarze Hemden angezogen haben. Ich muss schmunzeln: Wir sind und bleiben eben authentisch. Kayla, die gerade noch mal kurz zum Spiegel geflogen ist, um ihre Frisur zu checken, stößt als Letzte zu uns. Mit ihrer imposanten Medusamähne gleitet sie zwischen Raja und Denis. Es ist wirklich schade, dass sie sich nun von dieser Haartracht verabschieden muss. Wir alle finden, dass sie wunderbar zu ihr passt. Aber auf der Erde wäre wohl einiges an Haarspray notwendig, um diese Hinguckerfrisur nachzustellen.

»Seid ihr startklar?«, fragt Tom, der gemeinsam mit Oleg vor uns in der ersten Reihe schwebt. Als amtierender ISS-Kommandant hat er die Ehre und Pflicht, die Zeremonie zur Übergabe des Kommandos mit dem Kontrollzentrum in Houston zu initiieren. Und schon knackst es aus dem Funkgerät. »Station, this is Houston. Are you ready for the event?«, kündigt der Capcom wie immer den Beginn der Liveschalte an. »Wir sind bereit für das Event«, signalisiert Tom.

In einer kurzen Rede bedankt er sich bei allen, die unsere Mission möglich gemacht haben: bei Familie und Freunden, bei Ausbildern und Trainern, bei Ingenieuren und Kollegen in den Kontrollzentren. »Mit all diesen Menschen rund um den Globus arbeiten wir täglich zusammen. Sie sorgen nicht nur für unsere Sicherheit und halten die Raumstation am Laufen. Sie helfen uns auch dabei, die Träume von Wissenschaftlern zu verwirklichen.«

Kayla und Raja schließen sich ihrem Vorredner an, ehe sie das Mikro an mich weiterreichen.

Ich nutze die Gelegenheit ebenfalls, um mich bei all meinen Unterstützern erkenntlich zu zeigen – aber auch bei meinen Mitbewohnern. »Es waren sechs fantastische Monate auf der Raumstation. Danke an meine Crew. Dies ist das Ende der Mission, aber der Traum geht weiter.«

Jetzt ist es an unserem Nochkommandanten, den symbolischen Schlüssel, der gleichzeitig auch ein echter Sojus-Schlüssel ist, mit dem wir die russischen Luken öffnen und schließen, an seinen Nachfolger zu überreichen.

»In 100 Jahren werden wir auf die ISS als eine unglaubliche Ingenieurleistung zurückblicken. Ein Projekt, das es Ländern in der ganzen Welt ermöglicht hat, sich technisch und wissenschaftlich weiterzuentwickeln. Aber ich denke, das bleibende Vermächtnis der Raumstation wird die internationale Zusammenarbeit sein. Die ISS ist ein Ort des Friedens.«

Und der Freundschaft zwischen den Völkern, führe ich Toms Satz in Gedanken fort. Er hat ein ausgesprochenes Talent dafür, die richtigen Worte zu finden. Sie berühren mich sehr, schlagen mir gleichzeitig aber auch auf die Stimmung. Mit jedem Moment, mit dem unsere Abreise näher rückt, hadere ich mehr. Wir leben hier oben gemeinsam den alten Menschheitstraum, etwas Licht ins Dunkel des Alls zu bringen. Wir arbeiten als Team, um besser zu verstehen, wie all dies entstanden ist und funktioniert. Wir generieren zusammen Wissen und Technologie, um das Wohl aller Erdenmenschen zu verbessern. Doch was machen die? Statt ebenfalls friedlich miteinander umzugehen, töten sie sich gegenseitig in immer neuen Kriegen und bewaffneten Konflikten. Wäre ich nicht von diesem Planeten, sondern ein Außerirdischer auf der Durchreise, hätte ich wohl wenig Lust auf eine Bekanntschaft mit uns Menschen.

Als Tom sich Oleg zuwendet, werde ich aus meinen düsteren Überlegungen gerissen. Der Augenblick des Stabwechsels ist gekommen. »Du bist ein starker und erfahrener Kosmonaut. Ich weiß, dass die Raumstation bei dir in guten Händen sein wird, und überlasse dir hiermit das Kommando«, sagt mein Crewkollege und reicht dem Kosmonauten den Schlüssel. »Danke, ich nehme das Kommando an. Wir hatten eine unglaubliche gemeinsame Zeit. Auch wenn sie nur sehr kurz war, sind wir zu Brüdern und Schwestern geworden. Das Wichtigste für uns sind unsere Familien, unsere Kinder, der Frieden zwischen unseren Ländern und unsere Freundschaft. Ich danke euch für diese Freundschaft«, entgegnet Oleg mit seinem markanten Englisch in russischer Intonation und umarmt Tom innig. Wir applaudieren. Und während der Capcom das Ende der Liveschalte verkündet, schweben auch wir anderen einander in die Arme und drücken uns herzlich. Dafür werden wir kurz vor dem Einsteigen in die Kapsel keine Zeit mehr haben, da dann alle Abläufe eng und effizient durchgetaktet sind.

Nachdem wir ein paar letzte Selfies geschossen haben, löst sich die Party auf. Alle schweben von dannen, so, wie es die Timeline vorgibt. Die Planer haben uns vier Stunden Schlaf verordnet. Aber ich bin überhaupt nicht müde. »Was nun?«, frage ich mich ein wenig ratlos. Für mich gibt es hier oben nichts mehr zu tun. Meine Sachen sind seit Tagen gepackt. Die Klamotten, die ich bis zum Anlegen des Fluganzugs trage, werden meine Kollegen anschließend in den Müll stopfen. Zusammen mit meinem Schlafsack und meinem Hygienebeutel. Mein Computer ist bereits neu formatiert, meine Kabine gereinigt. Schon wenige Minuten nach dem Abdocken werden meine Spuren hier oben unwiderruflich gelöscht sein. Im All sind wir Menschen noch vergänglicher als auf der Erde. Mein früherer Deutschlehrer hätte dies sicherlich als Vanitas charakterisiert. Traurig schwebe ich in die Cupola, genieße eine letzte Weltumrundung und trete im Anschluss pflichtbewusst meine Nachtruhe an.

Wirklich schlafen kann ich nicht. Ich falle vielmehr in ein kurzzeitiges Dösen, ehe mich der Wecker ein letztes Mal hier oben aus dem Schlafsack reißt und ich sofort in den Aktionsmodus umschalten muss: Schnell noch mal aufs Klo, ein letztes Warmgetränk in Schwerelosigkeit, ein Snack und dann flott rein in meine Windel. Nun ist die enge maßgeschneiderte Kompressionshose dran. Ich zwänge mich hinein, zupfe sie in die richtige Position und ziehe alle Schnüre so fest es geht zu. Diese wie Lack- und Lederfetisch anmutende Leggins soll uns bei der Rückkehr in die Schwerkraft unterstützen, indem sie unsere unteren Extremitäten wie ein XXL-Stützstrumpf zusammendrückt und dadurch unsere im All reduzierte Körperflüssigkeit vom Absacken in die Beine abhält. So wird verhindert, dass bei der umgekehrten Flüssigkeitsumlagerung unser Blutdruck abfällt und uns schwindelig wird. Im Lauf des Rückflugs müssen wir außerdem zwei Liter trinken und dazu Salztabletten schlucken, damit das Wasser im Körper bleibt und nicht sofort wieder über die Nieren ausgeschwemmt wird.

Als die Kompressionshose sitzt, zwänge ich mich in den SpaceX-Anzug. Die schwarzen Stiefel aus Ziegenleder sind zu dick, um sie unter die Haltestangen in Knoten 2 zu klemmen, sodass ich mich während des Ankleidens nur schlecht fixieren kann. Samantha hält mich netterweise fest und hilft mir anschließend, die Reißverschlüsse zuzuziehen. Irgendwie finde ich es versöhnlich, dass sie hierbleiben wird und Europa somit weiterhin im All vertreten ist. Ich bin mir sicher, dass sie einen tollen Job machen wird.

Samantha hat einiges vor sich: Nach Olegs Abreise darf sie als erste Europäerin das Kommando auf der ISS übernehmen, und sofern sich die internationale Lage entspannt, darf sie den russischen Außenbordeinsatz zur Inbetriebnahme von ERA ausführen, der ursprünglich für mich vorgesehen war. Ich wünsche ihr dies sehr, denn ich weiß, dass ein Weltraumspaziergang die Krönung ihrer bisherigen Astronautenkarriere sein würde. Auch wenn wir nur ein paar Tage zusammen auf der ISS verbringen durften, so haben mir diese doch viel bedeutet. Sam und ich hatten uns schon während des Auswahlverfahrens angefreundet und in Vorbereitung auf diese Mission sogar zeitweise eine Wohnung in Houston geteilt. Die vergangene Woche war gewissermaßen der Höhepunkt eines langen, gemeinsamen Weges. Wir umarmen uns schnell noch einmal, ehe wir Kayla in die Kapsel folgen.

Dort geht es bereits geschäftig zu. Raja und Tom sind in die Systeme vertieft und arbeiten erste Checklisten an den beleuchteten Touchscreens durch. Kayla und ich werden nun zeitgleich von unseren Crew-4-Kollegen in die Sitze geschnallt. Ohne Anzüge sind sie viel agiler als wir, und ich freue mich über diesen letzten Service meiner Kollegen. Nach dem Kommunikationstest mit dem SpaceX-Team in Hawthorne schließt sich die Luke der Dragon, und wir hören unsere Weltraumfamilie nur noch über Funk, während sie auch die zweite Tür im Inneren der Station verriegelt. Raja initiiert die Druckprüfung unserer Anzüge. Mit einem lauten Zischen pumpt sich meine Montur auf, wird steifer und unbequemer. »Nun bitte alle für 30 Sekunden ganz ruhig sitzen«, erinnert uns Raja an das Protokoll. Jede kleine Bewegung könnte von den Sensoren fälschlicherweise als Druckänderung und somit als Hinweis auf einen undichten Anzug gemessen werden. Ich folge der Anweisung, rühre mich nicht und lausche dem lauten Rauschen der einströmenden Luft. Es wandelt sich wie vorgesehen in ein hirschrufartiges Röhren und kündigt das Ablassen des Überdrucks an. Test bestanden.

Als Nächstes wird die Verbindung zwischen unserer Kapsel und der Raumstation entlüftet. Noch fest miteinander verbunden, sind wir nun durch ein Vakuum von unseren sieben Freunden getrennt. »Endurance – you are go for undock«, erhalten wir wenig später die Freigabe zum Abkoppeln. »Endurance« – diesen Namen hatte ich in den vergangenen Monaten kaum gehört, doch nun freue ich mich, wieder an Bord unserer eleganten Raumfähre zu sein. Sie hat uns vor einem halben Jahr sicher zur ISS gebracht, und ich bin sehr zuversichtlich, dass sie uns ebenso sicher zurück zur Erde transportieren wird. Noch ist ihre Außenhaut strahlend weiß, aber nach dem Sturz durch die Atmosphäre wird sie zumindest stellenweise braun und schwarz gegrillt sein. Vom Eintritt in die Lufthülle unseres Planeten mit rund 28 000 Kilometern pro Stunde werden wir bis zum Eintauchen in den Pazifik bis auf unter 30 abgebremst. Vor allem in den ersten Minuten dieses Sturzflugs erwarten uns gigantische Temperaturen. Der Hitzeschutzschild aus einem mit Phenolharz imprägnierten Kohlefaserverbundwerkstoff ist zertifiziert, um bis auf rund 1900 Grad Celsius aufgeheizt zu werden und uns gleichzeitig im Innenraum zu schützen.

»Die Schrauben sind geöffnet. Ich sehe die ISS wegdriften. Abdocken ist nominal«, höre ich Rajas Berichten an die Bodenkontrolle zu. Am 05.05. um Punkt 05.05 Uhr verlassen wir die Raumstation. Durch das kleine Fenster sehe ich unsere kosmische Insel unter uns davonschwirren und immer kleiner werden, bis sie schließlich anmutig im Sonnenuntergang verschwindet. Dieser Moment ist so irreal, dass ich mich frage, ob alles nur ein Traum war. Sogar Raja hat es die Sprache verschlagen. Aber nur kurz. Nach wenigen Sekunden fängt er sich und gibt die Freigabe zum Umkleiden. Nichts wie raus aus den ungemütlichen Fluganzügen. Die brauchen wir erst wieder in gut 20 Stunden, wenn die Motoren der Kapsel in die richtige Orientierung zum Landen gebracht werden.

Unten auf dem Meer vor der Küste Floridas wartet bereits jetzt ein Bergungsschiff auf uns. An Bord sind unsere Ärzte und etliche Ingenieure. Sie werden die Dragon nach dem Aufplatschen an den Haken nehmen und zu sich an Deck hieven. Rund 45 Minuten nach der Wasserung werden sie unsere Luke öffnen, uns heraushelfen und in der kleinen bordeigenen Krankenstation dabei assistieren, unsere Fluganzüge auszuziehen. Danach legen uns die Ärzte Infusionen an. Per Helikopter geht es weiter Richtung Houston, wo ich mich von meinen drei Kameraden verabschiede und in eine Maschine der Luftwaffe umsteige, die mich auf direktem Weg nach Köln fliegt. Dort werden mich meine Freunde und Familie empfangen. Ich freue mich sehr auf sie, habe aber auch Bedenken, ob ich den Ritt zurück ohne größere Reisekrankheit überstehe. Ich will mich bei der Ankunft in Deutschland auf keinen Fall vor aller Augen auf dem Rollfeld übergeben müssen. Solch ein unwürdiges Ende hätte diese unglaubliche Mission nicht verdient.

In den vergangenen 177 Tagen durfte ich für knapp sieben Stunden ins freie All hinausgleiten, war an mehr als 150 spannenden Experimenten beteiligt, habe komplexe Reparaturen wie die des Schwebeofens sowie der Plattform Bartolomeo gemeistert und meine Erlebnisse mit den Menschen auf der Erde geteilt. Allein bei Twitter habe ich an die 400 Tweets in unterschiedlichen Sprachen abgesetzt, auf YouTube mehr als 50 Videos veröffentlicht. Bei Liveschalten hatte ich die Gelegenheit, mit Bundespräsident Frank-Walter Steinmeier, Bundeskanzler Olaf Scholz, EU-Kommissionspräsidentin Ursula von der Leyen, dem saarländischen Ministerpräsidenten Tobias Hans sowie anderen Politikern und mit Vertretern der Universität in Saarbrücken zu sprechen. Dank Unterstützung zahlreicher ESA- und DLR-Kollegen, insbesondere des DLR-Missionsmanagers Volker Schmid, konnte ich zudem rund 17 000 Kinder direkt erreichen und sie für das Thema Raumfahrt begeistern.

Insgesamt habe ich circa 4100 Stunden auf der ISS verbracht und in dieser Zeit die Erde 2800 Mal umrundet. Hätte ich ununterbrochen in der Cupola ausgeharrt, hätte ich genauso viele Sonnenauf- und -untergänge sehen können. Auf meinen Speicherkarten haben sich im Lauf der Expedition 66 mehr als 100 000 Fotos angesammelt. Mir ist es gelungen, die vielfältige Schönheit unseres Planeten in unterschiedlichen Momenten einzufangen, Polarlichter und auch den Mond zu fotografieren, den rauchenden Vulkan Ätna sowie die Rauchsäulen über dem Urwald und über den Kriegsgebieten in der Ukraine für die Nachwelt festzuhalten. Darüber hinaus durfte ich meine saarländische Heimat aus dieser einzigartigen Perspektive erleben und verewigen. Es war eine Reise voller Abenteuer, die Tom, Raja, Kayla und mich zur offiziell »glücklichsten Besatzung der ISS« zusammengeschmiedet hat.

Doch das letzte große Highlight steht uns vieren noch bevor: der feurige Ritt durch die Atmosphäre.

Sturzflug durch die Atmosphäre

Freitag, 6. Mai 2022

Zielsicher rast unser Drachen in die Tiefe, unaufhaltsam der Erde entgegen. Wie ein mächtiger Raubvogel, der seine Beute im Visier hat. Nachdem wir durch mehrmaliges Zünden der Triebwerke eine Höhe von rund 130 Kilometern über der Oberfläche erreicht haben, beginnt das zunächst zarte, aber nun unaufhaltbare Abtauchen in die Atmosphäre. »Matthias, schau: 0,01 g«, teilt Tom über unser internes Funksystem mit, da wir seit zwei Minuten die Helmvisiere geschlossen haben, und zeigt auf seinen Bildschirm. Ich spüre diesen ersten Hauch von Schwerkraft noch nicht, doch die Zahlen klettern allmählich in die Höhe. Prüfend halte ich mein Tablet vor mich und bemerke zum ersten Mal seit sechs Monaten, dass es nicht mehr in der Luft schwebt, sondern langsam nach unten driftet. Es ist unverkennbar: Die Schwerkraft fordert uns zurück.

»Werft mal einen Blick aus den Fenstern!«, macht uns Kayla auf ein blasses Leuchten in Orange und Rosa aufmerksam, das schlagartig unsere Kapsel umgibt.

»Wir sind im Plasma«, kommentiert Tom aufgeregt und kündigt das Abreißen der Funkverbindung zum Kontrollzentrum an. Für rund sieben Minuten werden wir keinen Kontakt zu den Spezialisten am Boden haben und diese keine Daten der Dragon-Kapsel empfangen. Auch Raja hat noch einen wichtigen Hinweis für uns: »Die g-Kräfte werden gleich ordentlich ansteigen – momentan sind wir noch unter der einfachen Erdschwerkraft, aber in den nächsten Minuten werden wir vier bis fünf g erreichen.«

Sicherheitshalber ziehe ich meine Anschnallgurte nach und vergewissere mich, dass meine Stiefel ordnungsgemäß eingeklinkt sind. Indes mischen sich feurige Funken in das pastellfarbene Licht, und es schallt ein gewaltiges, brummendes Dröhnen zu uns ins Cockpit.

»Wow, hört euch das nur an!«, ruft Kayla aufgedreht. »Ob das mit dem Abbrennen des Hitzeschutzschilds zusammenhängt?«, versucht Tom den Ursprung des infernalischen Geräuschs zu interpretieren, das mich an das Wummern der Flammen eines übermächtigen Gasbrenners erinnert. »Solch einen Sound gab es weder bei meiner Shuttle- noch bei meiner Sojus-Landung«, wundert er sich.

Aber unser erfahrener Testpilot Raja hat direkt eine Erklärung parat: »Das liegt an den unterschiedlichen Formen und damit einem anderen aerodynamischen Verhalten der Kapseln. Draußen baut sich gerade eine Druckwelle vor dem Hitzeschutzschild auf. Unten am Boden werden sie bald hören, dass wir die Schallmauer durchbrechen.«

Rund 15 Minuten vor unserer Ankunft auf der Erde wird die imposante Geräuschkulisse von noch stärkeren Impressionen übertrumpft. Denn der Ritt nimmt nun rasant Fahrt auf. »Alle Mann gut festhalten. Die erste Drehung der Kapsel startet in 30 Sekunden«, kündigt Raja ein knackiges Manöver an, bei dem unser Raumschiff automatisch zunächst eine Vierteldrehung in eine Richtung und nach kurzer Zeit in die Gegenrichtung hinlegt. Das soll den Punkt des höchsten Hitzeeintrags verschieben und dadurch unser Schutzschild schonen.

In meinem Anzug kann ich die äußeren Temperaturen nicht wahrnehmen, doch vor dem heftigen Ruckeln, gegen das jede

Achterbahnfahrt ein Klacks ist, kann er mich nicht bewahren. Wie beim Start habe ich nun wieder das Gefühl, ein Elefant säße mir auf der Brust. Das Atmen fällt mir zunehmend schwerer, ich werde immer tiefer in das Sitzpolster gedrückt.

»Maximale g-Last für rund eine Minute kommt gleich«, gibt Raja souverän die nächste Info durch. Ich wundere mich, wie er unter diesen Bedingungen so verständlich reden kann, auch wenn ich weiß, dass er als Testpilot deutlich höhere Belastungen gewöhnt ist und dafür spezielle Atmungsschulungen erhalten hat.

Wenig später lässt das tosende Rauschen um uns herum nach, und der Druck auf der Brust fällt allmählich ab. Doch überstanden ist der Höllenritt noch lange nicht. Wir sind jetzt in einer Höhe von rund sechs Kilometern und noch mehr als 550 Kilometer pro Stunde schnell. »Gleich öffnen die Bremsfallschirme. Passt auf eure Zungen auf!«, warnt uns Raja.

Sofort presse ich meinen Ober- und Unterkiefer zusammen, um mir nicht ein Stück meiner Zunge abzubeißen. Mit einem heftigen Knall löst die Sprengladung aus, die Schirme und Leinen freisetzt. Sogleich wird unsere Kapsel wild umhergeschleudert. »Ah«, ächze ich unter der Last, schaffe es jedoch, trotz des heftigen Geschaukels meinen Mageninhalt bei mir zu behalten. Auch Tom und Kayla können ein gequältes Seufzen nicht unterdrücken.

Nur Raja bewahrt wieder mal die Fassung. »Bremsfallschirme geöffnet«, teilt er den Teams im Kontrollzentrum mit, die uns inzwischen wieder hören können. Dann schiebt er ganz cool hinterher: »Achtung, Crew-3, gleich geht es weiter.«

Kaum haben wir die ersten 43 Sekunden in der Schwerkraft überstanden und unsere Geschwindigkeit auf rund 200 Kilometer pro Stunde reduziert, katapultiert es uns wieder in die Schwerelosigkeit: Die Bremsfallschirme werden pyrotechnisch abgesprengt, und gleichzeitig werden die Hauptfallschirme von ihnen herausgezogen. In diesen drei Sekunden stürzt die Kapsel wieder ungehindert Richtung Boden. Ich mag dieses Gefühl des freien Falls überhaupt nicht, und das Stöhnen meiner Freunde verrät mir, dass es ihnen ähnlich ergeht. »Hoffentlich sind diese Fallschirme gleich ausgefaltet«, denke ich. Im selben Moment signalisiert mir eine massive Erschütterung, dass der Vorgang erfolgreich abgeschlossen ist.

»Die Hauptschirme sind raus. Alle vier sehen gut aus«, meldet Raja sogleich über Funk. »Danke, das sind gute Nachrichten«, antwortet ein SpaceX-Mitarbeiter. In der Vergangenheit hatte es in dieser Landephase immer wieder Probleme gegeben. So haben sich bei unseren Vorgängern zunächst nur drei Schirme geöffnet, der vierte erst zeitverzögert. Ihre Landungen dürften aufgrund der höheren Aufprallgeschwindigkeit vermutlich etwas unsanfter verlaufen sein, als unsere es gleich werden wird. Eine Gefahr bestand für die Besatzungen aber nicht.

Nach dem wilden Sturzflug gleiten wir nun noch exakt drei Minuten und sechs Sekunden sanft durch die Nacht, dem dunklen Ozean entgegen. Raja kommentiert den Schlussakt unseres Abenteuers: »Noch 600 Meter, 400 Meter, 200 Meter – festhalten!«

Mit einer Restgeschwindigkeit von weniger als 30 Kilometern pro Stunde tauchen wir in das Lebenselixier unseres Planeten ein. Der gefürchtete Aufschlag fühlt sich eher wie ein dumpfes Platschen an. »Willkommen zurück auf der Erde«, begrüßt uns der Flugdirektor.

»Es ist uns eine Ehre, wieder hier sein zu dürfen«, entgegnet unser Kommandant. Wir schaukeln vor und zurück, sehen das Wasser schaumig gegen die Fenster spritzen. Aber auch dieser letzten Provokation trotzt mein Gleichgewichtssinn tapfer. Mir geht es wider Erwarten richtig gut. Lediglich meine Muskeln kribbeln ein wenig. Nach sechs Monaten in der Schwerelosigkeit hat sie der Kampf gegen die hohen g-Kräfte ziemlich geschlaucht. Als hätte ich gerade einen höchst anstrengenden Sportwettkampf hinter mich gebracht, verharre ich erschöpft in meiner Sitzschale.

Ein kurzer Blick zu meinen Mitstreitern zeigt: Auch sie sind in guter Verfassung, wenngleich ein wenig blass um die Nase. In einer Dreiviertelstunde werden wir an Bord des Rettungsschiffs *Shannon* aus unserer Dragon steigen, und kurz darauf werden sich unsere Wege trennen. Die intensive Zeit, die wir gemeinsam hatten, wird uns aber für den Rest des Lebens miteinander verbinden.

Mit einem wehmütigen Lächeln auf den Lippen öffne ich mein Visier, atme tief und langsam durch. Unsere Kapsel ist nach wie vor hermetisch abgedichtet, die frische irdische Luft kann ich daher noch nicht riechen. Ich nehme einen Schluck Wasser aus meiner Trinkflasche und gönne mir einen Müsliriegel. Als sich die Kapsel langsam zur Ruhe wippt, erblicke ich durch das Seitenfenster den Mond. Magisch und sanft leuchtend reflektiert er ein bisschen Sonnenlicht in die düstere Nacht und erlaubt mir, den Übergang zwischen schwarzem All und schwarzem Meer zu erahnen. »Hallo, mein Freund, da bist du ja wieder«, wispere ich ihm zu. »Ich freue mich, dich bald noch näher kennenlernen zu dürfen.«

QUELLEN

Auf Umwegen zum Traumberuf

Cristoforetti, Samantha: *Die lange Reise. Tagebuch einer Astronautin.* München 2022.

Eine Reise ins Innere unseres Planeten

»Mission abgeschlossen: Höhlen-Crew kehrt zur Erde zurück«, ESA, 24.10. 2011; https://www.esa.int/Space_in_Member_States/Germany/Mission_abgeschlossen_Hoehlen-Crew_kehrt_zur_Erde_zurueck (abgerufen am 17. 11. 2020).

»CAVES 2013: Unterirdisches Astronauten-Training als Vorbereitung für Weltraummissionen«, ESA, 13. 9. 2013; https://www.esa.int/Space_in_Member_States/Germany/CAVES_2013_Unterirdisches_Astronauten-Training_als_Vorbereitung_fuer_Weltraummissionen (abgerufen am 17. 11. 2020).

CAVES 2014, 12 Videos, ESA; https://www.esa.int/ESA_Multimedia/Sets/CAVES_2014/(result_type)/videos (abgerufen am 19. 11. 2020).

Bessone, L./Beblo-Vranesevic, K./Cossu, Q. A./De Waele, J., et al.: »ESA CAVES: Training Astronauts for Space Exploration«, in: Conference Paper, January 2013, p. 321–327.

Donnerndes Ungeheuer in der Steppe

»Crewed Soyuz flights set to resume after Russia blames close call in final-assembly error«, spacenews, 1. 11. 2018; https://spacenews.com/crewed-soyuz -flights-set-to-resume-after-russia-blames-close-call-on-final-assembly-error/ (abgerufen am 7. 5. 2021).

»Emergency Escape Socket: the ultimate lifeboat for spacecraft«, russianspace-web; https://www.russianspaceweb.com/soyuz_sas.html (abgerufen am 7. 5. 2021).

»Soyuz demonstrates finesse in flight and failure«, spacenews, 11. 10. 2018; https://spacenews.com/soyuz-demonstrates-finesse-in-flight-and-failure/ (abgerufen am 7. 5. 2021).
»The Soyuz launch sequence explained«, ESA; https://www.youtube.com/watch?v=AVvgpKt5uCA (abgerufen am 5. 5. 2021).
»Wie eine Rakete zur ISS kommt«, Bayerischer Rundfunk; https://www.youtube.com/watch?v=H9Y7j8X_xtQ (abgerufen am 5. 5. 2021).

Aquanauten auf dem Meeresgrund

ihmc Florida Institute for Human & Machine Cognition, Blog NEEMO 21; https://www.ihmc.us/neemo21_intro/ (abgerufen am 10. 8. 2021).
FIU, Florida International University, Aquarius Reef Base, Fact Sheet 2019; https://environment.fiu.edu/aquarius/working-with-aquarius/_assets/arb_factsheet_2019.pdf (abgerufen am 1. 8. 2021).

Eisige Stunden in der Wildnis

»Woßchod 2«; http://www.spacefacts.de/mission/german/voskhod-2.htm (abgerufen am 10. 11. 2020).
»Erster Spaziergänger im All kämpfte ums Überleben«, *Welt*, 13.03.2015; https://www.welt.de/geschichte/article138367213/Erster-Spaziergaenger-im-All-kaempfte-ums-Ueberleben.html

Historisches Training im Gelben Meer

»Auf chinesischer Mission«, *Frankfurter Allgemeine Zeitung*, 30. 7. 2018; https://www.faz.net/aktuell/gesellschaft/raumfahrt-kooperation-zwischen-china-und-esa-15713941.html (abgerufen am 3. 1. 2021).
»Erstes gemeinsames Training europäischer Astronauten und chinesischer Taikonauten in China«, ESA, 23. 8. 2017; https://www.esa.int/Space_in_Member_States/Germany/Erstes_gemeinsames_Training_europaeischer_Astronauten_und_chinesischer_Taikonauten_in_China (abgerufen am 3. 2. 2021).
»A History of Collaboration«, ESA; https://www.cosmos.esa.int/web/double-star/history-of-collaboration (abgerufen am 3. 1. 2021).

Mondmission auf Lanzarote

»What is Pangaea?«, ESA; https://www.esa.int/Science_Exploration/Human_and_Robotic_Exploration/CAVES_and_Pangaea/What_is_Pangaea (abgerufen am 19. 11. 2020).

»Pangaea-X Moon base«, ESA; https://www.esa.int/ESA_Multimedia/Images/2018/11/Pangaea-X_Moon_base (abgerufen am 19. 11. 2020).

»Pangaea-X Test Campaign – Gearing up to Explore Other Planets«, ESA; https://www.esa.int/Education/Teach_with_the_Moon/Pangaea-X_Test_Campaign_Gearing_up_to_Explore_Other_Planets (abgerufen am 19. 11. 2020).

Grenzenlose Freiheit

»Zero gravity Science«, ESA; https://www.youtube.com/watch?v=XzVnU7I4_Wg (abgerufen am 15. 1. 2021).

»Die Forschungsflieger«, phoenix plus, 20. 3. 2020; https://www.youtube.com/watch?v=tRdaFYgrPlY (abgerufen am 15. 1. 2021).

https://www.airzerog.com/de/; Rubriken: Airbus A310 Zero G, Parabelflugtechnik (abgerufen am 15. 1. 2021).

Ein Spielplatz für Astronauten

»Notruf aus dem All – Feuer auf der Mir«, N24, März 2017; https://www.youtube.com/watch?v=rjGqxayl-nU.

»Seit 10 Jahren im All: Die Internationale Raumstation ISS«, DLR, 18. 11. 2008; https://www.dlr.de/rd/desktopdefault.aspx/tabid-4809/7974_read-14264/.

»How much does it cost?«, ESA; https://www.esa.int/Science_Exploration/Human_and_Robotic_Exploration/International_Space_Station/How_much_does_it_cost.

»Johnson Space Center: Training for space – Astronaut training and mission preparation«, NASA Fact Sheet; https://www.nasa.gov/centers/johnson/pdf/160410main_space_training_fact_sheet.pdf (abgerufen am 15. 1. 2021).

»Johnson Space Center: Mission Control, Houston – Mission Control Center and Flight Operations«, NASA Fact Sheet; https://www.nasa.gov/centers/

johnson/pdf/160406main_mission_control_fact_sheet.pdf (abgerufen am 15. 1. 2021).
»Johnson Space Center«, NASA Fact Sheet; https://www.nasa.gov/sites/default/files/atoms/files/fs-2016-10-002-jsc.pdf (abgerufen am 15. 1. 2021).
»Die Internationale Raumstation im Überblick«, ESA; https://www.esa.int/Space_in_Member_States/Germany/Die_Internationale_Raumstation_im_Ueberblick (abgerufen am 10. 1. 2021).
Cristoforetti, a. a. O.

Ein Stückchen Weltraum auf Erden

»Sonny Carter Training Facility: The Neutral Buoyancy Laboratory«, NASA Fact Sheet; https://www.nasa.gov/centers/johnson/pdf/167748main_FS_NBL508c.pdf (abgerufen am 22. 3. 2021).
»Nasa wusste von Wassergefahr in Raumanzügen«, *Spiegel*, 27. 2. 2014; https://www.spiegel.de/wissenschaft/weltall/defekter-astronautenanzug-bericht-zu-wasser-problem-von-parmitano-a-955859.html.
»Erster Weltraumspaziergänger Alexej Leonow ist tot«, *Spiegel*, 11. 10. 2019; https://www.spiegel.de/wissenschaft/weltall/alexej-leonow-ist-tot-er-war-der-erste-mann-der-frei-im-all-schwebte-a-1291185.html.
»Die größte Gefahr für einen Astronauten besteht darin, zu ertrinken – Sechster Brief«, Spektrum.de SciLogs, 4. 4. 2015; https://scilogs.spektrum.de/astras-spacelog/die-groesste-gefahr-fuer-einen-astronauten-besteht-darin-zu-ertrinken-2/ (abgerufen am 22. 3. 2021).
Cristoforetti, a. a. O.

Kosmische Notaufnahme

»Musculo-skeletal system: Bone and Muscle loss«, ESA; https://www.esa.int/Enabling_Support/Preparing_for_the_Future/Space_for_Earth/Space_for_health/Musculo-skeletal_system_Bone_and_Muscle_loss (abgerufen am 5. 5. 2021).
»Willkommen in der seltsamen Welt der Schwerelosigkeit!«, DLR_next; https://www.dlr.de/next/desktopdefault.aspx/tabid-6652/10915_read-24811.
»Wie der Weltraum auf den Körper wirkt«, *Frankfurter Rundschau,*

27. 11. 2019; https://www.fr.de/wissen/raumfahrt-wie-weltraum-auf-koerper-wirkt-zr-13249534.html#:~:text=Der%20menschliche%20K%C3%B6rper%20ist%20an,den%20aufrechten%20Gang%20ausgerichtet%20ist (abgerufen am 2. 5. 2021).
»So läuft der Alltag im Weltall ab«, ARD alpha, 4. 10. 2022; https://www.ardalpha.de/wissen/weltall/raumfahrt/iss-raumstation-astronaut-leben-weltall-100.html (abgerufen am 5. 5. 2021).
»Üben für den Ernstfall«, Spektrum.de, 27. 2. 2019; https://www.spektrum.de/video/ueben-fuer-den-ernstfall/1624046 (abgerufen am 5. 5. 2021).
Man, J./Graham, T./Squires-Donelly, G., et al.: »The effects of microgravity on bone structure and function«, *npj Microgravity* 8, 9 (2022); https://www.nature.com/articles/s41526–022–00194–8 (abgerufen am 4. 3. 2023).
Gabel, L./Liphardt, A./Hulme, P. A./Heer, M., et al.: »Pre-flight exercise and bone metabolism predict unloading-induced bone loss due to spaceflight«, *British Journal of Sports Medicine* 56 (4) (2020); https://bjsm.bmj.com/content/56/4/196 (abgerufen am 4. 3. 2023).

Geheimnisvolles Sternenstädtchen

»Besuch im Sternenstädtchen Himmel auf Erden: Hinter den Mauern von Swjosdny Gorodok«, *Tagesspiegel,* 6. 6. 2018; https://www.tagesspiegel.de/gesellschaft/himmel-auf-erden-hinter-den-mauern-von-swjosdny-gorodok-5810818.html (abgerufen am 10. 7. 2021).
Cristoforetti, a. a. O.

Auge in Auge mit dem Drachen

»SpaceX: So luxuriös sieht der Innenraum der Dragon aus«, ingenieur.de, 16. 9. 2015; https://www.ingenieur.de/technik/fachbereiche/raumfahrt/spacex-so-luxurioes-sieht-innenraum-dragon/ (abgerufen am 9. 9. 2021).
https://www.spacex.com/vehicles/dragon/ (abgerufen am 9. 9. 2021).
»Jetzt beginnt eine neue Ära der Raumfahrt«, *Welt,* 7. 6. 2020; https://www.welt.de/debatte/kommentare/article209113063/Space-X-Jetzt-beginnt-eine-neue-Aera-der-Raumfahrt.html (abgerufen am 11. 9. 2021).
»So entstand der schicke Sci-Fi-Look der SpaceX-Astronauten«, *Welt,*

30. 5. 2020; https://www.welt.de/iconist/mode/article208595003/SpaceX-und-NASA-So-entstand-der-schicke-Sci-Fi-Look-der-Astronauten.html (abgerufen am 11. 9. 2021).
»SpaceX läuft Arianespace den Rang ab«, *Frankfurter Allgemeine Zeitung*, 9. 1. 2018; https://www.faz.net/aktuell/wirtschaft/unternehmen/space-x-von-elon-musk-schlaegt-arianespace-15382755.html (abgerufen am 11. 9. 2021).
»NASA, SpaceX Complete Final Major Flight Test of Crew Spacecraft«, NASA, 19. 1. 2020; https://www.nasa.gov/press-release/nasa-spacex-complete-final-major-flight-test-of-crew-spacecraft (abgerufen am 13. 9. 2021).

Kosmischer Kuss

Cristoforetti, a. a. O.

Schweben und Schwindel

Cristoforetti, a. a. O.

Gefahr aus dem All

»Weltraummüll – eine potenzielle Gefahr für die Raumfahrt«, DLR; https://www.dlr.de/rd/desktopdefault.aspx/tabid-2265/3376_read-5091 (abgerufen am 1. 12. 2022).
Byers, M./Wright, E./Boley, A., et al.: »Unnecessary risks created by uncontrolled rocket reentries«, *nature astronomy* 6 (2022); https://www.nature.com/articles/s41550–022–01718–8 (abgerufen am 2. 12. 2022).
»Weltraumschrott: Unser Müll im All«, *Zeit Online* (aktualisiert am 7. 11. 2022); https://www.zeit.de/wissen/2022-10/weltraumschrott-satelliten-raumfahrt-gefahr-forschung (abgerufen am 1. 12. 2022).
»ESA's Annual Space Environment Report«, ESA, 22. 4. 2022; https://www.sdo.esoc.esa.int/environment_report/Space_Environment_Report_latest.pdf (abgerufen am 12. 12. 2022).
»Space debris by the numbers«, ESA, 22. 12. 2022; https://www.esa.int/

Space_Safety/Space_Debris/Space_debris_by_the_numbers (abgerufen am 24. 1. 2023).

»Zeit zu handeln / Time to Act«, ESA; https://www.youtube.com/watch?v=Fbg9S9og-u8 (abgerufen am 22. 12. 2022).

»What's the risk of being hit by falling space debris?«, BBC Future, 27. 9. 2022; https://www.bbc.com/future/article/20220912-what-happens-to-space-debris-when-it-returns-to-earth (abgerufen am 18. 12. 2022).

»Weltraumschrott: Rasend schnell und sehr gefährlich«, ARD alpha, 20. 2. 2023; https://www.ardalpha.de/wissen/weltall/raumfahrt/weltraumschrott-satelliten-truemmer-bruchstuecke-100.html (abgerufen am 24. 2. 2023).

»Aufräumen im All«, ESA, 11. 3. 2020; https://www.esa.int/Space_in_Member_States/Germany/Aufraeumen_im_All (abgerufen am 5. 12. 2022).

»ESA-Satellit Aeolus weicht großer Konstellation aus«, ESA, 3. 9. 2019; https://www.esa.int/Space_in_Member_States/Germany/ESA-Satellit_Aeolus_weicht_grosser_Konstellation_aus (abgerufen am 5. 12. 2022).

Wettlauf gegen die rote Linie

»Cosmic Kiss … Der ›Marathon‹ in Schwerelosigkeit läuft«, DLR, 6. 12. 2021; https://www.dlr.de/content/de/artikel/news/2021/04/20211206_cosmic-kiss-der-marathon-in-schwerelosigkeit-laeuft.html (abgerufen am 6. 6. 2022).

»100 Tage Cosmic Kiss-Wissenschaft«, ESA, 18. 2. 2022; https://www.esa.int/Space_in_Member_States/Germany/100_Tage_Cosmic_Kiss-Wissenschaft (abgerufen am 6. 6. 2022).

»Wireless Compose-2«, DLR; https://www.dlr.de/irs/desktopdefault.aspx/tabid-17755#gallery/36500 (abgerufen am 03.07.2023).

Vertrauen

»Erfolgreicher Außenbordeinsatz: Antennensystem ausgetauscht«, DLR, 2. 12. 2021; https://www.dlr.de/blogs/alle-blogs/erfolgreicher-aussenbordeinsatz-antennensystem-ausgetauscht.aspx (abgerufen am 22. 8. 2022).

Galaktisch gudd gess

»Salz im Körper«, DW, 23. 7. 2013; https://www.dw.com/de/wie-salz-dem-k%C3%B6rper-schadet/a-16966059 (abgerufen am 18. 03. 2023).

»Materialforscher schicken Experimente zur Weltraumstation ISS«, Universität des Saarlandes, 28. 10. 2010; https://www.uni-saarland.de/aktuell/saarbruecker-materialforscher-schicken-experimente-zur-weltraumstation-iss-13729.html (abgerufen am 17. 3. 2023).

Ein Raumschiff zu Weihnachten

»Biopflaster aus dem 3D-Drucker«, DLR, 31. 1. 2022; https://www.dlr.de/de/aktuelles/nachrichten/2022/01/20220131_biopflaster-aus-dem-3d-drucker (abgerufen am 5. 12. 2022).

»UK scientists use space to investigate ageing«, ESA, 20. 12. 2021; https://www.esa.int/Space_in_Member_States/United_Kingdom/UK_scientists_use_space_to_investigate_ageing (abgerufen am 5. 12. 2022).

»Fünf Kontrollzentren für ein Experiment – Matthias Maurer schließt ›Cytoskeleton‹ erfolgreich auf der ISS ab«, DLR, 13. 1. 2022; https://www.dlr.de/blogs/alle-blogs/fuenf-kontrollzentren-fuer-ein-experiment-matthias-maurer-schliesst-cytoskeleton-erfolgreich-auf-der-iss-ab.aspx (abgerufen am 5. 12. 2022).

»Doppelt geplant hält besser, DLR, 21. 12. 2021; https://www.dlr.de/blogs/desktopdefault.aspx/tabid-5893/9577_read-1194 (abgerufen am 5. 12. 2022).

Cristoforetti, a. a. O.

Die beste Nachricht der Welt

»Raumstation ISS gerät unkontrolliert in 45 Grad Schieflage«, *Welt,* 29. 7. 2021; https://www.welt.de/wirtschaft/article232815887/Russisches-Modul-Nauka-Raumstation-ISS-geraet-unkontrolliert-in-45-Grad-Schieflage.html (abgerufen am 10. 2. 2022).

»Außenplattform Bartolomeo erweitert die ISS-Nutzung«, DLR, 4. 3. 2020; https://www.dlr.de/de/aktuelles/nachrichten/2020/01/20200304_aussenplattform-bartolomeo-erweitert-die-iss-nutzung (abgerufen am 10. 2. 2022).

Maurer in der Schwerelosigkeit

»Matthias Maurer testet Beton auf der Internationalen Raumstation ISS«, DLR, 3. 2. 2022; https://www.dlr.de/de/aktuelles/nachrichten/2022/01/20220203_maurer-testet-beton-auf-der-iss (abgerufen am 25. 2. 2022).

»Betonierarbeiten auf der Raumstation«, DLR, 3. 2. 2022; https://www.dlr.de/blogs/alle-blogs/betonierarbeiten-auf-der-raumstation.aspx/searchtagid-74793 (abgerufen am 25. 2. 2022).

Cristoforetti, a. a. O.

Sprechstunde bei Dr. Brigitte

»Artificial intelligence for eye health in space«, ESA, 14. 12. 2021; https://www.esa.int/About_Us/EAC/Artificial_intelligence_for_eye_health_in_space (abgerufen am 19. 7. 2022).

»EveryWear app«, ESA, 14. 9. 2017; https://www.esa.int/ESA_Multimedia/Images/2017/09/EveryWear_app (abgerufen am 19. 7. 2022).

»Lautlos im Weltall – zumindest außerhalb der ISS …«, DLR, 3. 12. 2021; https://www.dlr.de/blogs/alle-blogs/lautlos-im-weltall-zumindest-ausserhalb-der-iss.aspx (abgerufen am 18. 7. 2022).

100 Tage im All

»Matthias Maurer ›unter Strom‹«, DLR, 22. 12. 2021; https://www.dlr.de/de/aktuelles/nachrichten/2021/04/20211222_matthias-maurer-unter-strom (abgerufen am 1. 7. 2022).

Gerst, Alexander: *166 Tage im All.* München 2017.

Operation am offenen Herzen

»MUSC – Experimente auf der Internationalen Raumstation«, DLR; https://www.dlr.de/rb/desktopdefault.aspx/tabid-9342 (abgerufen am 5. 11. 2022).

»Columbus: Europas Forschungszentrale auf der ISS«, ESA; https://www.esa.int/Space_in_Member_States/Germany/Columbus_Europas_Forschungszentrale_auf_der_ISS (abgerufen am 5. 11. 2022).

»Über Levitation, Alchemie und anderes …«, DLR, 8. 4. 2022; https://www.dlr.de/blogs/alle-blogs/ueber-levitation-alchemie-und-anderes.aspx/searchtagid-74793 (abgerufen am 5. 11. 2022).

Die Stunden vor dem Ausstieg ins Nichts

»Ein Außeneinsatz ist kein Spaziergang«, DLR, 23. 3. 2022; https://www.dlr.de/blogs/alle-blogs/ein-ausseneinsatz-ist-kein-spaziergang.aspx/searchtagid-60026 (abgerufen am 22. 3. 2023).